应用型本科信息大类专业"十三五"规划教材

Visual C++
程序设计教程

主 编 彭玉华 黄 薇 刘 艳

副主编 冯春华 阳小兰 吴 亮 江连海

U0333691

华中科技大学出版社
http://press.hust.edu.cn
中国·武汉

内 容 简 介

本书以 Visual Studio 2010 为开发环境,主要介绍了 C++面向对象程序设计和 Windows 程序开发的技巧和方法。主要内容包括:C++语言基础,C++面向对象程序设计的类、对象、继承、重载、多态、虚函数和流等,对话框、菜单、工具栏和状态栏、常用控件、图形和文本处理、文档/视图、ADO 数据库编程技术,以及学生信息管理系统项目开发实例。同时,本书每章配备了大量的例题、习题和实验题,并有项目开发案例,能帮助读者快速掌握 Visual C++程序设计及其应用。

本书通俗易懂,重点突出,注重实际应用,主要培养学生程序设计应用能力和项目开发综合能力。本书不仅可以作为高等院校计算机专业或相关专业的教材,也可作为用户的自学和参考书。

为了方便教学,本书还配有教学课件等教学资源包,任课教师可以发邮件至 hustpeiit@163.com 索取。本书教学资源包中提供的源代码全部经过精心测试,能够在 Windows XP、Windows 8 系统下编译和运行。

图书在版编目(CIP)数据

Visual C++程序设计教程/彭玉华,黄薇,刘艳主编.—武汉:华中科技大学出版社,2017.12(2024.8重印)
应用型本科信息大类专业"十三五"规划教材
ISBN 978-7-5680-3641-2

Ⅰ.①V… Ⅱ.①彭… ②黄… ③刘… Ⅲ.①C 语言-程序设计-高等学校-教材 Ⅳ.①TP312.8

中国版本图书馆 CIP 数据核字(2017)第 308430 号

Visual C++程序设计教程
Visual C++ Chengxu Sheji Jiaocheng

彭玉华 黄 薇 刘 艳 主编

策划编辑:康 序
责任编辑:史永霞
责任监印:朱 玢
出版发行:华中科技大学出版社(中国·武汉)   电话:(027)81321913
　　　　　武汉市东湖新技术开发区华工科技园   邮编:430223
录　　排:武汉正风天下文化发展有限公司
印　　刷:广东虎彩云印刷有限公司
开　　本:787mm×1092mm　1/16
印　　张:24
字　　数:625 千字
版　　次:2024 年 8 月第 1 版第 3 次印刷
定　　价:68.00 元

前言 PREFACE

编者通过多年 C++面向对象程序设计教学实践和 Visual C++项目开发经历,结合高校应用型人才培养教学模式,突出理论性、实践性、先进性,通俗性,精选案例,侧重以 C++语言为基础,实现 Windows 应用程序开发为目标,培养学生项目开发的应用能力。

本书以 Visual Studio 2010 为开发环境。第 1 至 3 章介绍 C++面向对象程序设计,第 1 章 C++语言基础,第 2 章 C++面向对象程序设计,第 3 章多态性与虚函数,选例完整,突出重点。第 4 至 7 章介绍 Windows 图形界面资源的创建和编程方法,重点介绍 MFC 应用程序的编程。第 4 章对话框,第 5 章菜单、工具栏和状态栏设计,第 6 章常用控件,第 7 章图形和文本处理。第 8 章文档/视图程序设计,让读者加深对 Windows 应用程序的来龙去脉的理解。第 9 章数据库应用及项目开发实例,设计思路清晰,设计过程完整,所有实例代码均调试通过。

本书各章提供了一定数量的习题和实验题,习题主要考查学生对基本知识点的理解程度;实验题是对能力的考查,要求学生具有一定的设计能力。实验题有完整的操作步骤和代码,便于学生掌握操作过程和代码编写。

本书不仅适合于教学,也适合于用 Visual C++编程和开发应用程序的开发人员学习和参考。

本书在编写过程中得到了武昌理工学院信息工程学院魏绍炎教授指导,由武昌理工学院彭玉华和黄薇、武汉工程科技学院刘艳担任主编。武汉工程科技学院冯春华、武昌理工学院阳小兰和吴亮、青岛理工大学琴岛学院江连海担任副主编。其中第 2、4、9 章由彭玉华编写,第 6 章由黄薇编写,第 7 章由刘艳编写,第 8 章由冯春华编写,第 1 章由阳小兰编写,第 3 章由吴亮编写,第 5 章由江连海编写。高翠芬、赵永霞、温静、李娟、向紫欣、毛玲、谢文亮、陶枫、汪潇、朱逢园、曾秀莲、李婵飞、陈静为本书编写提供了不少素材。全书由彭玉华统稿。

为了方便教学,本书还配有教学课件等教学资源包,任课教师可以发邮件至

hustpeiit@163.com 索取。本书教学资源包中提供的源代码全部经过精心测试，能够在 Windows XP、Windows 8 系统下编译和运行。

在本书编写、修改过程中，作者参考了参考文献中列举的书籍及资料，在此向这些资料的作者表示诚挚的谢意！鉴于作者水平有限，书中难免有不当和错误之处，敬请广大读者批评、指正。

编　者

2024 年 6 月

目录 CONTENTS

第❶章 C++语言基础

- C++输入和输出操作
- C++函数的定义和调用
- C++新增的运算符
- Visual C++.NET 编程环境的使用

　　C++是一种面向对象的程序设计语言,也是目前最受欢迎的程序设计语言之一。面向对象程序设计思想来源于客观世界,符合人们的思维习惯,是未来最重要的编程思想。目前C++已经成为学习面向对象程序设计的基础语言,学习C++,可以快速掌握面向对象程序设计的思想。本章首先简要概述 C++语言的起源、C++程序的特点、C++程序与 C程序的比较及 C++程序的基本结构等基础知识,然后介绍 C++程序中的输入与输出流、C++程序中的函数、C++新增的运算符等基础知识。

1.1　C++概述

　　C++语言是一种新型的、面向对象的计算机程序设计语言,既适合用来编写系统程序,也适合用来编写应用程序软件。自 20 世纪 80 年代由 AT&T 贝尔实验室的 Bjarne Stroustrup 博士创建 C++以来,C++日益受到重视并得到广泛应用,已经成为程序设计最主要的语言之一。

1.1.1　C++语言的起源

　　C++语言是从 C 语言发展而来的。C 语言是一种面向过程的程序设计语言,实现了结构化和模块化,在处理小规模程序时,显得比较方便,但是在处理大规模、复杂的程序时,就显得明显不足。因为 C 语言对程序人员的要求比较高,要求程序设计人员必须全面、细致地设计程序的每一个步骤和细节,整体规划程序的各个环节,显得很烦琐,不适合设计大型软件。针对这个问题,在 20 世纪 80 年代提出了面向对象的程序设计方法,客观模仿事物被组合在一起的方式,将人们的习惯思维和表达方式运用在程序设计中,程序设计人员可以按照人们通常习惯的思维方式来进行程序设计,从而设计出更可靠、更容易理解、可重用性更强的程序。C++就是在这种情况下产生的,自 1983 年 C++诞生以来,就受到了人们普遍重视,特别是在 1998 年推出了 C++国际标准版本以后,C++更是得到了飞速发展,成为当代程序设计的主流语言。

1.1.2　C++程序的特点

　　C++是 C 语言的扩充和延伸,C++既保留了 C 语言原有的许多优点,又扩充了 C 语言的许多功能,增加了面向对象的机制。C++拥有丰富的运算符和数据结构,采用结构化程序设计方法,具有良好的移植性和高效的机器代码,程序设计更加简单灵活、方便快捷。C++既支持传统的面向过程程序设计,又支持当前的面向对象程序设计(object oriented programming,简称OOP),是一种新型的程序设计语言,完全兼容C语言,用C语言编写的程序可以不加修改地在C++中使用。C++提出了将数据和数据操作方法封装在一起,作为一个整体,称之为"对象",每个对象都属于一个类型,称之为"类",类中的数据用本类的方法进行处理,并通过继承、派生、重载和多态性等特征,实现了程序代码的重复应用和程序自动生成。

1.1.3 C++程序与C程序的比较

C++程序和C程序有许多相同之处,可以通过下面三个实例来进行比较。

例1.1 用C语言编程求一个边长为6的正方形的面积。

```
#include<stdio.h>
void main()
{
    int L,S;
    scanf("%d",&L);          //输入边长L的值
    S=L*L;
    printf("%d\n",S);        //输出面积S的值
}
```

运行程序时输入6,结果为:

36

例1.2 用C++语言编程求一个边长为6的正方形的面积。

```
#include<iostream>          //头文件
using namespace std;        //使用命名空间std
void main()
{
    int L,S;
    cin>>L;                 //输入边长L的值
    S=L*L;
    cout<<S<<endl;          //输出面积S
}
```

运行程序时输入6,结果为:

36

这两个程序分别是用C和C++来编写的,可以看出,程序在结构上基本是相同的,都是以main函数作为入口函数,以一对大括号"{}"把函数中的语句括起来,以分号作为语句结束标志,因为两者都是采用面向过程的方法。但是,也有一定的区别,如表1-1所示。

表1-1 C和C++的区别

语 言	输入输出头文件	输出流 cout	输入流 cin
C++	iostream. h	"<<"插入符	">>"提取符
C	stdio. h	printf()	scanf()

#include<iostream>与传统的#include<iostream. h>相比少了. h后缀,因为Visual C++.NET删除了旧的iostream库,而std命名空间仍有C++标准库的定义,但没有对应头文

件. h 后缀,所以在 ♯include＜iostream＞后要加入语句"using namespace std;"命名空间。

"using namespace std;",即使用命名空间 std,其作用就是规定该文件中使用的标准库函数都是在标准命名空间 std 中定义的。命名空间就是将多个变量和函数等包含在内,使其不会与命名空间外的任何变量和函数等发生重命名的冲突。

C++语言除了支持面向过程的程序设计方法外,还支持面向对象的程序设计方法。下面的实例采用的是面向对象的程序设计方法来实现这一功能的。

例 1.3 用 C++语言编程求一个边长为 6 的正方形面积的程序。

```
#include<iostream>
using namespace std;
class Area                       //声明一个名为 Area 的类
{
public:                          //声明公有访问权限的成员
Area(int newLength);            //声明 Area 类的构造函数
~Area();                        //声明 Area 类的析构函数
private:                         //声明私有访问权限的成员
int Length,Square;
};
Area::Area(int newLength)        //Area 类构造函数的具体实现
{
Length=newLength;
}
Area::~Area()                    //Area 类析构函数的具体实现
{
Square=Length*Length;
cout<<Square<<endl;
}
void main()                      //主函数
{
Area myArea(6);                 //声明一个 Area 类的对象 myArea,自动调用构造函数
}                               //退出 main()函数时自动调用析构函数释放对象 myArea
```

运行结果为:

36

例 1.3 采用面向对象的程序设计方法,程序的功能与例 1.1、例 1.2 完全一样。首先声名了一个类名为 Area 的类,在类中又声明了公有的构造函数 Area()与析构函数～Area(),以及私有变量 Length 和 Square,在主函数中直接声明了 Area 类的对象 myArea 并赋予参数值 6。该对象会调用类中的公有构造函数,通过参数传递将值 6 传递给私有变量 Length,在主函数运行结束时释放对象 myArea,并调用类中的公有析构函数,在析构函数中计算私有变量 Square 的值并输出。通过这样的方法最后计算出正方形的面积。有关该程序中的公有构造函数与析构函数、私有变量、类和对象的具体概念及声明方式将在第 2 章具体讲述。读者可能觉得这种方法比前面的两种方法要麻烦,但在实际开发软件时,会逐渐感受到采用面向对象的方法给程序开发带来的好处。

通过上面的三个实例可以看出:用 C++语言编写的程序和 C 语言编写的程序在程序结构上基本是相同的,例如程序由函数构成,并且都是从 main()函数开始执行的,语句分为

说明语句和执行语句,用分号";"作为语句结束的标志;但是两者之间又不完全相同,说明语句就是说明定义变量、函数、结构等,执行语句则通知计算机完成一定的操作。

1.1.4　C++程序的基本结构

完整的 C++程序一般包含类、普通函数和主函数。其中,普通函数和主函数与 C 语言中的类似,类是 C++新增加的一个概念,也正是因为有了它,才使得 C++可以进行面向对象的程序设计。在 C++类中的成员一般有函数成员和数据成员,将数据和数据操作方法封装在一起,采用信息屏蔽的原则,减少了成员与外界的联系,提高了数据的安全性,使程序设计更加方便、灵活。类中成员的访问属性通常包括公有成员、私有成员和保护成员,使类中的成员具有不同的访问权限,从而实现类的封装性、继承性和多态性。

通过下面一个实例来了解 C++程序的基本结构。

例1.4　计算长方形的面积。

```
#include<iostream>
using namespace std;
class RectArea                          //声明一个名为 RectArea 的类
{
public:                                 //公有类型函数成员
    void input(int a,int b)
    {
        Length=a;
        Width=b;
    }
    void output()
    {
        int Square=Length*Width;
        cout<<Square<<endl;             //输出 Square 值并换行
    }
private:                                //私有类型数据成员
    int Length,Width;
};                                      //";"为类声明的结束标志
void show()                             //普通函数
{
        cout<<"The area is:"<<endl;     //输出一行提示文本
}
void main()                            //主函数
{
    RectArea myRectArea;               //声明 RectArea 类的对象 myRectArea
    int a,b;
    cin>>a>>b;                         //输入 a,b 的值
    show();                            //调用普通函数 show()
                                       //通过对象 myRectArea 来访问类中的成员函数
    myRectArea.input(a,b);
    myRectArea.output();
}
```

例1.4 程序运行时需要输入两个整型数,分别表示长方形的长与宽,以空格分开。假如输入 6 和 2,则运行结果为:

```
The area is:
12
```

事实上,C++程序通常由编译预处理命令、函数、语句、对象、变量、类、输入、输出及注释等几个部分组成。

(1) 编译预处理命令。在 C++程序的开头的行,以"♯"作为标记的命令项(该命令不以";"做语句的结束标志),称为编译预处理命令。编译预处理命令是在程序被正常编译之前执行的,故又称为预处理命令。C++提供的编译预处理命令主要有宏定义命令、文件包含命令和条件编译命令三种。

(2) 函数。函数是构成 C++程序的基本单位,一个 C++程序由若干个函数构成。函数包含函数说明部分和函数体,函数体一般由说明语句和执行语句构成。C++的函数分为两类:由 C++系统提供的标准库函数和用户根据需要自己定义的函数。另外,一个 C++程序中必须有一个而且只能有一个主函数。主函数名是 main(),它是程序的入口,主函数可以调用其他函数,其他函数可以相互调用,但是其他函数不能调用主函数。

(3) 语句。语句是构成 C++程序的基本单元,用来描述程序的执行过程,以分号";"作为语句结束标志。一条语句可以占用多行,多条语句可以安排在一行中。

(4) 对象和变量。大多数 C++程序都有对象和变量,变量的类型很多,基本类型有整型、实型、字符型等,对象是一种"类"类型的变量。

(5) 类。类是 C++中特殊的数据类型,类包含数据成员和成员函数。类典型的特征是将数据和数据操作方法封装在一起,作为一个整体使用。

(6) 输入与输出。C++不仅保留了 C 语言的输入、输出系统,还增加了标准输入、输出流。使用标准输入、输出流时,用 ♯include 将其头文件包含进来。

(7) 注释。C++允许在程序中使用注释来提高程序的可读性。注释方法有以下两种:

① 以"//"开头的文字一直到行尾,称为行注释;

② 兼容 C 语言的注释,即把注释内容放在一对符号"/ ＊ "与" ＊ /"之间,可以占用多行,称为段落注释。

 ## 1.2　C++的输入与输出

1.2.1　C 语言中的 printf 和 scanf 的缺陷

C 语言程序一般采用 scanf 函数和 printf 函数来进行数据的输入和输出操作。例如在下面这段程序中,采用 scanf 函数实现从键盘输入两个十进制整数,采用 printf 函数将输入的两个十进制数输出到终端(显示器)。

例1.5　输入两个十进制整数并输出。

```c
#include<stdio.h>
void main()
{
    int a,b;
    scanf("%d%d",&a,&b);
    printf("%d,%d\n",a,b);
}
```

在 C 语言中要执行输入和输出操作,必须指定输入或输出数据的格式,这是 C 语言的缺陷。在例 1.5 的程序中,分别输入和输出两个十进制整数,都使用了"％d"格式控制。如果要输入、输出不同类型的数据,必须指定不同的数据格式控制。这给编写程序带来了一定的难度。在 C++中,这个问题得到了很好的解决。

1.2.2 标准输入/输出(I/O)流类

C++保留了 C 语言的输入、输出系统,可以直接使用 C 语言输入、输出方式进行数据的输入、输出。另外,在 C++的编译系统中,有一个 I/O 流类库,数据的输入与输出可以通过 I/O 流来处理。"流"是 C++的一个重要概念,数据从一个对象到另一个对象的流动抽象为"流",它负责在数据的生产者与数据的消费者之间建立联系并管理数据的流动。当数据从外部对象流向程序时称为"输入流",当数据从程序流向外部对象时称为"输出流"。使用 C++的 I/O 标准流进行数据的输入、输出操作时,系统能自动完成数据类型的转换。表1-2 列出了 C++的 I/O 标准输入、输出流类。

表 1-2 I/O 标准输入、输出流类

类 名		说 明	包含文件
抽象流基类	ios	流基类	iostream. h
输入流类	istream	通用输入流类和其他输入流的基类	iostream. h
	ifstream	输入文件流类	fstream. h
	istream_withassign	cin 的输入流类	iostream. h
	istrstream	输入字符串流类	strstrea. h
输出流类	ostream	通用输出流类和其他输出流的基类	iostream. h
	ofstream	输出文件流类	fstream. h
	ostream_withassign	cout、cerr 和 clog 的输出流类	iostream. h
	ostrstream	输出字符串流类	strstrea. h
输入/输出流类	iostream	通用输入/输出流类和其他输入/输出流的基类	iostream. h
	fstream	输入/输出文件流类	fstream. h
	strstream	输入/输出字符串流类	strstrea. h
	stdiostream	标准 I/O 文件的输入/输出类	swtdiostr. h
流缓冲区类	streambuf	抽象流缓冲区基类	iostream. h
	filebuf	磁盘文件的流缓冲区类	fstream. h
	strstreambuf	字符串的流缓冲区类	strstrea. h
	stdiobuf	标准 I/O 文件的流缓冲区类	stdiostr. h
预先定义的流初始化类	iostream_init	预先定义的流初始化类	iostream. h

为了方便程序设计,C++系统提供了 4 个预定义的标准 I/O 流对象,即 cin、cout、cerr 和 clog,如表 1-3 所示。使用这些对象时,必须在程序的开头用 ＃include 将其头文件 iostream. h 包含进来。

表 1-3　C++系统预定义的标准 I/O 流对象

流 对 象 名	含　　义	缺 省 设 备
cin	标准输入	键盘
cout	标准输出	显示器
cerr	标准错误输出	显示器
clog	cerr 的缓冲形式	显示器

1. 数据的输入

数据的输入可以使用输入流对象 cin,cin 代表标准输入设备(键盘),使用提取符">>",表示从设备(键盘)获取数据送到输入流对象 cin 中,然后送到内存中的变量。使用 cin 可以获得多个从键盘的输入值,其具体使用格式如下:

cin>>表达式 1>>表达式 2>>…>>表达式 n;

其中,提取符后面的表达式通常是获取输入数据的变量或对象。例如:

```
int x,y;
double m,n;
cin>>x>>y>>m>>n;
```

此时,要求从键盘输入两个整数和两个实数,输入时,数值之间用空格(空格数量不限)或回车隔开。执行上述语句,用户可以输入:

```
6 8 7.5 8.9↙        //输入时中间加空格
```

或

```
6↙          //输入时按回车
8↙
7.5↙
8.9↙
```

变量 x 获取值为 6,变量 y 获取值为 8,变量 m 获取值为 7.5,变量 n 获取值为 8.9。

注意:使用输入流对象 cin 可以输入任何类型的数据,且不需要在提取符后面指定数据的类型。

2. 数据的输出

数据的输出可以使用输出流对象 cout,cout 代表标准输出设备(显示器),使用插入符"<<",将数据输出到流对象 cout(显示器)中,其具体使用格式如下:

cout<<表达式 1<<表达式 2<<…<<表达式 n;

其中,插入符后面的表达式通常是要输出到屏幕的常量、变量、字符串、转义字符、对象或其他表达式。

例如,将 x,y 的值以及 x+y 的值在屏幕上显示出来,可用如下命令:

```
int x=3,y=4;
cout<<"x="<<x<<"\t"<<"y="<<y;
cout<<"\nx+y="<<x+y<<endl;        //其中字符串"x+y="作为提示文本原样输出
```

执行上述语句,输出结果为:

```
x=3   y=4
x+y=7
```

对比一下 C 语言中的输入和输出,不难看出 C++语言要方便得多。

> **注意**:使用输出流对象 cout 可以输出任何类型的数据,且不需要在插入符后面指定数据的类型,系统会自动按数据本身的类型进行输出。

1.2.3 I/O 格式控制符

使用 cin 和 cout 进行输入与输出操作时,不管输入或输出的数据是什么类型,它们都能够自动地按照正确的默认格式处理。但有时需要设置特殊的格式,这时就要用到格式控制符。

在 C++的 I/O 流库中提供了一些格式控制符,这些控制符可直接嵌入到 I/O 语句中,实现 I/O 的格式控制。表 1-4 给出了一些常用的格式控制符。但必须注意的是,在使用 setprecision(int p)、setw(int w)和 setfill(char ch)这些控制符时,在程序的开头除了包含"iostream. h"头文件外,还必须包含"iomanip. h"头文件。

表 1-4　C++常用的 I/O 格式控制符

控　制　符	含　　义	控　制　符	含　　义
dec	数值用十进制表示	ends	插入空字符
hex	数值用十六进制表示	flush	刷新流,不插入换行符
oct	数值用八进制表示	setprecision(int p)	设置实数输出的有效位数为 p
ws	提取空白字符	setw(int w)	设置输出域宽为 w
endl	插入换行符,并刷新	setfill(char ch)	设置填充字符为 ch

例 1.6　使用 cout 格式控制符输出。

```cpp
#include<iostream>
#include<iomanip>
using namespace std;
void main()
{
    int nNum=123;
    double fNum=1.2345678,dNum=9.876543;
    cout<<"1234567890"<<endl;
    cout<<setw(10)<<nNum<<endl;        //整型数据默认靠右对齐,左边以空格填充
    cout<<setw(2)<<nNum<<endl;         //设置域宽小于实际长度时无效
    cout<<fNum<<endl;                  //实型数据默认有效数字为 6 位,靠左对齐
    cout<<setw(10)<<fNum<<endl;
    cout<<setw(3)<<fNum<<endl;
    cout<<setw(10)<<setfill('*')<<nNum<<endl;
    cout<<setw(10)<<fNum<<endl;        //设置域宽为 10
    cout<<ends<<setw(3)<<setprecision(2)<<fNum<<endl;
    cout<<dNum<<endl;
    cout<<setfill('#')<<setw(5)<<dNum<<endl; //设置域宽为 5,不足部分以"#"填充
    cout<<ends<<setw(4)<<setprecision(3)<<fNum<<endl;
}
```

运行结果如下：

```
1234567890
       123
123
1.23457
    1.23457
1.23457
*******123
***1.23457
  1.2
9.9
##9.9
1.23
```

注意：①使用 setw(int w)用于设置数据输出占用的宽度，当其设置的宽度小于实际宽度时，该设置无效，数据按实际长度输出；setw(int w)只对紧跟其后的数据有效，如果要设置多个数据的域宽，必须要多次使用 setw(int w)。

② 使用 setprecision(int p)设置实型数据输出的有效数字个数，其有效位不包括小数点在内。setprecision(int p)的作用域从使用开始一直到重新设置或程序结束为止。

③ setfill(char ch)设置输出数据时填充字符，只能是单个字符，必须用单引号引起来。

在有些情况下，程序中数据需要以八进制和十六进制的形式输出。在输出流中插入控制符 dec(十进制)、oct(八进制)、hex(十六进制)即可。

例1.7　不同进制数输出。

```cpp
#include<iostream>
using namespace std;
void main()
{
    int num;
    cout<<"请输入一个整型数据:";
    cin>> dec>> num;
    cout<<"八进制数是:"<<oct<<num<<endl;
    cout<<"十进制数是:"<<dec<<num<<endl;
    cout<<"十六进制数是:"<<hex<<num<<endl;
}
```

运行结果如下：

请输入一个整型数据:2010↙
八进制数是:3732
十进制数是:2010
十六进制数是:7da

1.2.4　输入输出操作的成员函数

cin 是 istream 类的对象，"＞＞"是提取操作符；cout 是 ostream 类的对象，"＜＜"是插

人操作符。不同数据类型的输入和输出可以通过"＞＞"和"＜＜"来进行。如果要把输入的空格、制表符、换行符和回车等任意字符当作字符读入，就要使用 istream 和 ostream 类中的相关成员函数。

1. 输入操作的成员函数

输入流 istream 操作的成员函数 get 函数、getline 函数和 read 函数用于输入一个字符或一串字符。

1）get 和 getline 函数

get 函数可以从输入流中读取一个字符，有三种格式：

```
int get();                                             //格式 1
istream&get(char &ch);                                 //格式 2
istream&get(char *str,int length,char delimiter='结束字符'); //格式 3
```

其中：格式 1 表示读取一个字符并转换成整型数据；格式 2 表示读取一个字符到 ch 中；格式 3 表示读取一个字符串由 str 返回，参数 length 表示指定读取字符的数量不超过 length－1 个字符，参数 delimiter 表示指定读入结束的字符，默认值是换行符('\n')。

getline 函数可以从输入流中读取一串字符，其格式如下：

```
istream&getline(char *str,int length,char delimiter='结束字符');
```

例 1.8 get 和 getline 函数的应用。

```
#include<iostream>
using namespace std;
void main()
{
    char s1,s2,s3[50],s4[50];
    cout<<"请输入一个字符:";
    cout<<cin.get()<<endl;
    //读取输入的一个字符并输出对应的 ASCII 码值,默认值是 ASCII 码值
    cin.get();                    //提取换行符
        cout<<"请输入两个字符:";
    cin.get(s1).get(s2);          //读取输入的两个字符分别到 s1 和 s2 中
    cout<<s1<<s2<<endl;
    cin.get();                    //提取换行符
    cout<<"请输入一串字符:";
    cin.get(s3,50);
    cout<<s3<<endl;
    cin.get();                    //提取换行符
    cout<<"请输入一串字符:";
    cin.getline(s4,50);
    cout<<s4<<endl;
}
```

运行结果如下：

```
请输入一个字符:d↙
100
请输入两个字符:mn↙
```

```
mn
请输入一串字符:Good↙
Good
请输入一串字符:Bye↙
Bye
```

其中,get(s3,50)和 getline(s4,50)函数输入字符的结束符是回车符,系统默认的。

2) read 函数

read 函数可以从输入流中读取一行字符串或多行字符串,其格式如下:

```
istream&read(char *str,int length);
```

例 1.9 read 函数的应用。

```
#include<iostream>
using namespace std;
void main()
{
    char ch[100];
    char *str=ch;
    cout<<"read 函数的使用!"<<endl;
    cout<<"请输入字符:"<<endl;
    cin.read(str,100);              //从输入流中读取字符到 str 中
    str[cin.gcount()]='\0';         //将 str 中最后一个字符设置为 0
    cout<<str<<endl;
}
```

运行结果如下:

```
read 函数的使用!
请输入字符:
istream↙
ostream↙
^Z↙
istream
ostream
```

其中,^Z 表示按下"Ctrl+Z"键结束字符输入,gcount()函数是获取流对象中字符个数。

2. 输出操作的成员函数

输出流 ostream 的成员函数 put()和 write()用于输出单个字符或多个字符,其格式为:

```
ostream&put(char ch);
ostream&write(const char *str,int length);
```

其中:put()函数可以把一个字符写到输出流中;write()函数可以把 str 指向的字符串以 length 长度输出,当 length 等于字符串 str 长度时输出整个字符串。

例 1.10 put 和 write 函数的应用。

```
#include<iostream>
#include<string>
using namespace std;
void main()
```

```
{
        char s1[100],s2[50]="HAPPY NEW YEAR";
        cout<<"put 和 write 函数的使用!"<<endl;
        cout<<'M'<<endl;
        cout.put('M');                        //输出一个字符
        cout.put('\n');
        cout<<"请输入一串字符:";
        cin.read(s1,100);                      //从输入流中读取字符到 s1 中
        cout.write(s1,5)<<endl;                //将 s1 中的字符写到输出流中
        cout.write(s2,strlen(s2))<<endl;
}
```

运行结果如下:

```
put 和 write 函数的使用!
M
M
请输入一串字符:write↙
^Z↙
write
HAPPY NEW YEAR
```

1.2.5　文件流

文件按数据的组织方式,可以分为文本文件和二进制文件。文本文件又称 ASCII 码文件,文件中每一个字节都是以 ASCII 码值存放的,输出时系统自动地对字符进行相应的转换。二进制文件将数据以二进制形式存放。文件按处理方式分为顺序文件和随机文件。顺序文件处理从文件的开头一直到文件最后。随机文件处理是通过相关的函数移动文件指针,并指向要处理的字符。

1.2.6　顺序文件

1. 文件的打开

C++中打开或创建一个指定的文件,首先声明一个流类的对象,然后使用 open()函数打开相应的文件。

（1）声明对象:

```
ifstream ifile;            //声明一个输入(读)文件流对象 ifile
ofstream ofile;            //声明一个输出(写)文件流对象 ofile
fstream iofile;            //声明一个输入输出文件流对象 iofile
```

（2）打开文件:使用 open()函数可以打开文件。其格式如下:

　　　　文件流对象名.**open(const char ∗ filename,int mode,int prot＝filebuf∷openprot)**;

其中:filename 是文件名;mode 是文件打开模式,mode 的取值如表 1-5 所示,可用或"|"组合在一起;prot 是文件的访问方式(0 表示普通文件,1 表示只读文件,2 表示隐含文件,3 表示系统文件)。

使用流对象打开指定文件,例如:

```
ifile.open(""D:\\C++\\example.txt",ios::ate);
```
上述语句表示以只读方式打开 example. txt 文本文件,并将文件指针定位到文件尾。
```
ofile.open(""D:\\C++\\example.txt",ios::binary);
```
表示以二进制方式打开一个可写的文件。
```
iofile.open(""D:\\C++\\example.txt",ios::in|ios::out);
```
表示打开一个可读可写的文件。

除了使用 open()函数打开文件之外,可在声明对象时指定文件名。将上面的两条语句合并成一条语句。例如:
```
ifstream ifile("D:\\C++\\example.txt",ios::ate);
ofstream ofile("D:\\C++\\example.txt",ios::binary);
fstream iofile("D:\\C++\\example.txt",ios::in|ios::out);
```

表 1-5 文件流打开模式

标　　志	功　　能
ios::app	打开一个输出文件用于在文件尾添加数据
ios::ate	打开一个现存文件(用于输入/输出)并查找到结尾
ios::in	打开一个输入文件,对 ifstream 流对象,此模式是默认的
ios::out	打开一个文件用于输出,对 ofstream 对象,此模式是默认的
ios::nocreate	检测一个文件是否存在,若文件不存在,则打开失败
ios::noreplace	检测一个文件是否存在,若文件已存在,则打开失败
ios::trunc	打开一个文件,若已存在该文件,则删除其中内容,若指定了 ios::out,但未指定 ios::ate,ios::app,ios::in,则默认此模式
ios::binary	以二进制形式打开文件,默认是文本文件

2. 文件的关闭

当文件操作结束时应关闭文件,关闭文件 close 函数的格式如下:

文件流对象名. close();

close 函数可以将缓冲区中的内容刷新,撤销流与文件之间的连接,没有返回值。例如:ofile. close();表示关闭 example. txt 文件。

3. 文件的读写

使用 get、getline、read 函数以及提取符“＞＞”可以从文件中读取内容;使用 put、write 函数以及插入符“＜＜”可以向文件中写入内容。

例 1. 11 文件输出流的应用。

```
#include<iostream>
#include<fstream>
using namespace std;
void main()
{
    char str[100];
```

```
    ofstream myFout("D:\\C++\\example.txt",ios::out);       //创建文件输出流对象
    cout<<"文件输出流应用!"<<endl;
    if(myFout.fail())//判断文件是否存在,如果存在则调用 open 函数打开
    {
        cout<<"This file does not exist!"<<endl;
        return;                                             //文件出错,结束程序运行
    }
    else
    {
        cout<<"Open this file!"<<endl;
    }
    for(int i=0;i<4;i++)
    {
        cin>>str;                                           //输入 4 个字符串
        myFout<<str<<endl;                                  //通过对象 myFout 写入相应的文件
    }
    myFout.close();                                         //关闭文件
}
```

运行结果如下:

```
文件输出流应用!
Open this file!
百川东到海↙            //输入文件内容
何时复西归↙
少壮不努力↙
老大徒伤悲↙
```

说明:程序运行结束后,在 D 盘 C++文件夹下生成了 example.txt 文件,并将输入的内容保存到此文件中。

例 1.12 文件输入流的应用。

```
#include<iostream>
#include<fstream>
using namespace std;
void main()
{
    char str[100];
    ifstream myFin("D:\\C++\\example.txt",ios::in);        //创建文件输入流对象
    cout<<"文件输入流应用!"<<endl;
    if(myFin.fail())//判断文件是否存在,如果存在则调用 open 函数打开
    {
        cout<<"This file does not exist!"<<endl;
        return;
    }
```

```
        else
        {
            cout<<"Open this file!"<<endl;
        }
        for(int i=0;i<4;i++)
        {
            myFin>>str;                      //通过对象 myFin 对文件进行读出操作
            cout<<str<<endl;
        }
        myFin.close();
    }
```

程序读取的内容是例 1.11 写入的内容。运行结果如下：

文件输入流应用！

Open this file!

百川东到海

何时复西归

少壮不努力

老大徒伤悲

例 1.13 将 FileRead 文件内容写入到 FileWrite 文件中，并将其显示出来。

```
#include<iostream>
#include<fstream>
using namespace std;
void main()
{
    char str;
    fstream FileRead,FileWrite;
    FileRead.open("D:\\C++\\FileRead.txt",ios::in);      //打开文件用于读文件
    FileWrite.open("D:\\C++\\FileWrite.txt",ios::out);    //打开文件用于输出文件
    while(!FileRead.eof())                                //判断是否读完文件
    {
        FileRead.read(&str,1);
        cout<<str;
        FileWrite.write(&str,1);
    }
    FileWrite.close();
    FileRead.close();
}
```

1.2.7 随机文件

C++提供了非顺序访问文件的功能即随机访问文件，从而达到快速查找、修改和删除文件内容的目的。

为快速定位文件指定的位置，可用 seekp()和 seekg()函数实现。函数格式如下：

```
istream seekg(long pos);
```

表示将输入文件流的指针移到指定位置，pos 指定文件指针移到第 n 个字节后。

```
ostream seekp(long pos);
```

表示将输出文件流的指针移到指定位置，pos 指定文件指针移到第 n 个字节后。

例 1.14 随机文件访问应用。

```
#include<iostream>
#include<fstream>
#include<string>
using namespace std;
void main()
{
    char i,str[50]={"READWRITECLOSE"};
    fstream file("D:\\C++\\Stud.txt",ios::in|ios::out|ios::binary);
                                        //打开当前目录文件
    if(!file)
    {
        cerr<<"文件打开失败!"<<endl;      //cerr 错误输出流对象
        return;
    }
    file.write(str,strlen(str));        //将 str 值写入 Stud.txt 文件
    file.close();
    file.open("D:\\C++\\Stud.txt",ios::in|ios::binary);
    file.seekg(3);                      //将文件指针移到第 3 个字节后
    file.read(&i,1);                    //将文件第 4 个字符读入 i 中
    cout<<"第 4 个数是"<<(int)i;          //i 的值以整型显示
    i='!';
    file.seekg(4);                      //将文件指针移到第 4 个字节后
    file.put(i);                        //将 i 值写入第 5 个字节
    cout<<",第 5 个字符是"<<i<<endl;
    file.close();
}
```

运行结果如下：

第 4 个数是 68,第 5 个字符是!

说明：先在 D 盘 C++文件夹下新建 Stud.txt 文件，程序执行时将 str 数组值写入 Stud.txt 文件；将文件指针移动后，输出结果。

1.3 C++的函数

函数是一个具有独立功能的程序模块，能完成一个相对独立的功能。利用函数编写程序，可以将一个复杂的任务分解为若干个简单的子任务来分别解决。事实上，一个完整的 C++程序一般包含一个 main 函数和若干个其他函数，main 函数可以调用其他函数，其他

函数之间也可以相互调用,函数还可以调用自身,实现递归。C++函数的定义和使用方法与C语言函数的定义和使用方法基本相同。

1.3.1 函数的定义

在C++中,定义一个函数的语法格式如下:

类型标识符　函数名(类型说明的形式参数列表)

{

函数体

}

下面定义一个函数求两个形参中的较大者。

```
int max(int x,int y)
{
    int m;
    if(x>y)    m=x;
    else       m=y;
    return m;
}
```

说明:①类型标识符表示函数的返回值类型。类型可以是C++语言中的基本数据类型,也可以是结构体或类类型等。若被调函数的返回值需要返回给主调函数,则由被调函数中的return语句带回,若无返回值,则函数的返回值类型为void,且函数体中不必写return语句。

② 函数名属于C++标识符,应符合标识符的命名规则,命名规则与C语言相同。

③ 形参列表是指函数调用时需要传递的参数。如果函数需要有形式参数,应说明形式参数的类型;如果不需要有形式参数,形式参数列表为空(void)。如果有多个参数,参数之间用逗号隔开。如上例中函数的参数列表有两个参数。

④ 函数体是函数的主体部分,描述函数的具体功能。函数体通常由说明语句和执行语句构成。

⑤ 函数的返回值只有一个,使用return语句。例如

```
return m;
```

也可以使用:

```
return(m);
```

例1.15 求长方形的面积。

```
#include<iostream>
using namespace std;
void main()
{
    int A,B,S;
    int area(int X,int Y);
    cout<<"please input the data:";
    cin>>A>>B;
    S=area(A,B);                        //调用函数 area(A,B)的结果并赋值给 S
    cout<<"the area is:"<<S<<endl;
}
```

```
        int area(int X,int Y)                       //定义 area 函数,计算长方形面积
        {
            int Z;
            Z=X*Y;
            return Z;                                //将 Z 返回给主调函数
        }
```

运行结果如下:

```
        please input the data:3  4↙              //输入
        the area is:12                            //输出
```

1.3.2　函数的调用

函数定义后,在程序中仍是一段静态的代码,不起任何作用,只有调用该函数时才能执行该函数的功能。C++程序中,函数是可以相互调用的,调用其他函数的函数称为主调函数,而被其他函数调用的函数称为被调函数。除 main 函数外,如果一个函数既调用了其他函数,又被另外的函数调用,则该函数既是主调函数又是被调函数。

1. 函数的声明

在 C++程序中,一般将被调函数放置在主调函数的前面,如果主调函数在被调函数之前,则必须在主调函数中声明函数原型,其具体语法格式如下:

函数类型　被调函数名(类型说明的形参列表);

如例 1.15 的第 6 行"int area(int X,int Y);"就是对 area 函数的声明。

```
        int area(int X,int Y);
```

还可以写成:

```
        int area(int,int);
```

两者之间是等价的。

> **注意**:在主调函数中,对被调函数应"先声明,后调用",即函数的声明语句应出现在函数的调用语句之前。

2. 函数调用

函数一旦定义后,就可以反复调用,对函数调用可以是一条语句,也可以是一个表达式。函数调用的一般形式为:

函数名(实参列表);

如例 1.15 中第 9 行"S=area(A,B);"语句中的 A,B 就是函数的实际参数(简称实参)。通常情况下,函数的实参可以是常量或变量,也可以是表达式;函数实参的个数和类型应该与函数定义时的形参的个数和类型保持一致,并按顺序一一对应。

例 1.16　利用函数调用求长方形的面积。

```
        #include<iostream>
        using namespace std;
        int length,width,square;
        void sayHi()                              //定义函数 sayHi()
```

```
{
    cout<<"Please input:"<<endl;
}
void input(int a,int b)                     //定义函数 input()
{
    length=a;
    width=b;
}
void main()//定义主函数 main()
{
    sayHi();                                //在主函数中调用 sayHi()函数
    int a,b;
    cin>>a>>b;
    input(a,b);                             //在主函数中调用 input()函数
    void output();                          //在主函数中声明 output()函数原型
    output();                               //在主函数中调用 output()函数
}
void output()                               //定义函数 output()
{
    square=length*width;
    cout<<"The area is:"<<square<<endl;
}
```

该程序运行时输入：

```
Please input:
8 6↙
```

计算结果为：

```
The area is:48
```

在上面的程序中，函数 sayHi()和 input()在主函数之前定义，所以主函数可直接调用，不必声明函数原型，而 output()函数在主函数之后定义，在主函数中调用它时，必须首先声明它的函数原型，然后再调用。

C++不允许函数嵌套定义，但允许嵌套调用。如果函数 A 调用了函数 B,而函数 B 又调用了函数 C,这种情况称为函数的嵌套调用。将例 1.16 的程序修改成嵌套调用,程序如下：

```
#include<iostream>
using namespace std;
int length,width,square;
void sayHi()
{
    cout<<"Please input:"<<endl;
}
void input(int a,int b)
{
    length=a;
    width=b;
}
```

```
void main()
{
    sayHi();
    int a,b;
    cin>>a>>b;
    input(a,b);
    void output();          //声明 output()函数的原型
    output();               //调用 output()函数
}
void sayPrompt()            //定义函数 sayPrompt
{
    cout<<"The area is:";
}
void output()
{
    square=length*width;
    sayPrompt();            //调用函数 sayPrompt()
    cout<<square<<endl;
}
```

该程序运行结果为：

```
Please input:
6 8↙
The area is:48
```

可以看出，主函数 main()调用了 output()函数，而 output()函数又调用了 sayPrompt()函数，从而形成了函数的嵌套调用。

一个函数不仅可以调用其他函数，而且还可以直接或间接地调用它自身，这种情况称为递归调用。直接递归调用是指函数 A 自己调用自己，而间接递归调用是指函数 A 调用了函数 B，而函数 B 又调用了函数 A。

3. 函数的参数传递

C++编程时，在函数调用过程中，数据之间的传递是通过形参与实参的虚实结合来实现的。参数之间虚实结合的方式有两种：值传递和引用型变量传递。

1）值传递

进行函数调用时，如果采用值传递方式，此时，实参会初始化形参，直接将实参的值传递给形参。这一过程是单向的，形参只要获得了实参的值，就与实参脱离关系，在执行被调函数期间，无论形参值怎样发生变化都不会影响实参，因为形参和实参不是同一个存储单元。前面的例 1.16 中的函数调用就是值传递。下面的程序无法实现两个变量的值互换。

例 1.17 一个错误的程序。

```
#include<iostream>
using namespace std;
void Destroy(int m,int n)//定义 Destroy 函数,使用普通变量做形参
```

```
{
    int k;
    k=m;
    m=n;
    n=k;
}
void main()
{
    int x,y;
    cin>>x>>y;
    Destroy(x,y);
    cout<<x<<","<<y<<endl;        //调用 Destroy 函数,传递实参的值
}
```

运行结果如下:

```
1 2↙
1,2
```

输出 x,y 的值并没有发生改变,这是因为上述程序在调用函数时,采用的是值传递方式,传递的是实参的值,而且是单向传递,形参的改变不会影响到实参,所以 m 和 n 的值的改变不会改变 x 和 y 的值。

2) 引用型变量传递

引用可以被看作一个变量的别名,与变量标识同一个存储单元。在函数调用过程中,引用型变量传递与值传递不同。如果将一个引用型变量作为函数的形参,该形参被实参初始化后,将成为实参的一个别名,在执行被调函数期间,只要形参值发生变化都会直接影响实参值的改变,因为形参与实参都是同一个存储单元地址,对形参的任何操作也就等同于对实参的相应操作。

引用型变量传递与值传递在主函数中的调用语句是完全一样的,只是函数形参的写法不同。下面的程序将顺利实现两个变量的值交换。

例 1.18 使用引用型变量做函数的形参,实现两个变量值的交换。

```
#include<iostream>
using namespace std;
void Destroy(int &m,int &n)        //定义 Destroy 函数,使用引用型变量做形参
{
    int k;
    k=m;
    m=n;
    n=k;
}
void main()
{
    int x,y;
    cin>>x>>y;
    Destroy(x,y);
    cout<<x<<","<<y<<endl;    //调用 Destroy 函数,传递实参的别名
}
```

运行结果如下：

```
1 2↙
2,1
```

输出 x,y 的值已经发生改变,这是因为上述程序在调用函数时,采用引用型变量做函数的形参,所以改变形参 m 和 n 的值等同于改变实参 x 和 y 的值。

1.3.3　内联函数

使用函数模块化编程,既有效地提高了程序代码的重用率,又便于修改与维护。但调用函数也会降低程序的执行效率。因为调用函数时,系统要进行现场处理工作,首先要保存主调函数的现场和返回地址,然后转到被调函数的起始地址去执行被调函数,被调函数执行完毕后,再恢复主调函数的现场状态,取出返回地址,返回到主调函数的调用处,继续执行主调函数后面的语句。这一系列操作需要占用一定的时间,因此,当函数调用频繁时,附加的现场处理工作所占用的时间比较多,降低了程序的运行速度。所以,对于那些功能简单、规模较小且使用频繁的函数,可以将其设计为内联函数。

内联函数是一种实现了嵌入功能的函数,在被调用时不发生控制转移,而是在编译时将函数体嵌入到调用处。将函数的调用转换成程序代码的顺序执行,节省了在参数传递、控制转移等方面所占用的系统资源,减少程序的运行时间,提高程序的运行速度。

内联函数定义的一般格式如下：

inline　类型说明符　被调函数名（类型说明的形参列表）

例 1.19　利用内联函数求三角形的面积。

```
#include<iostream>
#include<cmath>
using namespace std;
inline double area(double L,double W,double H)
{                                    //定义内联函数,计算三角形的面积
    double a=0.5*(L+W+H);
    double s=sqrt(a*(a-L)*(a-W)*(a-H));
    return s;}
void main()                          //主函数
{
    double  x(3.0);                  //x、y、z 是三角形的边长
    double  y(4.0);
    double  z(5.0);
    double  newArea;
    newArea=area(x,y,z);             //调用内联函数求三角形的面积
    cout<<newArea<<endl;
}
```

该程序的运行结果：

```
6
```

上述程序中的"double x(3.0);"是一个变量初始化语句,等价于"double x=3.0;"。

注意:①内联函数内不能有循环语句、switch 语句和复杂嵌套的 if 语句;

② 内联函数的定义必须出现在第一次被调用之前定义;

③ 对内联函数不能进行异常接口声明;

④ 内联函数不能进行递归调用。

1.3.4　带默认参数的函数

Ｃ＋＋允许在声明函数或定义函数时,为形参指定一个默认值。调用该函数时如果给出对应的实参,则将实参值传给形参;如果没有给出对应的实参,则形参值就是指定的默认值。

例如:

```
void area(int L=6,W=8);              //定义函数,指定形参的默认值
{
      return L*W;
}
void sum(int a=4,int b=8);           //声明函数,指定形参的默认值
```

例 1.20　使用默认形参值的函数编程。

```
#include<iostream>
using namespace std;
int area(int x=7,int y=8)            //定义函数,指定形参默认值
{
      int z;
      z=x*y;
      return z;
}
void main()
{
      int A,B,S1,S2,S3;
      cout<<"please input the data:";
      cin>>A>>B;                    //输入 A,B 的值(假定输入:A=2,B=3)
      S1=area();                    //调用函数,使用形参两个默认值(x=7,y=8)
      S2=area(A);                   //调用函数,使用一个传递实参,一个默认参数(x=2,y=8)
      S3=area(A,B);                 //调用函数,传递两个实参(x=2,y=3)
      cout<<"S1="<<S1<<endl;
      cout<<"S2="<<S2<<endl;
      cout<<"S3="<<S3<<endl;
}
```

运行结果如下:

```
please input the data:2 3✓
S1=56
S2=16
S3=6
```

23

为函数定义默认的形参值时必须注意：

(1) 当函数有多个默认形参值时，默认形参的值应按从右到左的顺序赋值。例如：

```
int area(int a=8,int b)        //错误
int area(int a,int b=6)        //正确
int area(int a=8,int b=6)      //正确
```

(2) 当函数既有声明又有定义时，只能在声明时指定默认形参值，不能在函数定义时指定默认形参值。

例 1.21 声明时指定默认形参值的使用。

```
#include<iostream>
using namespace std;
int add(int x=7,int y=8);            //声明函数,指定形参默认值
void main()
{
    int A,B,S;
    cout<<"please input the data:";
    cin>>A>>B;
    S=add(A,B);
    cout<<"S="<<S<<endl;
}
int add(int x,int y)                 //定义函数,不能指定形参默认值
{
    int z;
    z=x+y;
    return z;
}
```

(3) 形参的默认值可以是全局常量、局部常量，甚至是一个函数，但决不能是变量。在相同的作用域内，默认形参值的定义必须唯一，但在不同的作用域内，指定的默认形参值可以不同。

例 1.22 默认形参值为全局常量和局部常量的使用。

```
#include<iostream>
using namespace std;
int L,W,S;
void input(int a=2,int b=3)          //定义函数,指定全局默认形参值
{
    L=a;
    W=b;
}
void output()
{
    S=L*W;
    cout<<"The area is:"<<S<<endl;
}
```

```
        void show()
        {
                void input(int a=5,int b=6);        //声明函数,指定局部默认形参值
                input();                            //调用函数,使用局部默认的形参值(a=5,b=6)
                output();
        }
        void main()
        {
                input();                            //调用函数,使用全局默认的形参值(a=2,b=3)
                output();
                input(8,6);                         //调用函数,用实参初始化形参
                output();
                show();
        }
```

运行结果如下:

```
The area is:6
The area is:48
The area is:30
```

1.3.5 重载函数

在现实生活中,经常会进行一些类似的活动。例如打排球、打篮球、打羽毛球等,虽然都是打球,但具体的打法却截然不同。

在编程中,同样也存在类似的情况。有时所用到的若干函数执行的功能类似,但这些函数在具体的操作上又有些不同。以前都是用不同的名称来命名这些函数,这样很麻烦。C＋＋中可以用同样的名称来命名这些函数,这就是函数重载。

函数重载是指 C＋＋允许在同一作用域内使用一个函数名来定义多个函数,但这些函数形参的类型或个数必须有所不同,C＋＋系统编译器将根据实参与形参的类型和实参与形参的个数自动选择调用其中最合适的函数。

在 C＋＋中,可以将具有类似功能的函数在相同的作用域内以相同的函数名定义,这样就形成了函数的重载。

例如要求从 2 个或 3 个整数中求出最大值,如果不使用函数重载,就必须分别定义两个不同的函数,其原型为:

```
int max_2(int x,int y);
int max_3(int x,int y,int z);
```

如果使用函数重载,可以使用同一个函数名来定义函数,其原型为:

```
int max(int x,int y);
int max(int x,int y,int z);
```

例 1. 23　编程求 2 个或 3 个整数中的最大值。

```
#include<iostream>
using namespace std;
int max(int x,int y)                    //求两个整数中的最大值
```

```
    {
        if(x>y) return x;
        else return y;
    }
    int max(int x,int y,int z)  //求三个整数中的最大值
    {
        if(x>y) y=x;
        if(y>z) return y;
        else return z;
    }
    void main()
    {
        cout<<"max(1,5)="<<max(1,5)<<endl;
        cout<<"max(4,1,9)="<<max(4,1,9)<<endl;
    }
```

运行结果如下：

```
max(1,5)=5
max(4,1,9)=9
```

在上述程序中,对 max() 函数定义了两次形参类型相同,但个数不同,形成函数重载,因此在调用它们时,编译系统会自动根据形参的类型与个数来确定调用哪个 max() 函数。

1.4   指针和引用

C 语言中有灵活、实用和高效的指针操作,在 C++中,除了指针外,还引入了"引用"的概念,指针和引用在 C++程序设计中都是非常重要的。

1.4.1   指针变量

指针是地址,也就是内存地址。指针变量是存放内存地址的变量。指针变量中存放的不是普通的数据,而是地址。如果一个指针变量中存放的是某一个变量的地址,那么指针变量就指向那个变量。

1. 定义指针变量

定义指针变量的一般格式如下：

> **类型名   *指针变量名;**

类型名用来指定该指针变量可以指向的变量的类型,例如：

```
int *pInt1,*pInt2;
```

pInt1 和 pInt2 可以用来指向整型变量,也就是可以存放整型变量的地址。

"*"是定义指针变量的说明符。指针变量名是 pInt1、pInt2,而不是 * pInt1、* pInt2。定义指针后,系统会为指针分配一个内存单元,内存空间的大小是根据指针所指的数据类型决定的。指针指向的数据类型与指针的移动和运算相关,如"使指针移动 1 个位置"或"使指针值加 1",如果指针指向整型变量,表示地址值移动 2 个字节或增加 2 个字节;如果指针是指向一个实型变量,则移动或增加的不是 2 而是 4。

2. 指针的运算符

C++中有两个专门用于指针的运算符：

    &   取地址运算符

    *   取值运算符

取地址运算符"&"通常放在变量的前面,作用是取该变量的地址。取值运算符"*"通常放在指针变量前面,作用是取该指针所指存储单元中的内容。例如:

```
int a=8;              //声明整型变量 a,初值为 8
int *p=&a;            //声明指向整型变量的指针 p,其值为 a 的地址
int b=*p;             //声明整型变量 b,并将指针变量 p 所指存储单元中的内容赋值给 b
int *p1;              //声明指向整型变量的指针 p1
p1=p;                 //将指针变量 p 的地址赋给 p1,p1 也指向 a 的存储单元
                      //它等价于 p1=&a
```

注意:①定义指针变量之后,必须要对其初始化,否则无意义。

② 指针变量的类型必须与其存放的变量类型保持一致。

③ 指针变量之间赋值,必须使其类型相同。

④ 指针变量只能赋一个指针的值,若赋的是一个变量的值或常量的值,而不是变量的地址,系统会以这个值作为地址,根据这个"地址"读写的结果将是致命的。

例 1.24　指针变量的应用。

```
#include<iostream>
using namespace std;
void main()
{
    int a,*pi;
    pi=&a;                        //pi 指向 a
    *pi=8;                        //pi 所指存储单元数据为 8
    cout<<"a 的地址为:"<<&a<<endl;     //输出变量 a 的地址,不同机器,这个值不同
    cout<<"pi 的值为:"<<pi<<endl;      //输出变量 pi 的地址,不同机器,这个值不同
    cout<<"a="<<a<<endl;          //输出变量 a 的值
    a=10;
    cout<<"*pi="<<*pi<<endl;      //输出 pi 所指存储单元的数据
}
```

运行结果如下:

```
a 的地址为:0x0012FF7C
pi 的值为:0x0012FF7C
a=8
*pi=10
```

说明:运行结果中的 a 的地址是随机生成的。

1.4.2 指针和数组

对数组元素的存取操作一般使用数组下标来确定。每个数组元素都有相应的地址。可以使用指针指向数组首地址,通过指针对数组元素进行存取操作。

例如,定义数组如下:

```
int array[10];
int *p;
p=&array[0];                    //array[0]表示数组首元素的地址,也是数组的首地址
```

等价于

```
p=array;                        //数组名表示数组的首地址
```

通过指针引用数组元素。例如:

```
*(p+1)=2;                       //等价于 array[1]=2;
```

p+1 表示数组下一个元素 array[1] 的地址,而 p+i 表示数组第 i 个元素 array[i] 的地址。

由于数组名和指针变量都是地址值的变量,因此指向数组的指针变量也可以与数组名一样使用。例如:p[i] 与 array[i] 是等价的,*(p+i) 与 *(array+i) 是等价的。

例 1.25　指针和数组的应用。

```
#include<iostream>
using namespace std;
void main()
{
    int a[10],*p;
    p=a;
    for(int i=0;i<10;i++)
    a[i]=i+2;
    for(int i=0;i<10;i++)
    cout<<"a["<<i<<"]="<<p[i]<<" ";        //使用 p[i]下标引用数组元素
    cout<<endl;
    for(int i=0;i<10;i++)
    cout<<"a["<<i<<"]="<<*(a+i)<<" ";       //使用数组名*(a+i)引用数组元素
    cout<<endl;
    for(int i=0;p<a+10;p++,i++)
    cout<<"a["<<i<<"]="<<*p<<" ";           //使用指针*p引用数组元素
    cout<<endl;
}
```

运行结果如下:

```
a[0]=2 a[1]=3 a[2]=4 a[3]=5 a[4]=6 a[5]=7 a[6]=8 a[7]=9 a[8]=10 a[9]=11
a[0]=2 a[1]=3 a[2]=4 a[3]=5 a[4]=6 a[5]=7 a[6]=8 a[7]=9 a[8]=10 a[9]=11
a[0]=2 a[1]=3 a[2]=4 a[3]=5 a[4]=6 a[5]=7 a[6]=8 a[7]=9 a[8]=10 a[9]=11
```

1.4.3 引用

引用是为变量起的一个别名,定义引用类型变量,系统不会为其分配内存空间,它与引

用的目标变量使用同一个空间。对别名的操作等价于对目标变量的操作。

1. 引用的定义

引用定义的一般格式为：

  类型名　&引用名＝变量名；

其中,变量名是目标对象的引用,必须是已定义过的变量。例如：

```
int m=0,*p;
int &rm=m;
int *&rp=p;
```

这里,rm 是变量 m 的引用,它是变量 m 的别名,rp 是 p 的引用。

```
rm=rm+5;        //实质是 m 的值加 5,m 的结果为 5
```

　　注意：①定义引用类型变量,必须对其初始化,并且与其初始化的变量类型一致。引用一旦初始化,便不能再更新为其他变量。

　　② 当引用类型变量初始化的值是常数时,必须定义成 const 类型。const 修饰的类型为常类型,常类型或对象的值是不能更改的,例如：

```
const int &ra=2;
```

　　③不能引用数组名,因为数组是某个数据类型元素的集合,数组名表示该集合的起始地址,而不是数组中的某个元素。例如：

```
int arr[10];
int &rar[10]=arr;        //错误的
```

　　④没有引用的引用,因为引用本身不是一种数据类型。例如：

```
int n;
int &rn=n;
int &rnn=rn;        //是不允许的
```

2. 引用作为函数的参数

例 1.26　引用作为函数的参数应用。

```
#include<iostream>
using namespace std;
void fun(int b[],int n,int &rmax,int &rmin)
{
    for(int i=0;i<n;i++)
    {
        if(rmax<b[i])   rmax=b[i];
        if(rmin>b[i])   rmin=b[i];
    }
}
void main()
{
    int a[10]={1,2,3,4,5,6,7,8,9,10};
    int max,min;
    max=min=a[0];
```

```
        cout<<"max="<<max<<","<<"min="<<min<<endl;    //输出 max 和 min 的初值
        fun(a,10,max,min);
        //输出调用 fun 函数之后 max 和 min 的值
        cout<<"max="<<max<<","<<"min="<<min<<endl;
}
```

运行结果如下：

```
    max=1,min=1
    max=10,min=1
```

函数 fun 中的 &rmax 和 &rmin 是形参的引用说明，在执行 fun(a,10,max,min);时，实际是将实参 max、min 的地址传给形参，也就是说，对形参的任何操作就是对实参的操作，因为它们共同标识同一内存单元，形参值若改变，实参值也随着发生改变。

引用除了做函数的形参外，还可以做函数的返回值。

3. 函数的返回值为引用

例 1.27 函数的返回值为引用的应用。

```
    #include<iostream>
    using namespace std;
    double temp;
    double &fun1(double m)
    {
        temp=m+24.5;
        return temp;
    }
    double fun2(double m)
    {
        temp=m+24.5;
        return temp;
    }
    void main()
    {
        double &a=fun1(5.5);
        double b=fun1(5.5);
        double c=fun2(5.5);
        //double &b=fun2(5.5);
        //错误,函数 fun2 的返回值类型是 double,而不是 double &
        cout<<"a="<<a<<",b="<<b<<",c="<<c<<endl;
    }
```

运行结果如下：

```
    a=30,b=30,c=30
```

通常情况下，当函数的返回值是全局变量时可以返回引用，如果是函数的局部变量，函数返回时该引用的变量内存单元已被释放，所以不能返回。

1.5 C++新增运算符

1.5.1 C++语言中的动态内存管理运算符

在 C 语言程序中,经常使用标准库函数 malloc、calloc 和 free 来直接进行动态内存的分配和释放。在 C++中,除了可以使用上述的三个函数外,还可以使用运算符 new 和 delete 进行动态内存的分配和释放,并能检测到被分配的动态内存是否存在漏洞。

1. new 运算符

在 C++中,new 运算符用来动态分配内存空间,其使用一般格式为:

p＝new 类型(初值列表);

动态内存分配如果成功,new 运算符将返回一个指定类型的指针值;如果内存分配失败,返回空指针 NULL。

例如:

① int *p1＝new int;　　　　　　　分配一个存放 int 型数据的内存空间,并将该内存空间的地址赋给 p1。

② int *p2＝new int(10);　　　　　分配一个存放 int 型数据的内存空间,指定初值为 10,并将该内存空间的地址赋给 p2。

③ float *p3＝new float;　　　　　分配一个存放 float 型数据的内存空间,并将该内存空间的地址赋给 p3。

④ float *p4＝new float(12.5);　　分配一个存放 float 型数据的内存空间,指定初值为 12.5,并将该内存空间的地址赋给 p4。

⑤ int *p5＝new int[20];　　　　　分配一个存放 int 型一维数组的内存空间,该数组有 20 个元素,并将该数组的首地址赋给 p5。

⑥ float *p6＝new float[3][4];　　分配一个存放 float 型二维数组的内存空间,该数组大小为 3 * 4,并将该数组的首地址赋给 p6。

2. delete 运算符

delete 运算符用来释放由 new 分配的内存空间,其使用一般格式如下:

delete 指针变量名;

例如:

```
int *p=new int;
float *pp=new float[10];
delete p;        //释放 p 所指向的内存空间 (该内存空间是由 new 分配的)
delete[]pp;      //释放 pp 所指向的内存空间 (该内存空间是由 new 分配的)
```

例 1.28 使用动态内存分配的应用。

```
#include<iostream>
using namespace std;
void main()
```

```
{
    int *p;                //定义指针
    //用 new 运算符创建整型内存空间,并赋以初值 6,然后将首地址赋给指针 p
    p=new int(6);
    cout<<*p<<endl;
    deletep;               //删除 new 运算符建立的内存空间
}
```

运行结果为:

6

注意:① 利用 new 分配内存空间,不需要指定内存空间的大小,只要指定内存空间存放的数据类型,系统自动根据数据类型计算出内存空间的大小。

② 使用 new 分配内存空间时,可以指定数据初值,但分配动态数组的内存空间时,不能指定数组的初值。

③ 使用 new 分配动态数组的内存空间时,必须指出数组元素的个数。

④ 要使用 delete 释放由 new 分配的内存空间,否则,有可能引起系统的崩溃。

⑤ 用 delete 释放动态数组所占用的内存空间时,应在指针变量前指明。

例如:

```
int *p=new a[10];
delete []p;
```

或

```
int *p=new a[10];
delete [10]p;
```

例 1.29 使用动态数组编程。

```
#include<iostream>
#include<cstdlib>
#include<iomanip>
using namespace std;
void main()
{
    int *P;
    P=new int[10];
    if(P==NULL)
    {
        cout<<"内存分配失败!"<<endl;
        exit(1);
    }
    for(int i=0;i<10;i++)
    {
        P[i]=i;
        cout<<P[i]<<setw(3);        //设置输出格式宽度
    }
    cout<<endl;
    delete []P;
}
```

运行结果如下：

```
0 1 2 3 4 5 6 7 8 9
```

1.5.2 作用域运算符

在程序设计中,每一个变量都有作用域,并且每个变量都只能在其作用域内有效。在 C 语言程序设计中,可以同时使用全局变量和局部变量,但当全局变量与局部变量同名时,在局部变量的作用域内,全局变量暂时被屏蔽,不起作用。如果想在局部变量的作用域内使用全局变量,C 语言是无法实现的,因为 C 语言没有提供这种情况下访问全局变量的途径。但 C++可以实现在局部变量的作用域内使用全局变量,因为 C++提供了作用域运算符::, 可以通过作用域运算符::来标识同名的全局变量。

例 1.30 作用域运算符使用。

```cpp
#include<iostream>
using namespace std;
int b=2;                    //定义全局变量 b
void main()
{
    int a=3;                //定义局部变量 a
    int b=4;                //定义局部变量 b
    int c,d;
    c=a+::b;                //计算局部变量 a 和全局变量 b 之和
    d=a+b;
    cout<<c<<endl;
    cout<<d<<endl;
}
```

运行结果如下：

```
5
7
```

注意:作用域运算符::只能用来访问同名的全局变量,不能用来访问一个在语句外部定义的同名局部变量。下面的程序是错误的。

程序如下：

```cpp
#include<iostream>
using namespace std;
void main()
{
    int b=2;                //定义局部变量 b
    {
    int a=3;
    int b=4;                //定义局部变量 b
    int c,d;
    c=a+::b;                //错误,用::非法访问在复合语句外部定义的局部变量
    d=a+b;
    cout<<c<<endl;
    cout<<d<<endl;
    }
}
```

1.6 Visual Studio. NET 集成开发环境

集成开发环境是集程序的编辑、编译和连接以及程序的运行于一身的开发环境。本书使用 Visual Studio. NET 2010 集成开发环境,使 VC++. NET、VB. NET、C#语言共处同一平台上,适合多种语言共用平台的开发。本书以 Visual Studio. NET 2010 企业版中的 VC++(Visual C++)作为编程语言,所有程序均基于. NET Framework。

1.6.1 Visual Studio. NET 2010 集成开发环境简介

Visual Studio. NET 2010 集成了 VB. NET、C++、C#、ASP. NET 开发环境,它是用于创建和集成 XML Web 服务和应用程序的综合开发工具。VC++. NET 是使用 C++开发语言创建的基于 Microsoft Windows 和. NET 的应用程序、动态 Web 应用程序和 XML Web 服务的综合开发语言平台。

在 Windows XP/7/8 操作系统正确安装了 Visual Studio. NET 2010 后,从 Windows "开始"菜单中,选择"程序"中的"Microsoft Visual Studio 2010"菜单中的"Microsoft Visual Studio 2010"菜单项,或双击桌面快捷方式图标,就可启动 Microsoft Visual Studio 2010 开发环境,显示主窗口,即"起始页"窗口如图 1-1 所示。

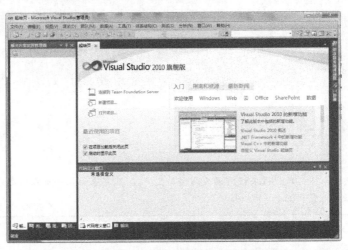

图 1-1 Visual Studio 2010 主窗口("起始页"窗口)

Microsoft Visual Studio 2010 开发环境窗口由标题栏、菜单栏、工具栏、起始页、方案导航区、输出窗口、属性窗口等组成。"起始页"窗口用于访问项目,阅读产品新闻,访问指南和资源。项目工作区窗口包括解决方案资源管理器、类视图和资源视图。解决方案资源管理器显示项目中用到的程序文件。类视图显示项目中所包括的各个类的成员变量与成员函数。资源视图显示项目中用到的所有资源。程序与资源编辑区用于编辑程序与对话框等资源,资源是 Windows 中所有组件,如窗口、菜单、工具栏、图标等。输出区显示程序编译、连接、调试执行时的输出结果。

1.6.2 创建一个控制台应用程序

所谓控制台应用程序是那些需要与传统 DOS 操作系统保持某种程序的兼容,同时又不需要为用户提供完整界面的程序,也就是在 Windows 环境下运行的 DOS 程序。在 Visual Studio 2010 中创建一个应用程序被称为一个"项目",项目包含应用程序中所有需要的源文件、头文件、资源文件,并且能自动将文件进行分类和管理。同时,项目被置于"解决方案"的管理之下,一个解决方案可以包含多个项目,这些项目共用解决方案的环境设置。

在 Visual Studio 2010 中,创建一个控制台应用程序的步骤如下:

1. 启动 Visual Studio 2010

(1) 初次使用需要建立子目录,例如在 D 盘新建文件夹并命名为"C++",用于保存新建的 C++源程序文件.cpp,以及系统生成的其他文件,其中文件名与源程序文件名相同。

(2) 启动 Visual Studio 2010,进入带有起始页的主窗口。

2. 创建一个新项目

(1) 单击"起始页"中的"新建项目"命令,或者选择"文件"菜单中"新建/项目"选项,弹出"新建项目"对话框,如图 1-2 所示,在此对话框的项目类型中选择"Win32",在中间的模板中选择"Win32 控制台应用程序",在"名称"文本框中输入新建项目名称 Welcome。单击"位置"文本框右侧的"浏览"按钮,选择项目的保存路径 D:\C++。也可以直接键入文件夹名称和相应的保存路径。选中"为解决方案创建目录"复选框,这样在创建新项目的同时会创建一个与该项目名称相同的解决方案。单击"确定"按钮。

(2) 弹出"Win32 应用程序向导-Welcome"对话框,如图 1-3 所示,对项目进行概述。单击"下一步"按钮。

图 1-2 "新建项目"对话框

图 1-3 Win32 应用程序向导

(3) 进入"应用程序设置"窗口,如图 1-4 所示,在此窗口的"附加选项"中选中"预编译头",这样会自动生成含有预编译命令的应用程序设计模板,单击"完成"按钮,系统自动创建此应用程序模板。图 1-5 所示为文件编辑器窗口。

图 1-4 "应用程序设置"窗口

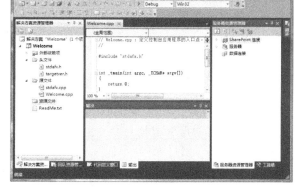

图 1-5 文件编辑器窗口

3. 编辑程序文件

在图 1-5 所示的文件编辑器窗口中保留♯include "stdafx.h"命令,这是 C++预编译头文件,它指示在编译时将"stdafx.h"内容复制到该文件中。然后输入用户源程序。本例中输入源程序代码如下:

```
#include<iostream>
using namespace std;
void main()
{
    cout<<"Visual Studio VC++!\n"
}
```

4. 编译和连接

在图 1-6 中单击"生成"菜单下的"生成 Welcome"命令或主菜单"调试"下的"启动调试"命令,也可直接单击工具栏的"启动调试"按钮,编译和连接源程序。编译到第 8 行时,发现编号为 c2143 的语法错误,即在"}"前面省了";",因此编译不成功。切换到文件编辑器窗口,在第 7 行末尾添加";",然后重新编译,在输出窗口显示编译成功。

5. 运行

单击主菜单"调试"下的"开始执行(不调试)"命令运行程序,运行结果如图 1-7 所示。

图 1-6 源程序编辑及编译出错窗口

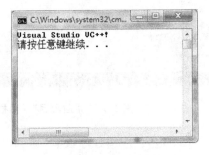

图 1-7 程序运行结果

习　题　1

一、单项选择题

1. 适合定义为内联函数的是(　　)。

A. 函数体含有循环语句　　　　　　　　　　B. 函数体含有 if 语句的嵌套

C. 函数代码少、频繁调用　　　　　　　　　　D. 函数代码多、不常调用

2. 关于函数返回值说法正确的是(　　)。

A. 函数返回值类型可以是数组和函数的类型

B. 函数返回值可以是引用

C. 函数返回值不可以是指针

D. 如果函数的参数是另一个函数的返回值,参数类型可以与函数的返回值类型不一致

3. 关于引用作为函数参数的说法正确的是(　　)。

A. 形参与实参没有关系

B. 实参对象和形参对象标识同一个内存单元

C. 在声明引用参数时,需要赋初值

D. 在函数调用时,实参对象名传给形参对象名

4. 关于函数默认值的描述中说法正确的是(　　)。

A. 函数默认值给出的顺序可以是任意的

B. 函数默认值设置必须在函数原型中,而不能在函数定义语句中设置

C. 函数具有一个参数时不能设置默认值

D. 设置函数默认值参数应先设置左边的

5. char min(char,char);不可与下列(　　)函数重载。

A. int min(int,int)　　　　　　　　　　　B. int min(int,char);

C. int min(char,char)　　　　　　　　　　D. char min(char,char,char)

6. 对文件操作时需要包含的头文件是(　　)。

A. stdio. h　　　B. stdlib. h　　　C. fstream. h　　　D. iostream. h

7. 使用 setw(int)必须包含的头文件是(　　)。

A. iostream. h　　　B. fstream　　　C. iomanip　　　D. ifstream

8. 定义语句 char a[5], * p=a;正确的赋值语句是(　　)。

A. b="abcd"　　　B. * b="abcd"　　　C. p="abcd"　　　D. * p="abcd"

9. 设 int x=56;int r=x;若 cout<<&x;显示 0012FF7A,则 cout<<&r;输出值为(　　)

A. 56　　　B. 0012FF7A　　　C. 0012FF7B　　　D. 未知

10. 使用下列(　　)流格式控制符可设置转换基数为八进制。

A. dec　　　B. oct　　　C. hex　　　D. endl

11. 设函数 void one(int &)将形参减 1,如整型变量 int k=10,则执行 one(k);后,k 的值为(　　)。

A. 9　　　B. 10　　　C. 11　　　D. 未知

12. 包含下列(　　)语句的函数不能声明为内联函数。

A. 变量定义　　　B. if…else　　　C. 位操作　　　D. switch

二、分析程序题

1. 分析程序的输出结果。

```
#include<iostream>
#include<iomanip>
using namespace std;
void main(){
    cout<<setfill('*');
    cout<<oct<<12;
    cout<<hex<<setw(8)<<12<<endl;
    cout<<dec<<setw(8)<<123;
    cout<<setw(8)<<123<<endl;
    cout<<hex<<123<<setw(8);
    cout<<123<<endl;
}
```

2. 分析程序的输出结果。

```
#include<iostream>
#include<iomanip>
using namespace std;
void main(){
    for(int i=0;i<6;i++)
    cout<<endl<<setw(i+10)<<'*'<<setw(10)<<'*';
    cout<<endl;
}
```

3. 分析程序的输出结果。

```
#include<iostream>
using namespace std;
void main()
{
    char a[2][4]={"abc","def"},*p[2];
    int i,j,k=0;
    for(i=0;i<2;i++)  p[i]=a[i];
    for(i=0;i<2;i++)
        for(j=0;p[i][j]>'\0'&&p[i][j]<='b';j+=2)
            k=10*k+p[j][k]-'0';
    cout<<k<<endl;
}
```

4. 分析程序的输出结果。

```
#include<iostream>
using namespace std;
int sum(int x,int y) { return x+y;}
void main()
{
    int m=2,n=3;
cout<<"1:"<<sum(m++,m+n)<<endl;
    m=2,n=3;
cout<<"2:"<<sum(++m,m+n)<<endl;
    m=2,n=3;
cout<<"3:"<<sum(++m,m+n)<<endl;
    m=2,n=3;
cout<<"4:"<<sum(m,++m+n)<<endl;
}
```

5. 分析程序的输出结果。

```
#include "stdafx.h"
#include "iostream"
using namespace std;
int max(int a,int b){              //求两个整数中的最大值
    return a>b? a:b;
}
int max(int a,int b,int c){        //求三个整数中的最大值
    int t=max(a,b);
    return max(t,c);
}
int max(int a,int b,int c,int d){  //求四个整数中的最大值
    int t1,t2;
    t1=max(a,b);
    t2=max(c,d);
    return max(t1,t2);
}
void main(){
```

```
        cout<<max(7,8,9,12)<<endl;        //调用实参和形参类型及个数完全相同的 max()函数
        cout<<max(-1,-2,-3)<<endl;
                                          //调用实参和形参类型及个数完全相同的 max()函数
}
```

6. 分析程序的输出结果。

```
#include"iostream"
#include<fstream>
using namespace std;
void main()
{
        char s[]="二进制文件";
        ofstream ofile("D:\\C++\\example.txt",ios::out|ios::binary);
        cout<<"写入文件的内容为:"<<s;
        ofile<<s;
        cout<<endl;
}
```

三、改错题

1. 分析程序中的错误并改正。

```
void main(){
        int   &i=j;
        i=i+10;
        j=j+50;
}
```

2. 分析程序中实现两个数交换的错误并改正。

```
void swap(int a,int b){
    int temp=a;   a=b;   b=temp;       }
    void main(){
        int x=7,y=8;
        swap(x,y);
        cout<<"x="<<x<<",y="<<y<<endl;
}
```

3. 分析程序中的错误并改正。

```
#include<iostream>
using namespace std;
# define PI 3.14159;
void main()
{
    double i;
    int r;
    cout<<"输入圆形半径:";
    cin>>r;
    i=2*PI*r;
    cout<<"圆形周长="<<i<<endl;
    i=PI*r*r;
    cout<<"圆形面积="<<i<<endl;
}
```

4. 找出下面程序中的错误并改正。

```
#include<iostream>
using namespace std;
void fun(){
     ifstream myfile("d:\abcd");
     myfile<<"my file\n";
}
void main()
{    fun();    }
```

四、程序填空题

1. 使程序计算 100 以内所有可被 7 整除的自然数之和,填充程序内容。

```
#include<iostream>
using namespace std;
void main()
{
    int x=1;
    int sum=0;
    while(true)
    {
        if(x>100){
          ①;
        }
        if(   ②   ){
            sum=sum+x;
            }
            x++;
    }
        cout<<sum<<endl;
}
```

2. 程序运行结果如下,根据该结果,填写程序内容。

```
10      3       5       150
10      12      5       600
10      12      15      1800
```

程序代码如下:

```
#include<iostream>
#include<iomanip>
using namespace std;
int volume(int length,int width=3,int height=5)
{
    cout<<setw(5)<<length<<setw(5)<<width<<setw(5)<<height<<setw(8);
    return length*width*height;
}
void  main()
{
    int x=10,y=12,z=15;
    cout<<volume(x)<<endl;
    cout<<①<<endl;
    cout<<②<<endl;
}
```

五、编程题：

1. 设计 3 个函数 Area()，重载为求圆的面积、长方形面积、正方形面积。
2. 定义带默认参数值的函数，计算球的体积。
3. 编写为 50 个 char 型变量分配存储空间的程序。
4. 输入三角形的 3 条边，判断是否能构成三角形，如果能，则计算其面积并将结果存入文件中。
5. 从键盘输入一串字符，将其中的小写字母转换成大写字母，然后存入磁盘文件中保存，输入的字符串以"x"结束。

 # 实验 1　学生成绩计算

一、实验目的

1. 练习控件台应用程序(.NET)项目设计。
2. 掌握 C++语言中函数定义调用的方法。
3. 掌握函数重载、内联函数和带默认参数值的函数。

二、实验内容

计算若干个学生的平均分和总分，要求按两种方式计算，一种是直接计算，另一种按各门课程成绩乘以所占学分计算；使用函数重载来实现，学分如果是固定值，可以给出带参数的默认值。

三、实验步骤

(1) 启动 Visual Studio 2010，新建一个 Win32 控制台应用程序。
(2) 在文件编辑器窗口输入如下程序代码：

```cpp
#include"stdafx.h"
#include"iostream"
#include"iomanip"
#include"string"
using namespace std;
const int NUM=3;                    //声明符号常量
struct Student                      //定义学生信息结构体
{
    char name[20];                  //姓名
    float math;                     //数学
    float english;                  //英语
    float datastr;                  //数据结构
};
void Input(Student &stu){           //输入学生信息
    cin>>stu.name>>stu.math>>stu.english>>stu.datastr;
}
double Average(Student stu){        //计算平均分
    double ave=(stu.math+stu.english+stu.datastr)/3.0;
    return ave;
}
double Average(Student stu,int a,int b=4,int c=3){
                                    //按课程学分计算平均分,给出默认参数
    double ave=(stu.math+stu.english+stu.datastr)/(a+b+c);
    return ave;
}
```

```
double Sum(Student stu){//计算总分
    double sum=stu.math+stu.english+stu.datastr;
    return sum;
}
double Sum(Student stu,int a,int b=4,int c=3){//按成绩乘以学分计算总分,给出默认参数
    double sum=stu.math*a+stu.english*b+stu.datastr*c;
    return sum;
}
void main(){
    Studentgstu[NUM];
    double gsum[NUM];
    double gave[NUM];
    double cave[NUM];
    doublecsum[NUM];
    cout<<"请输入学生信息:姓名 数学 英语 数据结构成绩"<<endl;
    for(int i=0;i<NUM;i++){
        Input(gstu[i]);//输入每个学生信息
    }
    for(int i=0;i<NUM;i++){
        gave[i]=Average(gstu[i]);            //计算每个学生平均分
        cave[i]=Average(gstu[i],4,4,3);      //按学分计算每个学生平均分
    }
    for(int i=0;i<NUM;i++){
        gsum[i]=Sum(gstu[i]);                //计算每个学生总分
        csum[i]=Sum(gstu[i],4,4,3);          //按学分计算每个学生总分
    }
    cout<<"姓名"<<setw(8)<<"数学"<<setw(8)<<"英语"<<setw(10)<<"数据结构"<<
setw(8)<<"总成绩"<<setw(10)<<"平均成绩"<<setw(12)<<"学分总成绩"<<setw(14)<<"学
分平均成绩"<<endl;
    for(int i=0;i<NUM;i++){
    cout<<gstu[i].name<<setw(8)<<gstu[i].math<<setw(8)<<gstu[i].english<<
setw(8)<<gstu[i].datastr<<setw(8)<<gsum[i]<<setw(10)<<gave[i]<<setw(14)<<
csum[i]<<setw(14)<<cave[i]<<endl;
    }
}
```

（3）编译和连接。

单击"生成"菜单下的"生成 Max"命令或主菜单"调试"下的"启动调试"命令。

（4）运行。

单击主菜单"调试"下的"开始执行(不调试)"命令运行程序,运行结果为:

```
请输入学生信息:姓名    数学    英语    数据结构成绩
张三 78 97 86↙
李四 67 85 88↙
王武 78 56 89↙
```

姓名	数学	英语	数据结构	总成绩	平均成绩	学分总成绩	学分平均成绩
张三	78	97	86	261	87	958	23.7273
李四	67	85	88	240	80	872	21.8182
王武	78	56	89	223	74.3333	803	20.2727

第2章 C++面向对象程序设计

本章要点

- 类和对象的概念
- 构造函数和析构函数的定义及作用
- 静态成员变量和静态成员函数
- 友元函数和友元类
- 派生类的定义

C++是一种面向对象的程序设计语言,与传统的面向过程的程序设计语言相比,C++引入了面向对象的程序设计方法。在面向对象的程序设计方法出现以前,程序设计一直采用面向过程的设计方法,要求程序设计人员必须全面考虑程序执行的每一个步骤和具体要求,如先做什么、后做什么、怎么做、如何做,面对的是程序的整个过程,并且在整个程序中,数据和处理数据的过程是分离的、相互独立的,当数据的结构发生局部改变时,整个程序中与其相关的处理过程也必须做相应的修改,程序的可重用性差,不适合编写现代大型应用程序。面向对象的程序设计方法与面向过程的程序设计方法不同的是,在认识问题、处理问题时,不再将问题实现的步骤放在首位考虑,而是将客观世界看作是由对象组成,向对象发送消息,将激活对象所具有的行为。这种被称为"对象"的事物就是所要处理的问题。

面向对象的程序设计方法是将任何事物都看成一个对象,每个对象都是由数据和处理数据的操作方法构成的。在程序设计时,将整个程序分解成多个能够完成独立功能的对象,将要处理的数据分别属于不同的对象,并封装在对象中,对象与对象之间可以通过消息进行通信,只要激发每个对象完成了相对独立的操作功能,整个程序就会自然完成全部操作。可以这样认为,面向对象程序设计注重对象的结果,忽略对象内部的具体过程。

面向对象的程序设计方法,模仿了客观世界中物体被组合在一起的方式,将人们习惯的思维和表达方式应用在程序设计中,从而使程序设计可以按照人们通常习惯的思维方式进行。使用这种设计方法,可以设计出安全可靠、易于理解、可重用性好的应用程序。

例如,处理一个关于学生成绩的问题。对象:学生;数据:姓名、年龄、分数、学号;消息:统计总分、平均分、排序。

对象、消息都可在面向对象方式的程序中体现为数值化形成。虽然"面向对象"这个名词是第一次出现,但事实上每个人原来就是以"面向对象"的方法认识、理解世界的。不管是自然界的万物还是各种虚拟的事物,都可被视为具有各种数值化属性,能产生各种不同行为的对象。

OOP的设计规则就是在程序中保留各种对象属性,规划出使用者与对象,以及对象与对象间的交互关系,来完成程序数据处理的功能,而不是只重视处理问题的步骤。

激发科学家们产生OOP原始动机就是在利用计算机来仿真模拟各种生物交互行为时所采用的方式。OOP认为:现实世界是由一系列彼此相关且能够相互通信的实体组成,这些实体就称为对象。

采用此方法设计时一般要经过三个步骤:

（1）确定对象，确定问题领域内所含的对象；

（2）将对象分类，按一定的层次关系组织、定义；

（3）表达、组织对象与外界的交互。

OOP 风格的程序会弱化语句、操作序列的次序，强化模块化的外在表现。不管是有形的或无形的事物，只要可形容其状态、特征，都可视为对象。它创造了一种包装的结构，将程序要处理的事物的方方面面组合在一起，形成程序中的一个有意义的软件单元。所以，其程序具有抽象、封装、继承、多态的特征。

（1）抽象：将对象（程序要处理的事物）数值化。

（2）封装：将所有涉及该对象的数据、行为组合在一个软件单元（类）中。

（3）继承：通过某个软件单元的某些特征的再利用产生新对象。

（4）多态：同样的消息在不同对象中的响应不同。

采用这样的方式表达程序比较接近实际的对应关系，不易被算法所分隔，因此程序容易理解，结构较自然，比较容易维护，适合编写大型应用程序。

本章将首先介绍类和对象的有关定义，接着讲述类的共享、类的继承和派生。

 ## 2.1 类和对象

在现实生活中，人们习惯将具有相同本质的事物划分成一类，这是人类在认识客观世界时习惯采用的思维方法。例如，当你看见一个人时，你之所以认为他是一个人，是因为他具有人类的外形、情感、语言等人类的本质特征，而不管他是什么人种、是男人还是女人、是老人还是儿童等。不难看出，人们将客观世界中的事物进行分类的基本方法是忽略事物的非本质特征（例如上述所说的人种、性别、年龄等），注意事物的本质特征（如上述所说的外形、情感、语言等），只要是本质特征相同的，就将这些事物划分为一类，属于同一类的事物应该具有相同的基本特征。所以说，具体的人就是人类的对象，人类就是人的类型。

面向对象的程序设计方法认为：对象是包含客观世界中某一事物特征的抽象实体，现实世界中的每一个事物都可以看成对象。从计算机的角度来看，一个对象应包括两个要素：数据和处理这些数据的操作方法。可以这样认为：对象是一个包含数据和处理这些数据方法的集合。C++中，对象的类型称为"类"（class），类集中体现了对象的特征和共性，是对象的抽象，是一种特殊的数据类型，对象是类的具体实例，是"类"类型的"变量"。对象和类是密切相关的，C++面向对象编程实质就是面向"类"类型变量编程。C++程序设计的重点应在类的定义实现上。

2.1.1 类的定义

类就是 OOP 风格的程序所要反映的体现在程序中的软件单元。类是每一个 OOP 风格的程序不可缺少的成分，其作用是对数据进行封装、隐藏和处理。类之于 C++就如同函数之于 C 语言。

函数是逻辑上相关的语句组合到一起，主要用于执行；而类则是逻辑上相关的函数及数据的集合，它的集成程度更高，主要不是用来执行，而是提供程序资源（数据和函数）。

面向对象程序设计中的类都具有以下两个属性：

（1）状态：数据成员；

（2）行为：函数成员表示能改变数据成员的操作。

借助这两者来抽象描述事物。

例如,以学生这个群体为例,当它成为程序要处理的事物或是问题所涉及的事物后,就会形成学生类:

状态:姓名、学号、年龄、身高。

行为:统计分数,按学号查询。

再例如,设计一程序对电梯的运行进行控制的电梯类:

状态:速度、载客数、楼层号。

行为:楼层选择、计算人数、上下驱动。

面向对象程序设计中的"类"正是抽象出对象的共性而形成的,它为属于该类的对象提供了抽象的描述。

C++中,类是由数据成员(成员变量)和成员函数(方法)构成的。类定义的一般格式如下:

class 类名

{

private:

　　　　　　　　私有数据成员和成员函数;

public:

　　　　　　　　公有数据成员和成员函数;

protected:

　　　　　　　　保护数据成员和成员函数;

};

各个成员函数的实现　　　　//该部分也可以放在类的内部

其中,类的定义由关键字 class 开头,其后是用户定义的类名,花括号内的部分为类体,由用户根据需要来定义。数据成员和成员函数都是类中的成员,需要说明的是,由于数据成员是用变量来描述的,因此数据成员又称为成员变量。

类体中的关键字 private、public 和 protected 用来限定数据成员和成员函数的访问控制权限。类中的成员只能有一种访问控制权限,如果一个数据成员或成员函数在定义时省略了访问控制权限,则其访问控制权限默认为 private。

■ **例 2.1** 定义一个学生类。

```
class Student                    //定义 Student 类
{
private:                         //声明私有数据成员
    char name[4];
    int age;
    char sex;
public:                          //声明公有成员函数
    void input(char newname[4],int newage,char newsex);
    void output();
};
```

在例 2.1 程序中,定义了一个 Student 类,包含 3 个私有数据成员和 2 个公有成员函数。其中,class 是声明类的关键字,Student 是类名,private 和 public 表示类成员的访问控制属性,分别表示私有和公有的访问控制属性。

private 表示数据成员和成员函数是类的私有成员,只能被本类中的成员函数访问,不能被外部的程序访问。通常情况下,类中的数据成员一般定义为 public。表示数据成员和成员函数是类的公有成员,能被本类中的成员函数访问,也能被外面的程序访问,是类与外部的接口,成员函数一般定义为 public。protected 表示数据成员和成员函数是类的保护成员,允许被本类的成员函数和派生类的成员函数访问。

类中数据成员的类型是任意的,可以是整型、实型、字符型、数组、指针和引用,也可以是另一个类的对象。

定义类时,不能对类中的数据成员进行初始化,但可以对成员函数的形参进行初始化;类体中各成员的声明顺序是任意的,限定访问控制属性的关键字也可以多次出现。

程序设计时,尽量将类的声明单独存放在一个 .h 文件中,将成员函数存放在与 .h 同名的 .cpp 文件中,main 函数放在另一个 .cpp 文件中。

在上述 Student 类中,只声明了成员函数的原型,事实上,成员函数所描述的是类的行为,是程序算法的实现部分。成员函数的实现可以在类的内部定义,也可以在类的外部定义。

在 C++ 中,一般将内联函数定义在类中,而将成员函数定义在类体之外。成员函数在类外部的定义与普通函数的定义在形式上基本相同,但必须在成员函数的前面加上类名和作用域运算符 :: ,其一般定义格式如下:

函数类型　类名::函数成员名(形参列表)

{

　　函数体

}

例 2.2　　Student 类中成员函数的实现。

```cpp
void Student::input(char newname[4],int newage,char newsex)
{                                    //成员函数在类外部的实现
        for (int i=0;i<4;i++)
        {
                name[i]=newname[i];  //将成员函数形参 newname 的值赋给数据成员 name
        }
        age=newage;                  //将成员函数形参 newage 的值赋给数据成员 age
        sex=newsex;                  //将成员函数形参 newsex 的值赋给数据成员 sex
}
void Student::output()               //成员函数在类外部的实现
{
        for (int i=0;i<4;i++)
        {
                cout<<name[i];       //输出数据成员 name 的值
        }
        cout<<","<<age<<","<<sex<<endl;
}
```

成员函数还可以带默认值。例如,Student 类中,input 函数的实现可以改为:

```
void Student::input(char newname[4]="Jima",int newage=10,char newsex='f')
{
        for (int i=0;i<4;i++)
        {
                name[i]=newname[i];
        }
        age=newage;
        sex=newsex;
}
```

这样,如果调用这个函数时没有给出实参,就会按照默认形参值来执行。也就是说,姓名为 Jima,年龄为 10,性别为 f。

例 2.3 定义一个日期类。

```
class Date
{
public:
        void set(int a,int b,int c);
        bool fun();
        void show();
private:
        int year,month,day;
};
void Date::set(int a,int b,int c)
{ year=a;  month=b;  day=c;}
bool Date::fun()
{
        if (year%4==0&&year%100!=0||year%400==0)
          return true;
        else return false;
}
void Date::show()
{ cout<<year<<"年"<<month<<"日"<<day<<"日"<<"  ";}
```

在以上 Date 类的声明中,该类包含了三个私有 int 类型的变量 year、month 和 day,三个公有类型的成员函数 set、fun 和 show。

其中,set 函数所描述的行为是设置某个日期的年、月和日,fun 函数所描述的行为是判断某个年份是否是闰年,show 函数所描述的行为是输出该日期的年、月和日。

2.1.2 对象

类是抽象出对象的共性而形成的,那么对象又是什么呢? 该类的对象就是具有类中所描述本质特征的某一特定实体。

学生类:对象 1,对象 2,……

每个对象即 1 个学生:("李明",23,'m')……

对象是程序处理的有具体值的具体事物,类则是提供该事物各种特征的资源。

例如 Student 类,它抽象出了所有学生所具有的共性,即姓名、年龄和性别,那么这些学生中的某一个学生就是该类的一个对象。

类与对象的关系就如同汽车与一辆具体的车的关系,是一个从一般到特殊、从总体到个体、从共性到个性的关系。汽车都是交通工具,都有轮子、发动机,这是共性,总体集合的表现;具体到某一辆车时,这些共性特征就会具体为不同型号、不同重量、不同驱动方式。

事实上,类就是一个广义的数据类型,对象就是体现这个类型特征的具体的变量,如表 2-1 所示。

表 2-1 数据类型与变量关系

类 型	变 量
int	a(5),b(18)
struct xue{int n;char name[10];}	xue a(200901,"黄宇"),b(200902,"曾菁")
class Student{ 状态:… 　　　　　　行为:… }	Student a,b;

基本类型可直接使用,不需设置定义类型的语法。结构体复合类型,需要事先说明该类型,才可使用所定义的各种数据属性,类也需要事先说明该类型,才可使用其数据属性和行为属性。这些对象以具体化的不同状态予以区分,但都可使用属于该类的函数。

采用 OOP 的构造方式,利用"类"来构造程序时,许多数据和函数都被重新安排,隶属于不同的"类"中。除了这样一种有机的归类之外,这些数据和函数的取用也分别受到限制,只有通过特定的方式才允许触发行为,进而使对象某种状态得以改变。

在 C++中定义一个对象,其一般格式如下:

类名　对象名;

例如,定义一个 Student 类型的对象 mystu,可采用以下语句:

```
Student mystu;
```

声明一个 Date 类型的对象 myDate,可采用以下语句:

```
Date myDate;
```

对象一旦定义,就具有同类一样的数据成员和成员函数,也就是说,一个对象的成员就是该对象的类所定义的成员。对象的成员引用一般格式如下:

对象名.数据成员名

对象名.成员函数名(实参列表);

对象名.数据成员名表示引用类的数据成员,对象名.成员函数名表示引用类的成员函数,"."是一个成员运算符,用来访问对象的成员。例如:

```
mystu.age;          //访问类的数据成员
mystu.output();     //访问类的成员函数
```

对日期进行设置赋值,可以这样调用日期类的成员函数:

```
myDate.set(2010,5,19);
```

对日期进行输出,可以这样调用日期类的 show 函数:

```
myDate.show();
```

对指针对象的类的成员引用,格式如下:

对象名一>数据成员名

对象名一＞成员函数名(实参列表);

"一＞"也是一个成员运算符,用来访问指针对象的成员。

例如,定义一个 Student 类型的指针对象 p1,可采用以下语句:

```
Student *p1;
p1->age;              //与(*p1).age 是等价的
p1->output();         //与(*p1).output()是等价的
```

在类的外部,类的对象只能访问类的公有成员;在类的内部,所有成员直接通过成员名相互访问。

例 2.4　一个完整的学生类程序。

```cpp
#include<iostream>
using namespace std;
class Student                                        //定义 Student 类
{
private:                                             //声明私有数据成员
    char name[4];
    int age;
    char sex;
public:                                              //声明公有成员函数
    void input(char newname[4],int newage,char newsex);//输入学生信息的成员函数
    void output();                                   //输出学生信息的成员函数
};
//学生类成员函数的具体实现
void Student::input(char newname[4],int newage,char newsex)
{
    for (int i=0;i<4;i++)
    {
        name[i]=newname[i];
    }
    age=newage;
    sex=newsex;
}
void Student::output()
{
    for (int i=0;i<4;i++)
    {
        cout<<name[i];
    }
    cout<<","<<age<<","<<sex<<endl;
}
//主函数
void main()
{
Student mystu;                                        //定义对象 mystu
```

```
    Student *p;                        //定义对象指针 p
    mystu.input("Jack",18,'F');        //输入学生信息
    mystu.output();                    //输出学生信息
    p=&mystu;                          //对象指针初始化,将 mystu 对象的地址赋给指针变量
    p->output();                       //通过对象指针 p 访问成员函数
    (*p).output();
    }
```

运行结果如下:

```
Jack,18,F
Jack,18,F
Jack,18,F
```

上述程序分为三个部分:第一部分是 Student 类的声明,在 Student 类中,声明了公有成员函数 input()和 output(),另外还声明了私有数据成员 name[4]、age 和 sex;第二部分是成员函数的实现,这一部分体现了成员函数的功能,其中 input()函数的功能是输入学生姓名、年龄和性别,output()函数的功能是输出学生姓名、年龄和性别;第三部分是 main()函数,在 main()函数中定义了 Student 类的一个对象 mystu、对象指针 p,然后通过 mystu 对象访问两个成员函数 input()和 output()来实现数据的处理,通过对象指针 p 访问 output()成员函数。

例 2.5 日期类完整程序。

```
#include<iostream>
using namespace std;
class Date
{
public:
    void set (int a,int b,int c);
    bool fun();
    void show();
private:
    int year,month,day;
};
void Date::set(int a,int b,int c)
{   year=a;   month=b;   day=c;}
bool Date::fun()
{
  if( year%4==0&& year%100!=0||year%400==0
      return true;
    else return false;
}
void Date::show()
{   cout<<year<<"年"<<month<<"日"<<day<<"日"<<"   ";}
void main()
{
    Date myDate1,myDate2;
```

```
myDate1.set(2008,9,30);
cout<<"第一组日期:";
myDate1.show();
if(myDate1.fun()==true) cout<<"此年份是闰年。"<<endl;
else cout<<"该年份不是闰年。"<<endl;
myDate2.set(2010,12,21);
cout<<"第二组日期:";
myDate2.show();
if(myDate2.fun()==true) cout<<"此年份是闰年。"<<endl;
else cout<<"该年份不是闰年。"<<endl;
}
```

程序运行后显示的结果如下:

第一组日期:2008 年 9 月 30 日　　此年份是闰年。

第二组日期:2010 年 12 月 21 日　　该年份不是闰年。

2.1.3　构造函数

在建立了某个类的对象后,往往会针对对象中所包含的数据成分进行赋值,这样设置对象值的工作在以前的例子中都是借助类体中有赋值作用的函数来完成的。

例:

```
Date myDate;
myDate.set(2009,10,1);
```

每次赋值给对象,每次都要调用函数,自然而然就联想到,有没有可能存在一种更简便、更直接的赋值方式给对象赋值,譬如说:

```
myDate(2009,10,1);
```

产生这样的想法绝非偶然,因为作为对象,其地位就像变量一样,既然可以 int a(5);,那么程序中某个类的对象也应该有这样一种途径直接赋值,而不必每次调用赋值函数。这就是构造函数。

由于定义类时不能直接初始化类体中的数据成员(成员变量),因此,在定义对象时,如果需要初始化对象的数据成员,就应当使用构造函数来完成。构造函数是一种特殊的成员函数,在定义对象时系统自动调用执行,且只能执行一次,其作用是在对象被定义时用特定的值自动初始化对象。

构造函数的特点为:

① 构造函数是类的特殊成员函数;

② 构造函数名称必须与所属的类同名,构造函数可以带参数,也可以不带参数,且没返回值;

③ 通常情况下,构造函数被声明为公有成员函数,构造函数可以重载;

④ 构造函数只能是系统自动调用。系统在编译过程中遇到对象的声明语句将自动生成对构造函数的调用语句。如果没有定义构造函数,系统在编译时将自动生成一个默认的构造函数,该构造函数不带参数,不做任何事情,在建立对象时,编译系统会自动调用构造函数。如果用户定义了构造函数,系统将自动调用所定义的构造函数。如果用户定义了带参数的构造函数,系统不会自动生成不带参数的默认构造函数。

构造函数可以在类体中直接定义,也可以在类外面定义。如果在类外面定义构造函数,则在类体中应对构造函数先进行声明。声明的一般格式如下:

构造函数名（参数列表）；

然后，在类外面使用作用域运算符::定义构造函数。构造函数的一般定义格式如下：

类名::构造函数名（参数列表）

{

　　函数体

}

例 2.6　　在类体中定义不带参数的构造函数。

```cpp
#include<iostream>
#include<string>
using namespace std;
class Student                        //定义 Student 类
{
private:                            //声明私有数据成员
        char name[8];
        int  age;
        char sex;
public:
        Student()                   //定义构造函数,函数名与类名相同,且无返回值
        {
        strcpy(name,"Li hua");
        age=18;
        sex='F';
        }                           //以上 3 行的作用是给数据成员赋初值
void output()
{
        cout<<"name:"<<name<<"\t age:"<<age<<"\t sex:"<<sex<<endl;
}
};
void main()
{
        Student stu1;
//定义对象 stu1 时自动调用构造函数,当构造函数中相应实参没有被指定时,使用默认值
        stu1.output();
}
```

运行结果如下：

```
name:Li hua    age:18      sex:F
```

如果要建立两个对象，分别对数据赋予初值，也可以这样定义构造函数 Student 吗？回答是否定的。因为这样会使两个学生的初值相同。为了区分两个学生信息，应该赋予不同的初值。应定义带有参数的构造函数，修改构造函数如下：

```cpp
Student(char newname[8],int newage,char newsex)
{
        strcpy(name,newname);
        age=newage;
        sex=newsex;
}
```

此时数据的值不由构造函数 Student 确定,而是在创建对象时,调用此函数,由实参传递过来。如 Student stu1("Wang hu",18,'F'),其中"Wang hu"、18、'F'为实际参数。

注意:① 不能用调用一般成员函数的方法来调用构造函数。例如:

```
stu1.Student("Wang hu",18,'F');          //错误
```

② 实参应该在建立对象时给出。例如:

```
Student stu1("Wang hu",18,'F');
Student stu2("Li na",20,'M');
```

现在定义了两个对象 stu1 和 stu2,它们的数据初值是不同的。如果想分别输出两个学生的数据,可以用下列语句:

```
stu1.output();
stu2.output();
```

③ 创建对象时,不能在构造函数中调用另一个构造函数。例如:

```
Student(char newname[8],int newage,char newsex)
{
        Student();          //错误
}
```

④ 构造函数可带部分形参。例如:

```
Student(int newage)
{      age=newage;   }
Student(int newage,char newsex)
{
        age=newage;
        sex=newsex;
}
```

这两个构造函数可以一起出现在一个类中。这些不同形式的构造函数会形成重载,能根据实际情况各取所需,有针对性地选择合适的形式,将对象构造成特定状态。

例 2.7　构造函数重载。

```
#include<iostream>
#include<string>
using namespace std;
class Student               //定义 Student 类
{
private:                    //声明私有数据成员
        char name[8];
        int   age;
        char sex;
public:
        Student();          //声明无参数的构造函数
        Student(char newname[8],int newage,char newsex);
                            //声明带参数的构造函数,构造函数可以重载
```

```
                void output();
        };
        Student::Student()                           //定义无参数的构造函数
        {
                strcpy(name,"Li hua");
                age=18;
                sex='F';
        }
        Student::Student(char newname[8],int newage,char newsex)//定义带参数的构造函数
        {
                strcpy(name,newname);
                age=newage;
                sex=newsex;
        }
        void Student::output()
        {
                cout<<"name:"<<name<<"\tage:"<<age<<"\tsex:"<<sex<<endl;
                                            //"\t"转义字符表示制表位
        }
        void main()
        {
            Student stu1("Wang hu",18,'F');     //定义对象 stu1 时,系统自动调用带参数的构造
                                                   函数
            Student stu2("Li na",20,'M');       //定义对象 stu2 时,系统自动调用带参数的构造
                                                   函数
            Student stu3;                       //定义对象 stu3 时,系统自动调用不带参数的构
                                                   造函数
            stu1.output();                      //对象 stu1 调用类的成员函数 output()
            stu2.output();
            stu3.output();
        }
```

运行结果如下:

```
name:Wang hu        age:18       sex:F
name:Li na          age:20       sex:M
name:Li hua         age:18       sex:F
```

2.1.4 析构函数

析构函数的功能与构造函数的功能相反,是用来释放一个对象,完成对象被删除前的一些清理工作。当一个对象的生存期结束时,系统自动调用该对象所属类的析构函数,调用完毕后,对象消失,相应的资源被释放。

在所属类中声明析构函数的一般格式为:

　　　　～析构函数名();

定义析构函数的一般格式为:

　　　　类名::～析构函数名()

```
        {
            函数体
        }
```

与构造函数一样,析构函数也是类的成员函数。析构函数的特点:

① 析构函数必须与所属的类同名,并在类名前加上一个"~"符号。

② 析构函数不能带任何参数,没有返回值,也不能重载,但可以是虚函数,如果在程序中没有定义析构函数,系统将自动生成一个默认的、不进行任何操作的析构函数。

析构函数一般在下列两种情况下被自动调用:

(1) 当对象定义在一个函数体中,该函数调用结束后,析构函数被自动调用。

(2) 用 new 为对象分配动态内存,当使用 delete 释放对象时,析构函数被自动调用。

例 2.8 在程序中使用构造函数和析构函数。

```cpp
#include<iostream>
using namespace std;
class Date
{
public:
    Date(int NewY,int NewM,int NewD);            //声明构造函数
    ~ Date();                                    //声明析构函数
    void SetDate(int NewY,int NewM,int NewD);
    void ShowDate();
private:
    int Year,Month,Day;
};
Date::Date(int NewY,int NewM,int NewD)           //定义构造函数
{
    Year=NewY;
    Month=NewM;
    Day=NewD;
}
Date::~Date()                                    //定义析构函数
{
    cout<<"The program is end!"<<endl;
}
void Date::SetDate(int NewY,int NewM,int NewD)
{
    Year=NewY;
    Month=NewM;
    Day=NewD;
}
void Date::ShowDate()
{
    cout<<Year<<","<<Month<<","<<Day<<endl;
}
void main()                                      //主函数
```

```
        {
                Date myDate(2010,10,1);
                cout<<"The first date output:"<<endl;
                myDate.ShowDate();
                cout<<"The second date set and output:"<<endl;
                myDate.SetDate(2010,12,20);
                myDate.ShowDate();
        }
```

运行结果如下：

```
The first date output:
2010,10,1
The second date set and output:
2010,12,20
The program is end!
```

从以上程序可以看出，析构函数是在对象被释放时自动调用的。如果要在对象被删除之前自动完成某些事情，就可以将其写入析构函数体中。

2.1.5 对象数组

如果一个数组中的元素不是普通的数据，而是一个所属类的对象，那么，该数组就是一个对象数组。对象数组的一般声明格式如下：

类名　数组名[下标表达式];

例如：

```
class Point                     //定义 Point 类
{
private:                        //声明私有数据成员
    int x,y;
public:
    Point();
    Point(int xx,int yy);
};
...
Point A[10];                    //定义一个 Point 类的对象数组 A[10]
...
```

同普通数组相似，一个对象数组的所有元素都是属于同一个类的对象，在程序中可以访问对象数组元素的公有成员。对象数组元素的成员一般定义格式如下：

数组名[下标].成员名;

例如：A[0].x 表示 A 对象数组中第一个元素的数据成员 x。

在声明对象数组时，可以直接对其进行初始化。对象数组初始化格式如下：

类名　数组名[下标]={构造函数(实际参数)};

对象数组的初始化是为所有对象分配连续的内存空间，为每一个对象调用相应的构造函数。如果在定义数组时为数组元素指定显式的初值，就会调用相应的带形参的构造函数；如果未指定初值，则调用默认的不带参数的构造函数。例如：

```
Point A[2]={Point(10,20)};
```

执行时,先调用带形参的构造函数初始化 A[0],成员变量被赋值为 10、20,然后再调用不带参数的构造函数初始化 A[1],所有成员变量被赋值为 0。当对象数组中的对象元素被删除时,系统会自动调用相应的析构函数来完成一些清理工作。

例 2.9 对象数组初始化示例。

```cpp
#include<iostream>
using namespace std;
class Point                          //定义 Point 类
{
private:                             //声明私有数据成员
    int x,y;
public:
    Point();                         //定义不带参数的构造函数
    Point(int xx,int yy);            //定义带参数的构造函数
};
Point::Point()
{
    x=0;
    y=0;
    cout<<"Point("<<x<<","<<y<<")"<<endl;
}
Point::Point(int xx,int yy)
{
    x=xx;
    y=yy;
    cout<<"Point("<<x<<","<<y<<")"<<endl;
}
void main()
{
    Point A[2]={Point(10,20)};
}
```

运行结果如下:

```
Point(10,20)
Point(0,0)
```

从程序中可以看出,在定义类时,声明了两个构造函数,一个带形参,一个不带形参。在 main()函数中,声明了一个对象数组并将其初始化,元素 A[0]被指定了显式的初值,因此,执行时自动调用带参数的构造函数,结果显示 Point(10,20),元素 A[1]没有被指定显式的初值,因此,执行时自动调用不带参数的构造函数,结果显示 Point(0,0)。上述程序中对构造函数的使用就是构造函数的重载。

注意:如果类中声明了一个带形参的构造函数,系统不会自动生成一个默认的无参数的构造函数。

例 2.10 定义一个 Student 类,其中包括每个学生的编号、姓名、城市和邮编等属

性以及 dispData()函数。函数 dispData()用于输出每个学生的编号、姓名、城市和邮编等属性,在主程序中实现对四个学生信息的输出操作。

```cpp
#include"iostream"
#include"string"
using namespace std;
class Student
{
private:
    int no;
    char name[10];
    char city[20];
    char zip[8];
public:
    Student(int n,char *na,char *ct,char *zi);
    void dispData();
};
Student::Student(int n,char *na,char *ct,char *zi)
{
    no=n;
    strcpy(name,na);
    strcpy(city,ct);
    strcpy(zip,zi);
}
void Student::dispData()
{
    cout<<"学号:"<<no<<"   "<<"姓名:"<<name<<"   "<<"家庭住址:
"<<city<<"   "<<"邮编:"<<zip<<endl;
}
void main()
{
    Student X[4]={ Student(200901,"张玲","汉阳区翠微路 12 号","430050"),
    Student(200905,"王康","江岸区特九号","430013"),
    Student(200912,"祝静","青山区建设二路 7 号","430079"),
    Student(200913,"刘乐","东湖高新区民族大道光谷小区","430223")};
                //声明对象数组并初始化
    for(int i=0;i<4;i++)
    {
        X[i].dispData();            //访问对象数组,输出每个元素
    }
}
```

程序运行结果如下:

学号:200901	姓名:张玲	家庭住址:汉阳区翠微路 12 号	邮编:430050
学号:200905	姓名:王康	家庭住址:江岸区特九号	邮编:430013
学号:200912	姓名:祝静	家庭住址:青山区建设二路 7 号	邮编:430079
学号:200913	姓名:刘乐	家庭住址:东湖高新区民族大道光谷小区	邮编:430223

2.1.6 对象指针

1. 对象指针

对象指针就是一个类的对象的地址,一个所属类的对象只要创建以后,在内存中将占用一定的内存单元,也就是说,每一个对象都有确定的地址。在程序中,对象名对应该对象的存储空间,程序设计人员可以通过对象名来访问该对象的成员,也可以通过对象的地址来访问该对象的成员。

如果一个变量的值是一个类的对象的地址,那么该变量就是一个指向对象的指针变量,也就是对象指针。指向对象的指针变量的一般声明格式如下:

类名 ＊ 对象指针名;

或

类名 ＊ 对象指针名＝new 类名;

例如:

```
class class1
{
private:
      int value;
public:
      int makevalue();
  }
…
class1 object1,object2;        //声明 class1 类对象
class1 *p1;                    //声明指向 class1 类对象的指针变量 p1
class1 *p2=new class1;         //声明指向 class1 类对象的指针变量 p2
…
```

一个对象指针变量只能指向一个具体的类的对象,不能再指向其他类的对象。在程序中,可以通过对象指针变量来访问对象的成员,其具体形式如下:

对象指针名－＞成员名

或

（＊对象指针名）.成员名

例 2.11 利用对象指针编程。

```
#include<iostream>
using namespace std;
class Date
{
public:
      void ShowDate(int,int,int);
      ~Date(){};                           //析构函数
private:
      int Year,Month,Day;
};
inline void Date::ShowDate(int Year,int Month,int Day)
{
      cout<<Year<<","<<Month<<","<<Day<<endl;
}
```

```
    void main()                              //主函数
    {
        Date myDate;                         //声明 Date 类的对象 myDate
        Date *p1;                            //声明指向 Date 类对象的指针变量
        p1=&myDate;                          //将对象 myDate 的地址赋给指针变量 p1
        p1->ShowDate(2010,9,10);             //通过指针变量 p1 访问对象成员
        (*p1).ShowDate(2010,10,10);          //通过指针变量 p1 访问对象成员
        myDate.ShowDate(2010,12,22);         //通过对象名访问对象成员
    }
```

运行结果如下：

```
    2010,9,10
    2010,10,10
    2010,12,22
```

可以看出,使用对象指针变量和对象名来访问对象成员,结果是一样的。

2. this 指针

this 指针是一个隐含于每个类的成员函数之中的特殊指针,也就是说,每个成员函数都有一个 this 指针变量。当定义一个对象时,该对象的每个成员函数都含有一个由系统自动产生的指向当前对象的 this 指针,当对象调用成员函数时,系统先将该对象的地址赋给 this 指针,然后调用成员函数。当不同的对象调用同一个成员函数时,编译器便依据成员函数的 this 指针所指向的不同对象来确定应该引用哪一个对象的数据成员。

例 2.12 利用 this 指针编程。

```
#include<iostream>
using namespace std;
class Date
{
public:
    Date(int,int,int);
    void ShowDate();
private:
    int Year,Month,Day;
};
Date::Date(int xx,int yy,int zz)
{
    Year=xx;
    Month=yy;
    Day=zz;
}
void Date::ShowDate()
{
    cout<<this->Year<<","<<this->Month<<","<<this->Day<<endl;
}
void main()                              //主函数
{
    Date myDate(2010,12,22);
    myDate.ShowDate();
}
```

运行结果如下：

```
2010,12,22
```

程序中,使用了 this 指针,this 指针代表操该成员函数的地址。

例 2.13 利用 this 指针做函数的参数应用。

```cpp
#include<iostream>
using namespace std;
class Date
{
public:
        Date(int,int,int);
        void ShowDate();
        int Year,Month,Day;
};
Date::Date(int xx,int yy,int zz)
{
        Year=xx;
        Month=yy;
        Day=zz;
}
void display(Date *tt)
{
        cout<<tt->Year<<","<<tt->Month<<","<<tt->Day<<endl;
}
void Date::ShowDate()
{
        display(this);
}
void main()                //主函数
{
        Date myDate1(2010,12,22);
        myDate1.ShowDate();
        Date myDate2(2011,2,20);
        myDate2.ShowDate();
}
```

运行结果如下：

```
2010,12,22
2011,2,20
```

可以看出,程序在运行过程中两次使用了 this 指针作为实参,调用了一般函数,并在一般函数中输出不同对象的数据成员。

2.2 类的共享

设置全局变量可以实现类中数据的共享,但全局变量可以在程序的任一函数内被访问,造成程序的不安全性。在面向对象的程序设计中,对象是一个独立的实体,数据的访问必须使用特定的接口。全局变量不能实现多个对象的数据的共享。对于同一个类的对象如果要实现数据共享,可以设置为静态成员。例如,统计学生的人数,如果把这个值放在类外,则无法实现数据的隐藏;如果在类中用一个普通的数据成员来存放它,则会在每一个对象中都存在一个副本。那怎么办呢? 这里就要用到静态成员变量。

2.2.1 静态成员变量

一般情况下,同一个类的不同对象具有相同的属性和不同的属性值,也就是说,当用同一个类定义多个对象时,每个对象都有自己的数据成员,这些数据成员分别占用不同的内存单元。但有些时候,不同对象的某个特定数据成员的值又是相同的,为了节省内存,通常在定义类时将该数据成员设定为静态数据成员。静态数据成员是一种特殊的成员,是类中所有对象公有的,静态数据成员的值对同一个类的所有对象都是一样的,对同一个类的不同对象来说,其静态数据成员只存储在一处,供所有对象使用。同静态变量相似,静态数据成员的存储类别是静态存储,具有静态生存期。在类中使用静态数据成员可以实现不同对象间的数据共享。

静态数据成员的一般定义格式如下:

class 类名

{

…

static 变量类型   静态成员变量名;

…

};

静态数据成员只能在类中定义,并且只能在类外声明并初始化,其初始化格式如下:

数据类型   类名::静态成员变量名=初值;

例如:

```
class Test
{
private:
    static int x;
    int n;
public:
    void Getn();
};
int Test::x=30;
```

注意:① 静态数据成员是同一个类的所有对象共享的成员,不是某个对象的成员。

② 静态数据成员为同一个类的所有对象共有,不同对象的数据成员存储在同一个存储单元中。

③ 静态数据成员的值对每一个对象都是一样的。只要一个对象的静态数据成员值改变,其他对象的静态数据成员值也做相应改变。

④ 静态数据成员可以通过对象来引用,也可以通过类来直接引用。通过类来引用的一般形式如下:

类名::静态数据成员

或

类名.静态数据成员

例 2.14　使用静态成员变量统计访问成员函数的次数。

```cpp
#include<iostream>
using namespace std;
class Objcount                          //定义类
{
public:
    static int count;                   //定义静态数据成员
    int n;
    void get();
};
int Objcount::count=0;                  //静态数据成员初始化
void Objcount::get()
{
    n=0;
    ++n;
    ++count;                            //静态成员变量的值加1
}
void main()
{
    Objcount a1,a2;
    a1.get();                           //第一次访问 get()
    cout<<"count="<<a1.count<<" n="<<a1.n<<endl;
    cout<<"count="<<Objcount::count<<endl;
    a2.get();                           //第二次访问 get()
    cout<<"count="<<a2.count<<" n="<<a2.n<<endl;
    cout<<"count="<<Objcount::count<<endl;
}
```

运行结果如下：

```
count=1   n=1
count=1
count=2   n=1
count=2
```

从上述程序可以看出，对静态数据成员的引用可以使用对象名，也可以直接使用类名，而非静态成员只能使用对象名访问。静态数据成员 count 通过对象 a1 和 a2 都可以访问，而 n 是非静态成员，只属于某个对象。a1 访问 get()函数时 n 的值由 0 变为 1，count 的值由 0 变为 1，a2 访问 get()函数时，n 的值也由 0 变为 1，count 的值由 1 变为 2。

例 2.15　静态数据成员的使用。

```cpp
#include<iostream>
using namespace std;
class Date
{
public:
    void set(int b,int c);
```

```
        bool fun();
        void show();
private:
        static int year;
        int month,day;
};
int Date::year=2010;
void Date::set(int b,int c)
{   month=b;    day=c;}
bool Date::fun()
{
        if(year%4==0&&year%100!=0||year%400==0)
            return true;
        else return false;
}
void Date::show()
{
        year++;
        cout<<year<<"年"<<month<<"日"<<day<<"日"<<endl;
}
void main()
{
    Date mydate1,mydate2;
    mydate1.set(9,30);
    cout<<"第一组日期:";
    mydate1.show();
    mydate2.set(12,21);
    cout<<"第二组日期:";
    mydate2.show();
}
```

在此程序中,日期类中数据成员 year 被设置成静态属性的成员,当在主程序中定义日期类的对象时,可以不用对年份赋值,所有对象的年份信息,将共享为:2010。

静态数据成员的值对每个不同对象来说都是一样的。如果这样的值更新一次后,在所有对象中该值都会共享、更新成相同的值。

但需要在类外初始化赋值:int Date::year=2010;。

程序运行结果为:

第一组日期:2011 年 9 月 30 日
第二组日期:2012 年 12 月 21 日

使用静态数据成员可节省内存,因为它是多个对象公共的,因此对于多个对象而言,静态数据成员只存储一处,供所有对象使用。

2.2.2　静态成员函数

静态成员函数同静态数据成员一样,都是属于类的静态成员,对静态成员的引用可以不需要对象名。

在定义静态成员函数时,可以直接引用类中声明的静态成员,但不能直接引用类声明的非静态成员,如果要引用非静态成员,可以通过对象来访问。

在类中声明静态成员函数的一般格式如下:

static　函数类型　函数名(形参列表);

例如:

```
class Date
{  public:
...
        static void fun(Date d)
        {  cout<<year<<cout<<d.month<<d.day;  }
};
```

静态成员函数的定义与一般成员函数的定义相同,通常情况下,成员函数都是公有的,可以通过具体对象调用成员函数,也可以通过类名和作用域运算符::来调用静态成员函数,其具体调用方式如下:

类名::静态成员函数名(实参列表);

例如

```
Date::fun(mydate1);
```

例2.16 静态数据成员和静态成员函数的使用。

```
#include<iostream>
using namespace std;
class person                             //定义类
{
public:
        person(int a);                   //声明构造函数
        static void Display(person m);   //声明静态成员函数
        int GetA(){return A+=10;}
private:
        int A;
        static int B;                    //声明静态数据成员
};
int person::B=0;                         //静态数据成员初始化
person::person(int a)                    //定义构造函数
{
        A=a;
        B=B+a;
}
void person::Display(person m)           //定义静态成员函数
{
        cout<<"A="<<m.A<<endl;           //引用一般数据成员
        cout<<"B="<<B<<endl;             //引用静态数据成员
}
void main()
{
        person p(100),q(300);            //创建对象 p 和 q,分别调用构造函数
```

```
            person::Display(p);                    //通过类名调用静态成员函数 Display(p),参
                                                   //数为类的对象
            cout<<"p.A="<<p.GetA()<<endl;          //对象 p 调用成员函数 GetA()
            person::Display(q);                    //通过类名调用静态成员函数 Display(q),参
                                                   //数为类的对象
            cout<<"q.A="<<q.GetA()<<endl;          //对象 q 调用成员函数 GetA()
      }
```

运行结果如下：

```
      A=100
      B=400
      p.A=110
      A=300
      B=400
      q.A=310
```

注意：静态成员函数不与某个具体的对象相联系,没有 this 指针,可以不通过对象直接调用,通过类名调用,而非静态成员函数必须通过对象才能调用。在上述程序主函数中,创建对象 p 和 q 分别调用构造函数,将实参的值传给数据成员 A 和 B；A 是非静态成员,其值属于具体对象 p 和 q,而 B 是静态成员,类中所有对象共享,p 和 q 都可以更新它的值。创建对象 q 调用构造函数后,静态成员 B 的值在内存中更新为 400 后,再没有对象更新了,所以输出值为 400。

2.2.3 友元函数

类具有数据封装性和数据隐藏性,即外部函数不能访问类中的私有成员和保护成员,只有类中的成员函数才能访问类中的私有成员和保护成员。程序设计时,有时需要在类的外部访问类的私有成员和保护成员,这种方法称为友元。C++提供了友元的方式,它实现了类与一般函数间、不同类之间共享某个类中私有成员的机制。

友元提供了一种特殊的机制,实现了不同的类、对象和一般函数之间的数据共享。程序设计人员可以在定义一个类时使用 friend 关键字将其他的一般函数、类的成员函数或其他的类声明为当前类的友元,则当前类中的保护成员和私有成员就可以被友元访问,实现数据的真正共享。

友元函数是定义类时在类体中声明的带有 friend 关键字的非成员函数。友元函数既可以是一个一般函数,也可以是其他类中的成员函数。尽管友元函数不属于当前类,但可以像成员函数一样访问当前类中的所有成员。友元函数的一般声明格式如下：

friend   函数类型   友元函数名(形参列表)；

例如：

```
      class Number                                 //定义 Number 类
      {
      public:
            Number(int NewN);
            friend int squareroot(Number &a);      //声明友元函数
      private:
            int N;
      };
```

友元函数必须在类的定义中声明,友元函数的定义与一般函数的定义基本相同,为了能够在友元函数中访问并设置类的数据成员,通常将该类的引用作为友元函数的参数。定义友元函数的一般格式如下:

函数类型　友元函数名(形参列表)
{
　　函数体
}

例如:

```
intsquareroot(Number &a)                    //定义友元函数
{
    int M=a.N;
    return int(sqrt(M));
}
```

例 2.17　利用友元函数编程计算 36 的平方根。

```
#include<iostream>
#include<cmath>
using namespace std;
class Number                                //定义 Number 类
{
public:
    Number(double NewN);
    friend double squareroot(Number &a);    //声明友元函数
private:
    double N;                               //N 为私有成员
};
Number::Number(double NewN)
{
    N=NewN;
}
double squareroot(Number &a)                //友元函数中参数需以引用方式传递
{
    double M=a.N;                           //访问私有成员 N
    return sqrt(M);                         //sqrt(M)对 M 开方后值转换为 int 型
                                            //sqrt 为库函数
}
void main()
{
    Number a(36);                           //声明并初始化对象
    double b;
    b=squareroot(a);                        //计算平方根并赋值给 b
    cout<<b<<endl;
}
```

运行结果为:

从上述程序可以看出,在 Number 类中声明 squareroot 函数为该类的友元函数,该函数在类外进行了定义,在主函数中像调用普通函数一样进行了调用。squareroot 函数是 Number 类的友元函数,虽然不是该类的成员函数,但它可以通过对象的引用访问类的私有成员,这是友元函数的主要特征之一。

> **注意**:① 友元函数必须在类中声明,在类外定义。
> ② 友元函数不是类的成员函数,但能访问类的全部成员。
> ③ 友元函数在一定程度上破坏了类中数据成员的完整性和封装性,建议尽量不使用或少使用友元函数。

2.2.4 友元类

与友元函数类似,一个类也可以声明作为另一个类的友元,这样的类称为友元类。当一个类作为另一个类的友元时,这个类的所有成员函数都是另一个类的友元函数,也就是说,这个类的所有成员函数都可以访问另一个类的所有成员。

友元类的一般声明格式为:

class 类名 1

{

　…

friend class 类名 2;

　…

};

例 2.18 利用友元类编程。

```cpp
#include<iostream>
using namespace std;
class NumberA                       //定义 NumberA 类
{
public:
    friend class NumberB;           //声明类 NumberB 为 NumberA 的友元类
private:
    int n;
};
class NumberB                       //定义 NumberB 类
{
public:
    void SetNumber(int i);
    void ShowNumber();
private:
    NumberA a;
};
void NumberB::SetNumber(int i)
{
    a.n=i;
}
void NumberB::ShowNumber()
```

```
    {
            cout<<a.n<<endl;
    }
void main()
    {
            NumberB M;
            M.SetNumber(16);
            M.ShowNumber();
    }
```

运行结果如下：

```
16
```

可以看出，只要将 NumberB 类声明为 NumberA 类的友元类，则 NumberB 类中的成员函数就可以访问 NumberA 类中的所有成员。

> **注意：** ① 友元关系是不传递的。例如：类 A 是类 B 的友元类，类 B 又是类 C 的友元类时，类 A 和类 C 之间不是友元关系。
>
> ② 友元关系是单向的。例如：类 A 是类 B 的友元类，则类 A 成员函数都是类 B 的友元函数，可以访问类 B 的所有成员，但类 B 的成员函数不是类 A 的友元函数。
>
> ③ 友元声明与访问控制属性无关，但必须出现在类声明的部分。

2.3　类的继承和派生

说到"继承"这个名词，相信大家都不会陌生。例如，长相、身材、肤色等方面像各自的父母，这是因为继承了父母的基因，而父母又继承了爷爷奶奶和外公外婆的基因，爷爷奶奶和外公外婆又分别继承了他们上一代的基因，依次类推，一直可以追溯到人类的祖先。但是，长相与人类的祖先截然不同，这是为什么呢？大家都知道，这是因为人类在不断进化。也就是说，从微观角度来讲，我们不但继承了父母的基因，而且在此基础之上，又进化了一点，所以也有与父母不同的地方。也可以这样说，父母派生出了这样一个既继承了他们的特征又有别于他们的新个体。

继承、派生是 OOP 设计中的重要机制。当对程序的要求有所提高时，它提供了升级的技术支持，而不必将整个已有的程序推倒重来，避免了传统程序设计方法对编写出来的程序无法重复使用而造成的资源浪费。

这种继承重用机制提供了无限重复利用程序资源的一种途径。它允许扩充、升级、完善旧的程序以适应新的要求；如此一来，不仅节约了开发时间、效率，也能引入新的资源。

继承是面向对象程序设计方法的重要机制之一，在程序设计中，通过继承可以在现有类的基础上创建一个新类，新类继承了现有类的属性，被继承的类称为基类（或父类），在基类上创建的类称为派生类（或子类）。派生类可以看成是基类的扩充和完善，体现了类的可重用性和可扩充性。

2.3.1　单继承

如果只得到一个基类的遗传信息称为单继承，如果得到多个基类的遗传信息称为多

69

继承。

在 C++中,任何一个类都可以作为一个基类,一个基类可以有一个或多个派生类,一个派生类也可以继承多个基类。

单继承是指从一个基类派生一个或多个派生类。单继承派生类定义格式如下:

class 派生类名:继承方式 基类名

{

派生类的新成员

};

其中,继承方式是派生类的访问控制方式,分别为公有继承(public)、私有继承(private)和保护继承(protected)三种。如果没有指明继承方式,则系统默认为私有继承(private)方式。

1. 公有继承

公有继承是类继承中最常用的方式,其特点是基类中的非私有成员状态在派生类中保持不变,即基类的 public 成员和 protected 成员在派生类中仍然是 public 成员和 protected 成员。允许在派生类的成员函数中访问基类原有的 public 成员和 protected 成员,还允许通过派生类的对象直接访问基类原有的 public 成员,基类的 private 成员不能被派生类的对象或成员函数访问。

例如,通过一个简单的例子了解继承过程。

```
class A
{
public:
    void fa(){ cout<<i<<j; }
protected:
    int j;
private:
    int i;
};
class B:public A
{
public:
    void fb(){ cout<<x<<y; }
protected:
    int y;
private:
    int x;
};
```

那么对于 B 类而言,其成员的访问情况如下:

```
B:
public:fa()和 fb()
protected:j 和 y
private:x
```

若通过 B 类的对象 b,其可以访问的成员有:

```
fa(); fb();
```

若继续通过 B 类产生子类 C，如下：

```
class  C:public  B
{
public:
        void  fc();
protected:
        int  m;
};
```

那么对于 C 类而言，其成员的访问情况如下：

```
C:public:fc(),fb(),fa()
    protected:m,y,j(由 A 类传承至 C 类中)
    private:无
```

若通过 C 类的对象 c，其可以访问的成员有：

```
fa();fb();fc();
```

例 2.19　派生类公有继承示例。

```
#include<iostream>
#include<string>
using namespace std;
class father                          //定义 father 类
{
public:
        father();
        void Skincolor();
        void Haircolor();
        void output();
protected:
        char surname[20];
        char native[20];
private:
        int age;
};
father::father()
{
        strcpy(surname,"wang");
        strcpy(native,"HuBei");
        age=50;
}
void father::Skincolor()
{
        cout<<"the skin color is yellow!"<<endl;
}
void father::Haircolor()
{
        cout<<"the hair color is black!"<<endl;
}
```

```
void father::output()
{
     cout<<"surname:"<<surname<<"\tnative:"<<native<<"\tage:"<<age<<
endl;
}
class child:public father              //定义 child 类
{
public:
     child();
     void Hight();
     void Weight();
protected:
     char name[20];
private:
     int childage;
};
child::child()
{
     strcpy(name,"hatao");
     childage=20;
     cout<<"name:"<<surname<<name<<"\tnative:"<<native<<"\tage:"<<
childage<<endl;
}
void child::Hight()
{
     cout<<"The hight of the child is1.75cm."<<endl;
}
void child::Weight()
{
     cout<<"The weight of the child is70kg."<<endl;
}
void main()
{
     cout<<"father:"<<endl;
     father thefather;                 //创建基类对象 thefather
     thefather.output();
     thefather.Skincolor();            //基类对象访问基类成员函数
     thefather.Haircolor();
     cout<<"child:"<<endl;
     child thechild;                   //创建派生类对象 thechild
     thechild.Skincolor();             //派生类对象访问基类成员函数
     thechild.Haircolor();
     thechild.Hight();                 //派生类对象访问派生类成员函数
     thechild.Weight();
}
```

运行结果如下：

```
father:
surname:wang        native:HuBei          age:50
the skin color is yellow!
the hair color is black!
child:
name:wanghatao    native:HuBei          age:20
the skin color is yellow!
the hair color is black!
The hight of the child is 1.75cm.
The weight of the child is 70kg.
```

可以看出，派生类 child 类以公有方式继承了 father 类 Skincolor()、Haircolor()、output()成员函数，以保护方式继承了 father 类的 surname、native 数据成员，基类 father 的私有成员 age 在派生类中不可访问。派生类的对象 thechild 访问了基类中的公有成员函数，派生类的构造函数访问了基类中的保护成员 surname 和 native。

派生类的生成过程一般分为三个步骤：

（1）继承基类成员。

例如在上面的程序中，派生类 child 继承了 father 类中的三个成员函数 Skincolor()、Haircolor()和 output()，两个数据成员 surname、native，将它们据为己用。

（2）改造基类成员。

在声明派生类时会指定派生类的继承方式，不同的继承方式会使派生类中继承而来的成员产生不同的访问属性。

（3）增加新成员。

child 类除了继承 father 类成员外，还声明了 hight()、weight()两个成员函数和 name、childage 两个数据成员，这是 father 类中所没有的。

注意：① 基类或基类的对象不能访问派生类的成员。

② 如果在派生类中声明了一个与基类成员完全相同的新成员，则派生类的新成员会覆盖基类中的同名成员，称之为同名覆盖。

③ 一个派生类可以作为基类派生出新的派生类。

④ 基类的构造函数和析构函数是不能被派生类继承的。

例 2.20 派生类作为基类派生出新的派生类。

```cpp
#include<iostream>
#include<string>
using namespace std;
class grandfather                              //定义 grandfather 类
{
public:
    grandfather();
    void Eyes();
    void Output();
```

```
protected:
    char surname[20];
    char native[20];
private:
    int age;
};
grandfather::grandfather()
{
    strcpy(surname,"wang");
    strcpy(native,"HuBei");
    age=75;
}
void grandfather::Eyes()
{
    cout<<"the eyes is big-eyes!"<<endl;
}
void grandfather::Output()
{
    cout<<"surname:"<<surname<<"\tnative:"<<native<<"\tage:"<<age<<endl;
}
class father:public grandfather          //定义 grandfather 类的派生类 father
{
public:
    father();
    void Face();
    void Display();
protected:
    char like[20];
private:
    int age;
};
father::father()
{
    strcpy(like,"Movement");
    age=50;
}
void father::Display()
{
    cout<<"surname:"<<surname<<"\tnative:"<<native<<"\tage:"<<age<<"\
tlike:"<<like<<endl;
}
void father::Face()
{
cout<<"the face is Square-face!"<<endl;
}
class child:public father               //定义 father 类的派生类 child
{
```

```
public:
        child();
        void Hight();
        void Weight();
protected:
        char name[20];
private:
        int age;
};
child::child()
{
        strcpy(name,"hatao");
        age=20;
        cout<<"name:"<<surname<<name<<"\tnative:"<<native<<"\tage:"<<age<<endl;
}
void child::Hight()
{
        cout<<"The hight of the child is1.75cm!"<<endl;
}
void child::Weight()
{
        cout<<"The weight of the child is70kg!"<<endl;
}
void main()
{
        cout<<"grandfather:"<<endl;
        grandfather gf;//创建基类 grandfather 对象 gf
        gf.Output();
        gf.Eyes();
        cout<<"father:"<<endl;
        father fa;//创建 father 类对象 fa
        fa.Display();
        fa.Eyes();
        fa.Face();
        cout<<"child:"<<endl;
        child ch;//创建 child 类对象 ch
        ch.Eyes();
        ch.Face();
        ch.Hight();
        ch.Weight();
}
```

运行结果如下：

```
grandfather:
surname:wang        native:HuBei        age:75
the eyes is big-eyes!
father:
```

```
surname:wang        native:HuBei        age:50  like:Movement
the eyes is big-eyes!
the face is Square-face!
child:
name:wanghatao      native:HuBei        age:20
the eyes is big-eyes!
the face is Square-face!
The hight of the child is 1.75cm!
The weight of the child is 70kg!
```

从上述程序可以看出,派生类的派生类成员函数可以访问基类的公有和保护成员,派生类的派生类对象可以访问基类的公有成员。

2. 私有继承

私有继承是类继承中很少使用的方式,其特点是基类中的所有成员在派生类中都成为私有成员,只允许派生类的成员函数访问基类中的非私有成员,不允许通过派生类的对象直接访问基类中的任何成员。

将前面 A 类、B 类和 C 类的继承关系更改成 private,那么对于 B 类而言,其成员的访问情况如下:

```
B:public:fb()
  protected:y
  private:fa(),j,x
```

若通过 B 类的对象 b,其可以访问的成员有:

```
fb()
```

若将派生关系改为 class C:private B,此时 C 类中的成员访问情况如下:

```
C:public:fc()
  protected:m
  private:y,fb()
```

若通过 C 类的对象 c,其可以访问的成员有:

```
fc()
```

将例 2.19 程序写成例 2.21 所示的程序。

例 2.21 派生类私有继承示例。

```
#include<iostream>
#include<string>
using namespace std;
class father                              //定义 father 类
{
public:
    father();
    void Skincolor();
    void Haircolor();
    void Output();
protected:
    char surname[20];
    char native[20];
private:
```

```
                int age;
        };
        father::father()
        {
                strcpy(surname,"wang");
                strcpy(native,"HuBei");
                age=50;
        }
        void father::Skincolor()
        {
                cout<<"the skin color is yellow!"<<endl;
        }
        void father::Haircolor()
        {
                cout<<"the hair color is black!"<<endl;
        }
        void father::Output()
        {
                cout<<"surname:"<<surname<<"\tnative:"<<native<<"\tage:"<<age<<endl;
        }
        class child:private father              //定义 child 类
        {
        public:
                child();
                void SH();
                void Hight();
                void Weight();
        protected:
                char name[20];
        private:
                int childage;
        };
        child::child()
        {
                strcpy(name,"hatao");
                childage=20;
                cout<<"name:"<<surname<<name<<"\tnative:"<<native<<"\tage:"<<
childdage<<endl;
        }
        void child::SH()
        {
                Skincolor();                    //调用基类的成员函数
                Haircolor();                    //调用基类的成员函数
        }
        void child::Hight()
        {
                cout<<"The hight of the child is1.75cm."<<endl;
        }
```

```
void child::Weight()
{
    cout<<"The weight of the child is 70kg."<<endl;
}
void main()
{
    cout<<"father:"<<endl;
    father thefather;//创建基类对象 thefather
    thefather.Output();
    thefather.Skincolor();//基类对象访问基类成员函数
    thefather.Haircolor();
    cout<<"child:"<<endl;
    child thechild;//创建派生类对象 thechild
    thechild.SH();//派生类对象访问派生类成员函数
    thechild.Hight();
    thechild.Weight();
}
```

运行结果如下:

```
father:
surname:wang      native:HuBei      age:50
the skin color is yellow!
the hair color is black!
child:
name:wanghatao  native:HuBei      age:20
the skin color is yellow!
the hair color is black!
The hight of the child is 1.75cm.
The weight of the child is 70kg.
```

可以看出,本例中是派生类对象访问派生类成员函数的过程中调用了基类中的两个函数 Skincolor()和 Haircolor()。因为私有继承后,基类成员在派生类中都是私有的,私有成员在类外不可访问,派生类对象 thechild 在类外不能直接访问基类的两个函数 Skincolor()和 Haircolor(),而派生类的成员函数 SH()在类中可以直接访问基类继承的这两个函数。其运行结果与例 2.19 完全相同。

在程序设计中,经常采用作用域运算符::来实现成员函数的调用。例如:在派生类的成员函数 SH()中调用基类 father 的成员函数 Skincolor()和 Haircolor(),可以采用如下调用方式。

```
void child::SH()
{
    father::Skincolor();
    father::Haircolor();
}
```

3. 保护继承

保护继承是类继承中的一种特殊方式,其特点是基类中的非私有成员在派生类中都成为保护成员,即基类的 public 成员和 protected 成员在派生类中都变成 protected 成员。只允许在派生类的成员函数中访问基类原有的 public 成员和 protected 成员,不允许通过派生类的对象直接访问基类中的任何成员。

　　保护成员不能被外界引用(这点和私有成员类似),但它可以被派生类的成员函数引用。如果想在派生类引用基类的成员,可以将基类的成员声明为 protected,也就是把保护成员的引用范围扩展到派生类中。

　　将前面 A 类、B 类的继承关系更改成 protected,那么对于 B 类而言,其成员的访问情况如下:

```
B:public:fb()
  protected:fa(),j,y
  private:x
```

若通过 B 类的对象 b,其可以访问的成员有:

```
fb()
```

例 2.22 派生类保护继承示例。

```cpp
#include<iostream>
using namespace std;
class SimpleA
{
public:
    void SetC(int i){c=i;}
    int GetC(){return c;}
protected:
    int a,b;
private:
    int c;
};
class SimpleB:protected SimpleA
{
public:
    void Set(int x1,int x2,int x3,int x4)
    {
     a=x1;b=x2;SetC(x3);d=x4;
    }
    void output()
    {
        cout<<"a="<<a<<",b="<<b<<",c="<<GetC()<<",d="<<d<<endl;
    }
protected:
    int d;
};
void main()
{
    SimpleB obj;
    obj.Set(5,15,25,35);
    obj.output();
}
```

运行结果如下：

```
a=5,b=15,c=25,d=35
```

在上述程序中，SimpleB 类以保护方式继承了 SimpleA 类，除了 SimpleA 类中的私有数据成员 c 外，其余成员都以保护属性出现在 SimpleB 类中。通过 Set()函数调用 SetC()函数初始化私有数据成员 c，因为私有数据成员 c 在派生类中不可访问，通过 output()函数调用 GetC()函数输出 c 的值，其他成员可以直接访问。

表 2-2 列出了 3 种不同继承方式的基类属性和派生类属性。

表 2-2 不同继承方式的基类和派生类的属性

继承方式	基类属性	派生类属性	使用派生类的访问方式
公有继承 public	public	public	派生类成员函数和派生类的对象可以访问
	private	无	不可访问
	protected	protected	派生类成员函数可以访问
私有继承 private	public	private	派生类成员函数可以访问
	private	无	不可访问
	protected	private	派生类成员函数可以访问
保护继承 protected	public	protected	派生类成员函数可以访问
	private	无	不可访问
	protected	protected	派生类成员函数可以访问

根据表 2-2 分析，在公有继承时：

（1）派生类的对象可以访问基类中的公有成员；

（2）派生类的成员函数可以访问基类中的公有成员和保护成员。

在私有继承和保护继承时：

（1）基类的所有成员不能被派生类的对象访问；

（2）派生类的成员函数可以访问基类中的公有成员和保护成员。

2.3.2 多继承

多继承是指从多个基类派生出一个或多个派生类。多继承派生类的定义格式如下：

class 派生类名:继承方式 基类名 1,继承方式 基类名 2,…,继承方式 基类名 n

```
{
    派生类的新成员；
};
```

其中，继承方式同单继承一样有 3 种方式：public、private、protected。

例如：

```
class X
{…};
class Y
{…};
class Z:public X,public Y
{…};
```

派生类 Z 同时继承了基类 X 和 Y,因此,派生类 Z 的成员包含了基类 X 的成员和基类

Y 的成员以及本身的成员。

例 2.23 多继承应用实例。

```cpp
#include<iostream>
using namespace std;
class X
{
public:
     void SetA(int i){  a=i;++a;}
     void DispA(){  cout<<"a="<<a<<"  ";}
private:
     int a;
};
class Y
{
public:
     void SetB(int i){  b=i;++b;  }
     void DispB(){  cout<<"b="<<b<<"  ";}
private:
     int b;
};
class Z:public X,public Y
{
public:
     void Set(int i,int j,int k);
     void Disp();
private:
     int c;
};
void Z::Set(int i,int j,int k)
{
     SetA(i);
     SetB(j);
     c=k;  ++c;
}
void Z::Disp()
{
     DispA();
     DispB();
     cout<<"c="<<c<<endl;
}
void main()
{
     Z obj;
     obj.Set(1,2,3);
     obj.Disp();
}
```

运行结果如下：

```
a=2  b=3  c=4
```

在上面的程序中，声明了一个 X 类、Y 类和 Z 类，通过 X 类和 Y 类派生出了 Z 类，Z 类继承了 X 类和 Y 类的"特征"，如 SetA()、SetB()和 DispA()、DispB()成员函数，但同时 Z 类也具备了 X 类和 Y 类所不具备的"特征"，如 Set()和 Disp()。

2.3.3　派生类的构造函数与析构函数

基类的构造函数和析构函数是不能被派生类继承的。不能在派生类的成员函数中直接调用基类的构造函数和析构函数。因此，在程序中，如果要对派生类中的新成员进行初始化，必须由派生类的构造函数来完成。如果要对从基类中继承下来的成员进行初始化，应由基类的构造函数完成。当程序创建一个派生类对象时，系统首先自动创建一个基类对象，执行基类的构造函数，然后执行派生类的构造函数。当派生类对象的生存期结束时，先调用派生类的析构函数，然后调用基类的析构函数。

在创建派生类的对象时，一般需要使用构造函数对基类的数据成员、派生类数据成员以及对象的数据成员进行初始化。

声明派生类的构造函数的一般格式为：

派生类的构造函数名（形参总参数表）：基类名（参数表 1），基类名 2（参数表 2），…，基类名 n（参数表 n），对象成员 1（对象成员参数表 1），对象成员 2（对象成员参数表 2），…，对象成员 m（对象成员参数表 m）

　{

　函数体

　}

其中，派生类的构造函数名与派生类名同名。形参总参数表应该包括要传给基类构造函数的参数和派生类本身构造函数的参数及内嵌子对象的参数。所以说，派生类的构造函数既可以初始化派生类自己的数据成员，又可以通过基类的构造函数初始化基类的数据成员，还可以对内嵌对象初始化。

派生类构造函数执行时是按一定顺序进行的。首先调用基类构造函数，调用的顺序按照它们被继承时的声明顺序，与派生类构造函数中的名称顺序无关；其次，调用子对象成员的构造函数，调用顺序按照它们在类中声明的顺序，同样与派生类构造函数中列出的名称顺序无关；最后执行派生类的构造函数体中的语句。需要注意的是，如果派生类的新增成员中没有子对象，则直接执行派生类的构造函数体中的语句。

派生类中的析构函数也是在该类对象的生存期即将结束时进行一些必要的清理工作。其声明方法与以前定义的析构函数完全相同。

在派生类的析构函数体中，只需要完成对新增的非对象成员的清理工作，系统会自动调用基类和对象成员的析构函数来完成对基类和对象成员的清理工作。在派生类中，析构函数的执行次序与构造函数正好相反。它首先对派生类中的新增普通成员进行清理，然后对派生类中的新增对象成员进行清理，最后对从基类继承而来的成员进行清理。如果没有显式地声明某个类的析构函数，则系统会自动地为每个类生成一个默认的析构函数。

例 2.24　派生类无参构造函数应用实例。

```
#include<iostream>
using namespace std;
class base
```

```
{
public:
    base(){ i++;cout<<"base 类的构造函数第"<<i<<"次被调用\n"<<endl;}
    ~base(){j++;cout<<"base 类的析构函数第"<<j<<"次被调用\n"<<endl;}
private:
    static int i,j;
};
int base::i=0;
int base::j=0;
class derive:public base
{
public:
    derive(){  m++;cout<<"derive 类的构造函数第"<<m<<"次被调用\n"<<endl;}
    ~derive(){ n++;cout<<"derive 类的析构函数第"<<n<<"次被调用\n"<<endl;}
private:
    static int m,n;
};
int derive::m=0;
int derive::n=0;
void main()
{    derive  Aa,Ab;
}
```

程序运行结果如下：

```
base 类的构造函数第 1 次被调用
derive 类的构造函数第 1 次被调用
base 类的构造函数第 2 次被调用
derive 类的构造函数第 2 次被调用
derive 类的析构函数第 1 次被调用
base 类的析构函数第 1 次被调用
derive 类的析构函数第 2 次被调用
base 类的析构函数第 2 次被调用
```

派生类对象声明时先调用基类构造函数，然后调用派生类的构造函数。但对于析构函数来说，其顺序刚好相反。

例 2.25　派生类带形参构造函数应用实例。

```
#include<iostream>
using namespace std;
class base
{
public:
    base(int a){ i=a;cout<<"base 类的构造函数被调用！"<<endl;}
    ~base(){ cout<<"base 类的析构函数被调用！\ni="<<i<<endl;}
private:
int i;
};
class derive:public base
```

```
{
public:
derive(int a,int b):base(a){  j=b;cout<<"derive类的构造函数被调用!"<<endl;}
~derive(){ cout<<"derive类的析构函数被调用! \nj="<<j<<endl;}
private:
     int j;
};
void main()
{    derive  object(50,100);     }
```

程序运行结果如下：

```
base 类的构造函数被调用!
derive 类的构造函数被调用!
derive 类的析构函数被调用!
j=100
base 类的析构函数被调用!
i=50
```

一般而言,如果基类中声明了带形参的构造函数,则在派生类中就应声明带形参的构造函数,这样可以利用派生构造函数和基类构造函数初始化基类的数据成员。

例 2.26　定义一个部门职工类从部门类和职工类派生,要求在派生类中定义构造函数对基类成员初始化。

```
#include"iostream"
#include"string"
using namespace std;
class department
{
public:
     int num;                              //部门编号
     char design[10];                      //部门名称
     department(int n,char d[]);           //构造函数
};
department::department(int n,char d[])
{
     num=n;
     strcpy(design,d);
}
class employee
{
public:
     int no;                               //职工编号
     char name[10];                        //职工名称
     employee(int n,char d[]);
};
employee::employee(int n,char d[])
{
     no=n;
     strcpy(name,d);
}
```

```
class empl_dept:public employee,public department
{
public:
    empl_dept(int n1,char d1[],int n2,char d2[]):department(n2,d2),
employee(n1,d1){}
    void print();
};
void empl_dept::print()
{
    cout<<"职员编号:"<<no<<"  姓名:"<<name;
    cout<<"部门编号:"<<num<<"  部门名称:"<<design<<endl;
}
void main()
{
    int a,b;
    char name[10],no[20];
    cout<<"依次输入职工编号、姓名、部门编号、部门名称:\n";
    cin>>a>>name>>b>>no;
    empl_dept z(a,name,b,no);
    z.print();
}
```

程序运行结果为:

依次输入职工编号、姓名、部门编号、部门名称:

110 张三 201 科研处↙

职员编号:110 姓名:张三 部门编号:201 部门名称:科研处

例 2.27 派生类中含有子对象的构造函数和析构函数应用实例。

```
#include<iostream>
using namespace std;
class LineA                                    //声明 LineA 类
{
public:
    LineA(int LengthA);
    ~LineA(){ cout<<"调用 LineA 的析构函数!"<<endl;} //析构函数
protected:
    int La;
};
LineA::LineA(int LengthA)                       //定义类 LineA 的构造函数
{
    La=LengthA;
    cout<<"The Length of LineA is:"<<La<<endl;
}
class LineB                                     //声明 LineB 类
{
public:
    LineB(int LengthB);
    ~LineB(){cout<<"调用 LineB 的析构函数!"<<endl;} //析构函数
```

```
protected:
        int Lb;
};
LineB::LineB(int LengthB)//定义类 LineB 的构造函数
{
        Lb=LengthB;
        cout<<"The Length of LineB is:"<<Lb<<endl;
}
class LineC:public LineB,public LineA //声明派生类 LineC
{
public:
        LineC::LineC(int a,int b,int c,int d):LineA(a),LineB(b),myLineB(c),
myLineA(d)
{     //定义类 LineC 的构造函数
        Lc=La+Lb;
        cout<<"The Length of LineC is:"<<Lc<<endl;
}
~LineC(){  cout<<"调用 LineC 的析构函数!"<<endl;  }//析构函数
private:
int Lc;
LineA myLineA;                          //LineA 类的对象成为派生类的内嵌私有对象成员
LineB myLineB;                          //LineB 类的对象成为派生类的内嵌私有对象成员
};
void main()
{
        LineC(19,80,11,28);
}
```

运行结果如下：

```
The Length of LineB is:80
The Length of LineA is:19
The Length of LineA is:28
The Length of LineB is:11
The Length of LineC is:99
调用 LineC 的析构函数!
调用 LineB 的析构函数!
调用 LineA 的析构函数!
调用 LineA 的析构函数!
调用 LineB 的析构函数!
```

上述程序中，LineC 类是从 LineA 类和 LineB 类派生而来的。其中，在 LineA 类和 LineB 类中都包含了带 1 个参数的构造函数。在 LineC 类中，声明派生类的构造函数要对基类 LineA 和 LineB 的构造函数调用初始化基类的数据成员，并且还要对 LineC 类的内嵌对象 myLineA 和 myLineB 初始化。从程序运行结果可以看出，在主函数中声明派生类 LineC 对象时，调用构造函数的顺序是按派生类声明时，继承基类的顺序来调用基类 LineB 和 LineA 的构造函数；子对象成员 myLineA 和 myLineB 的构造是按在类中声明的顺序调用子对象成员的构造函数，先调用 LineA 的构造函数，再调用 LineB 的构造函数，myLineA 和 myLineB 对象的参数是在 LineC 的构造函数中给出的，并且调用的是带参构造函数；最后执行派生类构造函数体的内容。析构函数的调用顺序刚好相反。

习　题　2

一、单项选择题

1. 关于对象的描述中,错误的是(　　　)。

A. C++的对象可使用对象名、属性和操作三要素来描述

B. 一个对象由一组数据和对这组数据操作的成员函数构成

C. 对象是 C 语句中的结构体变量

D. C++对象是系统中用来描述客观事物的一个实体

2. 关于类的描述中,错误的是(　　　)。

A. 类是抽象数据类型的实体

B. 类是具有共同行为的若干对象的统一描述体

C. 类的作用是定义对象

D. 类就是 C 语言中的结构体类型

3. 类的构造函数被自动调用执行的情况是在定义该类的(　　　)。

A. 成员函数时　　　　　B. 数据成员时　　　　　C. 对象时　　　　　D. 友元函数时

4. 定义类时,成员访问属性没有关键字,默认为(　　　)。

A. private　　　　　B. public　　　　　C. protected　　　　　D. static

5. 关于构造函数的叙述错误的是(　　　)。

A. 构造函数名与类名相同　　　　　B. 构造函数可以重载

B. 构造函数可以设置默认参数　　　　　D. 构造函数必须指定类型说明

6. 已知类 sample 中的一个成员函数的说明,如"void Set(sample &a);",则该函数的参数"sample &a"的含义是(　　　)。

A. 指向 sample 的指针为 a　　　　　B. 将变量 a 的地址赋给类 sample

C. sample 类对象引用 a 做函数的形参　　　　　D. 变量 sample 与 a 按位与后做函数参数

7. 已知类 A 是类 B 的友元,类 B 是类 C 的友元,则(　　　)。

A. 类 A 一定是类 C 的友元

B. 类 C 一定是类 A 的友元

C. 类 C 的成员函数可以访问类 B 的对象的任何成员

D. 类 A 的成员函数可以访问类 B 的对象的任何成员

8. 若派生类成员函数不能直接访问基类中继承来的某个成员,则该成员一定是基类中的(　　　)。

A. 私有成员　　　　　B. 公有成员

C. 保护成员　　　　　D. 保护成员或私有成员

9. 一个类的静态数据成员所表示的属性(　　　)。

A. 是类或对象的属性　　　　　B. 只是对象的属性

C. 只是类的属性　　　　　D. 是类和友元的属性

10. 假定 AB 为一个类,px 为指向该类的一个含有 n 个对象的动态数组的指针,则执行"delete []px;"语句时共调用该类析构函数的次数为(　　　)。

A. 0　　　　　B. 1　　　　　C. n　　　　　D. n+1

11. 在公有派生的情况下,派生类中定义的成员函数只能访问原基类的(　　　)。

A. 公有成员和私有成员　　　　　B. 私有成员和保护成员

C. 公有成员和保护成员　　　　　D. 私有成员、保护成员和公有成员

12. 如果派生类以 protected 方式继承基类,则原基类的 protected 成员和 public 成员在派生类中的访问权限分别是(　　　)。

A. public 和 public　　　　　B. public 和 protected

C. protected 和 public　　　　　D. protected 和 protected

13. 在一个派生类的成员函数中,调用其基类的成员函数"void h()",但无法通过继承编译,这说明(　　　)。

A. h()是基类的私有成员　　　　　B. h()是基类的保护成员

C.派生类的继承方式为私有　　　　　　D.派生类的继承方式为保护

二、分析程序题

1. 写出下面程序的输出结果。

```cpp
#include<iostream>
using namespace std;
class Point{
    public:
    int X,Y;
    void setinit(int initX,int initY);
    int GetX();
    int GetY();
};
    void Point::setinit(int initX,int initY){
        X=initX;        Y=initY;
    }
    int Point::GetX() { return X;   }
    int Point::GetY() {   return Y;}
    void display(Point &rL)
    {
        cout<<rL.GetX()<<'\t'<<rL.GetY()<<endl;
    }
    void main()
    {
        Point A[5]={{0,0},{1,1},{2,2},{3,3},{4,4}};
        Point *rA=A;
        A[3].setinit(5,3);
        rA->setinit(7,8);
        for(int i=0;i<5;i++)  display(*(rA++));
    }
```

2. 分析程序的输出结果。

```cpp
#include<iostream>
using namespace std;
class base
{
public:
    static int num;
    base(){  num+=5;}
};
int base::num=0;
void main()
{
    cout<<base::num<<endl;
    base *p=new base;
    cout<<p->num<<","<<base::num<<endl;
    base a,b;
    cout<<p->num<<","<<a.num<<","<<b.num<<endl;
}
```

3. 分析程序的输出结果。

```
#include<iostream>
using namespace std;
class Date
{
        int Year,Month,Day;
public:
        Date(int y=2010,int m=1,int d=1){Year=y;Month=m;Day=d;}
        void DispDate(){ cout<<Year<<"-"<<Month<<"-"<<Day<<'\t';   }
};
class Time
{
        int Houre,Minutes,Seconds;
public:
        Time(int h=5,int m=30,int s=0){Houre=h;Minutes=m;Seconds=s;}
        void DispTime(){ cout<<Houre<<":"<<Minutes<<":"<<Seconds<<endl;}
};
class DTime:public Date,public Time
{
public:
        DTime(){};
        DTime(int y,int mo,int d,int h=0,int mi=0,int s=0):Date(y,mo,d),Time(h,
mi,s){}
        void DispDTime(){DispDate();DispTime();}
};
void main()
{
        DTime a,b(2010,10,1,6,20,0),c(2011,3,8,6,7);
        a.DispDTime();
        b.DispDTime();
        c.DispDTime();
}
```

三、改错题

1. 下面是类 CSample 的定义,指出类定义中的错误并改正。

```
class CSample {
        int a=23;
public
        CSample();
        CSample(int val);
        ~CSample();
};
```

2. 下面的类定义有错误,请指出错误并改正。

```
class A(){
         int a;
    public:
      A(int aa)a(aa){ }
    };
```

3. 分析程序中的错误,请指出错误并改正。

```
#include<iostream>
using namespace std;
class sample {
    int n;
public:
    void sample(){ cout<<"Initializing default"<<endl;}
    sample(int m){ cout<<"Initializing"<<endl;n=m;}
    void ~sample() { cout<<"Destroying\n"<<n<<endl;}
}
void main(){
    sample x(1);
    sample y=x;
}
```

4. 分析程序中的错误,请指出错误并改正。

```
#include<iostream>
using namespace std;
class base {
        int x;
        base(int a){  x=a;  }
public:
        int get(){   return x;  }
        ~base(){  cout<<"Destroying"<<x<<"  ";  }
};
void main(){
    base obj[5]={3,5,7,9,11};
    for(int i=0;i<5;i++)
    cout<<obj[i].get()<<',';
}
```

5. 分析程序中的错误,请指出错误并改正。

```
#include<iostream>
using namespace std;
class person
{
public:
    person(char na[],int deg1);
    static void Display(person m);
private:
    char name[10];
    int deg;
    static int sum;
};
person::person(char na[],int deg1)
```

```
{
        name=na;
        deg=deg1;
        sum=sum+deg;
}
void person::Display(person m)
{
        cout<<"成绩="<<deg<<endl;
        cout<<"总成绩="<<sum<<endl;
}
void main()
{
        person p("Wanghong",20),q("ZhangLin",21);
        cout<<"姓名="<<p.name<<endl;
        Display(p);
        Display(q);
}
```

四、程序填空题

1. 分析程序,在序号处填上适当内容,使程序输出结果为：S=2 S=5 S=9。
程序如下:

```
#include<iostream>
using namespace std;
class sum{
        static int s;
public:
        sum(int a){
          ①;
          cout<<"S="<<s<<"\t";
}
};
int sum::s=0;
void main()
{
        sum m[3]=②;
}
```

2. 下面程序的作用是计算某人的月平均工资,填写适当的内容。

```
#include<iostream>
#include<string>
using namespace std;
class AveWages{
private:
        char name[10];
        int wages[12];
public:
        AveWages(char n[ ],int s[ ]){
```

```
            ①;
            for(int i=0;i<12;i++){
                wages[i]=s[i];
        }
    }
    void Show(){
            int sum=0;
            for(int i=0;i<12;i++){
                ②;
        }
            cout<<"姓名:"<<name<<",月平均工资:"<<sum/10<<endl;
    }
    };
    void main(){
            char name[10];
            int wag[12];
            cout<<"姓名:";
            cin>>name;
            cout<<"请输入月工资"<<endl;
            for(int i=0;i<12;i++){
            cout<<i+1<<"月:";
            cin>>wag[i];
    }
            AveWages s(name,wag);
            s.Show();
    }
```

3. 分析程序,填上适当的内容。

```
#include<iostream>
#include<cmath>
using namespace std;
class point {
        float x,y;
public:
        point(float a,float b) { x=a;y=b;}
        friend float distance(point &p1,point &p2);
};
float distance(point &p1,point &p2)
{
        float dx=①;
        float dy=②;
        return(float)sqrt(dx*dx+dy*dy);
    }
void main()
{
point p1(32,43),p2(2,3);
        cout<<③<<endl;
}
```

4. 根据下面一段程序中基类和派生类的定义,填充相应的内容。

```
class Base
{
private:
     int x1,x2;
public:
     Base(int m1,int m2) {
        x1=m1;x2=m2;
     }
        void display(){   cout<<x1<<' '<<x2<<' ';}
};
class Derived:public Base
{
private:
        int x3;
public:
     Derived(int m1,int m2,int m3);
     void display(){
     ①;     cout<<x3<<endl;
     }
};
Derived::Derived(int m1,int m2,int m3):②   { ③ }
```

五、编程题

1. 定义一个学生类,数据成员包括姓名、学号、C++成绩、数据结构成绩、计算机组成原理成绩;构造函数设置数据成员的值,计算总分和平均分的成员函数,输出成员函数输出学生基本信息。

2. 定义一个类,数据成员包括两个整数,构造函数设置两个整数初值,设置一个成员函数对两个整数赋值,输出函数输出 9×9 乘法口诀表。

3. 定义一个长方体类,该类中包括数据成员长、宽、高;构造函数设置长、宽、高的值,成员函数计算长方体的体积,输出函数输出长方体的体积。

4. 定义一个商品类 Goods,在程序中建立一个动态数组,通过动态数组为 Goods 类的对象赋值,输出商品类的有关信息。

5. 定义一个 Student 类,包括:一个静态数据成员,用于表示已创建对象的数量;一个静态成员函数,获取已创建对象的数量;一个输出成员函数,输出学生的姓名和学号。

6. 定义一个 Point 类,定义该类的友元函数,求两点之间的距离。

7. 定义 Rich 与 Poor 两个类,二者都有 Income 属性,定义二者的一个友元函数 DefIncome(),计算二者的收入之差。

8. 定义一个 Point 类,定义一个 Move 类,Move 类为 Point 类的友元类,实现点坐标的移动,输出移动后的坐标值。

9. 定义 Point 点类为基类,Rectangle 矩形类为派生类,输出 4 个顶点的坐标和面积。

10. 定义一个部门类为基类,包括部门名称和部门编号;定义一个职员类为基类,包括职员编号和姓名;定义一个部门职员类,从部门类和职员类派生,实现部门职员信息的输入和输出。

11. 定义一个师生类 Teacher_Student,数据成员包括姓名、编号、性别和用于输入输出的成员函数。在该类基础上派生学生类 Student(增加数据成员成绩)和教师类 Teacher(增加数据成员考核等级),并实现对学生和教师信息的输入输出。

12. 定义时间类 Time 和日期类 Date 多重派生出日期时间类 DateTime,并实现日期时间的输出。

13. 定义雇员类为基类,其派生类包括经理类、业务员类、计件工类和钟点工类。经理有固定的月薪,业务员的收入是底薪加提成;计件工的收入是根据完成的工作量计算;钟点工的收入以小时为单位计算。要求输出各类人员的月收入。

实验 2 使用面向对象方法实现学生成绩计算

一、实验目的

1. 掌握类和对象的定义。
2. 掌握构造函数和析构函数的定义及作用。
3. 掌握静态成员变量和静态成员函数的使用方法。
4. 掌握友元函数和友元类的定义。
5. 掌握派生类的定义。

二、实验内容

1. 定义学生类,学生类的数据成员包括学号、姓名、数学、英语、计算机、课程总分、奖学金等级,静态数据成员统计学生总成绩,成员函数包括获取各数据成员的值并输出学生全部信息。定义学生信息类,计算若干个学生的平均分和总分,评选奖学金等级,输出总分最高的学生信息,输出不及格学生的信息,最后输出所有学生的信息。

2. 定义学生类,学生类的数据成员包括学号、姓名、数学、英语、计算机,成员函数包括设置、获取学生的学号、姓名、考试成绩、毕业申请,输出学生全部信息函数,构造函数和析构函数。定义本科生类从学生类派生,增加数据成员,即数据结构成绩和专业名称,增加设置和获取专业成员函数,毕业申请函数要求各门课程成绩及格并且平均分大于 68 分才能毕业。

三、实验步骤

(1) 启动 Visual Studio 2010,单击"起始页"中的"新建项目"命令,或者选择"文件"菜单中"新建/项目"选项,弹出"新建项目"对话框,在此对话框的项目类型中选择"Win32",在中间的模板中选择"Win32 控制台应用程序",在"名称"文本框中输入新建项目名称 StudentManage。单击"位置"文本框右侧的"浏览"按钮,选择项目的保存路径 D:\C++。也可以直接键入文件夹名称和相应的保存路径。选中"为解决方案创建目录"复选框,单击"确定"按钮,系统自动创建此应用程序模板。单击"下一步"按钮,最后单击"完成"按钮。

(2) 编辑程序文件。在解决方案资源管理器窗口中,双击 StudentManage.cpp 打开文件编辑器窗口,保留 #include "stdafx.h"命令,输入实验内容 1 源程序代码如下:

```
#include<iostream>
#include<string>
using namespace std;
#define N 30
class Student                //定义学生类
{
private:
    int num;                 //学号
    char name[10];           //姓名
    double maths;            //数学课程名
    double english;          //英语课程名
    double computer;         //计算机课程名
    double total;            //课程总分
    int rate;                //奖学金等级
```

```cpp
public:
    Student(){};
    static double numTotal;              //静态数据成员,统计学生总成绩
    Student(int n,char Name[],double m,double e,double c);
    double getMaths();                   //获取数学成绩
    double getEnglish();                 //获取英语成绩
    double getComputer();                //获取计算机成绩
    double getTotal();                   //获取总分
    int getRate();                       //获取奖学金等级
    int getNum();                        //获取学号
    void output();                       //输出对象的属性值
    void setRate(int r);                 //设置奖学金等级
};
double Student::numTotal=0;
Student::Student(int n,char Na[],double m,double e,double c){//设置对象属性值
    num=n;
    strcpy_s(name,Na);
    maths=m;
    english=e;
    computer=c;
    total=maths+english+computer;    //计算每个对象总成绩
    numTotal+=total;                  //计算所有学生总成绩
}
double Student::getMaths(){
    return maths;
}
double Student::getEnglish(){
    return english;
}
double Student::getComputer(){
    return computer;
}
double Student::getTotal(){
    return total;
}
int Student::getRate(){
    return rate;
}
void Student::setRate(int r){
    rate=r;
}
int Student::getNum(){
    return num;
}
void Student::output(){
```

```cpp
        cout<<num<<'\t'<<name<<'\t'<<maths<<'\t'<<english<<'\t'<<computer<<'\t'
'<<total<<endl;
    }
    class StuInfo{
    private:
        int n;
        Student *stu[N];
    public:
        StuInfo();                      //构造函数
        void getMax();                  //获取最高分学生信息
        void ratecomp();                //计算奖学金等级
        void outrate();                 //输出奖学金等级
        void fail();                    //输出不及格学生信息
        void outAll();                  //输出对象数组各元素的值
    };
    StuInfo::StuInfo(){
        int i=0,flag=1;
        int num0;
        char na[10];
        double ma,en,com;
    while(flag){
        cout<<"请输入学生学号、姓名、数学、英语、计算机成绩"<<endl;
        cin>>num0>>na>>ma>>en>>com;
        stu[i++]=new Student(num0,na,ma,en,com);
        cout<<"继续输入吗(1/0)？    ";
        cin>>flag;
        flag=(flag!=0);
    }
    n=i;
    }
    void StuInfo::getMax(){
    int i,k=0;
    double temp=stu[0]->getTotal();
    for(i=1;i<n;i++)
            if(temp<stu[i]->getTotal()){
                temp=stu[i]->getTotal();
                k=i;
            }
        cout<<"***********总成绩最高的学生信息***********"<<endl;
        cout<<"学号\t"<<"姓名\t"<<"数学\t"<<"英语\t"<<"计算机\t"<<"总分"<<endl;
        stu[k]->output();
    }
    void StuInfo::ratecomp(){           //计算奖学金等级
    double ave;
    int i;
    ave=Student::numTotal/n;            //计算所有学生的平均成绩
    for(i=0;i<n;i++){
```

```
            if(stu[i]->getTotal()>=ave*1.2)              //超过全班平均成绩 20%,获一等奖学金
                  stu[i]->setRate(1);
            else if(stu[i]->getTotal()>=ave*1.15)        //超过全班平均成绩 15%,获二等奖学金
                  stu[i]->setRate(2);
            else if(stu[i]->getTotal()>=ave*1.1)         //超过全班平均成绩 10%,获三等奖学金
                  stu[i]->setRate(3);
      }
}
void StuInfo::outrate(){                                //输出奖学金等级
int i;
cout<<"*****************奖学金分配*****************"<<endl;
      for(i=0;i<n;i++){
            if(stu[i]->getRate()>0){
            cout<<"学号:"<<stu[i]->getNum()<<"\t 总分:"<<stu[i]->getTotal
()<<"\t 等级:";
                  switch(stu[i]->getRate()){
                  case 1:cout<<"一等奖学金"<<endl;break;
                  case 2:cout<<"二等奖学金"<<endl;break;
                  case 3:cout<<"三等奖学金"<<endl;break;
                  default:cout<<"未获得奖学金"<<endl;break;
                  }
            }
      }
}
void StuInfo::fail(){                                //输出不及格学生信息
int i,j=0;
cout<<"***************不及格学生名单:***************"<<endl;
for(i=0;i<n;i++){
      if(stu[i]->getMaths()<60||stu[i]->getEnglish()<60||stu[i]->
getComputer()<60){
            cout<<"学号\t"<<stu[i]->getNum();
            if(stu[i]->getMaths()<60){
                cout<<"\t 数学\t"<<stu[i]->getMaths();
            }
            if(stu[i]->getEnglish()<60){
                cout<<"\t 英语\t"<<stu[i]->getEnglish();
            }
            if(stu[i]->getComputer()<60){
                cout<<"\t 计算机\t"<<stu[i]->getComputer();
            }
            j++;
      }
      cout<<endl;
}
if(j==0){
      cout<<"全部及格"<<endl;
```

```
    }else{
        cout<<endl;
    }
}
void StuInfo::outAll(){
cout<<"******************全部同学信息******************"<<endl;
cout<<"学号\t"<<"姓名\t"<<"数学\t"<<"英语\t"<<"计算机\t"<<"总分\t"<<endl;
for(int i=0;i<n;i++){
    stu[i]->output();
}
}
void main()
{
  StuInfo stuIn;
  stuIn.getMax();
  stuIn.ratecomp();
  stuIn.outrate();
  stuIn.fail();
  stuIn.outAll();
}
```

（3）编译和连接。单击"生成"菜单下的"生成 StudentManage"命令，编译和连接源程序。

（4）运行。单击主菜单"调试"下的"开始执行（不调试）"命令运行程序，运行结果如图 2-1 所示。

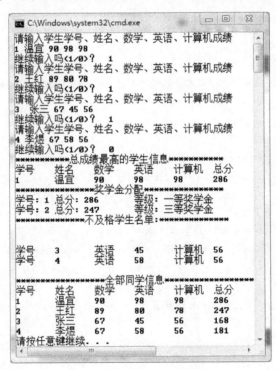

图 2-1   实验 2-1 运行结果

（5）新建项目 StuGraduate，在解决方案资源管理器窗口中，双击 StuGraduate.cpp 打开文件编辑器窗口，保留 #include "stdafx.h"命令，输入实验内容 2 源程序代码如下：

```cpp
#include<iostream>
#include<string>
using namespace std;
#define N 30
class Student                           //定义学生类
{
protected:
    char no[12];                        //学号
    char name[10];                      //姓名
    double maths;                       //数学课程名
    double english;                     //英语课程名
    double computer;                    //计算机基础课程名
public:
    Student();                          //无参构造函数
    Student(char *n,char *Name,double m,double e,double c);
                                        //带参构造函数
    ~Student();                         //析构函数
    void setname(char *Name);           //设置姓名
    char *getname();                    //获取姓名
    void setNo(char *Nno);              //设置学号
    char *getNo();                      //获取学号
    void test();                        //考试
    void graduate();                    //毕业申请
    void output();                      //输出学生信息
};
Student::Student(){                     //默认构造函数
    strcpy_s(no,"");
    strcpy_s(name,"");
    maths=0;
    english=0;
    computer=0;
}
Student::Student(char *n,char *Na,double m,double e,double c){//带参构造函数
    strcpy_s(no,n);
    strcpy_s(name,Na);
    maths=m;
    english=e;
    computer=c;
}
Student::~Student(){ cout<<"学生类析构函数被调用!"<<endl;}
void Student::setname(char *Name){
    strcpy_s(name,Name);
}
char *Student::getname(){
    return name;
}
void Student::setNo(char *Nno){
```

```
        strcpy_s(no,Nno);
    }
char *Student::getNo(){
        return no;
    }
void Student::test(){
        cout<<"学生 "<<name<<" 在学校参加考试!"<<endl;
        int k,c;
        for(int i=0;i<3;i++){
          cout<<"请输入要考试的课程编号:1 数学,2 英语,3 计算机 "<<endl;
          cin>>k;
          cout<<"请输入考试成绩: ";
          cin>>c;
        switch(k)
        {
        case 1:maths=c;break;
        case 2:english=c;break;
        case 3:computer=c;break;
        default:break;
    }
    if(c>=60)
        cout<<"考试通过!"<<endl;
    else
        cout<<"本次考试没通过,请继续努力!"<<endl;
        }
    }
void Student::output(){
        cout<<"学号\t"<<"姓名\t"<<"数学\t"<<"英语\t"<<"计算机"<<endl;
        cout<<no<<'\t'<<name<<'\t'<<maths<<'\t'<<english<<'\t'<<computer
<<endl;
    }
void Student::graduate(){
        if((maths>=60)&&(english>=60)&&(computer>=60))
    cout<<"恭喜!"<<name<<"同学,完成教学计划规定的全部课程,成绩合格,准予毕业!"<<
endl;
        else
            cout<<"继续努力!"<<name<<"同学,还有课程成绩不合格,暂不能毕业!"<<
endl;
    }
class undergraduate:public Student{              //本科生类从学生类派生
protected:
        double datastruct;                       //数据结构成绩
        char major[40];                          //专业名称
public:
        undergraduate();
        undergraduate(char * n,char * Na,char * nmajor,double m,double e,double
c,double data);~undergraduate();
```

```
        void setmajor(char *nmajor);
        char *getmajor();
        void testscore();
        void tograduate();
        void disp();
};
undergraduate::undergraduate(){
        strcpy_s(major,"");
        datastruct=0;
}
undergraduate::undergraduate(char *n,char *Na,char *nmajor,double m,double
e,double c,double data):Student(n,Na,m,e,c)
{
        strcpy_s(major,nmajor);
        datastruct=data;
}
undergraduate::~undergraduate(){
        cout<<"本科生类析构函数被调用!"<<endl;
}
void undergraduate::setmajor(char *nmajor){
        strcpy_s(major,nmajor);
}
char *undergraduate::getmajor(){
        return major;
}
void undergraduate::testscore(){
        cout<<"本科生 "<<name<<" 在学校参加考试!"<<endl;
        int k,c;
        for(int i=0;i<4;i++){
                cout<<"请输入要考试的课程编号:1 数学,2 英语,3 计算机 4 数据结构"<<endl;
                cin>>k;
        cout<<"请输入考试成绩:"<<endl;
        cin>>c;
        switch(k)
        {
        case 1:maths=c;break;
        case 2:english=c;break;
        case 3:computer=c;break;
        case 4:datastruct=c;break;
        default:break;
        }
        if(c>=60)
                cout<<"考试通过!"<<endl;
        else
                cout<<"本次考试没通过,请继续努力!"<<endl;
        }
}
```

```
void undergraduate::disp(){
    cout<<major<<"专业"<<endl;
    output();                        //调用基类学生类的成员函数
    cout<<"数据结构成绩\t"<<datastruct<<endl;
}
void undergraduate::tograduate(){
    double ave= (maths+english+computer+datastruct)/3;
    if((maths>=60)&&(english>=60)&&(computer>=60)&&(datastruct>=60)&&(ave>=70))
    cout<<"恭喜!"<<name<<"同学,完成教学计划规定的全部课程,成绩合格,准予毕业!"<<endl;
        else
        cout<<"继续努力!"<<name<<"同学,还有课程成绩不合格,暂不能毕业!"<<endl;
}
void main()
{
    Student stu("1101","王伟",0,0,0);
    stu.test();
    cout<<"***************学生信息***************"<<endl;
    stu.output();
    stu.graduate();
    undergraduatestgr("2101","刘海","计算机与科学技术",0,0,0,0);
    stgr.testscore();
    cout<<"***************本科生学生信息***************"<<endl;
    stgr.disp();
    stgr.tograduate();
}
```

(6) 编译连接和运行。单击"生成"菜单下的"生成 StuGraduate"命令,然后单击主菜单"调试"下的"开始执行(不调试)"命令运行程序,运行结果如图 2-2 所示。

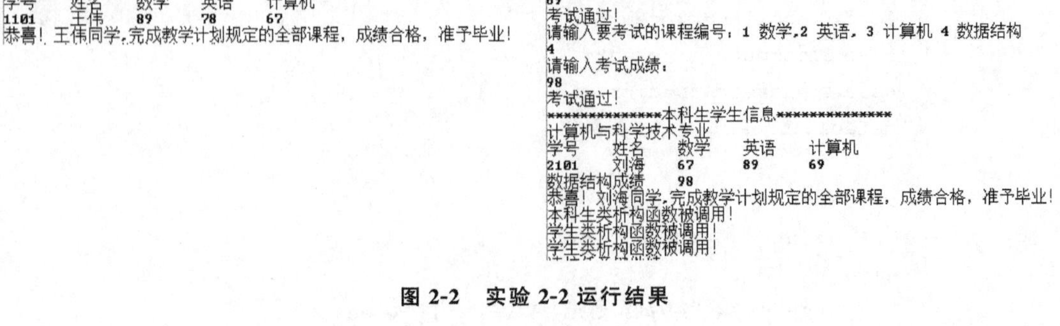

```
学生 王伟 在学校参加考试!
请输入要考试的课程编号:1 数学.2 英语.3 计算机
1
请输入考试成绩: 89
考试通过!
请输入要考试的课程编号:1 数学.2 英语.3 计算机
2
请输入考试成绩: 78
考试通过!
请输入要考试的课程编号:1 数学.2 英语.3 计算机
3
请输入考试成绩: 67
考试通过!
**************学生信息**************
学号    姓名    数学    英语    计算机
1101    王伟    89      78      67
恭喜! 王伟同学,完成教学计划规定的全部课程,成绩合格,准予毕业!
```

```
本科生 刘海 在学校参加考试!
请输入要考试的课程编号:1 数学.2 英语.3 计算机 4 数据结构
1
请输入考试成绩:
67
考试通过!
请输入要考试的课程编号:1 数学.2 英语.3 计算机 4 数据结构
2
请输入考试成绩:
89
考试通过!
请输入要考试的课程编号:1 数学.2 英语.3 计算机 4 数据结构
3
请输入考试成绩:
69
考试通过!
请输入要考试的课程编号:1 数学.2 英语.3 计算机 4 数据结构
4
请输入考试成绩:
98
考试通过!
**************本科生学生信息**************
计算机与科学技术专业
学号    姓名    数学    英语    计算机
2101    刘海    67      89      69
数据结构成绩          98
恭喜! 刘海同学,完成教学计划规定的全部课程,成绩合格,准予毕业!
本科生类析构函数被调用!
学生类析构函数被调用!
学生类析构函数被调用!
```

图 2-2 实验 2-2 运行结果

第❸章　　多态性与虚函数

■ 多重继承中的二义性问题
■ 虚基类的定义
■ 虚函数和抽象类的定义
■ 运算符重载的实现
■ 函数模板和类模板的定义

　　多态性是面向对象程序设计中的重要特征,多态性是指一个名词具有多种语义。在C++中主要体现在函数或运算符调用时出现"一种接口,多种方法"的现象。多态性使程序设计高度抽象,使高层代码只需写一次,不同层次的代码由虚函数实现,从而提高了代码的重用性。

3.1　类的多重继承

3.1.1　二义性问题

　　派生类继承了基类的属性,如果出现类的多继承情形,由于多层次的交叉派生关系,故可能出现一个派生类中保留某个基类的多个实例,这可能会造成对基类中的某个成员的访问出现不唯一的情况。例如:有 A、B、C、D 四个类,其中,D 类派生出了 B、C 两个类,B、C 这两个类又派生出 A 类,所以,D 类是 A 类的间接基类,在 A 类的对象中,间接保存了 D 类的两个副本,即同一个成员可能存在两个映射。此时,如果试图通过派生类对象直接访问基类 D 中的成员,将导致二义性编译错误。可以使用作用域运算符":: "来标识不同基类的成员的唯一性,防止二义性产生。
　　例如:

```
#include<iostream>
using namespace std;
class A
{
public:
    void fa(){  cout<<"A::fa()"<<endl;  }
};
class B
{
public:
    void fa(){  cout<<"B::fa()"<<endl;}
};
class C:public A,public B
{
public:
    void g(){cout<<"Error!"<<endl;}
};
```

如果主函数中定义 C 类的对象 myC,有语句"myC. fa();",对象 myC 不知道是访问 A
类中的fa(),还是访问 B 类中的 fa(),对函数 fa()的访问具有二义性。为了消除二义性,可
以使用成员限定符。例如:

```
C myC;
myC.A::fa();
```

或

```
myC.B::fa();
```

例 3.1 二义性程序示例。

```
#include<iostream>
using namespace std;
class D                            //共同基类 D
{
public:
    int n;
    D(int newN=100){  n=newN;  }
};
class B:public D                   //派生类 B
{
public:
    int nb;
    B(int newN=100,int newM=100):D(newN){  nb=newM;  }
      void output()
      {
            cout<<"B::n="<<B::n<<endl;
      }
};
class C:public D                   //派生类 C
{
public:
    int nc;
    C(int newN=100,int newM=100):D(newN){  nc=newM;  }
      void output()
      {
            cout<<"C::n="<<C::n<<endl;
      }
};
class A:public B,public C          //由 B、C 类派生 A 类
{
public:
    int na;
    A(int a,int b,int c,int d,int e):B(a,b),C(c,d){  na=e;}
    void output()
    {
            cout<<"nb="<<nb<<",nc="<<nc<<",na="<<na<<endl;
    }
};
```

```
void main()
{
    A myA(10,20,30,40,50);
    myA.B::output();
    myA.C::output();
    myA.output();
}
```

运行结果如下：

```
B::n=10
C::n=30
nb=20,nc=40,na=50
```

从上述程序可以看出,共同基类 D 中数据成员在派生类 B 和派生类 C 中有不同的值,也就是在派生类 A 中有两个值。为了解决多重继承中出现的共同基类在派生类中有多个不同的值,可以将共同基类设置为虚基类。

3.1.2 虚基类

C++提供了一个特殊的类——虚基类来解决多重继承中共同基类成员的值在派生类中有不同的复制的问题。

将共同基类(如例 3.1 的 D 类)设置为虚基类,这时从不同路径继承来的同名数据成员在内存中就只有一个拷贝,同名函数也只有一个映射。

利用虚基类派生出新类的一般格式如下：

class 派生类名:virtual 继承方式 基类名

例 3.2 虚基类应用示例。

```
#include<iostream>
using namespace std;
class D                          //声明共同基类 D
{
public:
    int n;
    D(int newN=100){  n=newN;  }
};
class B:virtual public D         //定义虚基类 D 的派生类 B
{
public:
    int nb;
    B(int newN=100,int newM=100):D(newN){  nb=newM;  }
    void output()
    {
        cout<<"B::n="<<B::n<<endl;
    }
};
class C:virtual public D         //定义虚基类 D 的派生类 C
{
public:
```

```
        int nc;
        C(int newN=100,int newM=100):D(newN){  nc=newM;  }
        void output()
        {
                cout<<"C::n="<<C::n<<endl;
        }
};
class A:public B,public C          //由 B、C 类派生 A 类
{
public:
        int na;
        A(int a,int b,int c,int d,int e):B(a,b),C(c,d){  na=e;}
        void output()
        {
                cout<<"nb="<<nb<<",nc="<<nc<<",na="<<na<<endl;
        }
};
void main()
{
        A myA(10,20,30,40,50);
        myA.B::output();               //调用 B 类成员函数
        myA.C::output();               //调用 C 类成员函数
        myA.output();
        myA.n=500;                     //对 n 的值更新
        myA.B::output();
        myA.C::output();
}
```

运行结果如下：

```
B::n=100
C::n=100
nb=20,nc=40,na=50
B::n=500
C::n=500
```

可以看出，将共同基类 D 声明为虚基类后，产生的不同派生类 B、C 中都具有来自于 D 类中同一个 n 的值，确保了在派生类中值的唯一性。

注意：在多继承的情况下，virtual 关键字只对紧随其后的基类起作用。例如，class A:virtual public B,public C 表明 B 类被设置成虚基类，而 C 类则不是。

3.2   类的多态性

多态性是指同样的一个操作被不同类型的对象接受时导致不同的行为。C++中有两种多态性：编译时多态性和运行时多态性。编译时多态性是通过重载机制来实现的，前面介

绍的函数重载就属于编译时多态性,因为系统在编译程序时,就能够根据相应函数的参数类型或参数个数来确定要调用的函数。运行时多态性是指在程序执行之前,根据相应函数的参数类型或参数个数还无法确定要调用的函数,必须在程序的执行过程中,根据具体的执行情况来确定要调用的函数。运行时多态性是通过虚函数来实现的。

3.2.1 虚函数

当派生类的成员函数与基类中的成员函数相同时,可以通过派生类的对象调用成员函数来实现对基类成员函数的覆盖,但不能通过指向基类的对象指针调用派生类的成员函数来实现对基类成员函数的覆盖。

例 3.3 基类成员函数的覆盖示例。

```
#include<iostream>
using namespace std;
class DisplayA                              //定义基类 DisplayA
{
public:
    void output(){    cout<<"Hello!"<<endl;    }
};
class DisplayB:public DisplayA              //定义派生类 DisplayB
{
public:
    void output(){    cout<<"Thank you!"<<endl;    }
};
class DisplayC:public DisplayB              //定义派生类 DisplayC
{
public:
    void output(){    cout<<"Goodbye!"<<endl;    }
};
void Point(DisplayA *ptr)                    //定义 Point()普通函数
{
    ptr->output();
}
void main()
{
    DisplayA displaya,*p;                    //声明基类的对象和指针
    DisplayB displayb;
    DisplayC displayc;
    p=&displaya;
    Point(p);
    p=&displayb;
    Point(p);
    p=&displayc;
    Point(p);
}
```

运行结果如下：

```
Hello!
Hello!
Hello!
```

从程序运行结果不难看出，程序只执行了基类 DisplayA 的 output() 成员函数，并没有执行派生类中的 output() 函数。如果要执行派生类中的 output() 成员函数，应将基类 DisplayA 的 output() 成员函数声明为虚函数。

虚函数可以用于解决派生类、基类中定义的同名成员的二义性问题。声明虚函数的一般格式如下：

virtual 函数类型 函数名(形参列表){函数体}

将例 3.3 的程序修改如下：

例 3.4 虚函数应用示例。

```cpp
#include<iostream>
using namespace std;
class DisplayA                                    //定义基类
{
public:
    virtual void output(){ cout<<"Hello!"<<endl;}  //声明虚函数
};
class DisplayB:public DisplayA                     //定义派生类
{
public:
    void output(){ cout<<"Thank you!"<<endl;}      //定义虚函数
};
class DisplayC:public DisplayB
{
public:
    void output(){cout<<"Goodbye!"<<endl;}         //定义虚函数
};
void point(DisplayA *ptr)                          //定义一般函数
{
    ptr->output();
}
void main()
{
    DisplayA displaya,*p;
    DisplayB displayb;
    DisplayC displayc;
    p=&displaya;
    point(p);
    p=&displayb;
    point(p);
    p=&displayc;
    point(p);
}
```

运行结果如下：

```
Hello!
Thank you!
Goodbye!
```

> **注意**：① 虚函数应当是类的成员函数，不能是类的友元函数，也不能是类的静态成员函数。
> ② 虚函数在基类中声明时，不能省略关键字 virtual，在派生类中声明时，可以省略关键字 virtual。
> ③ 当程序运行后通过基类指针调用虚函数时，程序能够根据指针所指向的对象自动调用对应的类的成员函数。
> ④ 在派生类中声明虚函数时，必须保证与基类中虚函数的名称、参数的类型和参数的个数完全匹配。
> ⑤ 可以将析构函数声明为虚函数，但不能将构造函数声明为虚函数。
> 在 C++ 中，不能将构造函数定义成虚函数，是因为只有调用构造函数后，对象才会生成。当开始调用构造函数时，对象还没有实例化，因而不可能存在基类指针对象或引用对象，更不可能指向或引用派生类对象。但析构函数是在对象释放时被调用的，因而可以定义成虚函数，通过基类的指针对象实现析构函数的多态性。虚析构函数定义的格式如下：
>
> **virtual ～类名**()
>
> { }
>
> 在基类的析构函数被声明为虚函数后，派生类的析构函数自动声明成虚函数。
> ⑥ 虚函数的功能实现，只有通过基类的指针才可以实现。

当程序编译时，编译会为虚函数所在的各个类包括基类和派生类各自创建一个虚表，并将类的虚函数放在此表中，创建一个内部指针 vpt 指向该虚表结构称为虚指针。程序运行时会根据基类对象所获得的派生类对象将派生类对象虚表和虚指针复制给基类，并由基类来调用，从而实现类成员函数动态联编。所以，动态联编时需要指定派生类对象的地址，然后通过基类指针或引用对象才能激活虚函数的动态联编机制。

3.2.2 纯虚函数与抽象类

C++ 允许在基类中定义虚函数时，不定义虚函数的函数体，这样的虚函数称为纯虚函数。纯虚函数不执行具体操作，也不能被调用，只提供一个与派生类相一致的接口。纯虚函数的一般声明格式如下：

virtual 函数类型 函数名(形参列表)＝0；

例如：

```
class DisplayA
{
public:
    virtual void output()=0;//声明为纯虚函数
};
```

如果某个类中有纯虚函数，那么这个类就是抽象类。C++ 中，抽象类只能作为基类来派生出其他新类，不能直接用来创建对象。因为抽象类只能提供一个框架，相当于一个公共接口，具体的功能由派生类来完成。

当基类是抽象类时，只有在派生类中重新定义基类中所有的纯虚函数后，该派生类才不会再成为抽象类。另外，尽管在程序中不能声明属于抽象类的对象，但可以声明指向抽象类的指针。

例3.5 纯虚函数和抽象类的应用。

```cpp
#include<iostream>
using namespace std;
const double PI=3.14159;
class Shape                          //定义抽象类
{
public:
    double r,s;
    Shape(double x){   r=x;}
    virtual void area()=0;           //声明纯虚函数
};
class Circle:public Shape
{
public:
    Circle(double x):Shape(x){}
void area()
{
    s=PI*r*r;
    cout<<"The Area of Circle:s="<<s<<endl;
}
};
class Square:public Shape
{
public:
    Square(double x):Shape(x){}
    void area()
    {
        s=r*r;
        cout<<"The Area of Square:s="<<s<<endl;
    }
};
void main()
{
    Shape *p;                        //声明指向基类的指针
    Circle cir(5);                   //创建对象 cir
    Square squ(9);                   //创建对象 squ
    p=&cir;
    p->area();
    p=&squ;
    p->area();
}
```

运行结果如下：

```
The Area of Circle:s=78.5397
The Area of Square:s=81
```

 ## 3.3 运算符的重载

尽管 C++有多种运算符和数据类型，但在程序设计时，还会遇到一些特殊情况，无法直接使用已有的运算符来完成相应的计算。例如，"+"运算符只能对整型和实型数据进行加运算，如果两个对象要实现"+"运算，在程序编译时会出错，此时，C++允许通过定义函数来重新定义运算符，实现新的运算功能，这就是运算符重载，所定义函数也就是运算符重载函数。

运算符重载实质上就是通过定义运算符重载函数将 C++中已有的运算符再赋予新的特殊功能，使该运算符在计算不同类型的数据时执行不同的具体运算。

3.3.1 运算符重载的形式

运算符重载函数通常是类的成员函数或类的友元函数，运算符的操作数通常是该类的对象。

运算符重载为类的成员函数的格式为：

函数类型 operator 运算符（形参列表）
  { **函数体** }

运算符重载为类的友元函数的格式为：

friend 函数类型 operator 运算符（形参列表）
  { **函数体** }

其中：函数类型表示函数返回值的类型；函数名以 operator 关键字开头，运算符是指要重载的运算符，"operator"和运算符一起使用就表示一个运算符函数，例如"operator+"表示重载"+"运算符，应将"operator+"从整体上视为一个（运算符）函数名；形参列表是参加运算的操作数。

例如：

```
class newcount                                  //定义类
{
  private:
      int xx;
      int yy;
  public:
      newcount();                               //构造函数
      newcount operator+ (newcount m);          //声明重载运算符"+"为类的成员函数
      friend newcount operator- (newcount n);   //声明重载运算符"-"为类的友元函数
};
```

例 3.6 将运算符"+"重载为类的成员函数和类的友元函数的应用。

```
#include<iostream>
using namespace std;
class complex
{
private:
```

```
        double real;                                    //复数的实部
        double imag;                                    //复数的虚部
    public:
        complex(double r=0.0,double i=0.0);
        complex operator-(complex&c);                   //重载运算符"-"为类的成员函数
        friend complex operator+(complex c1,complex c2);
                                                        //重载运算符"+"为类的友元函数
        void display();
};
complex::complex(double r,double i)
{   real=r;imag=i;   }
complex complex::operator-(complex &c)
{
        complex tt;
        tt.real=real-c.real;
        tt.imag=imag-c.imag;
        return tt;
}
complex operator+(complex c1,complex c2)
{
        double r=c1.real+c2.real;
        double i=c1.imag+c2.imag;
        return complex(r,i);                            //返回 complex 类型一个对象的值
}
void complex::display()
{
        cout<<"("<<real<<","<<imag<<")"<<endl;
}
void main()
{
        complex c1(5,6),c2(6,8),c3,c4;
        cout<<"c1=";
        c1.display();
        cout<<"c2=";
        c2.display();
        c3=c1+c2;
        cout<<"c31=";
        c3.display();
        c3=c1+9;
        cout<<"c32=";
        c3.display();
        c3=9+c1;
        cout<<"c33=";
        c3.display();
        c4=c1-c2;
```

```
                    cout<<"c4=";
                    c4.display();
            }
```

运行结果如下：

```
            c1=(5,6)
            c2=(6,8)
            c31=(11,14)
            c32=(14,6)
            c33=(14,6)
            c4=(-1,-2)
```

可以看出，程序中使用了友元函数重载和类的成员函数重载两种方法，双目运算符"＋"实现两个复数对象的实部和虚部和的运算，双目运算符"－"实现两个复数的实部和虚部差的运算。语句"c3＝c1＋c2;""c3＝c1＋9;""c3＝9＋c1;"和"c4＝c1－c2;"，C++编译器将其解释为：

```
            c3=operator+(c1,c2);     //调用运算符重载函数 operator+(complex c1,complex c2)
            c3=operator+(c1,9);      //调用运算符重载函数 operator+(complex c1,complex c2)
            c3=operator+(9,c1);      //调用运算符重载函数 operator+(complex c1,complex c2)
            c4=c1.operator-(c2);     //调用运算符重载函数 operator-(complex &c)
```

而"9"均可通过构造函数转换成 complex 类型的对象，使其参数匹配，程序正常运行。如果将"friend complex operator＋(complex c1,complex c2);"语句的参数声明为引用，表达式"operator＋(c1,9)"等价为"c1. operator＋(9)"，系统无法解释其含义；表达式"operator＋(9,c1)"等价为"9. operator＋(c1)"，系统也无法解释其含义，编译系统就会报错。

由此可见，如果对象作为重载运算符函数的形式参数，则可以使用构造函数将常量转换成该类型的对象。如果使用引用作为重载运算符函数的形式参数，则这些常量不能作为对象名使用，编译时会出错。

运算符重载为类的成员函数比重载为友元函数少一个参数，这是因为成员函数具有 this 指针。语句"operator－(complex ＆c)"中的"c"是 complex 类的对象引用，可以完成两个复数减的运算。

> 注意：① C++的运算符大部分都可以重载，不能重载的只有成员运算符"."、成员指针运算符"*"、作用域运算符"::"，因为在 C++中它们有特定的含义，不准重载；三目运算符"?:"则是因为不值得重载。"sizeof"和"#"不是运算符，因而不能重载。而＝、()、[]、－>这 4 个运算符只能重载为类的成员函数。
> ② 运算符重载之后，其优先级、结合性和操作数的个数不改变，基本功能与重载前相似。
> ③ 重载一个运算符时，必须在程序中定义该运算符要实现的具体操作，如果运算符重载函数是类的一般成员函数，则该函数的形参个数应比运算符实际操作数的个数少一个，即双目运算符重载成员函数有一个形参，单目运算符重载成员函数没有形参。
> ④ 如果用类的成员函数实现双目运算符重载，该运算符的左操作数一般是对象，右操作数可以是类的对象、对象的引用或其他类型的参数。
> ⑤ 如果运算符重载函数是类的友元函数，则该函数的形参个数应与运算符实际操作数的个数相同，即双目运算符重载友元函数有两个形参，单目运算符重载友元函数有一个形参。
> ⑥ 如果用类的友元函数实现双目运算符重载，该运算符的两个操作数必须有一个是类的对象；如果用类的友元函数实现单目运算符重载，该友元函数的形参可以是类的对象，也可以是类的引用，但一般是类的引用。

3.3.2　赋值运算符的重载

赋值运算符"="的操作是将赋值号右边表达式的值赋给赋值号左边的变量。如果同类的两个对象之间相互赋值,就是将一个对象成员的值赋给另一个对象相应的成员,这时编译器为每个类生成一个默认的赋值操作。如果一个类中含有指针成员,也这样赋值,那么在这些成员撤销后,内存的使用不可靠或者造成内存的泄露。例如类 str 的数据成员是"char * ch",有如下语句:

```
str s1("Think"),s2("Good");
s1=s2;
```

执行 s1＝s2 前,s1 的成员 ch 指向一块存储地址;执行后,s1.ch 和 s2.ch 指向同一块存储地址。此时 s1 指针所指的区域改变了,应保证 s1.ch＝s2.ch,但并没有复制指针所指的内存地址,二者各自具有自己的存储地址。当 s1 和 s2 的生存期结束时,调用析构函数两次释放同一内存区域,"Good"的值将产生错误。

为了消除上述矛盾,可以重载"="运算符,其重载函数为:

```
str &operator= (str &s)
{
    delete ch;                        //不是自身,先释放内存空间
    ch=new char[strlen(s.ch)+1];      //重新申请内存
    strcpy(ch,s.ch);                  //将对象 s 的字符串复制到申请的内存
    return(*this);                    //返回 this 指针指向的对象
}
```

例 3.7　赋值运算符重载示例。

```
#include<iostream>
#include<string>
using namespace std;
class Assignment
{
public:
    Assignment(char *s);
    Assignment& operator= (Assignment &x);     //使用对象引用的重载赋值运算符
    Assignment& operator= (char *s);           //使用指针的重载赋值运算符
    void display(){  cout<<ptr<<endl;        }
    ~Assignment(){  if(ptr)  delete ptr;  }
private:
    char *ptr;
};
Assignment::Assignment(char *s)
{
    ptr=new char[strlen(s)+1];
    strcpy(ptr,s);
}
Assignment& Assignment::operator= (Assignment &x)
{
    if(ptr) delete ptr;                        //释放 ptr 原来所指的内存空间
```

```
        if(x.ptr)
        {
                ptr=new char[strlen(x.ptr)+1];//重新申请内存
                strcpy(ptr,x.ptr);//将对象 x 的字符串复制到申请的内存
        }
        else ptr=0;
        return *this;//返回 this 指针指向的对象
}
Assignment& Assignment::operator=(char *s)
{
        delete ptr;
        ptr=new char[strlen(s)+1];
        strcpy(ptr,s);//将字符串 s 复制到内存区 ptr
        return *this;
}
void main()
{
        Assignment a1("MouseDown"),a2("MouseUp");
        a1.display();
        a2.display();
        a1=a2;//调用对象引用的重载赋值运算符
        a1.display();
        a2="Think You!";//调用字符串指针的重载赋值运算符
        a2.display();
}
```

运行结果如下：

```
MouseDown
MouseUp
MouseUp
Think You!
```

可以看出，语句"a1＝a2;"，编译器解释为"a1.operator＝(a2);"，即 a1 调用成员函数
Assignment∷operator＝(Assignment ＆x) 完成对象的赋值运算；语句"a2＝"Think
You!";"，编译器解释为 a2.operator＝("Think You!")完成字符串的赋值运算。程序运行
结束时没有出现两次释放同一块内存区的情况。

3.3.3　插入符和提取符的重载

插入符"＜＜"和提取符"＞＞"的重载，可以方便用户利用标准的输入/输出流来实现用
户定义对象的输入/输出。操作符的左边是流对象的别名，而不是被操作的对象，运算符跟
在流对象的后面，例如"output＜＜"，它们要直接访问类的私有成员，最好重载为类的友元
函数，以便能访问类的私有成员。

插入符重载的一般格式如下：

　　　ostream＆ operator＜＜(ostream＆ output，类名 ＆ 对象名)

　　　{　　　┇　　//函数代码

　　　　　　return output；

}

提取符重载的一般格式如下：

istream& operator>>（istream& input，类名 & 对象名）

｛   ⋮   //函数代码

return input；

｝

其中，output 是输出流对象 cout 的别名，input 是输入流对象 cin 的别名，类名 & 对象名是自定义类型的一个对象。

注意：提取符重载函数需返回新的对象值，应该使用类的对象引用为形参。插入符重载函数不改变对象的值，既可使用类的对象引用为形参，也可使用类的对象为形参。

例 3.8   将运算符"<<"和">>"重载为友元函数。

```cpp
#include<iostream>
using namespace std;
class person
{
public:
    friend ostream& operator<<(ostream& output,person one);
    friend istream& operator>>(istream& input,person & one);
private:
    char strName[10];              //姓名
    char strNo[10];                //编号
    int Grade;                     //级别
    double AccumPay;               //月薪
};
ostream& operator<<(ostream& output,person one)
{
    output<<"显示员工基本信息"<<endl;
    output<<"姓名:"<<one.strName<<endl;
    output<<"编号:"<<one.strNo<<endl;
    output<<"级别:"<<one.Grade<<endl;
    output<<"月薪:"<<one.AccumPay<<endl;
    return output;
}
istream& operator>>(istream& input,person & one)
{
    cout<<"请输入员工基本信息"<<endl;
    cout<<"姓名:";
    input>>one.strName;
    cout<<"编号:";
    input>>one.strNo;
    cout<<"级别:";
    input>>one.Grade;
```

```
        cout<<"月薪:";
        input>>one.AccumPay;
        return input;
    }
    void main()
    {
        person obj;
        cin>>obj;//重载提取符">>",编译器解释为 operator>>(cin,obj)
        cout<<obj;//重载插入符"<<",编译器解释为 operator<<(cout,obj)
    }
```

运行结果如下:

```
请输入员工基本信息
姓名:wanghong
编号:2011009
级别:8
月薪:5000
显示员工基本信息
姓名:wanghong
编号:2011009
级别:8
月薪:5000
```

重载运算符"<<"函数的返回值是该函数的第 1 个参数,其目的是能够连续使用。例如,语句"cout<<obj1<<obj2;"第 1 次被编译器解释为 operator<<(cout,obj1)操作,返回 cout,将返回的 cout 与<<obj2 一起解释为 operator<<(cout,obj2)操作,再返回 cout,从而实现重载运算符"<<"的连续使用。

3.3.4 增 1 或减 1 运算符的重载

在 C++中,增 1 或减 1 分为两种,"++i"称为前置,"i++"称为后置,"n=++i"和"n=i++"进行操作后 n 的值是不同的。"n=++i"是先将变量 i 的值加 1,然后将 i 的值赋给变量 n,而"n=i++"是先将变量 i 的值赋给 n,然后将变量 i 再进行加 1 操作。如果 i 是某类的对象,应使用运算符重载来实现。

增 1 或减 1 运算符是单目运算符,C++为了区分前置还是后置,将后置运算符视为双目运算符。

例 3.9 将运算符"++"重载为类的成员函数。

```
#include<iostream>
using namespace std;
class Number
{
public:
    Number(int n=0){ num=n;  }
    int operator++();                        //前置++n
    Number operator++(int);                  //后置 n++
    void print(){ cout<<"num="<<num<<endl;  }
```

```
private:
     int num;
};
int Number::operator++()
{
     ++num;
     return num;
}
Number Number::operator++(int)              //不用给出形参名
{
     Number temp;
     temp.num=num++;
     return temp;
}
void main()
{
     Number m(20),n(30),p;
     int k=++m;                             //前置运算符调用 operator++()
     cout<<"k="<<k<<endl;
     m.print();
     p=n++;                                 //后置运算符调用 operator++(int)
     p.print();
     n.print();
}
```

运行结果如下：

```
k=21
num=21
num=30
num=31
```

其中,语句"int k＝＋＋m;"和" p＝n＋＋;"编译器解释为:

```
int k=m.operator++();
p=n.operator++(0);
```

例 3.10 将运算符"＋＋"重载为类的友元函数。

```
#include<iostream>
using namespace std;
class Number
{
public:
     Number(int n=0){ num=n;  }
     friendint operator++(Number&);              //前置++n
     friend Number operator++(Number&,int);      //后置 n++
void print(){ cout<<"num="<<num<<endl;  }
private:
     int num;
};
```

118

```
int operator++(Number& x)
{
    ++x.num;
    return x.num;
}
Number operator++(Number& x,int)
{
    Number temp;
    temp.num=x.num++;
    return temp;
}
void main()
{
    Number m(20),n(30),p;
    int k=++m;//前置运算符调用 operator++()
    cout<<"k="<<k<<endl;
    m.print();
    p=n++;//后置运算符调用 operator++(int)
    p.print();
    n.print();
}
```

程序运行结果与例 3.9 完全相同,"++"重载为类的友元函数时,需要修改操作数,必须使用引用参数。

有些 C++编译器不能区分前置运算符还是后置运算符,只能通过重载运算符来区分。运算符"--"重载与"++"重载方法相同。

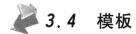

3.4　模板

模板是实现多态性的有效方法,C++的模板用来实现数据类型的参数化,采用模板方式定义函数或类时,不用确定某些参数或成员的类型,而是将它们的类型作为模板的参数,在使用模板时根据实参的类型来确定模板参数的类型。在程序中使用模板能简化编程过程,提高代码的重用性。C++的模板分为函数模板(function template)和类模板(class template)两种。

3.4.1　函数模板

函数重载给编程带来极大方便,但在同一个程序中会出现形参类型或个数不同的各种同名函数,需要编写重载函数的每一个函数的实现代码,增加了代码编写工作量。为了提高编程效率,可使用函数模板。

函数模板是一种不指定某些参数的数据类型的函数,在被用时根据实际参数的类型决定模板参数的类型。在程序中可以利用函数模板来定义一个通用函数,生成多个功能相同但参数和返回值的类型不同的函数。函数模板定义格式为:

template<typename 标识符>

标识符 函数名(标识符 参数)

```
    {
        函数体
    }
```

或

template＜**class 标识符**＞

标识符 函数名（标识符 参数）

```
    {
        函数体
    }
```

其中，关键字 template 表示声明一个模板，关键字 typename 或 class 表示任意内部类型或用户定义类型，标识符与变量的标识符定义相同。

例如，下面四个函数：

```
int sum(int a,int b);
float sum(float a,char b);
int sum(int a,int b,int c);
float sum(float a,float b,float c);
```

可以定义为求和函数 sum()函数模板如下：

定义第一个函数模板

```
template<class T1,class T2>
T sum(T1 a,T2 b)
{
    return a+b;
}
```

定义第二个函数模板

```
template<class T>
T sum(T a,T b,T c)
{
    return a+b+c;
}
```

例 3.11 函数模板应用。

```
#include<iostream>
using namespace std;
template<class T>
T sum(T a,T b)
{
    return a+b;
}
template<class T1,class T2>
T1 sum(T1 a,T2 b,T1 c)
{
    return a+b+c;
}
void main()
```

```
    {
        cout<<sum(6.8,8.8)<<endl;
        cout<<sum(6,10)<<endl;
        cout<<sum(5,'A',10)<<endl;
    }
```

程序运行结果如下：

```
15.6
16
80
```

可以看出,在程序中,首先定义了函数模板,当主函数调用 sum()函数时,系统首先判断实参的类型,然后按照实参的类型进行两个数求和运算。第一次调用 sum()函数时,实参为 double 型,T 的类型为 double,系统按 double 型进行两个数相加;第二次调用 sum()函数时,实参为 int 型,T 的类型为 int,系统按 int 型进行两个数的相加。第三次调用 sum()函数时,第一个和第三个实参都为 int 型,T1 为 int 型,第二个实参为字符型,T2 的类型为字符型,系统将字符型按对应的 ASCII 码值进行三个数相加。

> **注意**:函数模板只能用于定义非成员函数。

3.4.2　类模板

类模板是一种不能确定某些数据成员的类型或成员函数的参数及返回值类型的类,在程序中使用类模板,可以生成多个功能相同但某些数据成员类型不同、成员函数的参数及返回值类型不同的类。类模板的一般定义格式如下：

template<**typename 标识符**>
class 类模板名
{   //成员的定义   };

或

template<**class 标识符**>
class 类模板名
{   //成员的定义   };

例如：

```
template<class T>
class A                          //声明类模板
{
  public:
    T sum(T a,T b);              //类模板中的成员函数
  private:
    T x;
};
```

类模板的成员函数既可在类中定义,也可在类外定义。如果在类模板外部定义成员函数,其一般格式如下:

template＜class 标识符＞

函数类型 类模板名＜标识符＞::成员函数名(标识符 参数)

{

      函数体

}

使用类模板创建对象的格式如下:

类模板名＜模板参数列表＞对象名;

模板参数列表是类模板对象的实际类型,例如"myclass＜int,float＞ An(a,b);",其中"int,float"就是实际类型。

例 3.12 类模板应用举例。

```
#include<iostream>
using namespace std;
template<class T1,class T2>
class myclass                          //定义类模板
{
private:
    T1 x;
    T2 y;
public:
    myclass(T1 a,T2 b){ x=a;   y=b;}
    void showmax();
};
template<class T1,class T2>            //定义类模板的成员函数
void myclass<T1,T2> ::showmax()
{
    if(x>y) cout<<"the maxdata="<<x<<endl;
    else cout<<"the maxdata="<<y<<endl;
}
void main()
{
    int a=5;
    float b=9.4f;
    myclass<int,float> An(a,b);   //创建类模板的对象
    myclass<int,char> Bn(a,'b'); //创建类模板的对象
    An.showmax();
    Bn.showmax();
}
```

运行结果如下:

```
the maxdata=9.4
the maxdata=b
```

在上述程序中,myclass 类模板定义两种通用数据类型 T1 和 T2,对象 An 的第一个参数类型为 int,T1 表示 int 型,第二个参数为 float,T2 表示 float 型。

习 题 3

一、单项选择题

1. 虚基类的作用是( )。

A. 为解决多重继承中同一基类被多次派生产生的二义性

B. 实现多态

C. 为了能够定义虚析构函数

D. 为了定义抽象类

2. 虚函数声明的关键字是( )。

A. static   B. public   C. private   D. virtual

3. 抽象类应具有的条件是( )。

A. 至少有一个虚函数   B. 有且只有一个虚函数

C. 至少有一个纯虚函数   D. 有且只有一个纯虚函数

4. 纯虚函数在基类中的声明形式为( )。

A. virtual void fun();   B. virtual void fun()=0;

C. void fun();   D. virtual void fun(){};

5. 下列不能重载的运算符是( )。

A. <=   B. >>   C. ::   D. &=

6. 下列关于类运算符和友元运算符的区别,错误的是( )。

A. 重载友元函数比重载成员函数运算符参数少一个

B. 重载运算符的参数可以是对象或引用

C. 如果运算符所需的操作数要进行隐式类型转换,则运算符应通过友元函数来重载

D. 类的运算符和友元运算符的参数可以使用对象或引用

7. 关于函数模板叙述正确的是( )。

A. 函数模板是一个具体类型的函数

B. 函数模板的类型参数与函数的参数是同一个概念

C. 通过使用不同的类型参数,函数模板可以生成不同类型的函数

D. 用函数模板定义的函数没有类型

8. 类模板的模板参数可用作( )。

A. 数据成员的类型   B. 成员函数返回值类型

C. 成员函数的参数类型   D. 以上均可

9. 有关类继承的叙述中,错误的是( )。

A. 继承可以实现软件复用

B. 虚基类可以解决由多继承产生的二义性问题

C. 派生类构造函数要负责调用基类的构造函数

D. 派生类没有继承基类的私有成员

10. 下列关于虚函数的描述中,正确的是( )。

A. 如果在重新定义时使用了保留字 virtual,则该重定义函数仍然是虚函数

B. 虚函数不得声明为静态函数

C. 虚函数不得声明为另一个类的友元函数

D. 派生类必须重新定义基类的虚函数

11. 下列描述(　　)属于抽象类的特性。

A. 可以声明虚函数　　　　　　　　　　　B. 可以定义构造函数重载

C. 可以定义友元函数　　　　　　　　　　D. 不能说明其对象

12. (　　)是一个在基类中说明的虚函数,它在该基类中没有定义,但要求任何派生类都必须有定义自己的实现。

A. 虚析构函数　　　　B. 虚构造函数　　　　C. 纯虚函数　　　　D. 静态成员函数

13. 已知在一个类体中包含如下函数原型:

```
friend base operator + + (base &,int);
```

下列关于这个函数的叙述中,正确的是(　　)。

A. 重载一元运算符"++",有两个参数,说明运算符重载可以更改操作数的个数

B. 重载前缀运算符"++",第二个参数无实际意义,"++"的操作数个数仍是一个

C. 定义错误,重载运算符"++"为友元函数时只能有一个参数

D. 重载一元运算符"++"为非类成员函数

14. 以下关于函数模板定义:

```
template<class T>
T fune(T x,T y){ return x*x+y*y;}
```

下面对 fune()的调用中,错误的是(　　)。

A. fune(3,5)　　　　B. fune(3.0,5.5)　　　　C. fune(3.,5.5)　　　　D. fune<int>(3.,5.5)

二、分析程序题

1. 分析下面程序的输出结果。

```cpp
#include<iostream>
using namespace std;
class base
{
public:
    base(){  x=2;  y=4;  }
    virtual void funa(){  cout<<"调用 base 类的 funa 函数,x="<<x<<endl;  }
    void funb(){  cout<<"调用 base 类的 funb 函数,y="<<y<<endl;  }
protected:
    int x,y;
};
class derived:public base
{
public:
    derived():base(){}
    void funa(){  cout<<"调用 derived 类的 funa 函数"<<endl;  }
    void funb(){  cout<<"调用 derived 类的 funb 函数"<<endl;  }
};
```

```
void main()
{
      base *pa=new base;
      base *pb=new derived;
      pa->funa();
      pb->funb();
      pb->funa();
      pb->base::funb();
      ((derived*)pb)->funb();
}
```

2. 分析下面程序的输出结果。

```
#include<iostream>
using namespace std;
class wages{
private:
      double price;
      int hours;
public:
      wages();
      wages(int h,double p);
      double Remuneration();
      wages& operator=(wages &a);
};
wages::wages(){
      price=10;  hours=8;cout<<"Constructing wages object default!"<<endl;
}
wages::wages(int h,double p){
      price=p;
      hours=h;
      cout<<"Constructing wages object by wages(int,double)!"<<endl;
}
double wages::Remuneration(){
      return hours*price;
}
wages& wages::operator=(wages &a){
      price=a.price;
      hours=a.hours;
      cout<<"Constructing wages object by operator!"<<endl;
      return *this;
}
void main(){
        wages A;
```

```
        cout<<"Total remuneration="<<A.Remuneration()<<endl;
        wages B(40,20);
        cout<<"Total remuneration="<<B.Remuneration()<<endl;
        A=B;
        cout<<"Total remuneration="<<A.Remuneration()<<endl;
    }
```

3. 分析下面程序的输出结果。

```
    #include<iostream>
    using namespace std;
    class FUN{
        friend ostream& operator<<(ostream&,FUN);
    };
    ostream& operator<<(ostream& os,FUN f){
        os.setf(ios::left);
        return os;
    }
    void main()
    {
        FUN fun;
        cout<<setfill('*')<<setw(10)<<12345<<endl;
        cout<<fun<<setw(10)<<54321<<endl;
    }
```

4. 分析下面程序的输出结果。

```
    #include<iostream>
    using namespace std;
    template<class T>
    T max(T m,T n){   T z=(m>n)?(m):(n);   return z;   }
    void main(){
        int a,b;
        double x,y;
        cin>>a>>b>>x>>y;
        cout<<max(a,b)<<endl;
        cout<<max(x,y)<<endl;
    }
```

三、改错题

1. 要求不修改主程序,解决二义性问题。

```
    #include<iostream>
    using namespace std;
    class A
    {
    public:
        void display(){   cout<<x<<endl;   }
    protected:
        double x;
    };
```

class B
{
public:
      void display(){   cout<<y<<endl;   }
protected:
      int y;
};
class C:public A,public B
{
public:
      void setxy(double a,int b){   x=a; y=b;   }
};
void main()
{
      C myC;
      myC.setxy(5.6,9);
      myC.display();
      myC.A::display();
      myC.B::display();
}
```

2. 下面类的定义中有错误，请指出错误并改正。

若类 A 和类 B 的定义如下：

```
class A {
public:
      int a,b;
      int getab(){ return a+b;}
};
class B:A {
      int a,b;
protected:
      int c;
public:
      int getc(){ return c=a*b; }
};
```

3. 找出下面程序中的错误并改正。

```
#include<iostream.h>
template<typename T>
class Sample
{
      T a;
public:
      Sample(T x){   a=x;      }
      void geta(){   return a;   }
};
```
```

4. 要使下面程序执行结果为 BAA,指出程序中的错误并改正。

```cpp
#include<iostream>
using namespace std;
class A{
public:
        void disp(){cout<<"A";}
};
class B:public A{
        void disp(){cout<<"B";}
};
void fun1(A *ptr){ptr->disp();}
void fun2(A &ref){ref.disp();}
void fun3(A b){b.disp();}
void main(){
A b,*p=new B;
B d;
fun1(p);
fun2(b);
fun3(d);
}
```

四、程序填空题

1. 根据程序运行结果,定义基类和派生类的 print()函数。

```cpp
#include<iostream>
using namespace std;
class base
{
public:
        base(int a,int b){  x=a;  y=b;  print();    }
        int GetX(){ return x;}
        int GetY(){ return y;}
        //定义 print
protected:
        int x,y;
};
class derived:public base
{
public:
        derived(int a,int b,int c):base(a,b)
        {    z=c;      print();    }
    //定义 print
private:
        int z;
};
void main()
```

```
        {
            base baobj(3,5);
            derived deobj(10,20,30);
        }
```

程序运行结果如下：

```
    x=3         y=5
    x=10        y=20
    x=10        y=20
    z=30
    x+z=40      y+z=50
```

2. 下面程序用于计算各类服装的总金额，填充空缺的内容。

```
#include<iostream>
using namespace std;
class Dress
{
public:
        ①
};
double total(②,int n)
{
    double sum=0;
    for(int i=0;i<n;i++)
        sum+=s[i]->pay();
    return sum;
}
class Coat:public Dress
{
protected:
        double price;
        int num;
public:
        Coat(float p,int n){ price=p,num=n;   }
        double pay(){ return price*num;   }
};
class Shirt:public Coat
{
public:
        Shirt(float x,int y):Coat(x,y){}
        double pay(){ return ③ }
};
void main()
{
        Dress *pro[2];
        pro[0]=④ Coat(300,4);
        pro[1]=⑤ Shirt(200,2);
        double sum=⑥
        cout<<"sum="<<sum<<endl;
}
```

3. 分析程序,填上适当内容。

```cpp
#include<iostream>
using namespace std;
class FileMenu {
public:
    virtual void fun()=0;
};
class NewMenu:public FileMenu {
public:
    void fun() { cout<<"File of NewMenu! \n";}
};
class OpenMenu:public FileMenu{
public:
    void fun() { cout<<"File of OpenMenu! \n";}
};
class CloseMenu:public FileMenu{
public:
    void fun() { cout<<"File of CloseMenu! \n";}
};
void main()
{
    FileMenu*pm[3];
    pm[0]=new NewMenu;
    pm[1]=new OpenMenu;
    pm[2]=new CloseMenu;
    int num;
    do {
        cout<<"1-NewMenu\n";
      cout<<"2-OpenMenu\n";
        cout<<"3-CloseMenu\n";
        cout<<"enter your choose ! \n";
        cin>>num;
        if(①)    ② fun();
        }while(③);
}
```

4. 分析程序,填充适当内容。

```cpp
#include<iostream>
using namespace std;
template<class T >
T f(T &x,T &y,int n)
{
    for(int i=0;i<n;i++)
        x[i]=x[i]+y[i];
    return x;
}
void main()
{
    int a[5]={1,2,3,4,5};
```

```
int b[5]={100,200,3,4,5},*ptr;
for(int i=0;i<2;i++)
    ptr=①//调用函数 f
for(;ptr<a+5;ptr++)
    cout<<②<<endl;
}
```

五、编程题

1. 定义人员信息 Data_Rec 类是 Employee 类和 Student 类的虚基类,包括数据成员姓名和 ID 号。在该类基础上派生 Employee 类(增加部门、工资)和 Student 类(增加专业、学号、总评成绩);在 Employee 类基础上派生 Teacher 类(增加简历);在 Employee 类和 Student 类基础上派生 E_Student 类(增加薪酬)。成员函数输出每类人员的基本信息。

2. Shape 类是一个表示形状的抽象类,Area()为求图形面积的函数。请从 Shape 类派生梯形类(Trapezoid)、圆形类(Circle)、三角形类(Triangle),并给出具体的求面积函数。其中,所有派生类计算面积需要用到的参数由构造函数给出,梯形面积计算需要上底、下底和高,三角形面积计算需要底和高,圆形面积计算需要半径。定义一个 TotalArea 类,求几个形状面积之和。

3. 定义一个抽象类 container,包含纯虚函数表面积 Surface()和体积 Volume()。派生球体类 Sphere、圆柱体类 Cylinder 和正方体类 Cube。

4. 定义一个复数类 complex,重载运算符＋、＋＋和＝,实现简单的算术运算。

5. 定义职员类,数据成员包括姓名、工号、月基本工资、津贴、奖金。重载运算符"＜＜""＞＞",实现职员类对象的直接输入和输出。

6. 用函数模板实现 3 个数按从小到大的顺序输出。

7. 定义栈类模板,实现栈数据的压入和弹出。

实验 3　使用面向对象方法实现学生成绩计算

一、实验目的

掌握虚函数和抽象类的使用、运算符重载及类模板和函数模板的使用。

二、实验内容

设计员工类,在此类中定义两个虚函数显示员工信息和工作职责。在员工类基础上派生普通员工类和干部员工类,实现虚函数的多态性。

三、实验步骤

(1) 启动 Visual Studio 2010,单击"起始页"中的"新建项目"命令,在"新建项目"对话框的项目类型中选择"Win32",在中间的模板中选择"Win32 控制台应用程序",在"名称"文本框中输入新建项目名称 EmployeeInfo。单击"位置"文本框右侧的"浏览"按钮,选择项目的保存路径 D:\C＋＋,单击"确定"按钮,系统自动创建此应用程序模板。单击"下一步"按钮,最后单击"完成"按钮。

(2) 编辑程序文件。在解决方案资源管理器窗口中右击,在弹出的快捷菜单中选择"头文件/添加/新建项/头文件(.h)",在名称框中输入"Employee",单击"添加"按钮,在文件编辑器窗口中定义员工类 Employee,代码如下:

```
//#include"Employee.h"
#include<string>
#include<iostream>
#include<cstdlib>
```

```cpp
using namespace std;
class Employee{
private:
    static int num;                                     //统计职工人数
protected:
    int no;                                             //编号
    string name;                                        //姓名
public:
    Employee(int n=0,const string &na="");              //构造函数
    Employee(const Employee &s);                        //构造函数
    ~Employee(){ }                                      //析构函数
    void SetNo(int n){ no=n;}                           //设置编号
    int GetNo()const{ return no;}                       //获取编号
    void SetName(const string &na){ name=na;}           //设置姓名
    string GetName()const{ return name;}                //获取姓名
    static int GetNum(){ return num;}                   //获取职工人数
    virtual void show()const{}                          //显示职工信息
    virtual void work()const{}                          //员工职务信息
    bool operator==(const Employee &s)const;
    bool operator!=(const Employee &s)const;
    Employee &operator=(const Employee &s);
};
int Employee::num=0;
Employee::Employee(int n,const string &na){
        no=n;
        name=na;
        num+=1;
}
Employee::Employee(const Employee &s){
        no=s.GetNo();
        name=s.GetName();
        num+=1;
}
bool Employee::operator==(const Employee &s)const{
        if(no==s.GetNo()&&name==s.GetName())
            return true;
        else
            return false;
}
bool Employee::operator!=(const Employee &s)const{
        if(no==s.GetNo()&&name==s.GetName())
            return false;
        else return true;
}
```

```
Employee &Employee::operator= (const Employee &s){
        if(s.GetNo()>0&&s.GetName().length()>0){
            no=s.GetNo();
            name=s.GetName();
        }
        else {
            no=0;
            name="'";
        }
        return *this;
}
istream& operator>> (istream &in,Employee &s){
    int no;
    string name;
    cout<<"输入编号:";
    in>>no;
    s.SetNo(no);
    cout<<"输入姓名:";
    in>>name;
    s.SetName(name);
    return in;
}
```

（3）在解决方案资源管理器窗口中右击，在弹出的快捷菜单中选择"头文件/添加/新建项/头文件（.h）"，在名称框中输入"CommEmp"，单击"添加"按钮，在文件编辑器窗口中定义员工类 CommEmp，代码如下：

```
//#include"CommEmp.h"
#include<string>
#include<iostream>
using namespace std;
class CommEmp:public Employee          //普通员工类从员工类派生
{
private:
    string position;                    //存储职务信息
    static int num;                     //计数
public:
    static int GetNum(){return num;}
    string GetPosition()const{ return position;}
    void SetPosition(const string &s){ position=s;}
    CommEmp(int c=0,const string &n=""):Employee(c,n){
        position="无";
        num+=1;
    }
    CommEmp(const CommEmp &m):Employee(m.GetNo(),m.GetName()){
        position=m.GetPosition();
```

```
            num+=1;
        }
    ~CommEmp(){ num-=1;}
    virtual void show()const{
    cout<<"编号:"<<no<<"\t 姓名:"<<name<<"\t 职务:"<<"无"<<endl;
    }
    virtual void work()const{
        cout<<"普通员工工作职责,按期完成工作!"<<endl;
    }
};
int CommEmp::num=0;
istream& operator>>(istream &in,CommEmp &s){
    int code;
    string name;
    cout<<"输入编号:";
    in>>code;
    s.SetNo(code);
    cout<<"输入姓名:";
    in>>name;
    s.SetName(name);
    return in;
}
```

(4) 在解决方案资源管理器窗口中右击,在弹出的快捷菜单中选择"头文件/添加/新建项/头文件(.h)",在名称框中输入"ManaEmp",单击"添加"按钮,在文件编辑器窗口中定义员工类 ManaEmp,代码如下:

```
//#include"ManaEmp.h"
#include<string>
#include<iostream>
using namespace std;
class ManaEmp:public Employee        //干部员工类从员工类派生
{
private:
    string position;                 //存储职务信息
    static int num;                  //计数
public:
    static int GetNum(){return num;}
    string GetPosition()const{ return position;}
    void SetPosition(const string &s){ position=s;}
    ManaEmp(int c=0,const string &n="",const string & p=""):Employee(c,n){
        position=p;
        num+=1;
    }
ManaEmp(const ManaEmp &m):Employee(m.GetNo(),m.GetName()){
        position=m.GetPosition();
```

```
            num+=1;
    }
    ~ManaEmp(){   num-=1;   }
    virtual void show()const{
            cout<<"编号:"<<no<<"\t 姓名:"<<name<<"\t 职务:"<<position<<endl;
    }
    virtual void work()const{
            cout<<"干部员工工作职责,管理公司事务"<<endl;
      }
};
int ManaEmp::num=0;
istream& operator>>(istream &in,ManaEmp &s){
    int code;
    string name;
    string position;
    cout<<"输入编号:";
    in>>code;
    s.SetNo(code);
    cout<<"输入姓名:";
    in>>name;
    s.SetName(name);
    cout<<"输入职务:";
    in>>position;
    s.SetPosition(position);
    return in;
}
```

(5) 在解决方案资源管理器窗口中右击,在弹出的快捷菜单中选择"头文件/添加/新建项/头文件(.h)",在名称框中输入"MyArray",单击"添加"按钮,在文件编辑器窗口中定义员工类"MyArray",代码如下:

```
//#include"MyArray.h"
#include<iostream>
#include<cstdlib>
using namespace std;
template<class T>
class MyArray                            //定义类模板
{
private:
    int size;                           //数组长度
    T *data;                            //指向数组指针
public:
    MyArray(int n);                     //定义构造函数
    ~MyArray(){ delete []data;}         //定义析构函数
    T &operator[](int i);               //实现下标操作
    int length() const{return size;}    //返回数组长度
```

```
            void reAdd(int n);                          //动态增加数组长度
        };
        template<class T>
        void MyArray<T> ::reAdd(int n){
            if(n<1){
                cout<<"指定的数组的长度有错,应该为>0的整数"<<endl;
                exit(1);
            }
            int oldsize=size;
            size=n+size;
            T *p=new T[size];
            for(int i=0;i<oldsize;i++){
                p[i]=data[i];
            }
            delete []data;
            data=p;
        }
        template<class T>
        MyArray<T>::MyArray(int n){
            if(n<1){
                cout<<"数组的长度应为>0的整数"<<endl;
                exit(1);
            }
            size=n;
            data=new T[size];
        }
        template<class T>
        T &MyArray<T>::operator[](int i){
            if(i<0||i>size-1){
                cout<<"数组越界"<<endl;
                delete[]data;
                exit(2);
            }
            return data[i];
        };
```

(6) 在解决方案资源管理器窗口中,双击 EmployeeInfo. cpp 打开文件编辑器窗口,保留#include "stdafx. h"命令,输入源程序代码如下:

```
#include"Employee.h"
#include"CommEmp.h"
#include"ManaEmp.h"
#include"MyArray.h"
#define SIZE 2
void showInfo(Employee *s){
```

```
        s->show();
}
void showWork(Employee &s){
        s.work();
}
int _tmain(int argc,_TCHAR* argv[])
{
        MyArray<CommEmp> cs(SIZE);              //对普通员工类对象的存储
        for(int i=0;i<cs.length();i++){
                cin>>cs[i];
        }
        for(int i=0;i<cs.length();i++){
                showInfo(&cs[i]);
                showWork(cs[i]);
        }
        cout<<"普通员工的人数:"<<CommEmp::GetNum()<<endl;
        MyArray<ManaEmp> ms(SIZE);              //对干部员工类对象的存储
        for(int i=0;i<cs.length();i++){
                cin>>ms[i];
        }
        for(int j=0;j<ms.length();j++){
                showInfo(&ms[j]);
                showWork(ms[j]);
        }
        cout<<"干部员工的人数:"<<ManaEmp::GetNum()<<endl;
        cout<<"员工总人数:"<<Employee::GetNum()<<endl;
        return 0;
}
```

　　(7) 编译连接和运行。单击"生成"菜单下的"生成 EmployeeInfo"命令,然后单击主菜单"调试"下的"开始执行(不调试)"命令运行程序,运行结果如图 3-1 所示。

图 3-1　实验 3 程序运行结果

第④章 对话框

 本章要点

- MFC 应用程序创建对话框
- 模态对话框和非模态对话框
- 向对话框类中添加成员变量、事件处理函数的方法
- 基本对话框控件的使用
- 消息对话框的使用
- 通用对话框的使用

一个 Windows 窗体应用程序可以包含一个或多个窗体,窗体可以包含 Windows 所有资源,如菜单、工具栏、状态栏和控件。对话框是 Windows 应用程序与用户进行交互操作的主要途径,是 Windows 应用程序界面的重要组成部分。对话框可以捕捉用户输入的数据,根据程序运行结果提示用户需要的信息。控件是显示数据或接受数据输入的相对独立的用户界面(UI)元素,嵌入在对话框或其他窗体中的一个特殊的小窗口,是实现用户操作响应的主要工具,对话框通过控件来与用户进行交互。本章主要介绍利用 Visual Studio .NET 的开发环境创建对话框应用程序。

4.1 MFC 应用程序

4.1.1 MFC 概述

MFC 类库(Microsoft foundation class library)是由 Microsoft 公司(微软公司)提供的用来编写 Windows 应用程序的 C++类集合。在该类集合中封装了 Windows 大部分编程对象及与它们相关的操作,如窗口、对话框、画刷、画笔和字体。这些类的成员函数包括与封装对象关联的大部分重要的 Win32API 函数。MFC 类成员函数调用 Win32API 函数,也可以添加新功能。MFC 为用户提供了一个 Windows 环境下的应用程序框架和创建应用程序的组件,对 API 封装,既可脱离 API 又能方便使用 API 提供的功能,程序设计人员只需添加与应用相关的代码就可以轻松地设计出各种不同的应用程序。

MFC 从 1992 年创建以来,不断完善,从 1.0 版本发展到现在的 7.0 版本。MFC 类的层次结构非常清晰,根据类的派生层次关系和实际应用情况,MFC 类主要有根类(CObject)、应用程序体系结构类、窗口支持类、菜单类、数据库类等。大多数 MFC 类是直接或间接从根类派生出来的。

4.1.2 MFC 应用程序的数据类型

1. MFC 基本数据类型

MFC 的数据类型与 Windows·SDK 开发包中的数据类型基本是一致的,但也有一些数据类型是 MFC 独有的。表 4-1 列出了常用的 MFC 基本数据类型。表中最后两个数据类型是 MFC 独有的。

表 4-1　常用的 MFC 基本数据类型

数 据 类 型	对应的基本数据类型	说　　明
BOOL	bool	布尔值取值范围 TRUE 和 FALSE
BSTR	unsigned short *	32 位字符指针
BYTE	unsigned char	8 位无符号整数
COLORR	unsigned long	用作颜色的 32 位值
DWORD	unsigned long	32 位无符号整数
LONG	long	32 位有符号整数
LPSTR	char *	指向字符串的 32 位指针
LPCSTR	char *	指向字符串常量的 32 位指针
LPARAM	long	作为参数传递给窗口过程函数 32 位值
LPVOID	void *	指向未定义类型的 32 位指针
LRESULT	long	来自窗口过程函数的 32 位返回值
UINT	unsigned int	32 位无符号整数
WORD	unsigned short	16 位无符号整数
WPARAM	unsigned short	作为参数传递给窗口过程函数 32 位值
POSITION		用于标记集合中一个元素的位置
LPCRECT		指向一个 RECT 结构体常量的 32 位指针

2. 句柄

　　句柄是一个变量,用来标识 Windows 应用程序中的不同对象和同类对象中的不同实例。应用程序通过句柄获得相应的对象信息,句柄的值是一个 4 字节长的数值。常用的句柄类型如表 4-2 所示。

表 4-2　常用的句柄类型

句 柄 类 型	说　　明	句 柄 类 型	说　　明
HWND	窗口句柄	HDC	设备环境句柄
HINSTANCE	运行实例句柄	HFONT	字体句柄
HCURSOR	光标句柄	HPEN	画笔句柄
HICON	图标句柄	HBITMAP	位图句柄
HMENU	菜单句柄	HBRUSH	画刷句柄
HFILE	文件句柄		

4.1.3　MFC 应用程序类型

　　在 Visual C++. NET 2010 中,可以快速地创建一个标准的 Windows 应用程序框架,程序设计人员只需在此基础上添加实现特定功能的程序代码就能编写出相应的 Windows 应用程序。MFC 应用程序框架类型中包含了三种最基本、最常用的应用程序类型:单文档、多文档和基于对话框的应用程序。在本书后续章节中所使用的都是 MFC 应用程序框架类型。

单文档（single document）应用程序每次只能处理一个文档，功能比较简单，例如 Windows 写字板程序。

多文档（multiple document）应用程序能够同时处理多个文档，例如 Microsoft Word。与单文档应用程序相比，多文档应用程序增加了许多功能，多文档应用程序不仅需要跟踪所有打开文档的路径，而且还需要管理各个文档窗口的显示和更新等。

基于对话框（based dialog）应用程序功能简单、结构紧凑，不能处理文档，执行速度快，程序源代码少，开发调试容易。

4.2 对话框的使用

在 Windows 应用程序中，对话框的使用非常广泛，在打开文件、查询以及其他数据交换时都会用到。从最简单的消息框，到复杂的数据处理框，都可以用对话框来完成。其实对话框是一个真正的窗口，它不但可以接收消息，而且可以被移动、关闭，甚至可以在它的客户区中进行绘图操作。而且，在设计时可以把控件直接放到对话框上以实现各种操作。

对话框本身是一个弹出式窗口，其作用是显示相关信息、接收用户的输入数据及某些按钮响应。从外观上看，对话框不像普通窗口一样带有常规的菜单栏、工具栏、文档窗口和状态栏。一个对话框通常由灰色背景构成，上面嵌入若干控件来响应用户的某些操作。图 4-1 所示就是一个典型的对话框，可以实现用户对 QQ 账户信息的交互操作。图 4-2 所示的 QQ 聊天窗口对话框，能实现聊天信息发送操作。

图 4-1 QQ 聊天窗口对话框

图 4-2 QQ 聊天窗口

4.2.1 对话框概述

对话框通常由对话框模板和对话框类组成。其中：对话框模板用来定义对话框的特性（如对话框的大小、位置和风格）及对话框控件的位置和类型；对话框类用来对对话框资源进行管理，提供编程接口。

CDialog 类是从窗口类 CWnd 派生而来的，继承了 CWnd 类的成员函数，具有 CWnd 类的基本功能。用户在程序中创建的对话框类一般都是 CDialog 类的派生类，CDialog 类程序中所有新建对话框类的基类。表 4-3 列出了 CDialog 类中经常使用的成员函数，用户可以在 CDialog 类的派生类中直接调用这些函数。

表 4-3　CDialog 类的常用成员函数

成员函数	函数功能
CDialog∷CDialog()	调用派生类构造函数,根据对话框资源模板定义一个对话框
CDialog∷DoModal()	创建模态对话框,显示对话框窗口
CDialog∷Create()	根据对话框资源模板创建非模态对话框窗口
CDialog∷OnOk()	单击 Ok 按钮调用该函数,接受对话框输入的数据,关闭对话框
CDialog∷OnCancel()	单击 Cancel 按钮或 Esc 按钮调用该函数,不接受对话框输入的数据,关闭对话框
CDialog∷OnInitDialog()	WM_INITDIALOG 的消息处理函数,在调用 DoModal()或 Create()函数时发送 WM_INITDIALOG 消息,在显示对话框前调用该函数进行初始化工作
CDialog∷EndDialog()	关闭模态对话框窗口
CDialog∷ShowDialog()	显示或隐藏对话框窗口
CDialog∷DestroyWindow()	关闭非模态对话框窗口
CDialog∷UpdateData()	通过调用 DoDataExchange()设置或获取对话框控件的数据
CDialog∷DoDataExchange()	被 UpdateData()调用以实现对话框数据交换
CDialog∷GetWindowText()	获取对话框窗口的标题
CDialog∷SetWindowText()	设置对话框窗口的标题
CDialog∷GetDlgItemText()	获取对话框中控件的文本
CDialog∷SetDlgItemText()	设置对话框中控件的文本
CDialog∷GetDlgItem()	获取控件或子窗口的指针
CDialog∷MoveWindow()	移动对话框窗口
CDialog∷EnableWindow()	禁用对话框窗口

在 MFC 中有些函数是专为管理对话框而设计的,利用这些函数可以方便地存取对话框内部控制项的内容和状态,充分发挥对话框的功能。

4.2.2　创建对话框的应用程序

在 Visual C++.NET 2010 中创建一个基于对话框的应用程序。一般来说,如果要创建的程序不含有复杂的菜单操作,只需要实现简单的功能,就可以用对话框作为程序的主窗口。

■ **例 4.1**　创建一个基于对话框的应用程序,单击"测试"按钮弹出一个消息对话框。程序运行结果如图 4-3 所示。

创建一个基于对话框的应用程序,具体步骤如下:

(1)启动 Visual C++.NET 2010,选择"文件/新建/项目"菜单命令,弹出"新建项目"对话框,在左侧的"已安装的模板"中,选择"其他语言/Visual C++/MFC"选项,右边会显示出各种项目类型,在中间项目类型框中选择"MFC 应用程序",在"名称"编辑框中输入项目名称 Ex_4_1。在"位置"编辑框中输入相应的文件夹名和文件路径,或者单击"浏览"按钮选择文件保存路径,如图 4-4 所示。

(2)单击"确定"按钮,将会弹出"MFC 应用程序向导-Ex_4_1"对话框。

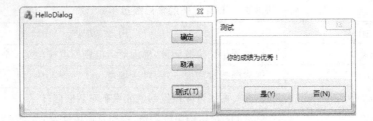

图 4-3 例 4.1 程序运行结果

图 4-4 "新建项目"对话框

（3）单击"下一步"按钮，在"应用程序类型"选项中选择"基于对话框"选项，其他采用默认值，如图 4-5 所示，可以看到此应用程序设置变为用户界面功能、高级功能、生成的类等。如果还有不符合要求的设置，可以单击左侧的相应选项卡进行设置。单击"下一步"按钮，弹出"高级功能"设置，使用默认设置。单击"下一步"按钮，弹出"生成的类"CEx_4_1App 和 CEx_4_1Dlg。单击"完成"按钮，生成对话框模板。按 Delete 键删除"TODO：在此放置对话框控件。"，如图 4-6 所示。

图 4-5 应用程序类型   图 4-6 对话框模板

（4）选择"生成/生成解决方案"菜单命令，编译生成项目。如果没有错误，表明该项目已成功生成；如果有错误，在输出窗口检查错误。选择"调试/开始执行（不调试）"菜单命令，或者直接按"Ctrl＋F5"，运行该项目，显示一个空白的、无任何功能的项目。

4.2.3 系统创建的文件和类

Windows 环境下的 Visual Studio. NET 编程，将应用程序源代码文件及包含菜单、工具栏、对话框、图标等资源文件及应用程序编译、连接所需要的库文件和系统 DLL 文件组成一个集合称为项目。Visual Studio. NET 以项目来管理应用程序的所有元素,并由它生成应用程序。

以应用程序项目 Ex_4_1 为例来进行分析,该项目中所用到的源程序代码文件(. cpp 和. h)、资源文件(. rc)等,它们按树型结构形式显示项目的"类""资源"和"文件"。解决方案资源管理器是自动打开的,也可以选择"视图/解决方案资源管理器"菜单打开该窗口,双击窗口中的文件,会显示文件内容。双击"ReadMe. txt"文件,可以看到系统提供的对各个文件的简要介绍。

1. 类视图

类视图显示项目中所有的类信息,如图 4-7 所示。选择"视图/类视图"菜单项,调出"类视图"窗口,显示项目中创建的所有类,双击类名前图标,可以看到类的层次结构。

2. 资源视图

资源视图包含了 Windows 中各种资源的层次列表,有对话框、按钮、菜单、工具栏、图标、位图、加速键等,并存放在一个独立的资源文件中。在资源视图中可进行添加、删除资源的操作,如图 4-8 所示。

3. 解决方案资源管理器

解决方案资源管理器将项目中源代码按文件分类显示,如程序源文件(. cpp)、头文件(. h)和资源文件(. rc)等,如图 4-9 所示。项目中一般包含的文件如下:

图 4-7 类视图   图 4-8 资源视图

图 4-9 解决方案资源管理器

1)应用程序向导生成的头文件(. h)

应用程序向导为每一个类都创建了对应的头文件(. h)和实现文件(. cpp)。

(1)应用程序类头文件。

应用程序类头文件 Ex_4_1. h 是应用程序的主要头文件。它包括其他项目特定的头文件(包括 Resource. h),并声明 CEx_4_1App 应用程序类。应用程序类 CEx_4_1App 类是 MFC 的 CWinApp 类的派生类,主要负责完成应用程序的初始化、程序的启动和程序运行结束时的清理工作。

(2)对话框类头文件。

对话框类头文件是 Ex_4_1Dlg. h。CEx_4_1Dlg 类定义应用程序主对话框的行为。该对话框的模板位于 Ex_4_1. rc 中,该文件可以在 Microsoft Visual C++ 中进行编辑。对话框类 CEx_4_1Dlg 类从 CDialogEx 类派生,CDialogEx 类是 CDialog 的扩展类,基类就是 CDialog,具备基类全部功能,并根据新系统需要增加了一些界面美化的功能,比如修改对话框的背景颜色、标题栏的颜色、标题栏的位图、标题栏字体的位置和颜色(包括激活和非激活状态)、对话框边界的颜色、对话框字体等。

(3) 资源头文件。

在程序项目中,通常将一个项目的所有的资源标识符放在头文件 Resource. h 中定义,该文件用于定义项目中所有的资源标识符,这种与资源一一对应的符号,使资源能够以字符串的方式被引用,每当创建、引入一个新的资源时,系统为其提供一个默认的资源符号名称并赋给资源一个不会重复的整数值(0~32767)。

资源是 Windows 应用程序中的一些可视化的图形元素,如菜单(Menu)、工具栏(Toolbar)、快捷键(Accelerator)、光标(Cursor)、图标(Icon)、位图(Bitmap)、对话框(Dialog)等。

资源用标识符来标识,要遵循一定的规则。资源标识符命名规则为:在标识名称中允许使用字母 a~z,0~9 及下划线;标识符名称以"ID"开头,不区分大小写;标识符名称不能以数字开头,如 3BIT 是不合法的;标识符名称字符个数不超过 247 个。

(4) 标准包含头文件。

标准包含头文件是 Stdafx. h,该文件用来包含一般情况下需要使用且不能被修改的头文件,如 MFC 类的声明文件 afxwin. h、使用工具栏和状态栏的文件 afxext. h 等头文件。Stdafx. h 文件和 Stdafx. cpp 文件用来生成预编译文件。

2) 应用程序向导生成的实现文件(. cpp)

在头文件中定义的类都有一个对应的实现文件(. cpp)。实现文件中主要定义相应成员函数的实现代码和消息映射。注意:一般不要轻易修改实现文件中以灰色字体显示的代码,因为这部分代码是通过资源编辑器或类向导进行维护的。

(1) 应用程序类实现文件。

应用程序类实现文件是 Ex_4_1. cpp,该文件主要函数如下:

WinMain()函数是 Windows 应用程序的入口函数,但是在 MFC 应用程序向导生成的应用程序框架的源代码中看不见该函数,因为它在 MFC 中已定义好并与应用程序相连接。程序通过由 MFC 定义的 WinMain()函数取得 CEx_4_1App 类对象 theApp 的指针,并利用该指针调用应用程序对象的成员函数。InitInstance()函数用来对应用程序对象的初始化,当执行应用程序时,WinMain()函数调用 InitInstance()函数,完成相关初始化工作。

(2) 标准包含实现文件。

标准包含实现文件是 StdAfx. cpp,该文件包含了一些必要的头文件,如 stdafx. h、afxwin. h、afxext. h、afxdisp 和 afxcmn. h 等。StdAfx. cpp 用来生成程序项目的预编译头文件和预编译类型信息文件,提高项目的编译速度。

3) 资源文件

资源文件主要定义了图标(Icon)、位图(Bitmap)、工具栏(Toolbar)、菜单(Menu)、加速键(Accelerator)、对话框(Dialog)、版本信息(Version)、设计信息(Designinfo)、字符表(String Table)等资源。

通过以上程序框架分析,可以看出:微软公司的 MFC 应用程序框架将每个 Windows 应用程序共同需要的通用代码封装起来,程序设计人员可以利用 MFC 采用面向对象的方法,用基于 C++的语法编写程序,提高了编程效率。

4.2.4 对话框编辑器的使用

Visual C++. NET 提供了专门的对话框编辑器,能够快速地设计、创建对话框资源。用户可以方便地通过对话框编辑器中的快捷工具,在对话框模板界面上添加、删除控件,调整控件大小、位置,设计出用户需要的对话框界面。

1. 添加控件

工具箱是为程序添加控件的常用工具,选择"视图/工具箱"菜单,可调出"工具箱"窗口。在对话框模板应用程序窗口中,使用工具箱和布局工具栏,向对话框添加和布局控件,并设置对话框的属性。

在例4.1的 Ex_4_1 对话框模板应用程序窗口中,先删除"TODO:在此放置对话框控件。"控件,然后,单击工具箱中常用按钮 Button 控件,并按住鼠标左键不放,将其拖到对话框模板中。在对话框内按住鼠标左键不放,拖出一个虚线框释放。选中对话框窗口中的三个按钮,单击控件布局工具栏 中的" "按钮,使其大小一致,使用" "按钮使控件左对齐,使用" "按钮使控件垂直对齐。还可以使用键盘上的上、下、左、右光标键微调对齐控件。可设定控件的 Tab 键次序,选择"格式 | Tab 顺序"菜单,按新的次序单击各个控件,最后按回车,得到重新排列后的布局。选择"格式"菜单下的"测试对话框"命令或布局工具栏上的测试按钮" "模拟所编辑对话框的运行效果。

> **注意:**工具箱具有"浮动"与"停泊"功能即自动隐藏功能,可以将其拖到指定位置。

2. 属性设置

右击例4.1的 Ex_4_1 对话框模板,在弹出的快捷菜单中选择"属性",在属性窗口中设置对话框 ID 值为"IDD_TEST_DIALOG",标题 Caption 值为"HelloDialog",其他为默认值。还可以设置字体、样式等属性。单击对话框模板中的"Button1"按钮,在属性窗口中设置按钮 ID 为"IDC_BUTTONTEST",标题 Caption 值为"测试(&T)",Alt+T 为选中该按钮的快捷键,其他为默认值,如图 4-10 所示。每个控件都是对话框的资源,都有相应的 ID 标识。

3. 添加消息处理函数

为"测试"按钮添加消息处理函数,在"测试(&T)"按钮上单击右键,然后在弹出的快捷菜单中选择菜单项"添加事件处理程序",弹出事件处理程序向导对话框,如图 4-11 所示,"命令名"为所选控件"IDC_BUTTONTEST",因为要实现单击按钮后的消息处理函数,所以在"消息类型"列表中选择"BN_CLICKED",在"类列表"中选择"CEx_4_1Dlg",然后单击"添加编辑"按钮,消息处理函数自动生成,光标进入消息处理函数代码编辑窗口。"事件处理程序向导"在 Ex_4_1Dlg. h 文件中添加了消息处理函数的声明 afx_msg void OnBnClickedButtontest(),在 Ex_4_1Dlg. cpp 文件中添加了函数的实现 void CEx_4_1Dlg::OnBnClickedButtontest(),并添加了消息映射宏 ON_BN_CLICKED(IDC_BUTTONTEST,&CEx_4_1Dlg::OnBnClickedButtontest)。

图 4-10　对话框属性设置

图 4-11　事件处理程序向导对话框

在 MFC 中,消息的处理是通过 MFC 消息映射机制来实现的。所谓消息映射(message map)机制,是指通过一条消息映射宏将一个 Windows 消息和其消息处理函数联结起来,一一对应。映射一个消息的过程分为以下三步:

(1) 在处理消息的类声明中,使用消息宏 DECLARE_MESSAGE_MAP()声明对消息映射的支持,并在该宏之后声明消息处理函数。例如:

```
class CEx_4_1Dlg:public CDialogEx
{
  …
protected:
    …
    DECLARE_MESSAGE_MAP()
public:
    afx_msg void OnBnClickedButtontest();          //声明消息处理函数
};
```

(2) 在处理消息的类实现中,使用 BEGIN_MESSAGE_MAP()和 END_MESSAGE_MAP()宏来定义消息映射,所有的消息映射宏都添加在它们中间。例如:

```
BEGIN_MESSAGE_MAP(CEx_4_1Dlg,CDialogEx)
    …
    ON_BN_CLICKED(IDC_BUTTONTEST,&CEx_4_1Dlg::OnBnClickedButtontest)
END_MESSAGE_MAP()
```

(3) 定义消息处理函数。定义消息处理函数和在类体外定义类的成员函数相似。例如:

```
void CEx_4_1Dlg::OnBnClickedButtontest()
{
    //TODO:在此添加控件通知处理程序代码
}
```

4. 为控件添加代码

在 CEx_4_1Dlg::OnBnClickedButtontest()函数中添加代码。

```
void CEx_4_1Dlg::OnBnClickedButtontest()
{
    MessageBox("你的成绩为优秀!","测试",MB_YESNO);          //弹出消息对话框
    //由于 VS 2010 默认使用的是 UNICODE 字符集,要进行字符转换
    //MessageBox(_T("你的成绩为优秀!"),_T("测试"),MB_YESNO);
}
```

5. 编译并运行程序

选择"生成/生成解决方案"菜单命令,编译生成项目,然后选择"调试/开始执行(不调试)"菜单命令,或者直接按"Ctrl+F5"。当用户单击"测试"按钮时,弹出消息对话框,程序运行结果如图 4-3 所示。

注意:(1) VS 2010 MFC 应用程序 MessageBox 消息函数编译时出错,出错信息如:

错误 1 error C2664:"CWnd::MessageBoxW":不能将参数 1 从"const char [17]"转换为"LPCTSTR"

解决错误的方法如下。

方法 1:由于 VS 2010 默认使用的是 UNICODE 字符集,在新建项目时,在"应用程序类型"对话框中,把"使用 UNICODE 字符集"选项取消。

方法2：在使用的函数参数前加"_T"，如：

```
void CEx_4_1Dlg::OnBnClickedButtontest()
{
        MessageBox(_T("你的成绩为优秀!"),_T("测试"),MB_YESNO);
}
```

或使用强制类型转换

```
void CEx_4_1Dlg::OnBnClickedButtontest()
{
        MessageBox((LPTSTR)("你的成绩为优秀!"),(LPTSTR)("测试"),MB_YESNO);
}
```

方法3：如需要更改已经建立的项目字符集，则选择"项目/×××项目属性"菜单，在该对话框的"配置属性"下的"常规"选项中，把"字符集"值改为"使用多字节字符集"，单击"确定"按钮，重新生成解决方案就可以了。

(2) 错误提示：

IntelliSense：# error 指令：Please use the/MD switch for _AFXDLL builds

解决方法：选择"项目/×××项目属性"菜单，在该对话框的"配置属性"下的"C/C++"下选择"代码生成"选项，将"运行库"设置成"多线程调试 DLL(/Mod)"。单击"确定"按钮，重新生成解决方案就可以了。

4.2.5 添加并使用对话框

用 MFC 应用程序可以方便地创建一个通用的对话框应用程序框架。现在以单文档应用程序为例说明添加对话框资源的编程过程及对话框调用。

例 4.2 在单文档应用程序中调用对话框。运行程序时弹出对话框如图 4-12 所示。单击"替换"按钮时替换编辑框的内容，单击"消息"按钮时，弹出消息对话框。

图 4-12 程序运行对话框

1. 创建一个基于单文档的应用程序

实现步骤如下：

启动 Visual Stdio. NET 2010，选择"文件/新建/项目"菜单命令，弹出"新建项目"对话框，在左侧的已安装模板中，选择"其他语言/Visual C++/MFC"选项，中间会显示出各种项目类型，在项目类型框中选择"MFC 应用程序"，在"名称"编辑框中输入项目名称 Ex_4_2。在"位置"编辑框中输入相应的文件夹名和文件路径，或者单击"浏览"按钮选择文件保存路径，单击"确定"按钮，将会弹出 MFC 应用程序向导对话框。再单击"下一步"按钮，在"应用程序类型"选项中选择"单个文档"选项，其他采用默认值。可以看到此应用程序设置变为复合文档支持、数据库支持、文档模板属性、用户界面功能、高级功能等。如果还有不符合要求的设置,可以单击左侧的相应选项卡进行设置。本例中,使用默认设置。单击"完成"按钮,生成单文档应用程序框架。主要生成的类有 CEx_4_2App、CEx_4_2Doc、CEx_4_2View、CMainFrame 类。

2. 添加对话框资源

选择"视图"菜单的"资源视图",打开资源视图(或者在解决方案资源管理器窗口中双击资源文件 Ex_4_2.rc),在资源视图中右击"Ex_4_2",在弹出的快捷菜单中选择"添加/资源"菜单项,弹出"添加资源"对话框,单击"Dialog"项左边的"+"号,显示对话框资源不同类型选项,如图 4-13 所示。

如果对不同类型的对话框资源不做任何选择,单击"新建"按钮,系统将自动为当前应用程序添加一个对话框资源,并采用默认的 ID 标识(第一次为 IDD_DIALOG1,以后每次依次为 IDD_DIALOG2,IDD_DIALOG3,…)。这些对话框的默认标题为 Dialog,都带有默认的"确定"按钮和"取消"按钮。

3. 设置对话框的属性

对话框属性主要涉及对话框外观布局,选中对话框,在对话框"属性"窗口中,将对话框属性 ID 设置为 IDD_DIALOG_REPLACE,标题"Caption"设置为"替换对话框",字体"Font (Size)"设置为"新宋体(9)",如图 4-14 所示。

图 4-13 "添加资源"对话框 　　　　　　图 4-14 "属性"窗口

4. 为对话框添加并布局控件

如果在对话框模板上增设控件,应选中控件工具箱中的控件,拖动到对话框模板合适的位置,按图 4-12 所示对话框添加控件并布局。添加两个按钮并设置按钮的 ID 分别为 IDC_BUTTONREPLACE、IDC_BUTTONMAG,Caption 属性分别为"替换""消息";添加一个编辑框 Edit Control,属性使用默认值。

5. 创建一个对话框类

应用程序中使用的对话框类是 CDialogEx 类的一个派生类,用户可以利用其继承关系,通过使用 CDialogEx 类的成员函数对实际的对话框进行管理。

添加对话框类:右击对话框模板,在弹出的快捷菜单中选择"添加类",弹出"添加新类"对话框;在"添加新类"对话框中,输入新的类名(CReplaceDlg),基类输入框和对话框 ID 输入框的值由系统自动提供，一般不做更改，其他设置采用系统默认值；最后，单击"完成"按钮。也可以通过类向导对话框添加新类：单击"项目/类向导"菜单命令，或用鼠标右击对话框模板的非控件区，在弹出的快捷菜单中选择"类向导"菜单命令；打该开类向导对话框，在该对话框中选择"添加类"选项，弹出"添加新类"对话框，输入新类名即可。

6. 添加消息处理函数

为"替换"按钮添加消息处理函数，在"替换"按钮上单击右键，在弹出的快捷菜单中选择菜单项"添加事件处理程序"，弹出事件处理程序向导对话框，"命令名"为所选控件"IDC_BUTTONREPLACE"，在"消息类型"列表中选择"BN_CLICKED"，在"类列表"中选择CReplaceDlg，然后单击"编辑代码"按钮，消息处理函数自动生成，光标进入消息处理函数代码编辑窗口。按上述步骤为 IDC_BUTTONMAG 添加消息映射函数。

> **注意**：不同控件的消息是不同的，用户不需要对"确定"按钮和"取消"按钮进行消息映射，因为系统能自动地设置这两个按钮的动作。

7. 控件的数据交换和数据验证

为了能让用户直接有效地使用每一个控件，MFC 提供了专门的数据交换（DDX）和数据验证（DDV）。其中：DDX 用于初始化对话框中的控件，获取用户的数据输入，其特点是将数据成员变量同相关控件相连接，实现数据在控件之间的传递；DDV 用于验证数据输入的有效性，其特点是自动验证数据成员变量的类型和数值的范围，并发出相应的警告。使用MFC 类向导可以直接定义一个控件的成员变量类型及其数据范围。

对话框中的控件就是一个对象，对控件的操作实际上是通过该控件所属类库中的成员函数来实现的。如果在对话框中要实现数据在不同控件对象之间传递，应通过其相应的成员变量完成，因此，应先为该控件添加成员变量。例如，为 CReplaceDlg 类的编辑框控件IDC_EDIT1 添加成员变量 m_Edit1，其步骤如下：

（1）打开"MFC 类向导"对话框。单击"项目/类向导"菜单命令，打开"MFC 类向导"对话框，如图 4-15 所示。

（2）在"类名"列表框中选择 CReplaceDlg 类，选择"成员变量"标签，在"控件 ID"列表框中选中要关联的控件 ID 为 IDC_EDIT1，如图 4-15 所示。

图 4-15 "MFC 类向导"对话框

149

（3）单击"添加变量"按钮，弹出"添加变量"对话框，在"成员变量名"输入框中填写与控件相关联的成员变量 m_Edit1，在"类别"框中选择"Control"，"变量类型"自动显示为 CEdit。单击"确定"按钮，变量添加成功。同样可以添加一个 Value 类别，CString 类型变量 m_str，并在该类构造函数中初始化变量值，代码如下：

```
CReplaceDlg::CReplaceDlg(CWnd*pParent/*=NULL*/)
:CDialogEx(CReplaceDlg::IDD,pParent)
{
    m_str=_T("welcome");            //初始化变量值
}
```

注意：对于大多数控件而言，在"类别"框内可以选择 Value 或 Control 类型。其中，Control 对应的变量类型为 MFC 控件类，Value 对应的变量类型为数值型。

8. 为控件添加代码

查看 MFC 为用户添加的对话框派生类 CReplaceDlg 的程序代码，发现 MFC ClassWizard（MFC 类向导）自动为对话框中的各控件添加以下程序代码。

（1）在头文件 ReplaceDlg.h 中分别声明了按钮控件的消息处理函数 OnBnClickedButtonreplace()和 OnBnClickedButtonmag()，具体如下：

```
class CReplaceDlg:public CDialogEx
{
        ⋮      ⋮      ⋮
public:
afx_msg void OnBnClickedButtonreplace();       //此代码自动生成已存在
afx_msg void OnBnClickedButtonmag();           //此代码自动生成已存在
CEdit m_Edit1;                                 //此代码已存在
};
```

（2）在 ReplaceDlg.cpp 文件开头部分的消息映射入口，自动添加了相应的消息映射宏，自动生成代码如下：

```
BEGIN_MESSAGE_MAP(CReplaceDlg,CDialogEx)       //此代码自动生成已存在
ON_BN_CLICKED(IDC_BUTTONREPLACE,&CReplaceDlg::OnBnClickedButtonreplace)
ON_BN_CLICKED(IDC_BUTTONMAG,&CReplaceDlg::OnBnClickedButtonmag)
END_MESSAGE_MAP()
```

（3）在 ReplaceDlg.cpp 文件中分别写入了空的消息处理函数模板，用户可以在消息处理函数体中添加一些程序代码，完善消息处理函数功能。例如：

```
void CReplaceDlg::OnBnClickedButtonreplace()
{    //TODO:在此添加控件通知处理程序代码
    m_Edit1.SetSel(0,20);                          //选中编辑框中 1~20 个字符内容
    m_Edit1.ReplaceSel(_T("Hello Dialog!"));       //将编辑框内容替换为"Hello Dialog!"
}
void CReplaceDlg::OnBnClickedButtonmag()
{    //TODO:在此添加控件通知处理程序代码
    MessageBox(_T("Hello Dialog!"));               //弹出消息对话框
}
```

9. 对话框的调用

（1）对话框可以通过主框架窗口调用，对话框之间也可以相互调用。例如，用户可以直

接利用主框架窗口应用程序初始化函数 InitInstance()调用对话框,也可以通过下拉菜单的命令项调用对话框。

利用 CEx_4_2App 类的初始化函数 InitInstance()调用对话框,具体操作如下:

① 用户在 Ex_4_2.cpp 文件的 InitInstance()初始化函数体的"return TRUE;"语句之前加入以下代码:

```
CReplaceDlg d;        //声明对话框类对象
d.DoModal();          //显示模式对话框
```

② 在 Ex_4_2.cpp 文件的前面,加入包含 CReplaceDlg 类的头文件:

```
#include "ReplaceDlg.h"        //将创建的对话框类包含进来
```

③ 编译并运行程序,在出现的单文档应用程序中显示用户设计的对话框,如图 4-12 所示。单击"替换"按钮,替换的内容在编辑框中显示,单击"消息"按钮,弹出一个消息对话框。

(2) 对话框还可以通过菜单命令调用,具体操作如下:

① 在解决方案资源管理器窗口中双击资源文件 Ex_4_2.rc,打开资源视图,双击 Menu 文件夹中的 IDR_MAINFRAME,打开菜单编辑器窗口,如图 4-16 所示。在菜单编辑器中,根据"请在此处输入"的提示输入菜单各项的名称。本例中,在"视图"主菜单的下一级菜单项"调用对话框"中输入菜单项名称,在属性窗口设置 ID 为 ID_VIEW_DLG,如图 4-17 所示。

图 4-16 菜单编辑器窗口

图 4-17 菜单属性窗口

② 添加菜单"ID_VIEW_DLG"事件。选择"项目"菜单的类向导菜单项,在类向导窗口中,在类名中选择"CEx_4_2View"类,在对象 ID 列表中选择"ID_VIEW_DLG",在消息列表中选择 COMMAND,单击"添加处理程序"按钮,弹出添加成员函数对话框,默认函数名为"OnViewDlg",单击"确定"按钮,在类向导对话框的成员函数列表中双击"OnViewDlg",光标自动跳到函数代码编辑处,则成功添加了菜单单击事件。在成员函数模板中添加以下程序代码:

```
CEx_4_2View:OnViewDlg
{
    CReplaceDlg d;        //声明对话框类的对象
    d.DoModal();          //调用打开对话框函数
}
```

在 Ex_4_2View.cpp 文件的前面加入包含 CReplaceDlg 类的头文件:

```
#include "ReplaceDlg.h"        //将创建的对话框类包含进来
```

③ 编译运行程序。选择"生成/生成解决方案"菜单命令,编译生成项目,然后选择"调试/开始执行(不调试)"菜单命令,或者直接按"Ctrl+F5"。在单文档应用程序窗口中,关闭初始化时弹出的对话框,单击"查看/调用对话框"菜单命令,弹出对话框。对话框实现的功

能与前面相同。

其中,在文档类、视图类、框架窗口类以及程序项目其他类中都会自动包含所添加的对话框文件。

10. 单文档应用程序结构分析

单文档应用程序与对话框应用程序相比,生成的文件较多。单文档应用程序一般包含的文件如下:

1) 应用程序向导生成的头文件(.h)

(1) 主框架窗口类头文件。

主框架窗口类的头文件 MainFrm.h 定义了主框架窗口类 CMainFrame。主框架窗口类 CMainFrame 是 MFC 的 CFrameWnd 类的派生类,主要负责创建标题栏、菜单栏、工具栏和状态栏。CMainFrame 类中声明了框架窗口中的状态栏 m_wndStatusBar、工具栏 m_wndToolBar 两个数据成员和四个成员函数。

(2) 文档类头文件。

文档类的头文件 Ex_4_2Doc.h 定义了文档类 CEx_4_2Doc。文档类 CEx_4_2Doc 是 MFC 的 CDocument 类的派生类,主要负责应用程序数据的保存和装载,实现文档的序列化功能。其中 AssertValid() 函数用来检验对象的正确性与合法性,Dump() 函数用来输出类的名称和其他数据内容。

(3) 视图类头文件。

视图类的头文件 Ex_4_2View.h 定义了视图类 CEx_4_2View。视图类 CEx_4_2View 是 MFC 的 CView 类的派生类,用来处理客户区窗口,是框架窗口的一个子窗口,主要负责客户区文档数据的显示以及如何进行人机交互。

应用程序类头文件与对话框实现功能相同。

2) 应用程序向导生成的实现文件(.cpp)

(1) 框架窗口类实现文件。

框架窗口类实现文件是 MainFrm.cpp,该文件的主要函数如下:

indicators[] 数组定义状态栏窗格及显示的内容;AssertValid() 函数用来诊断 CMainFrame 对象是否有效;Dump() 函数用来输出 CMainFrame 对象的状态信息;OnCreate() 函数用来创建主框架窗口的工具栏和状态栏;PreCreateWindow() 函数用来创建一个非默认风格的窗口,在函数中通过改变 CREATESTRUCT 结构参数 cs 来改变窗口风格、窗口大小和位置等。

(2) 文档类实现文件。

文档类实现文件是 Ex_4_2Doc.cpp,该文件主要函数如下:

Serialize() 文档序列化函数主要用于对文档进行操作,负责文档数据的磁盘读写操作;OnNewDocument() 函数用来新建一个文档。在编程过程中这两个函数使用非常频繁,直接影响到应用程序处理文档的功能。应用程序需要处理的数据或数据变量,通常都放在文档类中。

(3) 视图类实现文件。

视图类实现文件是 Ex_4_2View.cpp,该文件主要函数如下:

PreCreateWindow() 函数是在相应窗口创建之前被系统自动调用;GetDocument() 函数用来获取当前文档对象的指针 m_pDocument;OnDraw() 函数的功能是当窗口状态或大小发生变化时重新绘制视图窗口客户区,显示文档内容。

应用程序类实现文件与对话框实现功能相同。

4.2.6 模式对话框和非模式对话框

对话框按其动作模式分为模式对话框和非模式对话框两种。它们都由 CDialog 类管理,也叫作模态对话框和非模态对话框。

1. 模式对话框

模式对话框是最常用的对话框,当此对话框出现时,其父窗口将暂时失效,系统要求用户必须在该对话框中进行相应操作,不允许用户在关闭该对话框之前切换到应用程序的其他窗口。只有将该对话框内的消息响应处理完后,才使父窗口或其他窗口获得相应控制权。模式对话框通常被用来作为数据输入,如常见的打开文件对话框、存储文件对话框、显示程序信息的 MessageBox 对话框等。模式对话框拥有自己的消息循环,所有在对话框中响应的消息都不会传送到主窗口的消息循环队列中。大多数基于 Windows 的对话框都属于模式对话框。

要显示模式对话框,首先要为模式对话框声明一个对象,然后调用该对象的 DoModal() 函数来实现,语法格式如下:

```
virtual int DoModal();
```

其中,函数返回一个整数值,该数值应用于 EndDialog 方法。如果方法返回值为 −1,表示没有创建对话框;如果为 IDABORT,表示有其他错误发生。

关闭模式对话框时,可以调用 CDialog 类的 OnOk 方法或 OnCancel 方法。用户单击 Ok 按钮(按钮 ID 为 IDOK)时关闭对话框,调用 OnOK 方法,该方法在内部调用了 EndDialog 方法。当用户在对话框中单击 ID 为 IDCANCEL 的按钮或按 Esc 键时,程序将自动调用 OnCancel 方法,在该方法内部调用 EndDialog 方法。如果用户要在一个非模态对话框中实现 OnCancel 方法,需要在内部调用 DestroyWindow 方法,而不要调用基类的 OnCancel 方法,因为它调用 EndDialog 方法将使对话框不可见,但不销毁对话框。

① 显示一个模式对话框,例 4.2 调用对话框代码如下:

```
CReplaceDlg d;           //声明对话框类对象
d.DoModal();             //显示模式对话框
```

② 关闭一个模式对话框:

```
CDialog::OnCancel();     //关闭模式对话框
```

2. 非模式对话框

非模式对话框与模式对话框刚好相反,当非模式对话框出现时,并不影响用户对其父窗口或其他窗口的操作,此时的父窗口不会失效,用户可在该对话框与应用程序其他窗口之间切换,因此也称为并存式对话框。非模式对话框是指对话框可以一直出现在屏幕上,随时可用,并且允许应用程序处理对话框以外的用户事件。非模式对话框可以从 WinMain() 函数的消息循环中接收输入的信息。

在模式对话框被打开后,对话框就接管了父窗口的输入控制权,只有当关闭了该对话框,该对话框才会把控制权交还给父窗口。而非模式对话框则与其父窗口共享控制权,所以用户可以在主窗口和对话框之间来回切换。非模式对话框常用来提供更多的选择功能,如查找、工具箱、调色板等。

创建非模式对话框,首先要调用 CDialog 类的 Create() 函数来创建。语法格式如下:

```
BOOL Create(LPCTSTR lpszTemplateName,CWnd*pParentWnd=NULL);
BOOL Create(UINT nIDTemplate,CWnd*pParentWnd=NULL);
```

其中,对话框创建成功,返回值为非零,否则为 0。lpszTempIateName 标识资源模板名称,pParentWnd 标识父窗口指针,nIDTemplate 标识对话框资源 ID。

显示非模式对话框,通过 ShowWindow()函数进行初始化,格式如下:

```
BOOL ShowWindow(int nCmdShow);
```

其中,nCmdShow 指定窗口的显示状态。

① 显示一个非模式对话框,例 4.2 代码如下:

```
CReplaceDlg* dlg=new CReplaceDlg;          //声明对话框指针
dlg->Create(IDD_DIALOG_REPLACE,this);      //创建非模式对话框
dlg->ShowWindow(SW_SHOW);                   //显示非模式对话框
```

② 销毁一个非模式对话框:

```
dlg->DestroyWindow();                       //销毁非模式对话框
delete dlg;                                 //释放指针
```

例 4.3 创建一个单文档应用程序,如图 4-18 所示:在客户区中,当用户单击鼠标右键时,弹出非模式对话框;当用户单击鼠标左键时,弹出一个模式对话框。

实现步骤如下:

(1)创建一个单文档应用程序 Ex_4_3。启动 Visual Studio. NET 2010,选择"文件/新建/项目"菜单命令,弹出"新建项目"对话框,在左侧的已安装模板中,选择"其他语言/Visual C++/MFC"选项,在中间项目类型框中选择"MFC 应

图 4-18 例 4.3 程序运行结果

用程序",在"名称"编辑框中输入项目名称 Ex_4_3,选择文件保存路径。单击"确定"按钮,将会弹出 MFC 应用程序向导对话框。再单击"下一步"按钮,在"应用程序类型"选项中选择"单个文档"选项,其他采用默认值。单击"完成"按钮,生成单文档应用程序框架。

(2)添加新的对话框资源。选择"视图"菜单的"资源视图",打开资源视图,右击 Ex_4_3 文件夹,在弹出的快捷菜单中选择"添加/资源"菜单项,弹出"添加资源"对话框,选中"Dialog",单击"新建"按钮,系统自动添加一个对话框资源,打开新建对话框属性窗口,修改 ID 为 IDD_DIALOG_MODAL,Caption 标题为"Modal Dialog";用同样方法添加一个对话框资源,ID 为 IDD_DIALOG_NOMODAL,标题为"NoModal Dialog"。

(3)添加控件。为 IDD_DIALOG_MODAL 对话框添加一个静态文本控件 Static Text,设置 Caption 属性为"这是模态对话框!",其他属性为默认值;用同样的方法为 IDD_DIALOG_NOMODAL 对话框添加一个静态文本控件 Static Text,设置 Caption 属性为"这是非模态对话框!"。

(4)添加对话框新类。右击 IDD_DIALOG_MODAL 对话框模板空白处,在弹出的快捷菜单中选择"添加类",弹出 MFC 添加类向导对话框,输入新类名为"CModalDlg",其他采用默认值,单击"完成"按钮。用同样的方法为 IDD_DIALOG_NOMODAL 对话框添加一个新类,名为"CNoModalDlg"。

(5)为视图类 CEx_4_3View 添加 WM_LBUTTONDOWN 和 WM_RBUTTONDOWN 的消息映射函数。选择"视图"菜单的"类视图"菜单项,弹出"类视图"窗口,单击 CEx_4_3View 类,然后在"属性"窗口中单击消息"🔲"工具按钮图标,在下面的列表框中找到 WM_

LBUTTONDOWN 栏,在 COMMAND 栏的右面展开下拉式列表框,单击"＜Add＞OnLButtonDown",光标自动跳到函数代码编辑处,则为视图类成功添加了单击鼠标左键事件。用同样的方法为视图类 CEx_4_3View 添加 WM_RBUTTONDOWN 的消息映射函数。在成员函数模板中添加以下程序代码:

```
void CEx_4_3View::OnLButtonDown(UINT nFlags,CPoint point)
{       //TODO:在此添加消息处理程序代码和/或调用默认值
CModalDlg  my1;                        //声明模式对话框对象
my1.DoModal();                         //调用显示对话框函数
CView::OnLButtonDown(nFlags,point);
}
void CEx_4_3View::OnRButtonDown(UINT nFlags,CPoint point)
{       //TODO:在此添加消息处理程序代码和/或调用默认值
CNoModalDlg  *my2;                     //声明非模式对话框对象指针
my2=new CNoModalDlg();                 //构造对象指针
my2->Create(IDD_DIALOG_NOMODAL);       //创建非模式对话框
my2->ShowWindow(SW_SHOW);              //显示非模式对话框
CView::OnRButtonDown(nFlags,point);
}
```

在 Ex_4_3View.cpp 文件前,将头文件包含进来,代码如下:

```
#include "ModalDlg.h"
#include "NoModalDlg.h"
```

(6)编译运行程序。选择"生成/生成解决方案"菜单命令,编译生成项目,然后按"Ctrl＋F5"。运行结果,如图 4-18 所示。

4.3 消息对话框

消息对话框也称为提示信息对话框,是最简单的一类对话框,主要用来显示信息。用户可以直接使用消息对话框和消息函数,不需要另外创建,还可以通过设置函数参数产生不同风格界面的消息框。

1. AfxMessageBox()函数

函数原型如下:

```
int AfxMessageBox(LPCTSTR lpText,UINT nType=MB_OK,UINT nIDHelp=0);
```

AfxMessageBox()函数是一个 MFC 中的全局函数,可以在程序中任何位置调用。其中:lpText 表示在消息框中显示的字串文本;nType 表示消息框中图标类型(见图 4-19)及按钮类型(见表 4-4);nIDHelp 表示消息的上下文帮助 ID 号,通常取默认值为 0。

图标类型	参数 nType
⊗	MB_ICONHAND, MB_ICONSTOP, and MB_ICONERROR
⑦	MB_ICONQUESTION
⚠	MB_ICONEXCLAMATION and MB_ICONWARNING
ⓘ	MB_ICONASTERISK and MB_ICONINFORMATION

图 4-19 消息框中图标类型

表 4-4　标准按钮显示类型

值	含　义
MB_ABORTRETRYIGNORE	显示"终止""重试""忽略"三个按钮
MB_HELP	显示"确定""帮助"两个按钮
MB_OK	显示"确定"一个按钮
MB_OKCANCEL	显示"确定""取消"两个按钮
MB_RETRYCANCEL	显示"重试""取消"两个按钮
MB_YESNO	显示"是""否"两个按钮
MB_YESNOCANCEL	显示"是""否""取消"三个按钮

2. MessageBox()函数

函数原型如下：

```
int MessageBox(HWND hwnd,LPCTSTR lpText,LPCTSTR lpCaption,UINT nType);
```

MessageBox()函数是一个 API 函数，可以在程序中任何位置调用。其中：hwnd 为父窗口的句柄标识；lpText 表示在消息框中显示的字串文本；lpCaption 表示消息框的标题；nType 表示消息框中图标类型及按钮风格类型。

3. CWnd::MessageBox()函数

函数原型如下：

```
int CWnd::MessageBox(LPCTSTR lpText,LPCTSTR lpCaption=NULL,
                     UINT nType=MB_OK);
```

这是一个来自于窗口类 CWnd 的成员函数，只能用于控件、对话框、窗口等一些窗口类中。其参数的含义与前面的函数相同。

在程序中，调用消息函数产生消息框，用户可以在消息框选择不同的按钮操作，函数分别返回用户选择按钮的情况。如用户选择按钮 Yes(是)、No(否)、Cancel(取消)、Ignore(忽略)、Retry(重试)、OK(确定)等，则函数返回 IDYES、IDNO、IDCANCEL、IDIGNORE、IDRETRY、IDOK 等返回值。

例 4.4　消息对话框的使用实例：创建一个单文档应用程序，运行后，如图 4-20 所示，单击"视图"菜单的"警告"命令项，在窗口中弹出警告消息框；单击"询问"命令项，在窗口中弹出询问消息框；单击"选择"命令项，在窗口中弹出一个选择消息框。

实现步骤如下：

(1) 创建一个单文档应用程序 Ex_4_4。启动 Visual C++。NET 2010，选择"文件/新建/项目"菜单命令，弹出"新建项目"对话框，选择"其他语言/Visual C++/MFC"选项，在右边项目类型框中选择"MFC 应用程序"，在"名称"编辑框中输入项目名称 Ex_4_4，选择文件保存路径。单击"确定"按钮，将会弹出 MFC 应用程序向导对话框。再单击"下一步"按钮，在"应用程序类型"选项中选择"单个文档"选项，其他采用默认值。单击"完成"按钮，生成单文档应用程序框架。

(2) 在解决方案资源管理器窗口中双击资源文件 Ex_4_4.rc，打开资源视图，双击 Menu 文件夹中的 IDR_MAINFRAME，打开菜单编辑器窗口。在"视图"主菜单的下一级菜单项中添加三个子菜单，其标题分别为"警告""询问""选择"，如图 4-21 所示。在属性窗口中设置对应 ID 分别为 ID_VIEW_WARNING，ID_VIEW_ASK，ID_VIEW_SELECT。

图 4-20　例 4.4 程序运行结果　　　图 4-21　菜单编辑器窗口

（3）为菜单添加处理函数。右击"警告"菜单，在弹出的快捷菜单中选择"添加事件处理程序"选项，弹出事件处理程序向导对话框。在事件处理程序向导对话框中，在"类列表"列表框中选择单击菜单时显示内容的类，通常为视图类，所以选择视图类 CEx_4_4View 选项，在"消息类型"列表中选择单击该菜单项引发的 COMMAND 消息，单击"添加编辑"按钮，光标自动跳到消息处理函数代码编辑处，添加相应的消息处理函数代码。用同样的方法为"询问""选择"菜单添加事件处理程序。

（4）为菜单添加对象 ID。选择"项目"菜单的"类向导"菜单项，在弹出的"MFC 类向导"对话框中，如图 4-22 所示，类名选择"CEx_4_4View"类，在对象 ID 列表中分别选择 ID_VIEW_WARNING、ID_VIEW_ASK、ID_VIEW_SELECT，然后单击"添加处理程序"按钮。

图 4-22　"MFC 类向导"对话框

（5）分别编辑三个子菜单的消息处理函数代码。

① "警告"子菜单代码如下：

```
void CEx_4_4View::OnViewWarning()
{    //展现消息框的全局函数
     AfxMessageBox(_T("这是警告消息框"),MB_ICONWARNING);
}
```

② "询问"子菜单代码如下：

```
void CEx_4_4View::OnViewAsk()
{    //展现带"询问"图标的消息框
::MessageBox(NULL,_T("这是一个询问消息框"),_T("Question"),MB_ICONQUESTION);
}
```

③ "选择"子菜单代码如下：

```
void CEx_4_4View::OnViewSelect()
{    //展现含有"是""否"图标的消息框
    MessageBox(_T("这是一个选择是/否的消息框"),_T("ASK",MB_YESNO));
}
```

（6）编译、连接并运行程序。选择"生成/生成解决方案"菜单命令，编译生成项目，然后按"Ctrl+F5"。运行结果如图 4-20 所示。

4.4 通用对话框

编程时，用户不仅可以使用各种自定义对话框控件，还可以直接使用 Windows 系统提供的通用对话框资源和消息对话框资源，实现程序的快速设计开发。

通用对话框是 Windows 预先定义的面向标准用户界面的对话框，在应用程序设计中，用户可以直接使用这些对话框资源来执行各种标准操作，不需再创建对话框资源和对话框类。通用对话框如文件对话框、颜色对话框、字体对话框、查找替换对话框、打印对话框及页面设置对话框等。

MFC 提供了一些通用对话框类（见表 4-5），它们封装了这些通用对话框，其对话框模板资源和代码在通用对话框中提供。MFC 通用对话框类是从 CCommonDialog 类派生出来的，而 CCommonDialog 类又是从 CDialog 类派生出来的。

表 4-5　MFC 通用对话框类

对　话　框	用　　途
CFileDialog	文件对话框，用于打开或保存一个文件
CFontDialog	字体对话框，用于选择字体
CColorDialog	颜色对话框，用于选择或创建颜色
CFindReplaceDialog	查找替换对话框，用于查找或替换字符串
CPrintDialog	打印对话框，用于设置打印机的参数及打印文档
CPageSetupDialog	页面设置对话框，用于设置页面参数

在这些通用对话框中，除了查找替换对话框是非模态对话框外，其余的都是模态对话框。使用通用对话框的基本步骤为：先构造通用对话框类的对象，然后调用成员函数 DoModal 来显示对话框并完成相应对话框效果的设置。如果选择"OK"（确定）按钮，DoModal 函数返回 IDOK 信息，表示确认用户输入；若选择"Cancel"（取消）按钮，DoModal 函数返回 IDCANCEL 信息，表示取消用户输入。

关于通用对话框的数据结构、MFC 类构造函数和相关成员函数的说明参阅 MSDN 文档。

创建通用对话框的主要过程：

（1）构造对话框类的对象；

（2）调用成员函数 DoModal 函数显示对话框，并完成相应对话框效果的设置。

只有当调用对话框类的成员函数 DoModal 并返回 IDOK 后,该对话框类的其他成员函数才会生效。

4.4.1　文件对话框

文件对话框可以打开和保存文件,在 MFC 中 CFileDialog 类对文件对话框进行了封装。CFileDialog 类构造函数用于创建一个通用文件对话框对象,其原型如下:

```
CFileDialog(BOOL bOpenFileDialog,LPCTSTR lpszDefExt=NULL,
LPCTSTR lpszFileName=NULL,DWORD dwFlags=OFN_HIDEREADONLY|OFN_OVERWRITEPROMPT,
LPCTSTR lpszFilter=NULL,cWnd*pParentWnd=NULL);
```

CFileDialog 类构造函数中的参数说明如表 4-6 所示。

表 4-6　CFileDialog 类构造函数中的参数说明

参　　　数	描　　　述
bOpenFileDialog	值为 TRUE,构造"打开";值为 FALSE,构造"另存为"对话框
lpszDefExt	文件默认扩展名,如为 NULL,没有扩展名
lpszFileName	初始化时的文件名,如为 NULL,没有文件名
dwFlags	自定义文件对话框
lpszFilter	指定对话框过滤的文件类型
pParentWnd	标识文件对话框的父窗口指针

文件对话框的常用函数如表 4-7 所示。

表 4-7　文件对话框的常用函数

函　　　数	功 能 描 述
DoModal	显示文件对话框
GetPathName	返回用户选择的文件路径
GetFileName	返回用户选择的文件名
GetFileExt	返回文件对话框中输入的文件扩展名
GetFileTitle	返回文件对话框中输入的文件名称
OnFileNameOK	检查文件名称是否正确

例 4.5　利用通用对话框类的文件打开对话框,单击"打开"按钮,打开所选择文件,在编辑框中显示文件内容,在静态文本框中显示文件的路径及行数。单击"保存"按钮,将编辑框内容保存到文件中,在静态文本框中显示文件的路径。打开文件对话框,文件内容显示结果如图 4-23 所示,文件保存结果如图 4-24 所示。

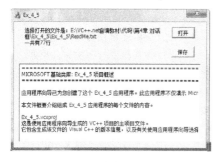

图 4-23　文件内容显示结果　　　　　**图 4-24　文件保存结果**

159

实现步骤如下：

（1）创建一个基于对话框的应用程序项目 Ex_4_5。启动 Visual C++. NET 2010,选择"文件/新建/项目"菜单命令,弹出"新建项目"对话框,选择"其他语言/Visual C++/MFC"选项,在右边项目类型框中选择"MFC 应用程序",在"名称"编辑框中输入项目名称 Ex_4_5,选择文件保存路径。单击"确定"按钮,将会弹出 MFC 应用程序向导对话框。再单击"下一步"按钮,在"应用程序类型"选项中选择"基于对话框"选项,其他采用默认值。单击"完成"按钮,生成应用程序框架。

（2）添加控件。添加 2 个按钮控件,其中:一个按钮 Button 的 Caption 属性设置为"打开",ID 设置为 IDC_COUNTLINE;另一个按钮的 Caption 属性设置为"保存",ID 设置为 IDC_FILESAVE。添加一个静态文本控件 Static Text,属性为默认值。添加一个编辑框控件 Edit Control,属性 ID 设置为 IDC_EDIT1,多行文本显示属性 Multiline 设置为 TRUE。

（3）为编辑框控件添加成员变量。右击编辑框控件,在弹出的快捷菜单中选择"类向导",打开"MFC 类向导"对话框。选择"成员变量"标签,在"类名"列表框中选择 CEx_4_5Dlg 类,在控件 ID 列表框中选择要关联的控件 ID 为 IDC_EDIT1,单击"添加变量"按钮,打开"添加成员变量"对话框,输入变量名 m_FileText,在"类别"框中选择"Control","变量类型"自动显示为 CEdit,单击"确定"按钮。

注意:对于大多数控件而言,在"类别"框中可以选择 Value 或 Control 类型。其中,Control 对应的变量类型为 MFC 控件类,Value 对应的变量类型为数值型。

（4）为"打开"按钮添加单击 BN_CLICKED 消息处理函数。在"打开"按钮上单击右键,在弹出的快捷菜单中选择"添加事件处理程序"选项,弹出事件处理程序向导对话框,"命令名"为所选控件"IDC_COUNTLINE",在"消息类型"列表中选择 BN_CLICKED,在"类列表"中选择 CEx_4_5Dlg,然后单击"添加编辑"按钮,消息处理函数自动生成,光标进入消息处理函数代码编辑窗口。添加代码如下:

```
void CEx_4_5Dlg::OnBnClickedCountline()
{
    int nLine=0;                                    //统计文件行数
    char ch;
    CString filter,strOut,strText;
    filter="文本文件(*.txt)|*.txt|c++文件(*.h,*.cpp)|*.h;*.cpp||";
                                                    //选择打开的文件类型
CFileDialog dlg (TRUE, NULL, NULL, OFN_HIDEREADONLY | OFN_OVERWRITEPROMPT,
filter,AfxGetMainWnd());
    //构造文件对话框对象,系统自动调用构造函数
    if(dlg.DoModal()==IDOK)                         //判断是否打开文件对话框
    {
        char read[100000];                          //声明字符数组
        CString FileName=dlg.GetPathName();         //获得要打开的文件路径
        //打开文件,统计文件行数
        CFile myFile(FileName,CFile::modeRead);     //打开文件
        while(myFile.Read(&ch,1)==1)//读取文件中每一个字符,为 0 时读取结束
        {
            if(ch=='\n') nLine++;                   //当前字符是回车换行,统计行数
        }
```

```
            if(ch!='\n') nLine++;//对文件最后一行计数
        myFile.Close();//关闭文件
            strOut.Format(_T("选择打开的文件是:%s\r\n一共有%d行"),FileName,
nLine);//对打开文件进行格式输出
        SetDlgItemText(IDC_STATIC,strOut);//在静态文本框中显示统计结果
        //重新打开文件,读取文件内容,在编辑框中显示
        myFile.Open(FileName,CFile::modeRead);//重新打开文件
        myFile.Read(read,100000);//读取文件内容
        for(int i=0;i<myFile.GetLength();i++)//读文件每一个字符,直到文件结束
        {
            strText+=read[i];//为字符串赋值
        }
        myFile.Close();//关闭文件
        m_FileText.SetWindowTextA(strText);//在编辑框中显示文件内容
    }
    else
        MessageBox(_T("无法打开文件!"));
}
```

注意:如果运行时编辑框显示的是乱码,VC 6.0 默认的是多字节编码,把 VS. NET 2010 编译环境改为多字节模式,具体方法是选择"项目/××属性页"对话框"配置属性/常规/字符集"中的"使用多字节字符集",重新编译运行就不是乱码了。CString 是 MFC 的一个字符串类,用来操作字符串对象。

(5)为"保存"按钮添加单击 BN_CLICKED 消息处理函数。在"保存"按钮上单击右键,在弹出的快捷菜单中选择"添加事件处理程序"选项,弹出事件处理程序向导对话框,"命令名"为所选控件"IDC_FILESAVE",在"消息类型"列表中选择 BN_CLICKED,在"类列表"中选择 CEx_4_4Dlg,然后单击"添加编辑"按钮,消息处理函数自动生成,光标进入消息处理函数代码编辑窗口。添加代码如下:

```
    void CEx_4_5Dlg::OnBnClickedFilesave()
    {
        CString filter,strPath,strOut,strText="";
        filter="All Files(*.txt)|*.txt|c++文件(*.h,*.cpp)|*.h;*.cpp||";
        CFileDialog dlg(FALSE,NULL,NULL,OFN_HIDEREADONLY|OFN_OVERWRITEPROMPT,
filter,AfxGetMainWnd());                            //构造文件另存为对话框
        char write[100000];                         //声明字符数组
        if(dlg.DoModal()==IDOK)                      //判断是否按下"保存"按钮
        {
            strPath=dlg.GetPathName();               //获得选择的文件路径
            if(strPath.Right(4)!=".txt")             //判断文件扩展名
            strPath+=".txt";                         //设置文件扩展名
            CFile myFile(_T(strPath),CFile::modeCreate|CFile::modeWrite);
                                                     //创建文件
            m_FileText.GetWindowTextA(strText);      //获取编辑框中的内容
            strcpy_s(write,strText);                 //将字符串复制到字符数组中
            myFile.Write(write,strText.GetLength()); //向文件中写入数据
            myFile.Close();                          //关闭文件
            strOut.Format("保存的文件是:%s\r\n",strPath);
```

```
                SetDlgItemText(IDC_STATIC,strOut);//在静态文本框中显示统计结果
        }
    }
```

（6）编译并运行程序，按题目要求操作可实现相应的功能。

4.4.2 字体对话框

Windows 提供了一个用于设置字体的通用对话框。用户可以通过 CFontDialog 类对象的相应成员函数，如表 4-8 所示，设置字体和文本风格。调用创建字体构造函数 CFontDialog，构造字体对话框，语法格式如下：

```
    CFontDialog (LPLOGFONT lplfInitial = NULL, DWORD dwFlags = CF _ EFFECTS |
    CF_SCREENFONTS,CDC*pdcPrinter=NULL,CWnd*pParentWnd=NULL);
```

CFontDialog 构造函数中的参数说明如表 4-9 所示。

表 4-8　CFontDialog 类成员函数

函　　数	描　　述
DoModal	显示字体对话框
GetCurrentFont	获取当前字体
GetFaceName	获取选择字体名称
GetStyleName	返回选择字体风格名称
GetSize	获取字体的大小
GetColor	获取选择字体颜色
GetWeight	获取字体的磅数

表 4-9　CFontDialog 类构造函数参数说明

参　　数	描　　述
lplfInitial	设置默认字体 LOGFONT
dwFlags	控件对话框的行为
pdcPrinter	打印机设备内容指针
pParentWnd	父窗口指针

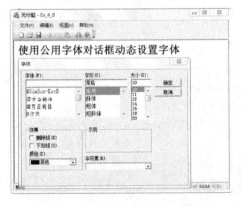

图 4-25　使用通用字体对话框设置字体

例 4.6　字体设置实例：创建一个单文档应用程序，当执行"视图/字体"菜单命令时，弹出通用字体对话框，使用通用字体对话框设置字体如图 4-25 所示。

实现步骤如下：

（1）创建一个单文档应用程序 Ex_4_6。

（2）在解决方案资源管理器窗口中双击资源文件 Ex_4_6.rc，打开资源视图，双击 Menu 文件夹中的 IDR_MAINFRAME，打开菜单编辑器窗口。在"视图"主菜单的下一级菜单项中添加"字体"，其 ID 号为 ID_VIEW_FONT。

（3）在视图类 Ex_4_6View.h 文件的类声明

中添加两个成员变量：

```
    public:
        COLORREF  color;        //声明字体颜色变量
        CFont     f;            //声明字体对象
```

（4）为菜单添加处理函数。右击"字体"菜单，在弹出的快捷菜单中选择"添加事件处理程序"选项，弹出事件处理程序向导对话框。在事件处理程序向导对话框中，在"类列表"列表框中选择视图类 CEx_4_6View 选项，在"消息类型"列表中选择 COMMAND 消息，单击

"添加编辑"按钮,光标自动跳到消息处理函数代码编辑处,添加相应的消息处理函数代码。

```
void CEx_4_6View::OnViewFont()
{
    CFontDialog  dlgFont;                    //声明字体对话框对象
    if(dlgFont.DoModal()==IDOK)              //判断是否按下"确定"按钮
    {
        f.DeleteObject();                    //分离字体
        LOGFONT  LogF;                       //声明 LOGFONT 结构指针
        dlgFont.GetCurrentFont(&LogF);       //获得字体信息
        f.CreateFontIndirect(&LogF);         //创建字体
        color=dlgFont.GetColor();            //获取用户所选择的颜色
        Invalidate();                        //调用绘图刷新函数
    }
}
```

(5)打开 Ex_4_6View.cpp 文件,在绘图函数 OnDraw()中添加如下代码:

```
void CEx_4_6View::OnDraw(CDC*pDC)
{
CFont  *Old=pDC->SelectObject(&f);                        //设置字体
pDC->SetTextColor(color);                                 //设置文本颜色
pDC->TextOut(10,10,"使用公用字体对话框动态设置字体");     //在文档中显示文本
pDC->SelectObject(Old);                                   //恢复设备环境
}
```

(6)编译、连接并运行程序。程序运行结果如图 4-25 所示。

4.4.3 颜色对话框

CColorDialog 类对颜色对话框进行了封装,可以通过构造函数构造颜色对话框。用户可以直观地在对话框中选择所需要的颜色,也可以自定义颜色。构造函数格式如下:

```
CColorDialog(COLORREF clrInit=0,DWORD dwFlags=0,CWnd*pParentWnd=NULL);
```

其中,clrInit 表示默认颜色,dwFlags 用于自定义颜色对话框,pParentWnd 表示父窗口。
颜色对话框常用函数如下:
GetColor()用于获得用户选择的颜色;
GetSavedCustomColors()用于返回用户自定义的颜色;
SetCurrentColor()用于设置当前选择的颜色。

例 4.7 利用通用对话框类的颜色对话框展示一个颜色控制选择界面,当选择颜色对话框的某种颜色时,对话框中会绘出一个相应颜色的圆,如图 4-26 所示。

实现步骤如下:

(1)创建一个基于对话框的应用程序项目 Ex_4_7,添加一个按钮控件,将其 Caption 设置为"选择颜色",ID 设置为 IDC_BUTTONCOLOR。

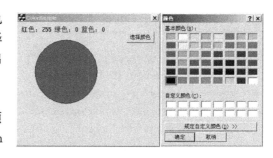

图 4-26　例 4.7 程序运行结果

(2)在解决方案资源管理器窗口中,选择头文件,双击对话框类 Ex_4_7Dlg.h 文件后打开,在类声明中声明成员变量如下:

163

```
public:
    COLORREF color;
```

（3）在解决方案资源管理器窗口中，选择源文件，双击对话框类 Ex_4_7Dlg.cpp 文件后打开，在对话框类 CEx_4_7Dlg 的初始化函数 OnInitDialog()中，将成员变量 color 的初值设置为 0。运行程序后，初始显示的颜色是 0 所代表的颜色。代码如下：

```
BOOL CEx_4_7Dlg::OnInitDialog()
{   CDialog::OnInitDialog();
        ⋮      ⋮      ⋮
    color=0;
    return TRUE;
}
```

（4）右击"选择颜色"按钮，选择"添加事件处理程序"，在事件处理程序向导对话框中，为"IDC_BUTTONCOLOR"按钮添加单击（BN_CLICKED）的消息处理函数。代码如下：

```
void CEx_4_7Dlg::OnBnClickedButtoncolor()
{
    CColorDialog  dlg;                 //定义通用颜色对话框的对象 dlg
    if(dlg.DoModal()==IDOK)            //判断是否按下"确定"按钮
    {
        color=dlg.GetColor();         //获取当前对话框所选颜色
    this->Invalidate();               //刷新视图
    }
}
```

（5）选择"Class View"，在对话框类 CColorSampleDlg 的 OnPaint()函数中为颜色对话框添加如下绘图处理代码：

```
void CColorSampleDlg::OnPaint()
{
CPaintDC dc(this);                     //获取绘图设备环境,此语句在原函数中将其前移
    if(IsIconic())
    {
        ⋮      ⋮      ⋮
    }
    else                               //此语句不需要添加,已存在
    {                                  //此"{"不需要添加,已存在
    //添加代码如下
    CString  S;
    S.Format("红色:%d绿色:%d蓝色:%d ",GetRValue(color),GetGValue(color),
GetBValue(color));
        dc.SetBkMode(TRANSPARENT);     //设置背景属性
        dc.TextOut(0,10,S);            //在对话框页面上输出所选各种颜色值
        CBrush newBrush,*oldBrush;     //定义画刷对象
        newBrush.CreateSolidBrush(color);      //构造画刷
        oldBrush=dc.SelectObject(&newBrush);        //将画刷选入设备环境
        dc.Ellipse(50,50,230,230);     //画椭圆
        dc.SelectObject(oldBrush);     //释放画笔
        newBrush.DeleteObject();       //删除画笔
    CDialog::OnPaint();                //此语句不需要添加,已存在
    }                                  //此"}"不需要添加,已存在
    }
}
```

(6) 编译、连接并运行程序。单击"选择颜色"按钮时,出现一个选取颜色的通用对话框。当用户选中一种颜色后,单击"确定"按钮,对话框上将展示一个由所选颜色填充的圆,如图 4-26 所示。

习 题 4

一、填空题

1. Windows 应用程序的执行顺序取决于_____。

2. 利用 Visual Studio .NET 开发 Windows 应用程序,主要有两种方法:_____和_____。

3. Windows 程序设计与 DOS 最大的区别在于_____,_____是 Windows 应用程序运行的核心机制。

4. 所有的 Windows 程序必须包含两个基本函数:_____和_____。

5. 所有源文件是通过_____来管理的,通过_____窗口来对项目进行各种管理。

6. 项目文件的扩展名为_____,项目工作区文件的扩展名为_____。

7. 项目工作区窗口包含_____、_____、_____三个页面。

8. 一个 MFC 应用程序中,每个类对应两个文件:_____和_____。

9. 应用程序常用的三种类型包括_____、_____、_____。

10. TextOut() 是_____类的成员函数,用来输出文本。

11. 消息发送和消息处理的一般过程为_____、_____、_____。

12. Windows 的事件消息主要有_____、_____和_____三种类型。

13. ClassWizard 中的_____标签用于消息映射,_____标签用于为对话框控件关联变量。

14. 消息按照鼠标动作发生区域可以分为两类:_____和_____。

15. 对话框按其动作模式分为_____和_____。

16. MFC 通用对话框类是从_____类派生出来的。

17. 显示消息对话框的函数是_____和_____。

18. 通用对话框是_____预先定义的面向标准用户界面的对话框。

二、简答题

1. Windows 句柄的类型有哪些?

2. MFC 应用程序的类型有哪几种?

3. MFC 应用程序的执行过程是怎样的?

4. MFC 消息映射的过程分为哪三个步骤?

5. MFC 是编写一个 MFC 的应用程序,一般需要按哪几个步骤进行编程?

6. 在 MFC 应用程序中添加类的成员变量和类的成员函数有哪几种方法?

7. 模式对话框和非模式对话框有何区别? 如何创建这两种对话框?

8. 消息对话框实现什么功能? 如何创建和打开消息对话框?

9. 如何判断通用对话框是否打开?

10. 如何使用通用对话框中的文件打开对话框获取文件名?

三、编程题

1. 创建一个对话框的应用程序,单击对话框的"确定"按钮,弹出一个消息对话框。

2. 创建一个对话框的应用程序,使用字体对话框设置编辑框控件中显示文本的字体。

3. 创建一个对话框的应用程序,使用颜色对话框设置静态文本控件中文本的背景颜色。

4. 创建一个对话框的应用程序,使用文件打开对话框,统计打开文件的行数。

实验 4 登录对话框

一、实验目的

(1) 熟悉 MFC 应用程序的设计。

（2）复习 C 语言中文件的用法。

二、实验内容

设计登录和注册新用户对话框,新用户注册的用户名和密码保存在文本文件中,在登录对话框中输入用户名和密码正确,单击"登录"按钮进入应用程序主界面,如图 4-27 所示。

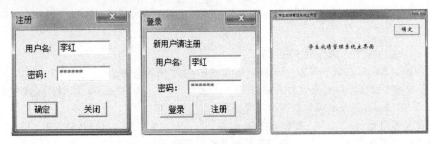

图 4-27 注册、登录、应用程序主窗口

三、实验步骤

（1）创建一个基于对话框的应用程序项目 UserLogin。选择"视图"菜单的"资源视图",打开资源视图,或者在解决方案资源管理器窗口中双击资源文件 UserLogin. rc 打开资源视图,将默认的对话框资源 ID 改为 IDD_USERLOGIN_DIALOG,Caption 属性设置为"学生成绩管理系统主界面",设置对话框 Font(Size)字体为华文新魏,粗体,三号。添加静态文本框控件,设置 Caption 属性为"学生成绩管理系统主界面"。

（2）添加对话框资源。选择"视图"菜单的"资源视图",打开资源视图,右击"UserLogin. rc",在弹出的快捷菜单中选择"添加/资源"菜单项,弹出"添加资源"对话框,单击"Dialog",然后单击"新建"按钮,系统将自动添加一个对话框资源,设置 ID 属性为 IDD_LOGINDLG,Caption 属性为"登录"。

（3）添加控件。添加 2 个按钮控件,其中:一个按钮的 Caption 属性设置为"登录",ID 设置为 IDC_BTNLOGIN;另一个按钮的 Caption 属性设置为"注册",ID 设置为 IDC_BTNREGISTER。添加 2 个静态文本控件 Static Text,Caption 属性分别设置为"用户名:"和"密码:"。添加 2 个编辑框控件,ID 属性分别设置为 IDC_EDITNAME、IDC_EDITPWD,将显示密码的编辑框 Password 属性设置为 TRUE。其他属性为默认值。

（4）添加对话框新类。右击"登录"对话框模板空白处,选择"添加类",弹出使用 MFC 添加类向导对话框,输入新类名为"CLoginDlg",其他采用默认值,单击"完成"按钮。

（5）为编辑框控件添加成员变量。右击对话框,在弹出的快捷菜单中选择"类向导",打开"MFC 类向导"对话框,如图 4-28 所示,在"类名"列表框中选择 CLoginDlg 类,选择"成员变量"标签,在控制 ID 列表框中选择要关联的控件 ID 为 IDC_EDITNAME,单击"添加变量"按钮,打开添加成员变量对话框,输入变量名 m_name,在"类别"框中选择"value",变量类型中选择 CString。单击"确定"按钮。同样为 IDC_EDITPWD 密码框添加字符串类型 CString 的变量 m_password。

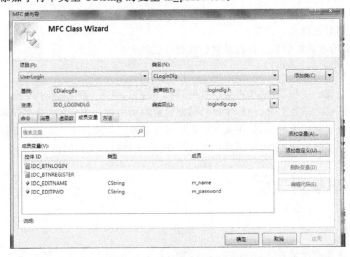

图 4-28 "MFC 类向导"对话框

（6）为了在主对话框应用程序中显示登录对话框，必须在主对话框中初始化登录对话框。在 BOOL CUserLoginDlg::OnInitDialog()初始化对话框函数中添加代码：

```
BOOL CUserLoginDlg::OnInitDialog()
{
    ...
    CLoginDlg dlg;
    dlg.DoModal();          //显示登录对话框
    return TRUE;
}
```

在 UserLoginDlg.cpp 文件前将登录对话框的头文件包含进来，代码为：

```
#include"LoginDlg.h"
```

（7）为"登录"按钮添加单击 BN_CLICKED 消息处理函数。打开登录对话框，双击"登录"按钮进入代码编辑窗口，添加代码如下：

```
void CLoginDlg::OnBnClickedBtnlogin()
{
    UpdateData(true);                    //将控件的值传给对应的成员变量
    FILE *fp;                            //声明文件对象指针
    char name[20],pass[20];
    bool sucess=false;
    fopen_s(&fp,"D:\\user.txt","r");     //打开文件
    if(fp==NULL)
    {
        MessageBox(_T("新用户,请先注册!"));
    }
    else
    {
        if(m_name==""||m_password=="")
        {
            MessageBox(_T("请输入用户名或密码!"));
            return;
        }
        while(!feof(fp))//文件指针如果没指向尾部,对文件进行扫描
        {
            fscanf(fp,"%s %s",name,pass);    //读出文件中的用户名和密码
            if(m_name==name&&m_password==pass)
            //将编辑框中输入的用户名和密码与文件中读取的用户名和密码进行比较
            sucess=true;
        }
        if(sucess)                           //如果成功,进入应用程序主界面
            OnOK();
        else
            MessageBox(_T("用户名或密码错误!"));
        fclose(fp);
    }
}
```

（8）设计注册对话框。添加对话框资源，选择资源文件 UserLogin. rc 下的"Dialog"文件夹，右击，选择"插入 Dialog"，系统将自动添加一个对话框资源，设置 ID 属性为 IDD_ZHUCE，Caption 属性为"注册"。

添加 2 个按钮控件，其中：一个按钮的 Caption 属性设置为"确定"，ID 设置为 IDC_BTNZHUCE；另一

个按钮的 Caption 属性设置为"关闭",ID 设置为 IDOK。添加 2 个静态文本控件 Static Text,Caption 属性分别设置为"用户名"和"密码"。添加 2 个编辑框控件,ID 属性分别设置为 IDC_EDITNAME、IDC_EDITPWD,将显示密码的编辑框 Password 属性设置为 TRUE。

右击注册对话框模板空白处,选择"添加类",弹出 MFC 添加类向导对话框,输入新类名为"CZhuCe",其他采用默认值,单击"完成"按钮。

为编辑框控件添加成员变量。右击姓名编辑框,在弹出的快捷菜单中选择"添加变量",在添加成员变量向导对话框中,输入变量名 m_name,在"类别"框中选择"value",变量类型中选择 CString,单击"确定"按钮。使用同样的方法为 IDC_EDITPWD 密码框添加字符串类型 CString 的变量 m_password。

(9) 为"确定"按钮添加单击 BN_CLICKED 消息处理函数。打开注册对话框,双击"确定"按钮进入代码编辑窗口,添加代码如下:

```
void CZhuCe::OnBnClickedBtnzhuce()
{
    FILE *fp;
    UpdateData(true);          //将编辑框中输入的用户名和密码保存到对应控件变量中
    if(m_name==""||m_password=="")
        MessageBox(_T("请输入用户名和密码!"));
    else
    {
        fopen_s(&fp,"D:\\user.txt","a");     //创建并打开文件
        fprintf(fp,"%s %s",m_name,m_password);
                                             //输入的用户名和密码保存到文本文件中
        fclose(fp);                          //关闭文件
        MessageBox(_T("注册成功!"));
        OnOK();
    }
}
```

(10) 在登录对话框中为"注册"按钮添加单击 BN_CLICKED 消息处理函数。打开登录对话框,双击"注册"按钮进入代码编辑窗口,添加代码如下:

```
void CLoginDlg::OnBnClickedBtnregister()
{
CZhuCe dlg;
dlg.DoModal();
}
```

在 LoginDlg.cpp 文件前将注册对话框的头文件包含进来,代码为:

```
#include"ZhuCe.h"
```

(11)编译运行程序。如果新用户单击"注册"按钮,输入用户名和密码,单击"确定"按钮,弹出"注册成功"对话框;在"登录"对话框中输入注册后的用户名和密码,单击"登录"按钮,进入应用程序主界面。

注意:如果编译出错,选择"项目/××属性页"对话框"配置属性/常规/字符集"中的"使用多字节字符集"。"配置属性/代码生成/运行库"改为"多线程 DLL(/MD)"。重新编译运行就可以了。

第 **5** 章 菜单、工具栏和状态栏设计

本章要点

- 使用菜单设计器设计菜单
- 动态创建菜单
- 使用工具栏设计器设计工具栏
- 动态创建工具栏
- 动态创建状态栏

标准 Windows 应用程序具有一个图形化用户界面,在这个界面中,菜单、工具栏和状态栏是不可缺少的重要组成元素,更是用户与应用程序之间进行直接交互的重要工具,它们的风格和外观有时会直接影响用户对软件的评价。Visual C++或 Visual Studio 2010 可以用设计器创建菜单、工具栏,但状态栏只能用代码创建。菜单、工具栏也可用代码创建,但有些复杂。

5.1 菜单设计

菜单是 Windows 应用程序友好界面的重要对象之一,一个好的 Windows 应用程序一般都具有方便快捷的操作菜单。菜单是程序中可操作命令的集合,是程序操作相关命令项的列表。菜单为用户提供了操作程序所需的命令,当执行某一菜单命令项时,就会执行指定的程序代码,完成相应的功能。菜单主要有两种:下拉式菜单和弹出式菜单。前者是通过主菜单下拉时产生的菜单,后者是单击鼠标右键时弹出的浮动菜单。

应用程序的菜单命令项可以是文字,也可以是位图。在 Windows 应用程序中创建菜单或添加菜单功能的一般方法为:首先在菜单资源编辑器中定义菜单,然后在消息列表中为每个菜单命令项增加映射项,再在消息列表中添加响应函数并在响应函数中添加菜单命令项的功能代码。

5.1.1 菜单资源编辑器

菜单资源编辑器主要用来创建菜单资源和编辑菜单资源。使用菜单资源编辑器,可以创建菜单和菜单命令项,还可以为菜单或菜单命令项定义加速键、快捷键和相应状态栏显示。

使用应用程序向导建立应用程序框架时,不管选择的是单文档类型(SDI)还是多文档类型(MDI),应用程序向导都自动创建预定义的菜单资源 IDR_MAINFRAME。

例 5.1 在单文档程序中通过菜单资源编辑器创建菜单项"导航"、下一级菜单"新浪""搜狐""影视""音乐""视频",单击"新浪"菜单弹出消息对话框。程序运行结果如图 5-1 所示。

操作步骤:

利用应用程序向导创建单文档应用程序,项目名称为 Ex_5_1。在该单文档应用程序项目窗口打开资源视图,选中"Ex_5_1.rc",打开资源项"Menu"文件夹,双击"IDR_MAINFRAME",打开菜单编辑器,显示相应的菜单资源,如图 5-2 所示。

169

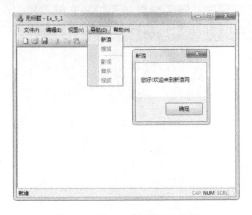

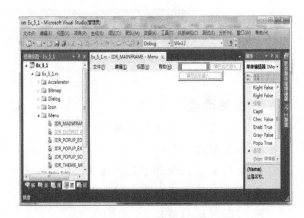

图 5-1　例 5.1 程序运行结果　　　　图 5-2　菜单资源编辑器

5.1.2　设置菜单项属性

添加菜单并设置属性。双击图 5-2 所示菜单资源编辑器中"帮助"菜单右侧的空白菜单项,在编辑框中输入菜单名"导航(&D)",字符 & 表示显示 D 时,加下划线,"Alt＋D"为该菜单项的快捷键(shortcut key),同时按下"Alt"键和"D"字母可以快速打开该菜单项。"Popup"属性为 True,表明"导航"菜单是一个弹出式主菜单,它负责打开下一层的子菜单项,不执行具体的菜单项命令,无法编辑 ID 号,ID 组合框呈灰色显示。将"导航"菜单拖到"帮助"菜单前面。

用鼠标双击"导航"菜单下一层的空白菜单项,在编辑框中输入"新浪",在属性窗口的 ID 中输入"ID_SINA"。用同样方法依次添加菜单项"搜狐",ID 为"ID_SOHU";添加分隔条,单击空白菜单项,将"Separator"属性设置为 True;用同样方法添加"影视"菜单项,ID 为"ID_YINGSHI";添加"音乐"菜单项,ID 为"ID_YINYUE";添加"视频"菜单项,ID 为"ID_SHIPIN",如图 5-3 所示。

菜单资源属性作用如下:

(1) ID 是菜单资源的标识符,每个菜单项命令都有一个唯一常量作为其标识。

(2) Caption 表示菜单项标题,用来显示菜单项命令文本,其后可以接字符 & 作为快捷键的标志,& 后面的字符在显示时加下划线,快捷键由 Alt 和普通字符构成。

(3) Separator 表示菜单项是一条水平分隔线。

(4) Popup 表示菜单项为 True 时,设计下一级菜单,如图 5-4 所示。

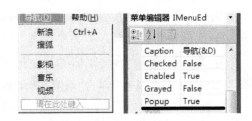

图 5-3　菜单设计器窗口　　　　图 5-4　Popup 设置

(5) Grayed 表示该菜单项为无效状态,并呈灰色显示。

（6）Inactive 表示菜单项是不活动的。Inactive 与 Grayed 二者只能选择一个。

（7）Break 指明菜单项是否放在新的一列，若设定为 Column，对最上层菜单项而言，将放置到另外一行上显示；而对下拉式菜单项，将放置到另外一列上显示，且与前一行之间并无垂直分隔线。当设定为 Bar 时，功能与 Column 相同，但该菜单命令项与前一个菜单命令项之间加上分隔线，如图 5-5 所示。

（8）Checked：在菜单项标题前加上"√"标记。

系统　学生基本信息　履历信息

图 5-5　Column 菜单

（9）Help 表示该菜单项为 Help 菜单，系统自动将该菜单项放置在右端。

（10）Prompt：当选择该菜单项时，在状态栏上显示帮助说明文字。

5.1.3　菜单的命令消息

菜单的作用就是当用户通过鼠标单击选定的菜单项命令时，程序自动执行相应代码，完成一定的功能。当某一菜单项命令被单击时，Windows 系统立即产生一个含有该菜单项 ID 标识的 WM_COMMAND 命令消息并发送到应用程序框架窗口，应用程序将该消息映射为一个命令消息处理函数调用，执行程序代码完成相应功能。消息映射通过 ClassWizard 类向导来完成，程序设计人员在视图类、文档类、框架类和应用程序类中都可以对菜单项 ID 进行消息映射。一般情况下，如果某菜单项用于文档的显示编辑，应在视图类中对其进行消息映射；如果该菜单项用于文档的打开和保存，应在文档类中对其进行消息映射；对于常规通用菜单项，应在框架类中对其进行消息映射。

1．为菜单添加事件处理函数

右击"新浪"菜单项，选择"添加事件处理程序"，打开事件处理程序向导对话框，在"消息类型"列表框中选中"COMMAND"，在"类列表"列表框中选中"CEx_5_1View"，如图 5-6 所示，单击"添加编辑"按钮，自动添加消息映射函数体框架并将光标定位在该函数体框架内。ClassWizard 类向导为消息映射函数默认了一个函数名 OnSina，程序设计人员可以直接使用该函数名，也可以自定义函数名。

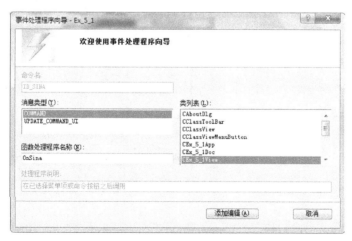

图 5-6　事件处理程序向导对话框

2．为菜单添加代码

为"新浪"菜单项添加消息映射函数代码如下：

```
void CEx_5_1View::OnSina()
{
    MessageBox(_T("您好！欢迎来到新浪网"),_T("新浪"),MB_OK);
}
```

编译、连接并运行应用程序，单击"导航"菜单下的"新浪"菜单项命令，程序运行结果如图 5-1 所示。

> **注意**：一个菜单项命令的消息映射函数可以是框架类、视图类或文档类当中的一个成员函数，但不能同时作为多个类的成员函数，即一个菜单项命令只能映射一个成员函数，不能同时映射多个成员函数。即使同时产生了多个映射，也只有其中的一个映射有效。在 MFC 中映射有效的优先级别为视图类、文档类、框架类。

5.1.4 设置菜单项加速键

在 Windows 应用程序设计中，经常需要给一些菜单命令项添加加速键（accelerate key）。所谓加速键，就是指用户能够通过按下键盘上的一组组合键的方式来执行一个菜单项命令，而不必打开该菜单。在应用程序中，加速键和快捷键的作用是不同的，快捷键只是打开菜单而不执行菜单项命令，加速键不打开菜单但执行菜单项命令。给"新浪"菜单项命令设置加速键"Ctrl＋A"。将"Caption"属性中的内容改为"新浪 \t Ctrl＋A"，在"Prompt"属性中输入"欢迎进入新浪网"，如图 5-7 所示，当用户鼠标指向"新浪"菜单时，状态栏中会显示此信息。

在解决方案资源管理器窗口选中的"资源视图"中的"Ex_5_1.rc"，展开"Accelerator"文件夹，双击"IDR_MAINFRAME"打开加速键编辑表，如图 5-8 所示。双击加速键列表最后一行空白编辑行，设置 ID_SINA 的加速键。在 ID 列表框选中加速键对象 ID 为 ID_SINA，在属性窗口设置"Ctrl"值为 True，"Type"设置值为"VIRTKEY"，在"Key"属性组合框中输入字母键值"A"。程序运行时，按下键盘组合键"Ctrl＋A"就可以直接执行"新浪"菜单项命令，而不必打开"导航"菜单。

图 5-7 "Prompt"属性设置

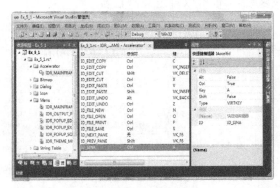

图 5-8 加速键编辑表

5.1.5 菜单项的更新机制

利用"类向导"对菜单项命令进行消息映射时，在 Messages 列表框中有两个消息，即 COMMAND 消息和 UPDATE_COMMAND_UI（更新命令用户界面）消息。UI 是 user interface 的缩写。其中 COMMAND 消息在用户单击某个菜单项的时候发送，而 UPDATE _COMMAND_UI 消息则是当菜单（或者工具栏）需要更新时由系统发送的。

当运行单文档应用程序时，"编辑"菜单下的"剪切""复制"等菜单项不可用，如果要使这些菜单项可用，就为相应的菜单项添加 UPDATE_COMMAND_UI 消息，以"复制"菜单为例。选择"编辑/复制"菜单，右击，在弹出的快捷菜单中选择"添加事件处理程序"，在弹出的事件处理程序向导对话框中选中"UPDATE_COMMAND_UI"，在类列表中选择 CMainFrame 类，如图 5-9 所示。

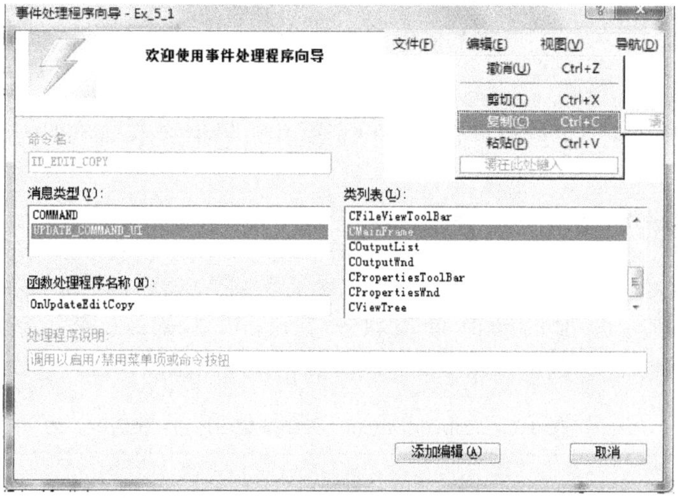

图 5-9　添加事件处理程序

单击"添加编辑"按钮进入代码编辑处，添加代码如下：

```
void CMainFrame::OnUpdateEditCopy(CCmdUI *pCmdUI){
    pCmdUI->Enable();//使"复制"菜单可用
}
```

5.1.6　菜单类的主要方法

MFC 中，CMenu 菜单类提供了对菜单进行处理的成员函数，程序设计人员可以在程序运行的过程中通过调用 CMenu 菜单类的相应成员函数对菜单进行处理操作。

1. OnInitMenu()函数和 OnInitMenuPopup()函数

用户在每次操作菜单时，系统都会按顺序发送 MF_InitMenu 消息和 MF_InitMenuPopup 消息，并通过这两个函数对菜单进行初始化。其中，OnInitMenu()函数对整个菜单进行初始化，OnInitMenuPopup()函数对子菜单进行初始化。其函数原型分别如下：

```
Afx_msg void OnInitMenu(CMenu *pMenu);
Afx_msg void OnInitMenuPopup(CMenu *pPopupMenu,UINT nIndex,BOOL bSysMenu);
```

其中，参数 pMenu 代表发送消息的菜单指针，pPopupMenu 代表发送消息的子菜单指针，nIndex 代表子菜单在主菜单中的索引值，bSysMenu 用来判断是否为系统菜单，若 bSysMenu 值为 True，则为系统菜单。

2. CreatMenu()函数和 CreatPopupMenu()函数

CreatMenu()函数和 CreatPopupMenu()函数主要分别用来创建一个菜单或子菜单框架。其函数原型分别如下：

```
BOOL CreatMenu();           //产生一个空菜单
BOOL CreatPopupMenu();      //产生一个空的弹出式菜单
```

CreatMenu()函数创建一个空菜单，CreatPopupMenu()函数创建一个空的弹出式菜单。

3. LoadMenu()函数和 SetMenu()函数

LoadMenu()函数将菜单从资源装入应用程序,SetMenu()函数对应用程序菜单进行重新设计。其函数原型分别如下:

```
BOOL LoadMenu(LPCTSTR lpszResourceName);
BOOL LoadMenu(UINT nIDResource);
BOOL SetMenu(UINT nIDResource);
```

其中,lpszResourceName 为菜单资源名称,nIDResource 为菜单资源 ID。

4. AppendMenu()函数

利用 AppendMenu()函数可以在应用程序原有的菜单项末尾添加一个新菜单项,其函数原型如下:

```
BOOL AppendMenu(UINT nFlags,UINT nIDNewItem,
                PCTSTR LpszNewItem=NULL);
    BOOL AppendMenu(UINT nFlags,UINT nIDNewItem,const CBitmap *pBmp);
```

其中,nFlags 表示添加的新菜单项状态信息,nIDNewItem 表示新添加菜单项 ID,LpszNewItem 是指新菜单项的内容,pBmp 是用作菜单项的位图指针。nFlags 取值如表 5-1 所示。

表 5-1 AppendMenu()函数参数 nFlags 取值

取 值	含 义
MF_BYCOMMAND	通过 ID 号选择菜单项
MF_BYPOSITION	通过相对位置选择菜单项
MF_CHECKED	在菜单项前加上"√"标记
MF_DISABLED	禁用菜单项
MF_ENABLED	允许使用菜单项
MF_GRAYED	禁用菜单项,该菜单项呈灰色显示
MF_MENUBARBREAK	将菜单项放在弹出式菜单中的新一栏上,并用分隔线隔开
MF_MENUBREAK	将菜单项放在弹出式菜单中的新一栏上,不用分隔线隔开
MF_OWNERDRAW	自画菜单项,如位图
MF_POPUP	新菜单项有相关的弹出式子菜单
MF_SEPARATOR	绘制分隔线
MF_STRING	菜单项是一个字符串
MF_UNCHECKED	取消菜单项前的"√"标记

5. InsertMenu()函数

利用 InsertMenu()函数可以在应用程序菜单项的指定位置处添加一个新菜单项,其函数原型如下:

```
BOOL InsertMenu(UINT nPosition,UINT nFlags,UINT nIDNewItem,
                PCTSTR LpszNewItem=NULL);
    BOOL InsertMenu(UINT nPosition,UINT nFlags,UINT nIDNewItem,
                const CBitmap *pBmp);
```

InsertMenu()函数是在原有菜单项 nPosition 指定的位置处插入一个新的菜单项,并将后面其他菜单项依次后移。此函数中其他参数的含义与 AppendMenu()函数相同,nFlags 取值如表 5-1 所示。

注意：① 当 nFlags 的值为 MF_BYPOSITION 时，nPosition 表示新菜单要插入的位置；nFlags 的值为 0，表示是第一个菜单命令；nFlags 的值为−1，表示是最末一个菜单项。

② 当 nFlags 的值为 MF_BYCOMMAND 时，nPosition 表示新菜单项资源 ID。当 nFlags 的值为 MF_POPUP 时，nIDNewItem 代表弹出式菜单句柄。当 nFlags 的值为 MF_STRING 时，LpszNewItem 代表字符串指针。当 nFlags 的值为 MF_OWNERDRAW 时，LpszNewItem 代表自画所需数据。

③ 增加菜单项后，应调用 CWnd::DrawMenuBar() 成员函数类更新菜单。

6. DeleteMenu()函数

DeleteMenu()函数原型如下：

```
BOOL DeleteMenu(UINT nPosition,UINT nFlags);
```

其中，参数 nPosition 表示将要删除的菜单项位置，nFlags 参数的取值如表 5-2 所示。DeleteMenu()函数的主要功能是删除指定的 nPosition 位置处的菜单项，同时释放被删除的菜单项所占用的内存，并将其他菜单项前移。

表 5-2　DeleteMenu()函数参数 nFlags 取值

取　值	含　义
MF_BYCOMMAND	通过 ID 号选择菜单项
MF_BYPOSITION	通过相对位置来选择菜单项（第一个菜单项的位置为 0）

注意：在调用 DeleteMenu() 函数后，不管菜单依附的窗口是否发生改变，都应调用 CWnd::DrawMenuBar() 成员函数类来更新菜单。

7. RemoveMenu()函数

RemoveMenu()函数原型如下：

```
BOOL RemoveMenu(UINT nPosition,UINT nFlags);
```

RemoveMenu()函数功能与 DeleteMenu()函数功能基本相同，唯一不同的是该函数不释放被删除的菜单项所占用的内存。RemoveMenu()函数的参数与 DeleteMenu()函数的参数完全相同。

8. CheckMenuItem()函数

CheckMenuItem()成员函数在程序运行时动态地在相应菜单项命令前加上一个"√"标记，其函数原型如下：

```
CheckMenuItem(UINT nItem,UINT nFlags);
```

其中，参数 nItem 表示菜单项命令的 ID 或者相对位置（为 0 对应该菜单层中第一个菜单项，为−1 对应该菜单层中最后一个菜单项），参数 nFlags 表示菜单项命令状态信息，其取值如表 5-3 所示。

表 5-3　CheckMenuItem()函数参数 nFlags 取值

取　值	含　义
MF_BYCOMMAND	通过 ID 号选择菜单项
MF_BYPOSITION	通过相对位置选择菜单项
MF_CHECKED	在菜单项前加上"√"标记
MF_UNCHECKED	去除菜单项前的"√"标记

9. EnableMenuItem()函数

EnableMenuItem()函数可以在程序运行时动态地使某一菜单项命令处于是否禁止使用(无效)状态,其函数原型如下:

```
EnableMenuItem(UINT nItem,UINT nFlags);
```

其中,参数 nItem 和 nFlags 含义与 CheckMenuItem(UINT nItem,UINT nFlags)函数中的这两个参数类似。参数 nFlags 取值如表 5-4 所示。

表 5-4　EnableMenuItem()函数参数 nFlags 取值

取　值	含　义
MF_BYCOMMAND	通过 ID 号选择菜单项
MF_BYPOSITION	通过相对位置选择菜单项
MF_DISABLED	禁用菜单项
MF_ENABLED	允许使用菜单项
MF_GRAYED	禁用菜单项,该菜单项呈灰色显示

10. GetMenuItemCount()const 函数

该函数用来获取菜单项的命令数,操作失败后,返回−1。其函数原型如下:

```
UINT GetMenuItemCount()const;
```

11. GetMenuItemID()const 函数

GetMenuItemID()const 函数原型为:

```
UINT GetMenuItemID(int nPos)const;
```

其作用是用来获取由 nPos 指定的菜单命令位置的 ID 号(以 0 为基数),若 nPos 是 SEPARATOR,则返回−1。

12. GetMenuString 函数

GetMenuString 函数原型为:

```
UINT GetMenuString(UINT nIDItem,LPTSTR lpString,int nMaxCount,UINT nFlags)const;
UINT GetMenuString(UINT nIDItem,CString& rString,UINT nFlags)const;
```

其作用是用来获取菜单项的文本,返回实际拷贝到缓冲区中的字符数。参数如表 5-5 所示。

表 5-5　GetMenuString()函数参数 nFlags 取值

取　值	含　义
nIDItem	标识菜单项位置或菜单项 ID
lpString	标识一个字符缓冲区
nMaxCount	标识向字符缓冲区中拷贝的最大字符数
rString	标识返回的菜单文本
nFlags	与表 5-4 相同

13. GetSubMenu()const 函数

GetSubMenu()const 函数原型为:

```
CMenu *GetSubMenu(int nPos)const;
```

其作用是用来获取指定菜单的弹出式菜单的菜单句柄。该弹出式菜单位置由参数 nPos 指定,开始的位置为 0。若菜单不存在,则创建一个临时的菜单指针。

14. ModifyMenu 函数

ModifyMenu 函数原型为：

```
BOOL ModifyMenu (UINT nPosition, UINT nFlags, UINT nIDNewItem = 0, LPCTSTR
lpszNewItem=NULL);
```

其作用是修改菜单项信息，参数说明与表 5-5 相同。

15. Attach()函数

Attach()函数原型为：

```
BOOL Attach(HMENU hMenu);
```

该方法用于将句柄关联到菜单对象上。返回值为非零，表示执行成功，否则执行失败。如果用户获得了某个菜单句柄，该方法与菜单对象关联。

```
CMenu menu;                                      //定义菜单对象
HMENU hMenu=::GetMenu(m_hWnd);                   //获取一个菜单句柄
menu.Attach(hMenu);                              //将菜单句柄关联到菜单对象上
menu.GetSubMenu(0)->ModifyMenu(0,MF_BYPOSITION,0,"修改菜单");
                                                 //修改子菜单文本
menu.Detach();                                   //分离菜单句柄
```

16. FromHandle()函数

FromHandle()函数原型为：

```
static CMenu* PASCAL FromHandle(HMENU hMenu);
```

其作用是获取一个与菜单句柄关联的菜单对象指针。

```
HMENU hMenu=::GetMenu(m_hWnd);                    //获取一个菜单句柄
CMenu*pMenu=CMenu::FromHandle(hMenu);             //获取一个与菜单句柄关联的菜单对象指针
pMenu->GetSubMenu(0)->ModifyMenu(0,MF_BYPOSITION,0,"修改菜单");
```

17. TrackPopupMenu()函数

在 CMenu 类中可以调用成员函数 TrackPopupMenu()来显示一个浮动的弹出式菜单。其函数原型如下：

```
BOOL TrackPopMenu(UINT nFlags,int x,int y,CWnd *pWnd,LPCRECT lpRect=NULL);
```

其中，参数 nFlags 表示弹出式菜单坐标设定及鼠标操作方式，其取值如表 5-6 所示。参数 x 和 y 表示菜单窗口的左上角的定点坐标。参数 pWnd 表示弹出式菜单的窗口指针，此窗口接收菜单的 WM_COMMAND 命令消息。参数 lpRect 指定鼠标对菜单进行有效操作范围，若为 NULL，则鼠标必须在弹出式菜单内操作才有效。

表 5-6　TrackPopupMenu()函数参数 nFlags 取值

取　　值	含　　义
TPM_CENTERALIGN	以 x 参数值作为弹出式菜单的水平中心
TPM_LEFTALIGN	以 x 参数值作为弹出式菜单的左边界
TPM_RIGHTALIGN	以 x 参数值作为弹出式菜单的右边界
TPM_LEFTBUTTON	单击鼠标左键显示弹出式菜单
TPM_RIGHTBUTTON	单击鼠标右键显示弹出式菜单

弹出式菜单的位置以屏幕左上角为坐标原点，应用程序鼠标坐标以客户区左上角为坐标原点，需要时，可以用 CWnd 类的成员函数 ClientToScreen()将客户区坐标转换为屏幕坐标。

5.1.7 弹出式菜单的设计

例如,在前面的应用程序项目 Ex_5_1 中,设计"导航"菜单的弹出式菜单,如图 5-10 所示。

操作步骤:

(1) 选择"项目/类向导",打开"MFC 类向导"对话框,在"类名"组合框选中"CEx_5_1View",在"消息"列表框中选中"WM_RBUTTONUP",在"现有处理程序"中选择函数 OnRButtonUp,如图 5-11 所示。

图 5-10 在视图区单击鼠标右键   图 5-11 "MFC 类向导"对话框

单击"编辑代码"按钮,添加鼠标右键消息映射函数,并添加代码如下:

```cpp
void CEx_5_1View::OnRButtonUp(UINT   nFlags,CPoint point){
    CMenu popupMenu;                      //声明菜单对象
    popupMenu.CreatePopupMenu();          //创建一个空的弹出式菜单
    //往空的弹出式菜单中添加菜单项
    popupMenu.AppendMenu(MF_STRING,ID_SINA,"新浪");
    popupMenu.AppendMenu(MF_STRING,ID_SOHU,"搜狐");
    popupMenu.AppendMenu(MF_SEPARATOR);
    popupMenu.AppendMenu(MF_STRING,ID_YINGSHI,"影视");
    popupMenu.AppendMenu(MF_STRING,ID_YINYUE,"音乐");
    popupMenu.AppendMenu(MF_STRING,ID_SHIPIN,"视频");
     popupMenu.TrackPopupMenu(TPM_CENTERALIGN|TPM_RIGHTBUTTON,point.x,
point.y,this);     //设置弹出式菜单
    ClientToScreen(&point);           //视图客户区坐标转换为屏幕坐标,此代码已生成
    OnContextMenu(this,point);        //此代码已生成
    }
```

(2) 编译、连接并运行,在视图区单击鼠标右键,弹出快捷菜单,程序运行结果如图 5-10 所示。

在单文档应用程序中,用鼠标单击右键时会向系统发送 WM_CONTEXTMENU 通知消息,因此可通过该消息映射函数实现快捷菜单弹出。具体示例如下。

例 5.2 设计弹出式菜单,单击右键弹出"编辑"菜单的级联菜单,如图 5-12 所示。

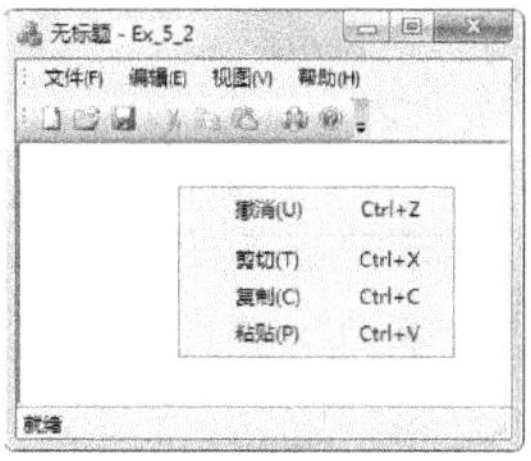

图 5-12　弹出式菜单

操作步骤如下：

（1）创建单文档应用程序，项目名称为 Ex_5_2。

（2）选择"项目/类向导"，打开"MFC 类向导"对话框。在"类名"组合框中，选择"CEx_5_2View"，在"消息"列表框中选择 WM_CONTEXTMENU 消息，在"现有处理程序"中选择函数 OnContextMenu，单击"编辑代码"按钮，在函数中添加如下代码：

```
void CEx_5_2View::OnContextMenu(CWnd*/*pWnd*/,CPoint point)
{
     CMenu menu;
     menu.LoadMenu(IDR_MAINFRAME);        //装载系统菜单资源 ID
menu.GetSubMenu(1)->TrackPopupMenu(TPM_LEFTALIGN|TPM_RIGHTBUTTON,point.x,
point.y,this);                          //GetSubMenu(1)获取第 2 个位置系统菜单项
     //下面代码已存在
     #ifndef SHARED_HANDLERS
     theApp.GetContextMenuManager()->ShowPopupMenu(IDR_POPUP_EDIT,point.x,
point.y,this,TRUE);
     #endif
}
```

（3）运行程序，在视图区单击鼠标右键，结果如图 5-12 所示。

5.1.8　使用菜单类创建菜单

通过菜单编辑器，用户可以很方便地设计菜单；通过类向导，用户可以直接添加菜单项事件消息处理函数；通过菜单类，用户可以动态创建菜单。

图 5-13　使用菜单类设计菜单

例 5.3　使用菜单类设计菜单。设计主菜单"系统"及其级联菜单"登录""注册"，主菜单"学生基本信息"和"履历信息"；用户单击"登录"菜单弹出消息对话框，如图 5-13 所示。

具体步骤如下：

（1）创建一个基本对话框的应用程序 Ex_5_3。在 Ex_5_3Dlg.h 头文件的 CEx_5_3Dlg 类声明中添加菜单成员变量声明和成员函数声明：

```
public:
     CMenu m_Menu;                    //声明菜单对象
     afx_msg void LoginInfo();        //声明"登录"菜单成员函数
```

（2）在 Ex_5_3Dlg.cpp 实现文件头部声明菜单资源"登录""注册"ID 分别为：

```
#define ID_MENULOGIN 35610
#define ID_MENUREGISTER 35611
```

（3）在 Ex_5_3Dlg.cpp 实现文件添加消息映射宏，使菜单项的 ID 与消息处理函数关联。

```
BEGIN_MESSAGE_MAP(CEx_5_3Dlg,CDialogEx)
    ...
    ON_COMMAND(ID_MENULOGIN,LoginInfo)        //添加菜单"登录"消息映射宏
END_MESSAGE_MAP()
```

179

（4）在 Ex_5_3Dlg. cpp 实现文件添加消息处理函数，代码如下：

```
void CEx_5_3Dlg::LoginInfo(){
    MessageBox("请输入登录信息","提示");
}
```

（5）在 Ex_5_3Dlg. cpp 实现文件 CEx_5_3Dlg::OnInitDialog()函数中添加创建菜单代码如下：

```
BOOL CEx_5_3Dlg::OnInitDialog()
{
    ...
    //TODO:在此添加额外的初始化代码
    m_Menu.CreateMenu();                        //创建空的菜单资源
    CMenu subMenu;                              //创建空的子菜单
    subMenu.CreatePopupMenu();
    subMenu.AppendMenuA(MF_STRING,ID_MENULOGIN,"登录");
    subMenu.AppendMenuA(MF_STRING,ID_MENUREGISTER,"注册");
    //创建"系统"父菜单及级联菜单
    m_Menu.AppendMenuA(MF_POPUP,(UINT)subMenu.m_hMenu,"系统");
    m_Menu.AppendMenuA(MF_STRING,-1,"学生基本信息");    //创建父菜单
    m_Menu.AppendMenuA(MF_STRING,-1,"履历信息");    //创建父菜单
    subMenu.Detach();                          //将菜单对象与菜单资源分离
    SetMenu(&m_Menu);                          //将菜单关联到对话框资源
    return TRUE;
}
```

（6）编译并运行程序，效果如图 5-13 所示。

5.2 工具栏

工具栏是用图形表示的一系列应用程序命令列表，也是图形按钮的集合。工具栏中的每个图形按钮都以位图形式存放，这些位图被定义在应用程序的资源文件中，并且每个图形按钮都与某个菜单命令相对应。当用户单击工具栏的某个图形按钮时，该图形按钮即刻发送相应的命令消息。在 MFC 类库中，CMFCToolBar 类封装了工具栏的基本功能。

5.2.1 工具栏编辑器

例如，在前面的应用程序项目 Ex_5_1 中打开"资源视图"，展开 Ex_5_1—> Ex_5_1. rc—>Toolbar，双击"IDR_MAINFRAME"，打开工具栏编辑器，如图 5-14 所示。

图 5-14 工具栏编辑器

工具栏编辑器由三部分组成，其左下位图显示区用来显示程序运行时工具栏按钮的实际尺寸，右下位图编辑区用来编辑、显示放大尺寸后的按钮视图，正上方的工具栏显示区用来显示整个工具栏的完整视图。

默认情况下，工具栏视图最右端总有一个空按钮，单击该按钮可以对其进行编辑修改。当创建一个新按钮后，工具栏视图右端将自动出现一个新的空按钮，当保存工具栏资源时，空按钮不会被保存。另外，工具栏编辑器右端

还有一个工具箱和调色板,可以用来编辑工具栏按钮的位图。

在工具栏编辑器中,工具栏按钮的操作说明如下:

(1) 删除按钮:按住工具栏上要删除的按钮,然后拖到下面的空白区域释放即可。

(2) 调整按钮位置:拖动按钮到新的位置后释放鼠标即可。

(3) 增加分隔线:拖动按钮右移一点点距离释放。

(4) 去掉分隔线:拖动按钮左移一点点距离释放。

5.2.2　工具栏和菜单项的关联

1. 添加工具按钮

例如,为应用程序项目 Ex_5_1 添加两个新的工具栏按钮:单击工具栏视图最右边的空按钮,利用调色板提供的红颜色,利用工具箱提供的画笔(画笔要通过"视图/工具栏/图像编辑器"子菜单调出来),在空按钮上绘制一个"S"字符;使用同样的方法在一个空按钮上绘制一个红色的"H"字符,如图 5-15 所示。工具按钮各属性说明如下。

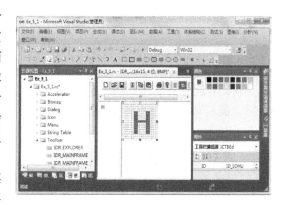

图 5-15　添加两个工具栏按钮

ID 属性:如果想让工具栏某个按钮与菜单栏某个菜单项单击后执行的操作相同,就要为两者设置相同的 ID。

Prompt 属性:工具栏按钮的提示文本。在鼠标指向此按钮时,状态栏中会显示提示信息。"\n"是分隔转义符。

Height 属性:工具栏按钮的像素高度。

Width 属性:工具栏按钮的像素宽度。

在图 5-15 中双击"S"字符工具栏按钮,打开按钮属性对话框,在 ID 组合框中输入 ID_SINA(与"新浪"菜单项的 ID 相同),这样可以将工具栏中的按钮与对应的菜单项关联起来。设置按钮属性对话框的"Width"和"Height";"Prompt"属性设置按钮的提示信息"欢迎进入新浪网\n 新浪网",提示信息被'\n'分为前、后两部分,'\n'之前的内容将在状态栏中显示,'\n'之后的内容将在鼠标移动到按钮上时出现。当用户鼠标移到该按钮时,提示信息会显示在状态栏和工具栏对应的位置。使用同样方法,将"H"字符工具栏按钮同"搜狐"菜单项(ID_SOHU)关联起来。

编译、连接并运行,单击"S"字符工具栏按钮,结果如图 5-16 所示。

2. 添加工具栏

VS 2010 提供的 CMFCToolBar 类工具栏创建步骤:

(1) 创建工具栏资源。

(2) 构造 CMFCToolBar 类的对象。

(3) 调用 CMFCToolBar 类的 Create 或 CreateEx 成员函数创建工具栏。

(4) 调用 LoadToolBar 成员函数加载工具栏资源。

在程序中,用户可以根据需要实现工具栏的动态显示。例如,为应用程序项目 Ex_5_1 添加一个新的工具栏按钮,并利用菜单资源添加一个菜单命令项,通过该命令项实现工具按钮的动态显示,其具体步骤如下:

(1) 添加工具栏资源,将项目资源管理器窗口切换到资源视图,展开 Ex_5_1—> Ex_5_

图 5-16　添加两个工具栏按钮运行结果

1. rc—>Toolbar，右击，选择"插入 Toolbar"，自动添加一个工具栏资源 IDR_TOOLBAR1。在属性窗口修改资源 ID 为 IDR_ADDTOOLBAR。

（2）在新工具栏内增加三个工具按钮，"S""H""?"，其中"S"按钮 ID 为 ID_SINA，"H"按钮 ID 为 ID_SOHU，"?"按钮 ID 为 ID_APP_ABOUT。

（3）在 CMainFrame 类中有一个名为 m_wndToolBar 的成员变量，它对应的就是标准工具栏。仿照此，在 MainFrm.h 头文件 CMainFrame 类中声明一个新的 CMFCToolBar 工具栏类的对象 m_newToolBar，代码如下：

```
protected:
    CMFCToolBar  m_newToolBar;//新增工具栏对象
```

（4）对应着查看该例的 CMainFrame 类自动生成的代码中创建工具栏的过程。在主框架窗口类 CMainFrame 的 OnCreate 成员函数中新生工具栏窗口，并将工具栏资源装入。在 CMainFrame::OnCreate()中，添加下列代码：

```
int CMainFrame::OnCreate(LPCREATESTRUCT lpCreateStruct)
{
    if(CFrameWndEx::OnCreate(lpCreateStruct)==-1)
        return -1;
    ...
//调用 CreateEx 函数创建工具栏，并调用 LoadToolBar 函数加载工具栏资源
    if(! m_newToolBar.CreateEx(this,TBSTYLE_FLAT,WS_CHILD | WS_VISIBLE | CBRS_
    TOP | CBRS_GRIPPER | CBRS_TOOLTIPS | CBRS_FLYBY | CBRS_SIZE_DYNAMIC) ||! m_
    newToolBar.LoadToolBar(IDR_ADDTOOLBAR))
    {
        TRACE0("未能创建工具栏\n");
        return -1;                              //未能创建
    }
    ...
    m_newToolBar.SetWindowTextA("我的工具栏");    //给工具栏命名
    ...
    m_newToolBar.EnableDocking(CBRS_ALIGN_ANY);  //使工具栏可停靠
    EnableDocking(CBRS_ALIGN_ANY);               //工具栏在主框架窗口启动停靠
    DockPane(&m_newToolBar);                      //指定新工具栏进行停靠
    return 0;
}
```

编译并运行程序，可以看到新增的工具栏，如图 5-17 所示。

代码中，CreateEx 是 CMFCToolBar 类的成员函数，用于创建一个工具栏对象。

图 5-17　工具栏的动态显示

```
virtual BOOL CreateEx(
        CWnd*pParentWnd,
        DWORD dwCtrlStyle=TBSTYLE_FLAT,
        DWORD dwStyle=WS_CHILD | WS_VISIBLE | CBRS_ALIGN_TOP,
        CRect rcBorders=CRect(0,0,0,0),
        UINT nID=AFX_IDW_TOOLBAR
    );
```

该函数参数 pParentWnd 为工具栏父窗口的指针。参数 dwCtrlStyle 为工具栏按钮的风格,默认为 TBSTYLE_FLAT,即"平面的"。参数 dwStyle 为工具栏的风格,默认取值 WS_CHILD | WS_VISIBLE | CBRS_ALIGN_TOP。由于是主框架窗口的子窗口,所以要有 WS_CHILD 和 WS_VISIBLE 风格,CBRS_ALIGN_TOP 风格表示工具栏位于父窗口的顶部。各种风格可以参见 MSDN 的 Toolbar Control and Button Styles 中的定义。参数 rcBorders 为工具栏边框各个方向的宽度,默认为 CRect(0,0,0,0),即没有边框。参数 nID 为工具栏子窗口的 ID,默认为 AFX_IDW_TOOLBAR。

```
BOOL LoadToolBar(UINT nIDResource);
```

该函数加载由 nIDResource 指定的工具栏。参数 nIDResource 为要加载的工具栏的资源 ID。成功则返回 TRUE,否则返回 FALSE。

应用程序的工具栏一般是停靠在主框架窗口上的,因此,工具栏窗口产生并加载资源后,还应该有相应的停靠代码。

```
BOOL EnableDocking(DWORD dwDockStyle);
```

该函数采用一个 DWORD 参数,用来指定框架窗口的哪个边可以接受停靠,可以有四种取值:CBRS_ALIGN_TOP(顶部)、CBRS_ALIGN_BOTTOM(底部)、CBRS_ALIGN_LEFT(左侧)、CBRS_ALIGN_RIGHT(右侧)。如果希望能够将控制条停靠在任意位置,将 CBRS_ALIGN_ANY 作为参数传递给 EnableDocking。

工具栏启用停靠:允许工具栏停靠到框架窗口,并指定工具栏应停靠的目标边。

```
virtual void EnableDocking(DWORD dwAlignment);
```

该函数指定的目标边必须与框架窗口中启用停靠的边匹配,否则工具栏无法停靠,为浮动状态。

停靠工具栏:将工具栏放置在允许停靠的框架窗口某一边。

```
void DockPane(CBasePane *pBar,UINT nDockBarID=0,LPCRECT lpRect=NULL);
```

该函数参数 pBar 为要停靠的控制条的指针,参数 nDockBarID 为要停靠的框架窗口某条边的 ID,可以是以下四种取值:AFX_IDW_DOCKBAR_TOP、AFX_IDW_DOCKBAR_BOTTOM、AFX_IDW_DOCKBAR_LEFT、AFX_IDW_DOCKBAR_RIGHT。

(5) 在项目中并没有显示隐藏标准工具栏的代码,它们被封装在 MFC 应用程序框架中。要使新工具栏也具有显示隐藏功能,可以在应用程序中动态改变工具栏的显示状态。添加"导航/新工具栏(&N)"菜单命令项,"新工具栏(&N)"菜单 ID 号为 ID_NEWBAR。打开 Toolbar 资源 IDR_MAINFRAM,增加一个工具按钮"N",ID 号为 ID_NEWBAR,将该工具按钮同菜单命令项"新工具栏(&N)"(ID_NEWBAR)建立关联。

(6) 在 CMainFrame::OnCreate 函数中添加下述代码,使工具栏在初始化时处于隐藏状态。

```
int CMainFrame::OnCreate(LPCREATESTRUCT lpCreateStruct)
{
    ...
    this->ShowPane(&m_newToolBar,FALSE,TRUE,TRUE);//显示或隐藏工具栏
    return 0;

}
```

(7) 切换到"类视图",选中"CMainFrame"类,单击鼠标右键,选中"添加/添加变量"选项,为"CMainFrame"类添加一个 BOOL 型的公有成员变量 m_nBar。

(8) 打开"MFC 类向导"对话框的"命令"标签页面,选择"CMainFrame"类,在"Object IDs"列表框中选择"ID_NEWBAR",分别添加 COMMAND 和 UPDATE_COMMAND_UI 的消息处理函数,并添加代码如下:

```
void CMainFrame::OnNewbar()
{
    m_nBar=!m_nBar;
    this->ShowPane(&m_newToolBar,m_nBar,FALSE,TRUE);    //显示或隐藏工具栏
}
void CMainFrame::OnUpdateNewbar(CCmdUI *pCmdUI)
{   //根据工具栏的显示状态设置菜单项是否有选中标志√
    m_nBar=m_newToolBar.IsWindowVisible();
    pCmdUI->SetCheck(m_nBar);
}
```

其中,将 pCmdUI—>SetCheck(m_nBar)修改为 pCmdUI—>SetRadio(TRUE),菜单项的选中标记为●。

(9) 编译、连接并运行程序。当用户单击"导航/新工具栏(&N)"菜单命令项时,新添加工具栏显示,再次单击工具栏隐藏,或单击工具栏的"N"按钮,效果相同,如图 5-17 所示。

5.3 状态栏

状态栏位于应用程序主窗口底部,通常用来显示应用程序的当前状态信息或相关提示。大多数 Windows 应用程序都包含一个状态栏,状态栏既不接收数据输入,也不产生命令消息。状态栏可以是一条水平长条,用来显示一组信息,也可以被分割成几个窗格,用来显示多组信息。CMFCStatusBar 类是自 VS 2008 以来提供的状态栏类,用法与 CStatusBar 类相似,甚至很多成员函数也类似,但它的功能更加丰富。

5.3.1 状态栏的创建

利用 MFC AppWizard 应用程序向导可创建 SDI 或 MDI 应用程序框架。创建状态栏的步骤如下:

(1) 构造一个 CMFCStatusBar 类的对象。

在 MainFrm. h 文件中,为 CMainFrame 类定义了一个成员对象:

```
CMFCStatusBar    m_wndStatusBar;
```

(2) 调用 CMFCStatusBar::Create 函数来创建状态栏窗口。

在 CMainFrame::OnCreate 函数的实现中,调用 CMFCStatusBar::Create 函数:

```
if(!m_wndStatusBar.Create(this))
{
  TRACE0("Failed to create status bar\n");
  return -1;        //fail to create
}
```

(3) 调用 CMFCStatusBar::SetIndicators 函数为状态栏划分窗格,并为每个指示器设置显示文本。CMFCStatusBar::SetIndicators 函数需要一个 ID 数组的参数,在 MainFrm.

cpp 中，静态的 indicators 数组用来定义状态栏 ID 窗格。

```
static UINT indicators[]=
{       ID_SEPARATOR,
        ID_INDICATOR_CAPS,
        ID_INDICATOR_NUM,
        ID_INDICATOR_SCRL,
};
```

其中，ID_SEPARATOR 用来标识信息行窗格，显示菜单和工具按钮的相关信息，其余的 3 个元素用来标识指示器窗格，ID_INDICATOR_CAPS 用来标识键盘上"Caps Lock"键状态，ID_INDICATOR_NUM 用来标识键盘上"Num Lock"键状态，ID_INDICATOR_SCRL 用来标识键盘上"Scroll Lock"键状态。

当用户按下"Caps Look"键时，相应的状态栏中会显示"大写"这个字符串，表示用户从键盘上输入的字符是大写字母，再次按下"Caps Look"键，状态栏中"大写"字符串消失，表示从键盘上输入的字符转换为小写字母。同样，对于"Num Lock"键和"Scroll Lock"键，用户可以进行自由切换。

在 CMainFrame::OnCreate 函数中调用 CMFCStatusBar::SetIndicators 函数为状态栏划分窗格：

```
m_wndStatusBar.SetIndicators(indicators,sizeof(indicators)/sizeof(UINT));
```

（4）状态栏创建完成，通过 CMFCStatusBar::SetPaneText 设置窗格的文本。

5.3.2　状态栏的常用操作

1．增加或减少状态栏中的窗格

在状态栏中，窗格的个数是在静态 indicators 数组中定义的。如果要在状态栏中增加一个信息行窗格，只需在 indicators 数组中适当的位置增加一个 ID_SEPARATOR 标识即可；如果要在状态栏中增加一个状态指示器窗格，则需要在 indicators 数组中适当的位置增加一个在字符串表中已经定义好的资源 ID，其字符串的长度表示指示器窗格的大小。如果要在状态栏中减少一个窗格，操作很简单，只需要减少 indicators 数组中的元素即可。

2．在状态栏上显示文本

在状态栏中的窗格上显示文本，可以通过调用状态栏 CMFCStatusBar 类提供的 SetPaneText()成员函数实现在指定的窗格中显示文本。其函数原型如下：

```
BOOL SetPaneText(int nIndex,LPCSTR lpszNewText,BOOL bUpdate=TRUE);
```

其中，参数 nIndex 表示显示文字的窗格的索引值（第一个窗格的索引值为 0），参数 lpszNewText 表示要显示的字符串。

3．设置状态栏的风格

在状态栏 CMFCStatusBar 类中，有两个成员函数可以用来改变状态栏的风格，分别是 SetPaneInfo()函数和 SetPaneStyle()函数。其函数原型分别如下：

```
void SetPaneInfo(int nIndex,UINT nID,UINT nStyle,int cxWidth);
void SetPaneStyle(int nIndex,UINT nStyle);
```

其中：参数 nIndex 表示要改变风格的状态栏窗格的索引值；nID 用来为改变风格后的窗格指定新的 ID；cxWidth 表示窗格的像素宽度；nStyle 表示指定索引值的状态栏窗格的风格类型，用来指定窗格的外观，其取值如表 5-7 所示。

表 5-7　参数 nStyle 取值

取　值	含　义
SBPS_NOBORDERS	窗格没有 3D 边框
SBPS_POPOUT	边框反显，以凸显文字
SBPS_DISABLED	禁用窗格，不显示文字
SBPS_STRETCH	拉伸窗格，填充不用的空间。但状态栏只能有一个窗格具有这种风格
SBPS_NORMAL	普通风格，没有拉伸、3D 边框或凸显等特征

图 5-18　应用程序 Ex_5_4 运行效果

例 5.4　创建单文档应用程序 Ex_5_4，在状态栏中显示鼠标在视图区的坐标位置，效果如图 5-18 所示。

操作步骤如下：

（1）利用应用程序向导创建单文档应用程序框架，项目名称为 Ex_5_4。

（2）在项目窗口选中"Resource View"资源视图，展开 Ex_5_4/Ex_5_4. rc/String Table 文件夹，双击"String Table"，打开字符串编辑表，如图 5-19 所示。

（3）双击字符串编辑表的最后一行空白编辑行，在弹出的字符串属性对话框中，添加新的字符串资源 ID_XPOSITION，Caption 为 x＝999。用同样方法在字符串属性对话框中，再次添加新的字符串资源 ID_YPOSITION，Caption 为 y＝999，如图 5-19 所示。

（4）在解决方案资源管理器窗口中展开"Ex_5_4/源文件"，双击"MainFrm. cpp"文件，修改静态数组 indicators，代码如下：

```
static UINT indicators[]=
{
    ID_SEPARATOR,    //status line indicator
    ID_XPOSITION,
    ID_YPOSITION,
};
```

（5）选择"项目/类向导"，打开"MFC 类向导"对话框，选择"消息"标签。在"类名"组合框中，选择"CEx_5_4View"，在"消息"列表框中选择 WM_MOUSEMOVE 消息，如图 5-20 所示。

图 5-19　字符串编辑表

图 5-20　添加 WM_MOUSEMOVE 消息映射

(6) 单击"编辑代码"按钮,在 OnMouseMove() 函数中添加代码,实现状态栏显示鼠标坐标:

```
        void CEx_5_4View::OnMouseMove(UINT nFlags,CPoint point)
        {
            //获得主窗口状态栏指针
            CMFCStatusBar * pStatus= (CMFCStatusBar*)AfxGetApp()->m_pMainWnd->
GetDescendantWindow(ID_VIEW_STATUS_BAR);
            pStatus->SetPaneStyle(1,SBPS_NOBORDERS);
                                        //设置第二个窗格 ID_XPOSITION 的风格
            pStatus->SetPaneStyle(2,SBPS_POPOUT);
                                        //设置第三个窗格 ID_YPOSITION 的风格
            CString strX,strY;
            strX.Format("X=%3d",point.x);        //设置 X 坐标值格式
            strY.Format("Y=%3d",point.y);        //设置 Y 坐标值格式
            pStatus->SetPaneText(1,strX);        //在第二个窗格上显示鼠标的 X 坐标值
            pStatus->SetPaneText(2,strY);        //在第三个窗格上显示鼠标的 Y 坐标值
            CView::OnMouseMove(nFlags,point);

        }
```

(7) 保存应用程序,并对其进行编译、连接,当鼠标在视图区移动时,运行效果如图 5-18 所示。

5.4 菜单、工具栏和状态栏综合实例

例 5.5 设计对话框的应用程序,包含菜单、工具栏、状态栏。程序运行结果如图 5-21 所示。

操作步骤如下:

(1) 创建一个基于对话框的应用程序,项目名为 Ex_5_5。在资源视图窗口,右击"Ex_5_5/Ex_5_5.rc",选择"添加资源",打开"添加资源"对话框,选中"Menu",单击"新建"添加菜单资源,将其 ID 修改为 IDR_MENU1,按图 5-22 所示菜单编辑窗口添加菜单项"首页""公司简介""新闻发布""新闻查询""联系我们",Popup 值为 True,其他为默认值。在"首页"菜单添加级联菜单"登录",ID 为 ID_LOGIN,"注册"菜单,ID 为 ID_REGISTER。

图5-21 菜单、状态栏对话框程序   **图 5-22 菜单编辑窗口**

(2) 打开应用程序对话框模板属性对话框,设置"Caption"值为"新闻发布系统",选中"Menu"属性值为"IDR_MENU1"。

(3) 为"首页"级联菜单"登录"和"注册"添加命令消息。选择"项目/类向导",打开"MFC 类向导"对话框,在"类名"组合框中选中"CEx_5_5Dlg",在"命令"列表中选择"ID_LOGIN",在"消息"列表框中选中"COMMAND",单击"添加处理程序"按钮,添加消息映射函数。使用同样的方法为"注册"按钮 ID_REGISTER 添加"COMMAND"消息映射函数。添加代码如下:

```
void CEx_5_5Dlg::OnLogin()
{
        MessageBox(_T("请登录!"));
}
void CEx_5_5Dlg::OnRegister()
{
        MessageBox(_T("请注册!"));
}
```

（4）编译并运行程序，生成应用程序的主界面菜单栏如图5-21所示。

（5）设计主界面背景。为对话框插入背景图片，在资源视图窗口，右击"Ex_5_5/Ex_5_5.rc"，选择"添加资源"，打开"添加资源"对话框，选中"Bitmap"，单击"Import"导入位图资源，设置 ID 为 IDB_BITMAP1，位图文件应放在项目的 res 文件夹下。

（6）在对话框类 Ex_5_5Dlg.h 头文件中，声明画刷类的成员变量，用于装载位图；声明一个 CStatusBarCtrl 类对象，用于创建状态栏；声明 CMFCToolBar 类工具栏对象，用于创建工具，代码如下：

```
class CEx_5_5Dlg:public CDialogEx
{
  ...
protected:
CBrush m_brBk;//声明画刷对象
        CMFCToolBar m_newToolbar;//声明工具栏对象
        CStatusBarCtrl m_statusBar;//声明状态栏对象
...
}
```

（7）在主对话框类 CEx_5_5Dlg 的 OnInitDialog()函数中，添加装载位图的代码如下：

```
BOOL CEx_5_5Dlg::OnInitDialog()
{   ...
    CBitmap bmp;
bmp.LoadBitmap(IDB_BITMAP1);
    m_brBk.CreatePatternBrush(&bmp);
        bmp.DeleteObject();
    ...
    }
```

（8）打开"MFC 类向导"对话框，为主对话框类 CEx_5_5Dlg 添加设置背景图片的 WM_CTLCOLOR 消息映射函数，并添加代码如下：

```
HBRUSH CEx_5_5Dlg::OnCtlColor(CDC *pDC,CWnd *pWnd,UINT nCtlColor)
{
HBRUSH hbr=CDialogEx::OnCtlColor(pDC,pWnd,nCtlColor);
//TODO:在此更改 DC 的任何特性
//return hbr;
if(pWnd==this)
    {
        return m_brBk;
    }
}
```

(9) 编译并运行程序,应用程序主界面窗口背景图片如图 5-21 所示。

(10) 设计状态栏。在主对话框类 CEx_5_5Dlg 的 OnInitDialog()函数中创建状态栏,代码如下:

```
BOOL CEx_5_5Dlg::OnInitDialog()
{    ...
m_statusBar.Create(WS_CHILD|WS_VISIBLE,CRect(0,0,0,0),this,1100);
                                        //创建状态栏窗口
int width[6]={80,220,300,380,460,32765};  //确定状态栏左边界
m_statusBar.SetParts(6,width);          //设置状态栏窗格
m_statusBar.SetText("单位名称:",0,0);    //设置状态栏第 1 个窗格文本
m_statusBar.SetText("武昌理工学院",1,0);  //设置状态栏第 2 个窗格文本
m_statusBar.SetText("当前用户:",2,0);    //设置状态栏第 3 个窗格文本
m_statusBar.SetText("信息工程学院",3,0);  //设置状态栏第 4 个窗格文本
CTime t;                                //声明时间类对象
t=CTime::GetCurrentTime();              //获取当前系统时间
CString date;
date.Format("%s",t.Format("%y-%m-%d")); //设置日期格式
m_statusBar.SetText("当前日期",4,0);      //设置状态栏第 5 个窗格文本
m_statusBar.SetText(date,5,0);          //设置状态栏第 6 个窗格文本
//显示状态栏
RepositionBars(AFX_IDW_CONTROLBAR_FIRST,AFX_IDW_CONTROLBAR_LAST,0);
   ...
}
```

(11) 编译并运行程序,应用程序主界面窗口状态栏如图 5-21 所示。

(12) 为对话框设计工具栏。在资源视图窗口,右击"Ex_5_5/Ex_5_5.rc",选择"添加资源",打开"添加资源"对话框,选中"Toolbar",单击"新建"添加菜单资源,自动添加一个工具栏资源 IDR_TOOLBAR1。在新工具栏内增加 2 个工具按钮,即"L""R",其中"L"按钮"登录"ID 为 ID_LOGIN,"R"按钮"注册"ID 为 ID_REGISTER,它们与菜单关联。

在主对话框类 CEx_5_5Dlg 的 OnInitDialog()函数中创建工具栏,代码如下:

```
BOOL CEx_5_5Dlg::OnInitDialog()
{    ...
    CRect rect;
    GetClientRect(rect);//获取客户区
    if(!m_newToolbar.Create(this))//创建工具栏
    {
        TRACE0(_T("创建工具栏失败!"));
        return -1;
    }
    m_newToolbar.LoadToolBar(IDR_TOOLBAR1);//装载工具栏
    m_newToolbar.MoveWindow(rect,TRUE);//显示工具栏
    ...
}
```

(13) 编译并运行程序,应用程序主界面窗口背景图片如图 5-23 所示。

图 5-23 菜单、工具栏和状态栏对话框程序

习 题 5

一、填空题

1. Visual Studio .NET 环境中提供的资源有_____、_____、_____、_____、_____。

2. 当用户创建一个新的资源或资源对象时,系统会为其提供一个默认的_____并赋一个整数值,该定义保存在_____文件中。

3. 工具栏和_____建立关联。工具栏由_____类的_____函数创建。

4. 菜单类可以调用成员函数_____来显示一个浮动的弹出式菜单。

5. 将菜单从资源装入应用程序的函数为_____,菜单的命令消息是_____。

二、选择题

1. 标识菜单资源的是(　　)。

A. 资源 ID　　　　　　B. 资源名称　　　　　C. 资源类型　　　　　D. 以上都可以

2. 菜单命令消息是(　　)。

A. UPDATE　　　　　　　　　　　　　　B. UPDATE_COMMAND_UI

C. WM_COMMAND　　　　　　　　　　　D. WM_CHAR

3. 菜单、工具栏和加速键的关系,不正确的是(　　)。

A. 工具栏与菜单必须一一对应　　　　　B. 工具栏与菜单各自执行不同的功能

C. 同一菜单的工具按钮和加速键执行功能相同　　D. 菜单和加速键一一对应

4. 一个工具栏可看成是(　　)子窗口,一个窗口中可以有(　　)工具栏。

A. 一个、多个　　　　　B. 多个、一个　　　　　C. 多个、多个　　　　　D. 一个、一个

三、简答题

1. 菜单的属性有哪些?如何建立菜单?简述添加菜单命令处理函数的方法。

2. 菜单的命令消息是什么?

3. 什么是 UPDATE_COMMAND_UI 消息?它与菜单的命令消息有何联系?

4. 如何设置一个菜单项为禁用状态?

5. 什么是弹出式菜单?它由哪个 MFC 类来映射消息?映射什么消息?简述添加浮动的弹出式菜单函数的方法。

6. 为单文档应用程序 SdiDraw 新增菜单项,添加快捷键、工具栏按钮和弹出式菜单。

7. 为单文档应用程序添加工具栏,使其放在框架窗口底部,且工具栏不能被拖动。提示:设置风格参数 CBRS_BOTTOM,取消风格参数 CBRS_GRIPPER。

8. 为单文档应用程序添加画图菜单,单击鼠标左键,在客户区绘制线段,绘制线段的数量在状态栏中显示。

9. 创建一个单文档应用程序,实现在状态栏中显示当前时间的功能。

四、编程题

1. 创建一个单文档应用程序,为程序添加一个主菜单"测试",并添加两个子菜单"显示字符"和"画圆",当单击这两个菜单时,分别在窗中客户区显示一行字符和画一个圆,并添加菜单相应的工具按钮、键盘快捷键、加速键和弹出式菜单。

2. 创建一个单文档应用程序,在状态栏上显示鼠标坐标和系统时间。在"查看"菜单下添加一个子菜单"显示",设置菜单项是否有效,增加选中标记,控制状态栏信息的显示和隐藏。

实验 5　菜单、工具栏和状态栏综合应用的单文档程序

一、实验目的

（1）掌握文档应用程序绘图的方法。

（2）菜单和工具按钮的交互操作。

（3）状态栏显示文本的方法。

二、实验内容

在单文档应用程序中通过菜单和工具按钮在客户区绘制图形，在状态栏显示绘图文本。运行结果如图 5-24 所示。

三、实验步骤

（1）创建一个基于对话框的应用程序 MenuStatusBar。

（2）打开"资源视图"，展开.rc 资源文件夹的 Menu，双击 IDR_MAINFRAME，打开菜单资源编辑器窗口，添加主菜单"画图"，级联菜单"画椭圆""画矩形""画扇形"，其 ID 分别为 ID_CRICLE、ID_RECT、ID_PRI，可以设置快捷菜单及弹出式菜单。用同样方法添加菜单项相应的工具按钮，按钮的 ID 与对应菜单项相同，因为菜单和工具按钮实现的操作相同。

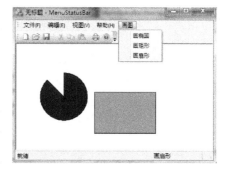

图 5-24　菜单、工具栏和状态栏对话框程序

（3）在视图类 CMenuStatusBarView 中声明成员变量，代码如下：

```
class CMenuStatusBarView:public CView
{   ...
    protected:
    CRect rect;                    //绘图区域
    COLORREF  m_Color;             //颜色变量
    CBrush brush;                  //画刷类对象
    CString str;                   //用于输出状态栏窗格文本
    ...
}
```

（4）选择"项目/类向导"，打开"MFC 类向导"对话框，为视图类添加更新消息。在"类名"列表中选择"CMenuStatusBarView"，在"虚函数"列表中选择 OnInitialUpdate()函数，双击进入代码编辑窗口，添加如下代码：

```
void CMenuStatusBarView::OnInitialUpdate()
{
    CView::OnInitialUpdate();
    GetClientRect(rect);           //获取绘图客户区
    rect.left+=200;                //绘图区域左上角 X 坐标
    rect.top+=100;                 //绘图区域左上角 Y 坐标
    rect.right-=200;               //绘图区域右下角 X 坐标
    rect.bottom-=150;              //绘图区域右下角 Y 坐标
}
```

（5）选择"项目/类向导"，打开"MFC 类向导"对话框，为视图类添加菜单消息。在"类名"列表中选择"CMenuStatusBarView"，在"命令"列表中分别选中 ID_CRICLE、ID_RECT、ID_PRI，在"消息"列表中选择 COMMAND 消息，单击"添加处理程序"按钮，添加消息处理函数，单击"编辑代码"按钮，分别添加菜单项的代码如下：

```
void CMenuStatusBarView::OnCricle()           //画椭圆
{
    CClientDC dc(this);                       //绘图设备环境类对象
    brush.DeleteObject();                     //删除原画刷对象
    m_Color=RGB(255,0,0);                     //RGB 为红、绿、蓝三基色,设置颜色值为红色
```

```
        brush.CreateSolidBrush(m_Color);          //创建实心画刷
        dc.SelectObject(&brush);                   //将画刷选入设备环境
        dc.Ellipse(rect);                          //画椭圆
        str="画椭圆";
        Invalidate(false);                         //刷新
    }
    void CMenuStatusBarView::OnRect()              //画矩形
    {
        CClientDC dc(this);                        //绘图设备环境类对象
        brush.DeleteObject();                      //删除原画刷对象
        m_Color=RGB(0,255,0);                      //RGB 为红、绿、蓝三基色,设置颜色值为绿色
        brush.CreateSolidBrush(m_Color);          //创建实心画刷
        dc.SelectObject(&brush);                   //将画刷选入设备环境
        dc.Rectangle(rect);                        //画矩形
        str="画矩形";
        Invalidate(false);                         //刷新
    }
    void CMenuStatusBarView::OnPri()               //画扇形
    {
        CClientDC dc(this);                        //绘图设备环境类对象
        brush.DeleteObject();                      //删除原画刷对象
        m_Color=RGB(0,0,255);                      //RGB 为红、绿、蓝三基色,设置颜色值为蓝色
        brush.CreateSolidBrush(m_Color);          //创建实心画刷
        dc.SelectObject(&brush);                   //将画刷选入设备环境
        dc.Pie(50,60,150,160,80,90,100,100);//画扇形
        str="画扇形";
        Invalidate(false);                         //刷新
    }
```

（6）在 MainFrm.cpp 文件 indicators[]数组中添加状态行指示器窗格,代码如下：

```
    static UINT indicators[]=
    {
        ID_SEPARATOR,
        ID_SEPARATOR, //添加状态行指示器
        ID_INDICATOR_CAPS,
        ID_INDICATOR_NUM,
        ID_INDICATOR_SCRL,
    };
```

（7）在 CMenuStatusBarView::OnDraw()函数中设置状态栏窗格中文本,代码如下：

```
    void CMenuStatusBarView::OnDraw(CDC* /*pDC*/)
    {
        ...
    //获得主窗口状态栏指针
    CMFCStatusBar* pStatus=(CMFCStatusBar*)AfxGetApp()->m_pMainWnd->GetDescendant
Window(ID_VIEW_STATUS_BAR);
    pStatus->SetPaneText(1,str);//在第 2 个窗格上显示鼠标的 X 坐标值
    }
```

（8）编译并运行程序,效果如图 5-24 所示。

第6章 常用控件

■ 静态控件、按钮、编辑框、旋转按钮
■ 列表框、组合框、滚动条、滑动条、进度条
■ 日期时间控件、图像列表、标签控件和文件系统控件

6.1 控件概述

对话框是 Windows 应用程序与用户进行交互的主要途径,是 Windows 应用程序界面的重要组成部分。控件是嵌入在对话框或其他窗口中的一个特殊的小窗口,是实现用户各种操作响应的主要工具,对话框通过控件来与用户进行交互。在对话框的程序设计中,常用来和用户交互的是页面上的一些控制元素,称之为控件。

Windows 提供的控件按照其操作效果和特征,主要分为标准控件和公共控件两类。标准控件也就是常用控件,包括静态控件、按钮、编辑框、列表框、组合框和滚动条等,可满足程序设计、界面设计。公共控件包括滑动条、进度条、列表视图控件、树视图控件、标签控件和日期时间控件等,可实现应用程序用户界面设计风格的多样性。

6.1.1 控件

控件是 Windows 窗口界面最基本的组成元素之一,也是程序与用户之间的一个友好接口,能完成特定的功能,用户可以将控件看成是一个独立的小窗口。表 6-1 列出了 MFC 主要的控件类。

表 6-1 MFC 常用控件类

控 件	MFC 类	控 件	MFC 类
静态控件	CStatic	微调按钮（旋转按钮）	CSpinButtonCtrl
编辑框	CEdit	滑动条	CSliderCtrl
按钮	CButton	进度条	CProgressCtrl
列表框	CListBox	标签控件	CTabCtrl
组合框	CComboBox	图像列表	CImageList
滚动条	CScrollBar	文件系统控件（树视图控件）	CTreeCtrl

图 6-1 所示的 QQ 登录对话框和显示学生基本信息对话框界面,用到的控件有静态控件、按钮、编辑框、组合框、日期时间控件、ActiveX 控件。

上述 MFC 控件类都是从窗口类派生的,继承了 CWnd 窗口类的成员函数,具有窗口的一般功能和窗口的通用属性。用户可以使用窗口类的成员函数 ShowWindow( )、MoveWindow( )和 EnableWindow( )等窗口管理函数进行管理,实现控件的显示、隐藏、禁用、移动位置等操作,还可以利用其他相关成员函数来设置控件的大小和风格。

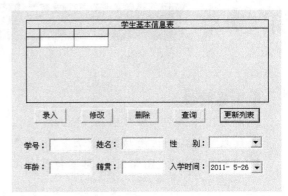

图 6-1　QQ 登录对话框和显示学生基本信息对话框界面

控件类由该类的成员函数来管理,通过在程序中创建的控件对象可以调用这些成员函数,获取控件信息,设置控件状态,添加控件消息映射。

标准控件在应用程序中可以作为对话框的控件和独立的子窗口两种形式存在。因此,创建控件有两种方式:一种是在对话框模板上创建控件,当应用程序启动对话框时,Windows 系统将自动在对话框中创建控件;另一种方式是通过控件类的成员函数或 API 函数 Create 来创建控件(使用该方式创建控件必须指定控件的窗口类)。

6.1.2　在对话框模板上创建控件

先创建对话框资源,在对话框模板中指定控件,当应用程序启动时该对话框的控件自动被创建。

例 6.1　在对话框模板中添加控件。运行程序时,当用户在编辑框中输入"武昌理工学院"文本信息,单击"Button2"按钮时,"武昌理工学院"欢迎您!""的文本信息将显示到"Button2"按钮上,如图 6-2 所示。

实现步骤:

(1) 在 VS 2010 中创建一个基于对话框的应用程序 Ex_6_1。设置对话框 Caption 属性为"欢迎对话框"。

(2) 在对话框模板应用程序窗口中,使用工具箱将控件拖到对话框模板中,向对话框添加一个编辑框 Edit Control,属性为默认值,并添加两个按钮控件 Button,使用布局工具栏布局控件。设置 Button1 按钮的 ID 为 IDC_WELCOME,标题为"欢迎您!";Button2 按钮的 ID 为 IDC_BUTTON2,其他属性为默认值。工具箱对话框编辑器如图 6-3 所示,布局工具栏如图 6-4 所示。

194

图 6-2　程序运行结果　　　图 6-3　工具箱对话框编辑器　　　图 6-4　布局工具栏

6.1.3 控件的属性

控件的属性主要包含两个方面：控件的外观风格属性和控件的消息属性。控件属性对话框都包含多种属性，大多数控件都有 General 和 Styles 两种属性。其中：General 为一般通用属性，用来设置所有控件的公共属性；Styles 为风格属性，用来设置控件的外观和辅助功能。

控件的 General 属性主要有下面几项。

（1）ID：控件的标识符，每个控件都有默认的 ID，通常以 IDC_为前缀，其值由系统提供。

（2）Caption：控件的标题，大多数控件有默认的标题，用户可以自行设置控件的标题，还可以使用"&"标记设置该控件的助记符（相当于快捷键，可以用 Alt+助记符操作控件）。例如，设置某按钮控件的 Caption 属性值为"Display &D"，在程序执行过程中可以使用 Alt+D 来操作该按钮控件。

（3）Group：指定控件组中的第一个控件，如果该项被选中，此控件后的所有控件都被看成同一组，用户可以用键盘上的方向键在同一组控件中进行切换。

（4）Tab Stop：该属性被选中，用户可以使用 Tab 键来选择控件，获取控件焦点。用户可以通过 Ctrl+D 键重新设置控件的 Tab 顺序。

（5）Visible：该属性被选中，控件在初始化时可见，否则不可见。

（6）Disable：该属性被选中，控件在初始化时被禁止使用，且呈灰色显示。

（7）Help ID：该属性被选中，为控件创建一个相关的帮助标识符。

6.1.4 控件的数据交换和数据校验

1. 控件的数据交换

DDX（对话框数据交换）用于初始化对话框中的控件并获取用户的数据输入，在显示对话框之前 DDX 通过 UpdateData() 函数将成员变量的值传给控件，在关闭对话框时通过 UpdateData() 函数将控件的值传给成员变量。

UpdateData() 函数原型如下：

```
BOOL UpdateData(BOOL bSaveAndValidate=TRUE);
```

其中，参数为 TRUE 或不带参数时，数据从控件向与其相关联的成员变量传递，将控件的值保存到成员变量，即依照控件内容更新控件变量值。参数为 FALSE 时，数据由与控件相关联的成员变量向控件传递。

2. 控件的数据校验

DDV（对话框数据校验）用于自动验证对话框的数据输入范围，并发出相应的警告。

要使用 DDX 和 DDV 必须用 ClassWizard 创建数据成员，设置数据类型并指定验证规则。

例如，下面的步骤是为例 6.1 中的 CEx_6_1Dlg 类控件添加关联的成员变量。

（1）选择"项目/类向导"，打开"MFC 类向导"对话框，切换到"成员变量"标签页面，选定"类名"为"CEx_6_1Dlg"，然后在控件 ID 列表中，选定所要关联的控件 ID 号 IDC_BUTTON2，用鼠标左键双击或单击"添加变量"按钮，弹出"添加成员变量"对话框，在"成员变量名称"框中输入与控件相关联的成员变量 m_btn，在"类别"中选择"Control"，在"变量类型"中选择"CButton"，单击"确定"按钮，完成变量添加。

> 说明：Category 框内可选择 Value 或 Control 两种类型。Control 是 MFC 为该控件封装的控件类。Value 是数值类型，可为 CString 字符串、int、UINT、long、DWORD、float、double、BYTE、short、BOOL 等。

在 DDV/DDX 技术中,允许用户为同一个控件关联多个数据成员变量,但须保证这些变量名是不相同的,且变量类型不同,即在 Value 和 Control 类型中各自只能有一个成员变量。如添加的成员变量是一个数值类型,要求输入变量的范围,这就是控件的数据校验。

(2) 用同样方法为编辑框 IDC_EDIT1 添加 CString 类型的变量 m_str,字符个数最多为 20。

(3) 打开 Ex_6_1Dlg. h 头文件,可以发现 ClassWizard 自动修改了以下三个方面的内容。添加与控件关联的成员变量的声明:

```
class CEx_6_1Dlg:public CDialogEx
{  ⋮
public:
    CButton m_btn;
    CString m_str;
};
```

在 Ex_6_1Dlg. cpp 实现文件的构造函数实现代码处,添加成员变量的一些初始代码:

```
CEx_6_1Dlg::CEx_6_1Dlg(CWnd*pParent/*=NULL*/)
    :CDialogEx(CEx_6_1Dlg::IDD,pParent)
{
        m_str=_T("");//成员变量初始化代码
}
```

在 Ex_6_1Dlg. cpp 实现文件的 DoDateExchange 函数体内,添加控件的 DDX/DDV 代码。

```
void CEx_6_1Dlg::DoDataExchange(CDataExchange*pDX)
{
    CDialogEx::DoDataExchange(pDX);
    DDX_Control(pDX,IDC_BUTTON2,m_btn);
    DDX_Text(pDX,IDC_EDIT1,m_str);       //将控件 IDC_EDIT1 与 m_str 进行数据交换
    DDV_MaxChars(pDX,m_str,20);          //校验 m_str 的最大字符个数不超过 20
}
```

(4) 使用 CWnd::UpdateData 函数实现控件的数据传递。打开"MFC 类向导"对话框,选定"命令"标签页面,选定"类名"为"CEx_6_1Dlg",然后在对象 ID 列表中,选定控件 ID 号 IDC_BUTTON2,在"消息"列表框中双击"BN_CLICKED",添加消息映射函数 OnClickedButton2(),单击"编辑代码"按钮进入代码编辑处,添加如下代码:

```
void CEx_6_1Dlg::OnClickedButton2()
{
    CString s;                        //声明字符串类型变量 s
    UpdateData();                     //默认参数为 TRUE
    GetDlgItemText(IDC_WELCOME,s);    //获取按钮控件 IDC_WELCOME 的文本标题
    m_btn.SetWindowText(m_str+s);     //设置指定控件的文本标题
}
```

其中,m_btn 是 CButton 类的对象,继承了其父类 CWnd 的成员函数。GetDlgItemText 函数获取按钮的文本标题并保存到 s 变量中,SetWindowText 函数设置按钮控件的标题。

(5) 编译并运行程序。结果如图 6-2 所示。

 ## 6.2 静态控件和按钮

6.2.1 静态控件

静态控件用于显示文本串、框、矩形、光标、位图或图元文件等。静态控件是一种单向交

互的控件,通常不接收输入,也不提供输出,不产生通知消息。

在 MFC 中,控件工具栏中静态控件有三种:静态文本控件"**Aa**"、静态图片控件"**图**"和组框控件"**[xyz]**"。静态文本控件和静态图片控件是 CStatic 类,组框控件的类是 CButton 类,它们都是 CWnd 类的派生类。表 6-2 列出了静态控件 CStatic 类的主要成员函数,使用这些函数可以设置和获取控件的相关属性。

表 6-2　静态控件 CStatic 类的主要成员函数

函　　数	功 能 说 明
HBITMAP SetBitmap(HBITMAP hBitmap)	设置显示的位图
HICON SetIcon(HICON hIcon)	设置显示的图标
HCURSOR SetCursor(HCURSOR hCursor)	设置显示的光标
HBITMAP GetBitmap()const	获取位图句柄
HICON GetIcon()const	获取图标句柄
HCURSOR GetCursor()	获取光标句柄

修改静态控件的 General 和 Styles 属性,可对静态控件的风格和外观进行设置。

静态文本控件的主要事件有 BN_CLICKED 事件,就是给父窗口发送 WM_COMMAND 消息,在 wParam 参数中包含了通知消息码(鼠标单击时的通知消息码就是 BN_CLICKED)和控件 ID,lParam 参数中包含了控件的句柄。使用该事件时需要选择静态文本控件的 Notify 属性。

6.2.2　按钮

按钮是一种矩形子窗口,通常出现在对话框、工具栏或其他包含控件的窗口中。按钮可以单独出现,也可以成组出现。单击或双击按钮时会立即执行某个命令,用来实现数据的输入。常见的按钮有 3 种类型,即按键按钮、单选按钮和复选按钮,如图 6-5 所示。

按键按钮(也称为命令按钮)"**☐**"具有突起的三维外观,控件外观表面通常有一个文本标识。被按下

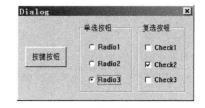

图 6-5　按钮的类型

时,按钮会产生下陷的视觉效果,同时发出相应的命令消息,应用程序执行相应的操作。

单选按钮"**◉**"由一个圆圈和紧随其后的文本组成,一般成组出现,当其被选中时,圆圈中就标上一个黑点。单选按钮用于在一组相互排斥的几种选项中选择其中一项,使用单选按钮时,通常将其风格属性设置为 Auto 型(自动型),同一组中第一个按钮的 Group 属性被选中,当用户选择某个单选按钮时,系统将自动消除其他单选按钮的选中标志,保持其互斥性。

复选按钮(也称为复选框)"**☒**"由一个空心方框和紧随其后的文本组成,当其被选中时,方框中就标上一个"√"标记。复选框主要用于在一组选项中选择其中一项或多项,各选项之间不存在互斥性,用户可同时选择其中一个或多个。复选框一般有两种状态,即 True 或 False,有时还可以设定为 Tri-state(不确定)状态。

1. 按钮控件主要属性

通过属性设置按钮文本风格,按钮控件的主要属性如表 6-3 所示。

表 6-3　按钮控件的主要属性

函　　数	功能说明	函　　数	功能说明
Default button	默认为黑色边框	Flat	取消按钮的 3D 边框
Owner draw	自定义按钮	Horizontal alignment	设置文本水平对齐方式
Icon	显示图标	Vertical alignment	设置文本垂直对齐方式
Bitmap	显示位图		

2. 按钮控件主要方法

按钮控件的 MFC 类是 CButton 类，它是 CWnd 类的派生类。表 6-4 列出了按钮控件的常用成员函数。另外，CWnd 类的成员函数 GetWindowText()、SetWindowText()等也可以用来获取或设置按钮中显示的文本。

表 6-4　按钮控件 CButton 类的常用成员函数

函　　数	功能说明
void SetState(BOOL bHighlight);	设置按钮的高亮状态。参数 bHighlight 指定按钮是否高亮显示，非 0 则高亮显示，否则取消高亮显示状态
UINT GetState() const	获取按钮控件的选择状态、高亮状态和焦点状态
void SetCheck(int nCheck)	设置单选按钮或复选框的选中状态（0——未选中，1——选中，2——不确定（仅用于复选框））
int GetCheck() const	获取单选按钮或复选框的选中状态（0——未选中，1——选中，2——不确定）
void SetButtonStyle(UINT nStyle, BOOL bRedraw=TRUE)	设置按钮的风格。参数 nStyle 指定按钮的风格，bRedraw 指定按钮是否重绘，为 TRUE 则重绘，否则不重绘，默认为重绘
UINT GetButtonStyle() const	获取按钮控件的风格
HICON SetIcon(HICON hIcon)	设置要在按钮上显示的图标。参数 hIcon 指定了图标的句柄。返回值为按钮原来图标的句柄
HICON GetIcon() const	获取之前由 SetIcon 设置的图标的句柄
HBITMAP SetBitmap(HBITMAP hBitmap)	设置要在按钮中显示的位图。参数 hBitmap 为位图的句柄。返回值为按钮原来位图的句柄
HBITMAP GetBitmap() const	获取之前由 SetBitmap 函数设置的按钮位图的句柄
GetCursor	返回由 SetCursor 设置的光标句柄
void CheckDlgButton(int nIDButton, UINT nCheck)	用来设置按钮的选择状态。参数 nIDButton 指定了按钮的 ID。nCheck 的值为 0 表示按钮未被选择，为 1 表示按钮被选择，为 2 表示按钮处于不确定状态（仅用于复选框）
UINT IsDlgButtonChecked(int nIDButton) const	返回复选框或单选按钮的选择状态。返回值为 0 表示按钮未被选择，为 1 表示按钮被选择，为 2 表示按钮处于不确定状态（仅用于复选框）
void CheckRadioButton(int nIDFirstButton, int nIDLastButton, int nIDCheckButton);	用来选择组中的一个单选按钮。参数 nIDFirstButton 指定了组中第一个按钮的 ID，nIDLastButton 指定了组中最后一个按钮的 ID，nIDCheckButton 指定了要选择的按钮的 ID
int GetCheckedRadioButton(int nIDFirstButton, int nIDLastButton)	用来获得一组单选按钮中被选中按钮的 ID。参数 nIDFirstButton 说明了组中第一个按钮的 ID，nIDLastButton 说明了组中最后一个按钮的 ID

3. 按钮的主要事件

按钮映射的消息有两个：BN_CLICKED(单击按钮)和 BN_DOUBLECLICKED(双击按钮)。用户在按钮上单击鼠标时会向父窗口发送 BN_CLICKED 消息，双击鼠标时发送 BN_DOUBLECLICKED 消息。

例 6.2 按钮控件应用实例：设计一个基于对话框的应用程序，在对话框界面上设置对颜色模式进行控制的单选按钮和复选框。如图 6-6 所示，当用户选中"选择按钮"时，所有按钮处于有效状态；选择颜色组合后，单击"确定"按钮，对话框右边的矩形区域将呈现相应的颜色效果。

实现步骤如下：

(1) 利用 VS 2010 创建一个基于对话框的应用程序项目 Ex_6_2。

(2) 根据图 6-6 的控件布局，用控件编辑器添加相

图 6-6 按钮控件应用实例程序运行结果

应控件，用布局工具栏中的网格按钮"▦"布局控件，并用布局工具栏中的测试按钮"🔲"测试效果。表 6-5 列出了这些控件的属性设置。插入一张 Bitmap 图片：在"资源视图"中的"Ex_6_2.rc"节点上单击右键，选择"添加资源"，弹出"添加资源"对话框；然后在左侧的"资源类型"中选择"Bitmap"，单击按钮"导入"，显示一个文件对话框，选择项目 res 文件夹中的 Jc.bmp 图片文件，导入成功后会在"资源视图"的 Ex_6_2.rc 节点下出现一个新的子节点"Bitmap"，而在"Bitmap"节点下可以看到刚添加的位图资源 IDB_BITMAP1，不修改默认 ID。在自动生成的对话框模板中，删除"TODO：Place dialog controls here."静态文本控件、"OK"按钮和"Cancel"按钮。添加一个 Picture Control 控件，在图片控件的属性页中有一个 Type 属性，要加载的是位图图片，所以 Type 属性选择 Bitmap。在图片控件的 Image 属性的下拉列表中选择导入的位图 IDB_BITMAP1。

表 6-5 控件的属性设置

控　件	控件 ID 号	标　题	属　　性	控件成员变量
组　框	IDC_STATIC	多选颜色	默认	
组　框	IDC_STATIC	单选颜色	默认	
静态图片	IDC_STATIC	—	Type：Icon,Image：IDB_BITMAP1	
复选按钮	IDC_CHECKENABLE	选择按钮	默认	BOOL 类型：m_bEnabled
单选按钮	IDC_RADIOCOLOR	彩色	Group、Tab stop 为 True	
单选按钮	IDC_RADIOSINGLE	单色	默认	
复选按钮	IDC_CHECKRED	红	Group,其余默认	BOOL 类型：m_bRed
复选按钮	IDC_CHECKGREEN	绿	默认	BOOL 类型：m_bGreen
复选按钮	IDC_CHECKBLUE	蓝	默认	BOOL 类型：m_bBlue
按键按钮	IDC_BUTTON1	确定	默认	
按键按钮	IDCANCEL	取消	默认	
按键按钮	IDC_BUTTONDRAW	画图	Owner draw	

（3）打开"MFC 类向导"对话框，切换到"成员变量"标签页面，选择类名 CEx_6_2Dlg，在控件 ID 列表中选定 IDC_CHECKENABLE，为其添加一个 BOOL 类型成员变量 m_bEnabled。在对话框类 CEx_6_2Dlg 的构造函数中将 m_bEnabled 的值设置为 True。采用同样的方式分别为控件 ID 列表中的 IDC_CHECKRED、IDC_CHECKGREEN 和 IDC_CHECKBLUE 添加 BOOL 类型成员变量 m_bRed、m_bGreen 和 m_bBlue。

（4）打开"MFC 类向导"对话框，切换到"命令"标签页面，为 CEx_6_2Dlg 类复选框 IDC_CHECKENABLE 增加 BN_CLICKED 消息映射，选定默认的消息映射函数名，使控件处于禁用状态，编写程序代码如下：

```
void CEx_6_2Dlg::OnClickedCheckenable()
{
    UpdateData();                                          //将控件值传给对应成员变量
    GetDlgItem(IDC_RADIOCOLOR)->EnableWindow(m_bEnabled);  //控件禁用状态
    GetDlgItem(IDC_RADIOSINGLE)->EnableWindow(m_bEnabled); //控件禁用状态
    GetDlgItem(IDC_CHECKRED)->EnableWindow(m_bEnabled);    //控件禁用状态
    GetDlgItem(IDC_CHECKGREEN)->EnableWindow(m_bEnabled);  //控件禁用状态
    GetDlgItem(IDC_CHECKBLUE)->EnableWindow(m_bEnabled);   //控件禁用状态
}
```

（5）为了使控件初始化时处于禁止状态，在 CEx_6_2Dlg 类的 OnInitDialog 函数体中添加代码：

```
BOOL CEx_6_2Dlg::OnInitDialog()
{
    ⋮
    OnClickedCheckenable();   //控件初始化时处于禁用状态
    return TRUE;              //return TRUE unless you set the focus to a control
}
```

（6）为了使控件初始化时有选中状态，在 OnInitDialog 函数体中添加代码：

```
BOOL CEx_6_2Dlg::OnInitDialog()
{
    ⋮
    //设置同组单选按钮的选中状态
    CheckRadioButton(IDC_RADIOCOLOR,IDC_RADIOSINGLE,IDC_RADIOCOLOR);
    CButton*pBtn= (CButton*)GetDlgItem(IDC_CHECKRED); //按钮指针指向红色复选按钮
    pBtn->SetCheck(1);                                //设置同组复选按钮的选中状态
    return TRUE;     //return TRUE  unless you set the focus to a control
}
```

（7）使用"MFC 类向导"对话框为单选按钮 IDC_RADIOCOLOR 和 IDC_RADIOSINGLE 添加 BN_CLICKED 消息处理函数，使应用程序处于单色模式时，3 个颜色复选按钮被禁用，处于彩色模式时，3 个颜色复选按钮可以使用。程序代码分别如下：

```
void CEx_6_2Dlg::OnClickedRadiocolor()       //彩色模式消息映射
{
    GetDlgItem(IDC_CHECKRED)->EnableWindow();
    GetDlgItem(IDC_CHECKGREEN)->EnableWindow();
    GetDlgItem(IDC_CHECKBLUE)->EnableWindow();
}
void CEx_6_2Dlg::OnRadiosingle()             //单色模式消息映射
```

```
        {
            GetDlgItem(IDC_CHECKRED)->EnableWindow(FALSE);
            GetDlgItem(IDC_CHECKGREEN)->EnableWindow(FALSE);
            GetDlgItem(IDC_CHECKBLUE)->EnableWindow(FALSE);
        }
```

（8）为命令按钮 IDC_BUTTON1 添加 BN_CLICKED 消息处理函数,单击该按钮,系统将刷新按钮 IDC_BUTTONDRAW 区域,进行重绘。程序代码如下:

```
        void CEx_6_2Dlg::OnClickedButton1()
        {
            GetDlgItem(IDC_BUTTONDRAW)->Invalidate();
            GetDlgItem(IDC_BUTTONDRAW)->UpdateWindow();
        }
```

（9）利用"MFC 类向导"添加对话框类 CEx_6_2Dlg 的 WM_DRAWITEM 消息处理函数,以便根据选择的颜色进行绘制。

```
        void CEx_6_2Dlg::OnDrawItem(int nIDCtl,LPDRAWITEMSTRUCT lpDrawItemStruct)
        {
            UpdateData();                                   //接收单/复选按钮的选择数据
            COLORREF  c;
            c=RGB(m_bRed? 255:0,m_bGreen? 255:0,m_bBlue? 255:0);   //获取颜色值
            CDC dc;                                         //设置绘图环境变量
            dc.Attach(lpDrawItemStruct->hDC);
            if(nIDCtl==IDC_BUTTONDRAW) //获取对话框控件
            {
                CRect   rect;
                GetDlgItem(IDC_BUTTONDRAW)->GetClientRect(&rect);
                dc.FillSolidRect(&rect,c);                  //填充区域
            }
            dc.Detach();
            CDialogEx::OnDrawItem(nIDCtl,lpDrawItemStruct);
        }
```

（10）编译、连接并运行程序,运行结果如图 6-6 所示。

6.3　编辑框和旋转按钮

6.3.1　编辑框

编辑框是一个矩形子窗口,主要用于数据的输入和输出,它提供了完整的键盘输入和编辑功能,可以输入各种文本、数字或者口令,也可以对输入的数据进行简单编辑操作。当编辑框被激活且获取输入焦点时,在框内出现一个闪动的插入符,用户可以在此处完成输入操作。编辑框在控件工具栏中的按钮为"**ab|**"。

1. 编辑框的风格属性

编辑框具有多种属性,用户可以很方便地设置编辑框的属性和风格。表 6-6 列出了编辑框主要属性的各项含义。

表 6-6　编辑框的主要属性及其含义

属 性 项	含 义 说 明
Align text	多行文本对齐方式：Left(默认)，Center，Right
Multiline	选中时为支持多行的编辑框
Number	选中时编辑框控件内只支持数值输入
Horizontal scroll	水平滚动，适用于多行编辑
Auto HScroll	当输入超过一行时，在行尾输入一个新字符时，文本自动右移
Verticol scroll	垂直滚动，适用于多行编辑
Auto VScroll	多行编辑输入时，用户在最后一行键入回车，文本自动向上滚动一页
Password	单行编辑时，键入编辑框内的字符都显示为"＊"
Nohide selection	当编辑框失去键盘焦点时，被选择的文本不反色显示
OEM convert	实现对特定字符集的字符转换
Want return	用户按下的回车键，会在编辑框中反映为一个回车符
Border	编辑控件四周的边框
Uppercase	在编辑区域内键入的字符全部大写显示
Lowercase	在编辑区域内键入的字符全部小写显示
Read_Only	编辑框的禁用状态，防止用户键入文本

　　编辑框为用户提供了良好的输入和输出功能，能将从键盘输入的字符串转化为用户所需要的数据类型，并能利用 MFC 为对话框提供的 DDX 和 DDV 技术来验证用户的输入是否符合要求(指定的长度或值域)。所有的编辑控件都支持常用的编辑操作(如复制、剪切和粘贴等)，不需要添加特定的程序代码。

2. 编辑框类成员函数

　　管理编辑框的 MFC 类是 CEdit 类，它是 CWnd 类的派生类。CEdit 类常用成员函数如表 6-7 所示。

表 6-7　编辑框 CEdit 类的常用成员函数

函 数	功 能 说 明
GetSel	获得编辑控件中选择的起始和结束字符位置
ReplaceSel	用指定的文本替换编辑控件中的当前选择
SetSel	选择编辑控件中的字符范围
Clear	消除编辑控件中的当前选择
Copy	以 CF_TEXT 格式复制编辑控件中的当前选择到剪贴板中
Cut	以 CF_TEXT 格式删除编辑控件中的当前选择并将其复制到剪贴板中
Paste	以 CF_TEXT 格式从剪贴板复制数据到编辑控件的当前位置
Undo	撤销最后的编辑控件操作
CanUndo	判断编辑控件操作是否可以撤销
EmptyUndoBuffer	重设或消除编辑控件的撤销标记

函　　数	功　能　说　明
GetModify	判断编辑控件是否已修改
SetModify	设置或消除编辑控件的修改标记
SetReadOnly	设置编辑控件为只读状态
GetPassWordChar	得到编辑控件中显示的口令字符
SetPassWordChar	设置编辑控件中显示的口令字符
GetFirstVisibleLine	判断编辑控件中最顶端的可见行
LineLength	得到编辑控件的行长度
LineScroll	滚动编辑控件中指定行的文本
LineFromChars	得到包含指定字符索引的行号
GetRect	得到编辑控件的格式化区域
LimitText	限制可以输入到编辑控件中的文本长度
GetLineCount	得到多行编辑控件的行数
GetLine	从多行编辑控件中得到指定的文本行
SetMargins	指定左右边距的像素大小

3. 编辑框的常见消息

编辑框可以映射多个消息,当编辑框内的文本内容发生改变或被滚动时,会向其父窗口发送消息。表 6-8 列出了与编辑框有关的常见消息。

表 6-8　编辑框有关的常见消息

消　　息	说　　明
EN_SETFOCUS	编辑框获取键盘输入焦点时发送此消息
EN_KILLFOCUS	编辑框失去键盘输入焦点时发送此消息
EN_CHANGE	编辑框的文本内容发生改变,在显示新文本后发送此消息
EN_UPDATE	编辑框的文本内容发生改变,在显示新文本之前发送此消息
EN_MAXTEXT	编辑框中的文本输入超过指定的字符数时发送此消息
EN_HSCROLL	编辑框中的水平滚动条被使用,在更新之前发送此消息
EN_VSCROLL	编辑框中的垂直滚动条被使用,在更新之前发送此消息

例 6.3　　设计一个简单的用户登录对话框。如图 6-7 所示,当选中显示密码按钮时能显示用户密码,当单击"登录"按钮时,根据用户输入的用户名和密码判断是否登录成功。

具体实现步骤如下:

(1) 创建一个基于对话框的程序 Ex_6_3,按图 6-7 所示界面设计对话框,设置控件属性如表 6-9 所示。静态图片内容为插入的图标文件或位图文件。选中"视图/资源视图/

图 6-7　对话框界面设计

Icon/",右击,选择"添加资源",在"添加资源"对话框中导入图片 ID 为 IDI_ICON1。

（2）打开"MFC 类向导"对话框,为界面上各控件添加对应的成员变量,如表 6-9 所示。

表 6-9　控件属性及成员变量设置

控件名	ID	标　题	属性	变量类别	变量类型	变量名	范围
静态文本	IDC_STATIC	用户名:	默认				
静态文本	IDC_STATIC	密　码:	默认				
静态图片	IDC_STATIC	—	Type:Icon,Image: IDI_ICON1				
编辑框	IDC_EDITNAME	—	默认	Value	CString	m_Name	20
编辑框	IDC_EDITPASS	—	Password	Value	CString	m_PassWord	20
编辑框	IDC_EDITREAD	—	Read-only	Value	CString	m_Show	20
复选框	IDC_CHECK1	显示密码	默认	Control	CButton	m_ShowButton	
按键按钮	IDC_REGISTER	登录	默认				
取消	IDCANCEL	取消	默认				

（3）打开"MFC 类向导"对话框,为复选框 IDC_CHECK1 和 IDC_REGISTER 按钮添加 BN_CLICKED 单击消息映射函数。

（4）为"登录"按钮添加如下代码,实现用户名和密码的验证。

```
void CEx_6_3Dlg::OnClickedRegister()
{
    CString  s="武昌";
    CString  k="111";
    UpdateData();
    //判断用户名和密码是否一致
    if((strcmp(m_Name,s)==0)&&(strcmp(m_PassWord,k)==0))
      MessageBox("你已经成功登录");
    else
      MessageBox("用户名或密码错误!");
        return;
}
```

（5）为复选框 IDC_CHECK1 添加代码,实现选中时显示密码,未选中时不显示密码。

```
void CEx_6_3Dlg::OnClickedCheck1()
{
    if(m_ShowButton.GetCheck())           //判断复选框是否选中
    {
        UpdateData();                     //将控件值传给成员变量
        m_Show=m_PassWord;                //将输入的密码在显示密码框中显示
        UpdateData(false);                //将成员变量值传给控件
    }
    else
    {
        m_Show="";                        //若未选中,则密码框中不显示密码
        UpdateData(false);
    }
}
```

（6）编译并运行程序，结果如图 6-7 所示。

6.3.2 旋转按钮

旋转按钮也称为微调按钮或上下按钮控件""。其外观与滚动条的端点相似，由较小的一对箭头组成，用户单击箭头可以增加或减少一个单位数值。微调按钮一般不单独使用，通常和一个关联控件（如编辑框）绑在一起使用，这个控件称为伙伴窗口，使用鼠标单击微调按钮的箭头，就能更改伙伴窗口中的数据内容。微调按钮既可以水平放置，也可以垂直放置，用户可以通过更改属性将微调按钮的伙伴窗口放置在其左侧或右侧。

1. 旋转按钮风格属性

表 6-10 列出了旋转按钮属性的各项含义。

表 6-10　旋转按钮的属性及其含义

属　性　项	含　义　说　明
Orientation	微调按钮的放置方向（Vertical，垂直放置；Horizontal，水平放置）
Alignment	微调旋钮与伙伴窗口的位置关系（Unattached，不关联；Right，右边；Left，左边）
Auto Buddy	指明微调控件是否使用 Tab 顺序的前一个控件作为关联控件
Set Buddy Integer	允许设置关联窗口中的数值，其值为十进制或十六进制
No thousands	选中此项，将不在微调控件中为每隔 3 个十进制数字提供千分符
Arrow Keys	选中此项，使用键盘上的箭头键也可以增加或减少数值

2. 旋转按钮类成员函数

MFC 的 CSpinButtonCtrl 类封装了旋转按钮的各种成员函数（见表 6-11），使用这些成员函数可以对旋转按钮进行管理操作。

表 6-11　旋转按钮 CSpinButtonCtrl 类成员函数

函　　数	功　能　说　明
void SetRange(int nLower,int nUpper)	设置旋转按钮的上、下限范围
int GetRange()	获取旋转按钮的上、下限范围值
int SetPos(int nPos)	设置旋转按钮的当前值
int GetPos()	获取旋转按钮的当前位置值
int SetBase(int nBase)	设置旋转按钮的基数，nBase 表示控件的新的基数
int GetBase()	获取旋转按钮的基数

3. 旋转按钮的常见消息

旋转按钮的消息只有一个，即 UDN_DELTAPOS，它是在控件的当前数据将要改变时向其父窗口发送的。

例 6.4　　创建一个基于对话框的应用程序来实现基本运算功能，程序界面如图 6-8 所示。要求在两个编辑框内输入数据，在另一个编辑框内显示计算结果。

实现步骤如下：

（1）创建一个基于对话框的应用程序项目 Ex_6_4，并

图 6-8　例 6.4 应用程序运行结果

将其 Caption(标题)改为"计算器"。

(2) 根据图 6-8 所示的控件布局,使用控件编辑器添加相应控件。表 6-12 列出了这些控件的属性设置。

注意,旋转按钮控件应在相对应的编辑框(伙伴窗口)之后添加,用布局工具栏中的测试按钮" ▶ 目 "测试效果。

表 6-12　控件的属性及成员变量设置

控　件	控件 ID 号	标　题	属　性	变量类别	变量类型	成员变量
编辑框	IDC_EDITDATA 1	—	默认	Control	CEdit	m_edit1
编辑框	IDC_EDITDATA 1	—	默认	Value	float	m_fedit1
旋转按钮	IDC_SPIN1	—	Auto Buddy:True Alignment:Right	Control	CSpinButtonCtrl	m_spin1
编辑框	IDC_EDITDATA 2	—	默认	Control	CEdit	m_edit2
旋转按钮	IDC_SPIN2	—	Auto Buddy:True Alignment:Right Set buddy:True	Control	CSpinButtonCtrl	m_spin2
编辑框	IDC_RESULT	—	默认	Value	CString	m_result
按键按钮	IDC_ADD	加(&A)	默认	—	—	—
按键按钮	IDC_DIFFERENCE	减(&D)	默认	—	—	—
按键按钮	IDC_MULTIPLY	乘(&M)	默认	—	—	—
按键按钮	IDC_DEVIDE	除(&D)	默认	—	—	—
按键按钮	IDCANCEL	退出	默认	—	—	—
静态文本	默认	数据1:	默认	—	—	—
静态文本	默认	数据2:	默认	—	—	—
静态文本	默认	计算结果	默认	—	—	—

(3) 打开"MFC 类向导"对话框,切换到"成员变量"标签页面,选择类名 CEx_6_4Dlg,在"成员变量"列表框中选定 IDC_EDITDATA1,单击"添加变量"按钮,为其添加一个 CEdit 类型成员变量 m_edit1 和 float 类型成员变量 m_fedit1;采用同样的方式为列表框中的 IDC_EDITDATA2 添加 CEdit 类型的成员变量 m_edit2,为 IDC_RESULT 添加 CString 类型的成员变量 m_result,为 IDC_SPIN1 添加 CSpinButtonCtrl 类型的成员变量 m_spin1,为 IDC_SPIN2 添加 CSpinButtonCtrl 类型的成员变量 m_spin2,如图 6-9 所示。

(4) 在 CEx_6_4dlg 类的 OnInitDialog()函数中设置旋转按钮控件的范围,代码如下:

```
BOOL CEx_6_4Dlg::OnInitDialog()
{
    ⋮
    m_spin1.SetRange(0,1000);        //设置旋转按钮控件范围
    m_spin2.SetRange(0,1000);
    return TRUE;          //return TRUE  unless you set the focus to a control
}
```

图 6-9 添加类成员变量

（5）为 CEx_6_4Dlg 类添加 IDC_SPIN1 控件的 UDN_DELTAPOS 消息映射，并添加代码：

```
void CEx_6_4Dlg::OnDeltaposSpin1(NMHDR *pNMHDR,LRESULT *pResult)
{
        NM_UPDOWN*pNMUpDown=(NM_UPDOWN*)pNMHDR;                //此代码已存在
        //TODO:Add your control notification handler code here
        UpdateData(TRUE);                                     //将控件的内容保存到变量中
        m_fedit1+=(float)pNMUpDown->iDelta*0.5f;              //设置增量大小为 0.5
        UpdateData(FALSE);                                    //将变量的内容显示在控件中
        *pResult=0;                                           //此代码已存在
}
```

在代码中，NM_UPDOWN 结构反映旋转控件的当前位置和增量大小。

（6）为 CEx_6_4Dlg 类按钮 IDC_ADD 添加 BN_CLICKED 消息映射，选定默认的消息映射函数名，实现两个数加的运算，在函数中编辑程序代码如下：

```
void CEx_6_4Dlg::OnClickedAdd()              //实现加法运算
{
        char sEdit1[10],sEdit2[10];          //定义两个编辑框中的字符串对象
        double dEdit1,dEdit2,dResult;        //定义编辑框中的数字类型
        char  Buffer[50];                    //代表存储转换结构的字符串
        m_edit1.GetWindowText(sEdit1,10);    //获得 Edit1 编辑框中的字符串保存到 sEdit1 中
        m_edit2.GetWindowText(sEdit2,10);    //获得 Edit2 编辑框中的字符串保存到 sEdit2 中
        dEdit1=atof((LPCTSTR)sEdit1);        //将 Edit1 编辑框中的字符串转换为浮点数
        dEdit2=atof((LPCTSTR)sEdit2);        //将 Edit2 编辑框中的字符串转换为浮点数
        dResult=dEdit1+dEdit2;               //进行运算求和
        _gcvt(dResult,10,Buffer);            //将和转换为字符串,存储在 CBuffer 中
        m_result=(LPCTSTR)Buffer;            //将结果字符串输出到 Result 编辑框中
        UpdateData(FALSE);                   //将成员变量数据传给控件,并在控件中显示
}
```

按同样的方法分别为按钮 IDC_DIFFERENCE、IDC_MULTIPLY 和 IDC_DEVIDE 增加 BN_CLICKED 消息映射,添加消息处理函数,并在相应的消息函数中编辑程序代码如下:

```
void CEx_6_4Dlg::OnClickedDifferen()        //减法运算
{
    char sEdit1[10],sEdit2[10];
    double dEdit1,dEdit2,dResult;
    char  Buffer[50];
    m_edit1.GetWindowText(sEdit1,10);
    m_edit2.GetWindowText(sEdit2,10);
    dEdit1=atof((LPCTSTR)sEdit1);
    dEdit2=atof((LPCTSTR)sEdit2);
    dResult=dEdit1-dEdit2;                   //进行运算求差
    _gcvt(dResult,10,Buffer);
    m_result=(LPCTSTR)Buffer;
    UpdateData(FALSE);
}
void CEx_6_4Dlg::OnClickedMultiply()        //乘法运算
{
    char sEdit1[10],sEdit2[10];
    double dEdit1,dEdit2,dResult;
    char  Buffer[50];
    m_edit1.GetWindowText(sEdit1,10);
    m_edit2.GetWindowText(sEdit2,10);
    dEdit1=atof((LPCTSTR)sEdit1);
    dEdit2=atof((LPCTSTR)sEdit2);
    dResult=dEdit1*dEdit2;                   //进行运算求乘积
    _gcvt(dResult,10,Buffer);
    m_result=(LPCTSTR)Buffer;
    UpdateData(FALSE);
}
void CEx_6_4Dlg::OnClickedDevide()          //除法运算
{
    char sEdit1[10],sEdit2[10];
    double dEdit1,dEdit2,dResult;
    char  Buffer[50];
    m_edit1.GetWindowText(sEdit1,10);
    m_edit2.GetWindowText(sEdit2,10);
    dEdit1=atof((LPCTSTR)sEdit1);
    dEdit2=atof((LPCTSTR)sEdit2);
    dResult=dEdit1/dEdit2;                   //进行运算求商
    _gcvt(dResult,10,Buffer);
    m_result=(LPCTSTR)Buffer;
    UpdateData(FALSE);
}
```

(7) 为按钮 IDCANCEL 添加 BN_CLICKED 消息映射处理函数,并在相应的消息函数中编辑程序代码如下:

```
void CEx_6_4Dlg::OnBnClickedCancel()
{
        OnOK();
        CDialogEx::OnCancel();
}
```

（8）编译、连接并运行程序，运行结果如图 6-8 所示。可以使用旋转按钮调整编辑框中的数据。

6.4 列表框

列表框控件"□□"是一个用来显示类型相同的一系列文本项的子窗口，用户可以选择其中的一项或多项。列表框主要用来以各种方式显示一组数据记录供用户进行各种操作，如资源管理器中的"查看"标签下的"大图标、小图标、列表、详细资源"就是一个典型应用。

1. 列表框风格属性

列表框的风格属性可以通过属性查看和修改。表 6-13 列出了列表框属性的各项含义。

表 6-13　列表框的属性及其含义

属 性 项	含 义 说 明
Selection	决定列表框的风格。其中：Single 表示单选，用户一次只能选择一个选项；Multiple 表示多选，用户在按下 Shift 或 Ctrl 键时可同时利用鼠标选择多个选项；Extended 表示扩展多选，增设 Shift 键＋方向键实现多选的功能；None 表示列表项被禁选
Owner draw	自画列表框，默认为 No
Has Strings	指定列表框包含有字符串文本
Border	列表框具有边框效果
Sort	列表项按字母顺序排列
Notify	当用户对列表框操作时，就会向父窗口发送消息
Multi-column	创建带有水平滚动条的列表框
Horizontal scroll	在列表框中创建一个水平滚动条
Vertical scroll	在列表框中创建一个垂直滚动条
No redraw	指示当前列表框的内容变化时不更新其显示
Use tabstops	使用停止位来调整列表项的水平位置
Want key input	列表框有输入时，就会向列表框的父窗口发送相应消息
Disable no scroll	使列表项全部在列表框中显示，也带上垂直滚动条
No integral height	按用户设定的尺寸作为列表框的大小，不管列表项是否能完全显示

2. 列表框类成员函数

管理列表框的 MFC 类是 CListBox 类，它是 CWnd 类的派生类，其常用成员函数如表 6-14 所示。

表 6-14 列表框 CListBox 类常用成员函数

函 数	功 能 说 明
GetCount	返回列表框中列表项的数目
GetTopIndex	返回列表框中第一个可见项的索引,初值为 0
SetTopIndex	指定特定的列表项为可见的
SelectString	搜索并选择单项选择列表框中的指定字符串
SetItemData	将一个 32 位数值与一个列表项关联起来
SetItemDataPtr	设置指向列表项的指针
GetItemData	返回与指定列表项有关的 32 位值
GetItemDataPtr	获取通过 SetItemDataPtr() 设置的某个列表项关联数据的指针
SetItemHeight	设置列表项的高度
GetItemHeight	返回列表项的高度值
GetSel	返回指定列表项的选择状态
GetCursel	获得当前选择的列表项的位置序号
GetText	复制列表项到缓冲区(获取列表项文本)
GetTextLen	返回列表项的字节数
AddString	添加字符串到列表框中并能根据 sort 属性,自动排序
DeleteString	删除指定的列表项
InsertString	在指定位置插入列表项,当参数为 −1 时,在列表框末尾添加
ResetContent	清除列表框中所有的列表项
FindString	搜索列表框中前缀字符匹配的列表项
FindStringExact	搜索列表框中完全匹配的列表项
SetCurSel	设定某个列表项为选中状态(呈高亮显示)

1) 添加列表项成员函数

```
int  AddString(LPCTSTR  lpszItem);
int  InsertString(int nIndex,LPCTSTR lpszItem);
```

说明:上面两条语句都将返回列表项在列表框中的索引:错误时,返回 LB_ERR;空间不够时,返回 LB_ERRSPACE。参数 lpszItem 指定列表项的文本串。

InsertString 不会对列表项进行排序,nIndex 指定插入列表项的位置,若 nIndex 等于 −1,则添加在列表框末尾。

2) 用户数据和某个列表项关联起来的成员函数

```
int SetItemData(int nIndex,DWORD dwItemData);   //将一个 32 位数与某列表项关联起来
int SetItemDataPtr(int nIndex,void *pData);
                    //将用户的数组、结构体等大量的数据与列表项关联
```

说明:参数 nIndex 指定关联的列表项,dwItemData 和 pData 是与列表项关联的数据。关联产生错误时,将返回 LB_ERR。

与以上两个函数对应的 GetItemData 和 GetItemDataPtr 获取相关的用户数据。

3）查找列表项成员函数

```
int FindString(int nStartAfter,LPCTSTR lpszItem) const;
int FindStringExact(int nIndexStart,LPCTSTR lpszFind) const;
```

说明：lpszItem 和 lpszFind 指定要找的列表项文本；nStartAfter 和 nIndexStart 指定查找开始位置，若为−1，从头到尾查找。

4）删除列表项成员函数

```
int DeleteString(UINT nIndex);//nIndex指定要删除的列表项的索引
void ResetContent();
```

注意：用 SetItemPtr 函数，在删除时将关联数据占的内存空间释放出来。

3. 列表框的常见消息

列表框与列表框中的列表项都能够产生消息映射，如当列表框内的列表项被选中时，就会向其父窗口发送消息。表 6-15 列出了与列表框有关的常见消息。

表 6-15　与列表框有关的常见消息

消　息	产　生　原　因
LBN_DBCLICK	双击列表项
LBN_ERRSPACE	列表框不能分配足够的内存
LBN_KILLFOCUS	列表框失去输入焦点
LBN_SETFOCUS	列表框接收输入焦点
LBN_SELCANCEL	列表框中的选择被取消
LBN_SELCHANGE	列表框中的用户选择已发生改变

例 6.5　列表框应用实例：创建一个基于对话框的应用程序来显示一个学生的有关信息，如姓名、学号及考试成绩，程序界面如图 6-10 所示。要求列表框中由每一个学生姓名组成的列表项与编辑框相关联，当选中某列表项时，其关联信息同步显示在编辑框中；用户单击"添加"按钮时，编辑框输入的一组信息，姓名文本将被添加到列表框中，其他信息都与之关联；单击"删除"按钮时，所选定的列表项及其相关信息都被删除；单击"清空"按钮时，列表框选项全部被清空；

图 6-10　例 6.5 程序运行界面

当选中列表框中的列表项时，单击"上移"或"下移"按钮，会移动相应列表项；在编辑框中输入查询的姓名，单击"查询"按钮，列表框选项被选中。

实现步骤如下：

（1）创建一个基于对话框的应用程序项目 Ex_6_5，并将其 Caption（标题）设置为"列表框控件的使用"。

（2）根据图 6-10 的控件布局，使用控件编辑器添加相应控件。表 6-16 列出了这些控件的属性设置及添加的对应的成员变量。

表 6-16　控件的属性设置

控　件	控件 ID 号	标　题	属性	变量类别	变量类型	成员变量
列表框	IDC_LIST		默认	Control	CListBox	m_List
组　框	IDC_STATIC	学生信息	默认			
静态文本	IDC_STATIC	姓　名：	默认			
静态文本	IDC_STATIC	学　号：	默认			
静态文本	IDC_STATIC	总　分：	默认			
静态文本	IDC_STATIC	查　找：	默认			
编辑框	IDC_EDITNAME		默认	Value	CString	m_Name
编辑框	IDC_EDITNUM		默认	Value	CString	m_Num
编辑框	IDC_EDITSCORE		默认	Value	double	m_Score
编辑框	IDC_EDITFIND		默认	Control	CEdit	m_EditFind
按　钮	IDC_BUTTONADD	添　加	默认			
按　钮	IDC_BUTTONDEL	删　除	默认			
按　钮	IDC_BUTTONCLEAR	清　空	默认			
按　钮	IDC_BUTTONFIRST	上　移	默认			
按　钮	IDC_BUTTONNEXT	下　移	默认			
按　钮	IDC_BUTTONFIND	查　找	默认			

（3）打开"MFC 类向导"对话框，切换到"成员变量"标签页面，为表 6-16 控件添加相应成员变量，如图 6-11 所示。为了确保输入值的有效性，可利用数据校验功能限定编辑框输入值的有效范围。例如，在添加编辑框 IDC _EDITSCORE 的成员变量时，将其范围大小设置为 0.0~100.0。

图 6-11　添加成员变量

(4) 打开 Ex_6_5Dlg. h 头文件,在类 CEx_6_5Dlg 中的 public 成员后添加一个结构体类型来描述所关联的列表项信息。

```
struct student
{
    CString name;
    CString num;
    double score;
};
```

(5) 打开"MFC 类向导"对话框中的"命令"标签页面,分别为对话框中的按钮控件 IDC_BUTTONADD、IDC_BUTTONDEL、IDC_BUTTONCLEAR、IDC_BUTTONFIRST、IDC_BUTTONNEXT、IDC_BUTTONFIND 添加 BN_ CLICKED 的消息映射处理函数,并在相应的消息函数中编辑程序代码如下:

```
void CEx_6_5Dlg::OnClickedButtonadd()          //添加按钮
{
    UpdateData(TRUE);                          //获得控件中的数据
    if(m_Name.IsEmpty())                       //判断学生"姓名"是否为空
    { MessageBox("学生姓名不能为空!");
    return;
    }
    m_Name.TrimLeft();                         //去掉 m_Name 左边的空格
    m_Name.TrimRight();                        //去掉 m_Name 右边的空格
    if((m_List.FindString(-1,m_Name))!=LB_ERR)
    { MessageBox("列表框中已有该项,不能添加!");
    return;
    }
    int nIndex=m_List.AddString(m_Name);       //向列表框中添加学生姓名
    student data;                              //将学生信息项与新增的列表项关联起来
    data.name=m_Name;
    data.num=m_Num;
    data.score=m_Score;
    m_List.SetItemDataPtr(nIndex,new student(data));     //建立关联
}
void CEx_6_5Dlg::OnClickedButtondel()          //删除按钮
{
    int nIndex=m_List.GetCurSel();             //获得当前选项的索引
    if(nIndex!=LB_ERR)
    {
    delete(student*) m_List.GetItemDataPtr(nIndex); //释放关联数据所占据的内存空间
    m_List.DeleteString(nIndex);               //删除列表框当前选项
    m_Name.Empty();
    m_Num="";
    m_Score=0.0;
    UpdateData(FALSE);                         //在编辑框中显示数据
    }
    else MessageBox("没有选择列表项或列表框操作失败!");
}
```

```
void CEx_6_5Dlg::OnClickedButtonclear()            //清空按钮
{
    m_List.ResetContent();                         //清空所有列表项
}
void CEx_6_5Dlg::OnClickedButtonfirst()            //上移按钮
{
    int pos=m_List.GetCurSel();
    if(pos<0)
    {
    MessageBox("请选择列表项!");
    return;
    }
    if(pos==0)                                     //索引为 0 为第一项
    {
      MessageBox("已经是第一项!");
      return;
    }
    CString str;
    m_List.GetText(pos-1,str);                     //获取当前选中的上一项
    m_List.DeleteString(pos-1);                    //删除上一项
    m_List.InsertString(pos,str);                  //在当前位置插入上一项
}
void CEx_6_5Dlg::OnClickedButtonnext()             //下移按钮
{
    int pos=m_List.GetCurSel();
    if(pos<0)
    {
      MessageBox("请选择列表项!");
      return;
    }
    if(pos==m_List.GetCount()-1)
    {
      MessageBox("已经是最后一项!");
    return;
    }
    CString str;
    m_List.GetText(pos+1,str);                     //获取当前选中的下一项
    m_List.DeleteString(pos+1);                    //删除下一项
    m_List.InsertString(pos,str);                  //在当前位置插入下一项
}
void CEx_6_5Dlg::OnClickedButtonfind()             //查找按钮
{
    CString str,str1;
    m_EditFind.GetWindowTextA(str);                //获得当前编辑框中的字符串
    if(str.IsEmpty())
    {
        MessageBox("请输入要查找的字符串!");
```

```
                    return;
                }
        m_List.SelectString(-1,str);        //在列表框中查找字符串
        OnSelchangeList();                  //列表项值发生改变
    }
```

（6）为列表框 IDC_LIST 添加 LBN_SELCHANGE 的消息处理函数，如果当前列表项发生改变，新选项的相关信息显示在编辑框中。程序代码如下：

```
void CEx_6_5Dlg::OnSelchangeList()
{
    int nIndex=m_List.GetCurSel();
    if(nIndex!=LB_ERR)
    {
        student*S=(student*)m_List.GetItemDataPtr(nIndex);   //获得关联数据
        m_Name=S->name;          //将信息反馈给编辑框变量
        m_Num=S->num;
        m_Score=S->score;
        UpdateData(FALSE);        //显示数据
    }
}
```

（7）打开"MFC 类向导"对话框中的"消息"标签页面，为 Ex_6_5Dlg 对话框添加 WM_DESTROY（关闭对话框）的消息处理函数。程序代码如下：

```
void CEx_6_5Dlg::OnDestroy()
{
    CDialog::OnDestroy();
    int nIndex=m_List.GetCount()-1;
    for(;nIndex >=0;nIndex--)
    {   //删除所有与列表项关联的 student 数据，释放内存
        delete(student*) m_List.GetItemDataPtr(nIndex);
    }
}
```

（8）编译、连接并运行程序，结果如图 6-10 所示。

6.5 组合框

组合框控件"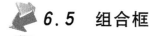"是一种既具有列表项，又具有数据输入功能的子窗口，它吸收了列表框和编辑框的优点，既可以显示列表项供用户进行选择，也允许用户输入新的数据项。在功能上，可以将组合框视为编辑框、列表框和按钮的组合。组合框有三种类型，即简单组合框（Simple）、下拉式组合框（Dropdown）、下拉式列表框（Drop List），如图 6-12 所示。简单组合框由一个编辑框和一个显示的列表框组成，不需要下拉，是直接显示出来的。下拉式组合框由编辑框和列表框组成，只有当选择下拉箭头时才显示列表框，具有文字编辑功能。下拉式列表框由静态控件和列表框组成，只有当选择下拉箭头时才显示列表框，但没有文字编辑功能。

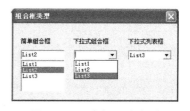

图 6-12 组合框三种类型

215

1. 组合框风格属性

组合框的属性也可以像前几类控件一样通过属性对话框设置。其大部分风格属性与编辑框或列表框的相关属性相同,表 6-17 列出了组合框属性的各项含义。

表 6-17　组合框的属性及其含义

属　性　项	含　义　说　明
Type	决定组合框的风格。其中,Simple 表示简单组合框类型,Dropdown 表示下拉式组合框类型,Drop List 表示下拉式列表框类型
Owner draw	自画组合框,默认为 No
Has Strings	指定组合框包含有字符串文本
Sort	组合框中的选项按字母顺序排列
Vertical scroll	在列表框中创建一个垂直滚动条
No integral height	用指定的尺寸作为组合框的尺寸
OEM convert	实现对特定字符集的字符转换
Auto HScroll	用户在行尾键入回车,文本自动向右滚动
Disable no scroll	使组合框中的选项全部显示,带上垂直滚动条
Uppercase	在编辑区域内键入的字符全部大写显示
Lowercase	在编辑区域内键入的字符全部小写显示

2. 组合框类成员函数

组合框是编辑框与列表框的组合,因此,编辑框 CEdit 类的成员函数与列表框类 CListBox 的成员函数都可以对组合框进行管理操作,如 GetEditSet、SetEditSel 等。

3. 组合框的常见消息

同其他控件一样,组合框也能产生消息映射。在组合框的通知消息中,有些是编辑框发出的,有些是列表框发出的。表 6-18 列出了与组合框有关的常见消息。

表 6-18　与组合框有关的常见消息

消　　息	产　生　原　因
CBN_CLOSEUP	关闭组合框中的列表框
CBN_DBLCLK	双击组合框中的列表项
CBN_SELENDOK	用户选择一个列表项并按下 Enter 键
CBN_SELENDCANCEL	当前选项被取消,用户重新选择其他控件或关闭组合框
CBN_EDITCHANGE	更改组合框的编辑框中的文本,在显示更新之后发送此消息
CBN_EDITUPDATE	更改组合框的编辑框中的文本,在显示更新之前发送此消息
CBN_KILLFOCUS	组合框失去输入焦点
CBN_SETFOCUS	组合框接收输入焦点
CBN_SELCHANGE	单击列表框或使用方向键导致组合框的列表框选择被更改
CBN_DROPDOWN	下拉组合框的列表框(仅当前组合框为下拉式风格时)
CBN_ERRSPACE	组合框没有分配到足够的空间

例 6.6　设计一个选择数据库文件的对话框,如图 6-13 所示。当选择"驱动器"组合框中的盘符时,对应的文件夹会在"目录"列表框中显示,双击"目录"列表框中的选项,可以定位到指定的文件路径。指定路径下的文件根据确定的文件类型显示在"数据库名"的简单组合框中。程序运行结果如图 6-14 所示。

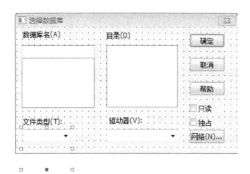

图 6-13　选择数据库文件的对话框

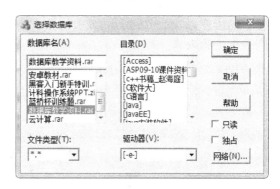

图 6-14　例 6.6 程序运行结果

实现步骤如下:

(1) 创建基于对话框的应用程序项目 Ex_6_6,并将其 Caption(标题)设置为"选择数据库"。

(2) 打开控件布局工具栏" "中的网格" ",使用控件编辑器添加控件,根据图 6-13 所示控件布局,设置控件的属性及对应的成员变量如表 6-19 所示。

表 6-19　控件属性设置及添加成员变量

控 件	控件 ID 号	标 题	属 性	变量类别	变量类型	变量名
静态文本	IDC_STATIC	数据库名(A)	默认			
静态文本	IDC_STATIC	目录(D)	默认			
静态文本	IDC_STATIC	文件类型(T):	默认			
静态文本	IDC_STATIC	驱动器(V):	默认			
按钮	IDOK	确定	默认			
按钮	IDCANCEL	取消	默认			
按钮	IDC_BUTTON1	帮助	默认			
按钮	IDC_BUTTON2	网络(N)...	默认			
复选按钮	IDC_CHECK1	只读	默认			
复选按钮	IDC_CHECK2	独占	默认			
组合框	IDC_COMBOFILE	—	Type:Simple	Control	CComboBox	m_BoxFile
列表框	IDC_LISTFOLDER	—	默认	Control	CListBox	m_ListFold
组合框	IDC_COMBOTYPE	—	默认	Control	CComboBox	m_BoxType
组合框	IDC_COMBODRIVER	—	默认	Control	CComboBox	m_BoxDriver

注意:组合框添加到对话框模板后,一定要调整下拉框的大小,否则列表项不能全部显示出来。调整方法:只需单击组合框的下拉按钮" ▼ ",调整出现的虚线下拉框的大小即可。

（3）打开"MFC 类向导"对话框，在"类名"列表中选中"CEx_6_6Dlg"，选择"成员变量"标签页面，选中所需添加变量控件的 ID，双击控件 ID 或单击"添加变量"按钮，按表 6-19 为界面上各控件添加对应的成员变量，如图 6-15 所示。

（4）在"类视图"页面，选中 CEx_6_6Dlg 类，单击右键，在弹出的快捷菜单中选中"添加/添加函数"页面，分别添加成员函数 FileCombo(CString str)，类型为 void，用于更新文件组合框中的内容，如图 6-16 所示，成员函数 FolderList(CString str)，类型为 void，用于更新目录列表框中的内容。

图 6-15　添加成员变量对话框　　　　图 6-16　添加成员函数对话框

函数添加代码如下：

```
void CEx_6_6Dlg::FileCombo(CString str)      //更新文件组合框的内容
{
    m_BoxFile.ResetContent();                //删除文件组合框中原来的列表项
    m_BoxFile.Dir(DDL_READWRITE|DDL_READONLY|DDL_ARCHIVE,str);
    //将选定路径下的文件添加到文件组合框中
}
void CEx_6_6Dlg::FolderList(CString str)      //更新目录列表框中的内容
{
    m_ListFold.ResetContent();               //删除目录列表框中原来的列表项
    m_ListFold.Dir(DDL_DIRECTORY|DDL_EXCLUSIVE,str);
    //将选定路径下的文件夹添加到列表框中
}
```

其中，Dir() 函数第一个参数指定文件的属性，如 DDL_READWRITE（可读写文件）、DDL_READONLY（只读文件）、DDL_ARCHIVE（存档文件）、DDL_HIDDEN（隐含文件）、DDL_SYSTEM（系统文件）、DDL_DIRECTORY（文件夹）、DDL_DRIVES（驱动器）、DDL_EXCLUSIVE（指定属性有效）。这些属性可以是一些预定义的值或"|"组合。第二个参数指定文件的类型，如"*.cpp""*.*"等。列表框类 CListBox 也有 Dir() 成员函数。

（5）打开"MFC 类向导"对话框，分别为文件类型组合框 IDC_COMBOTYPE 和驱动器组合框 IDC_COMBODRIVER 添加 CBN_SELCHANGE 消息映射函数，并添加代码如下：

```
void CEx_6_6Dlg::OnSelchangeCombotype()      //按文件类型更新文件组合框内容
{
    int nId=m_BoxType.GetCurSel();           //获取当前选择文件类型项的索引号
    if(nId!=CB_ERR){
```

218

```
            CString string;
            m_BoxType.GetLBText(nId,string);    //获取选择文件类型当前项的内容
            FileCombo(string);                  //更新文件组合框的内容
        }
    }
    void CEx_6_6Dlg::OnSelchangeCombodriver()
    {    //按驱动器选项更新目录、文件类型、文件列表
        int nId=m_BoxDriver.GetCurSel();        //获取驱动器组合框当前选择项的索引号
        if(nId!=CB_ERR){
            CString string;
            m_BoxDriver.GetLBText(nId,string);  //获取驱动器组合框当前选择项的内容
            CString sPath;
            sPath.Format("%c:\\",string.GetAt(2));  //设置文件夹路径格式
            ::SetCurrentDirectory(sPath);       //设置当前目录
            FolderList("*.*");                  //更新目录列表框中的内容
            OnSelchangeCombotype();             //按文件类型更新文件组合框内容
        }
    }
```

（6）打开"MFC 类向导"对话框，为列表框 IDC_LISTFOLDER 添加双击 LBN_DBLCLK 的
消息映射函数，并添加代码如下：

```
    void CEx_6_6Dlg::OnDblclkListfolder()
    {
        int nId=m_ListFold.GetCurSel();         //获取列表框当前选项的索引
        if(nId!=LB_ERR)
        {
            CString string;
            m_ListFold.GetText(nId,string);     //获取列表框当前选项的内容
            CString sPath;
            sPath=string.Mid(1,string.GetLength()-2);
            ::SetCurrentDirectory(sPath);       //设置当前目录
            FolderList("*.*");                  //更新目录列表框中的内容
            OnSelchangeCombotype();             //按文件类型更新文件组合框内容
        }
    }
```

（7）利用"MFC 类向导"对话框，分别为按钮 IDC_BUTTON1 和 IDC_BUTTON2 添加
单击 BN_CLICKED 的消息映射函数，并添加代码如下：

```
    void CEx_6_6Dlg::OnButton1()
    {
        MessageBox("只读和独占是文件的打开的属性,本例没有实现代码!","帮助");
    }
    void CEx_6_6Dlg::OnButton2()
    {
        MessageBox("是否连接网络...","网络",MB_YESNOCANCEL|MB_ICONQUESTION);
    }
```

（8）在 CEx_6_6Dlg 类的 OnInitDialog()函数中添加如下代码：

```
BOOL CEx_6_6Dlg::OnInitDialog()
{
    ...
    int nId=m_BoxType.AddString("*.*");
    m_BoxType.AddString("*.mdb");
    m_BoxType.SetCurSel(nId);
    m_BoxDriver.Dir(DDL_DRIVES|DDL_EXCLUSIVE,"*.*");
    m_BoxDriver.SetCurSel(1);
    OnSelchangeCombodriver();
    return TRUE;    //return TRUE   unless you set the focus to a control
}
```

（9）编译并运行程序，结果如图 6-14 所示。

 ## 6.6 滚动条

当应用程序显示的数据内容超出显示范围时，就需要通过增加滚动条来显示数据内容。滚动条""是一个独立的窗口，主要功能是通过可视化的滚动操作实现程序设计所要求的功能，如数据定位、显示数据内容等。另外，滚动条还可以作为选取数值、调节音量、选择颜色的工具控件。

滚动条按照走向不同，可分为垂直滚动条和水平滚动条，其外观比较相似，两端都有两个箭头按钮，中间有一个可沿滚动条方向移动的滚动块，如图 6-17 所示。

箭头按钮

滚动条　　滚动块

图 6-17　滚动条外观

1. 滚动条类成员函数

在 MFC 中，滚动条类 CScrollBar 是 CWnd 类的派生类，用户可以直接调用其成员函数对滚动条进行管理操作。CScrollBar 类的常用成员函数如表 6-20 所示。

表 6-20　CScrollBar 类常用成员函数

函　数	功 能 说 明	函　数	功 能 说 明
GetScrollPos	得到滚动条的当前位置	GetScrollRange	得到指定滚动条的滚动范围
SetScrollPos	设置滚动条的当前位置	SetScrollRange	设置滚动条的滚动范围
SetScrollInfo	设置指定滚动条的有关信息	ShowScrollBar	显示或隐藏滚动条
GetScrollInfo	得到指定滚动条的有关信息	GetScrollLimit	得到滚动条的最大滚动位置

2. 滚动条的常见消息

当用户对滚动条进行操作时，滚动条就会发出相应的消息通知：水平滚动条发出 WM_HSCROLL 消息，垂直滚动条发出 WM_VSCROLL 消息，如表 6-21 所示。

表 6-21　滚动条常见消息

消　息	产 生 原 因
SB_TOP、SB_BOTTOM	垂直滚动条滚动到顶端或底端
SB_LEFT、SB_RIGHT	水平滚动条滚动到左端或右端
SB_LINEUP、SB_LINEDOWN	垂直滚动条向上或向下滚动一行（或一个单位）

消　　息	产 生 原 因
SB_LINELEFT、SB_LINERIGHT	水平滚动条向左或向右滚动一列（或一个单位）
SB_PAGEUP、SB_PAGEDOWN	垂直滚动条向上或向下滚动一页
SB_PAGELEFT、SB_PAGETIGHT	水平滚动条向左或向右滚动一页
SB_THUMBPOSITION	滚动条移动到新位置
SB_THUMBTRACK	滚动条被拖动
SB_ENDSCROLL	结束滚动（到最终位置）

例 6.7　滚动条控件实例：创建一个带滚动条的对话框应用程序，通过拖动滚动条和输入编辑框的值来调整、显示颜色分量，并根据指定的颜色值填充一个矩形区域，如图 6-18 所示。

实现步骤如下：

（1）创建一个基于对话框的应用程序项目 Ex_6_7，并将其 Caption（标题）设置为"滚动条控件的使用"。

（2）根据图 6-18 的控件布局，使用控件编辑器添加相应控件，打开属性对话框，设置相关属性。表 6-22 列出了这些控件的属性设置值。

图 6-18　例 6.7 程序运行结果

表 6-22　控件的属性设置

控　件	控件 ID 号	标　题	属　　性
静态文本	默认	红：	默认
滚动条	IDC_SCTOLLBAR1		默认
编辑框	IDC_EDITR		默认
静态文本	默认	绿：	默认
滚动条	IDC_SCTOLLBAR2		默认
编辑框	IDC_EDITG		默认
静态文本	默认	蓝：	默认
滚动条	IDC_SCTOLLBAR3		默认
编辑框	IDC_EDITB		默认
静态文本	IDC_DRAW	默认	Static edge：True
按　钮	IDCANCEL	退出	Default button：True

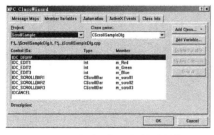

图 6-19　添加成员变量对话框

（3）打开"MFC 类向导"对话框，切换到"成员变量"标签页面，选择类名 CEx_6_7Dlg，在控件 ID 列表框中选定相关控件 ID，单击"添加变量"按钮，为其添加一个相应类型的成员变量，并设置其取值范围，如图 6-19 所示。表 6-23 列出了各控件的成员变量及其类型。

表 6-23 控件的成员变量及其类型

控件 ID 号	变量类别	变量类型	变 量 名	取 值 范 围
IDC_SCROLLBAR1	Control	CScrollBar	m_Scroll1	—
IDC_EDITR	Value	int	m_Red	0～255
IDC_SCROLLBAR2	Control	CScrollBar	m_Scroll2	—
IDC_EDITG	Value	int	m_Green	0～255
IDC_SCROLLBAR3	Control	CScrollBar	m_Scroll3	—
IDC_EDITB	Value	int	m_Blue	0～255

（4）在对话框类 CEx_6_7Dlg 的 OnInitDialog()函数中，设置对话框的滚动条控件的范围及当前位置。其代码如下：

```
BOOL CEx_6_7Dlg::OnInitDialog()
{
    ...
    m_Scroll1.SetScrollRange(0,255);        //设置滚动范围
    m_Scroll1.SetScrollPos(m_Red);          //设置当前位置
    m_Scroll2.SetScrollRange(0,255);
    m_Scroll2.SetScrollPos(m_Green);
    m_Scroll3.SetScrollRange(0,255);
    m_Scroll3.SetScrollPos(m_Blue);
    UpdateData(FALSE);
    return TRUE;                 //return TRUE  unless you set the focus to a control
}
```

（5）在"类视图"页面，用鼠标右击"CEx_6_7Dlg"类，在弹出的快捷菜单中选择"添加/添加函数"命令项，为该程序的对话框类添加一个用于绘图的成员函数 Draw()，函数类型为void，添加代码如下：

```
void CEx_6_7Dlg::Draw()
{
    CWnd *pWnd=GetDlgItem(IDC_DRAW);            //窗口指针指向绘图控件
    CDC *pDC=pWnd->GetDC();                     //获取绘图设置环境
    CBrush  brush;
    brush.CreateSolidBrush(RGB(m_Red,m_Green,m_Blue));
    //用画刷工具填充绘图区,颜色由 RGB 宏指定
    CBrush *pOldBrush=pDC->SelectObject(&brush);  //将当前画刷选入设备环境
    CRect  rect;
    pWnd->GetClientRect(rect);                  //获取绘图区域
    pDC->Rectangle(rect);                       //绘制矩形
    pDC->SelectObject(pOldBrush);
}
```

（6）打开"MFC 类向导"对话框的"消息"标签页面，如图 6-20 所示。为 CEx_6_7Dlg 类添加 WM_HSCROLL 消息处理函数，当拖动滚动块后，得到滚动块位移后的数值信息，根据滚动块位移后的数据信息，重新绘制填充区域，添加代码如下：

222

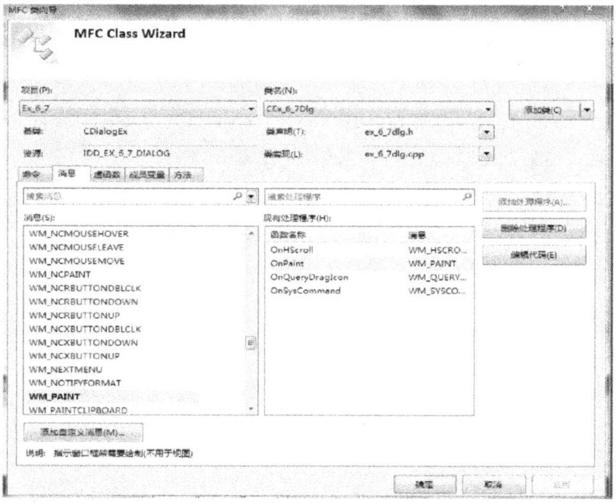

图 6-20　添加对话框类成员函数

```
void CEx_6_7Dlg::OnHScroll(UINT nSBCode,UINT nPos,CScrollBar *pScrollBar)
{
    int ID=pScrollBar->GetDlgCtrlID();
    if(ID==IDC_SCROLLBAR1)                      //获取第一个滚动条中滚动块的位置
    {   switch(nSBCode)
        {
            case SB_LINELEFT:m_Red--;break;     //单击滚动条左边箭头
            case SB_LINERIGHT:m_Red++;break;    //单击滚动条右边箭头
            case SB_PAGELEFT:m_Red-=10;break;
            case SB_PAGERIGHT:m_Red+=10;break;
            case SB_THUMBTRACK:m_Red=nPos;break;
        }
        if(m_Red<0)  m_Red=0;
        if(m_Red > 255)  m_Red=255;
        m_Scroll1.SetScrollPos(m_Red);          //设置第一个滚动条中滚动块的位置
    }
    if(ID==IDC_SCROLLBAR2)                       //获取第二个滚动条中滚动块的位置
    {   switch(nSBCode)
        {
            case SB_LINELEFT:m_Green --;break;  //单击滚动条左边箭头
            case SB_LINERIGHT:m_Green++;break;  //单击滚动条右边箭头
            case SB_PAGELEFT:m_Green -=10;break;
            case SB_PAGERIGHT:m_Green+=10;break;
            case SB_THUMBTRACK:m_Green=nPos;break;
        }
        if(m_Green<0)  m_Green=0;
        if(m_Green>255)  m_Green=255;
        m_Scroll2.SetScrollPos(m_Green);        //设置第二个滚动条中滚动块的位置
    }
    if(ID==IDC_SCROLLBAR3)                       //获取第三个滚动条中滚动块的位置
```

```
{    switch(nSBCode)
    {
        case SB_LINELEFT:m_Blue --;break;        //单击滚动条左边箭头
        case SB_LINERIGHT:m_Blue++;break;        //单击滚动条右边箭头
        case SB_PAGELEFT:m_Blue -=10;break;
        case SB_PAGERIGHT:m_Blue+=10;break;
        case SB_THUMBTRACK:m_Blue=nPos;break;
    }
    if(m_Blue<0)  m_Blue=0;
    if(m_Blue>255)  m_Blue=255;
    m_Scroll3.SetScrollPos(m_Blue);        //设置第三个滚动条中滚动块的位置
    }
    UpdateData(FALSE);
    Draw();                                //重新绘制填充区域
    CDialog::OnHScroll(nSBCode,nPos,pScrollBar);
}
```

（7）利用"MFC 类向导"对话框，分别为编辑框 IDC_EDITR、IDC_EDITG 和 IDC_EDITB 添加 EN_CHANGE 的消息映射函数。当在编辑框中输入滚动条中滚动块的位置信息后，根据滚动条中滚动块的位置信息，重新绘制填充区域，添加代码如下。

根据第一个编辑框输入值设置第一个滚动条中滚动块的位置：

```
void CEx_6_7Dlg::OnChangeEditr()    //红色编辑框
{
    UpdateData();
    m_Scroll1.SetScrollPos(m_Red);
    Draw();
}
```

根据第二个编辑框输入值设置第二个滚动条中滚动块的位置：

```
void CEx_6_7Dlg::OnChangeEditg()    //绿色编辑框
{
    UpdateData();
    m_Scroll2.SetScrollPos(m_Green);
    Draw();
}
```

根据第三个编辑框输入值设置第三个滚动条中滚动块的位置：

```
void CEx_6_7Dlg::OnChangeEditb()    //蓝色编辑框
{
    UpdateData();
    m_Scroll3.SetScrollPos(m_Blue);
    Draw();
}
```

（8）在 CEx_6_7Dlg 类的 OnPaint()函数中，添加填充绘图区域的代码如下：

```
void CEx_6_7Dlg::OnPaint()
{
    ...
```

```
        CWnd  *pWnd=GetDlgItem(IDC_DRAW);
        pWnd->UpdateWindow();
        Draw();
          ⋮    ⋮    ⋮
    }
```

（9）编译、连接并运行程序。当用户拖动滚动条或在编辑框中输入滚动块的值时，矩形区域会填充不同的颜色，如图 6-18 所示。

 6.7 滑动条

如果需要在某个范围内输入一个值，除了使用滚动条和微调按钮外，还可以使用滑动条。滑动条控件“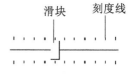”由一个包含了刻度的标尺和一个可以在两点之间移动的滑块构成，如图 6-21 所示。用户可以借助鼠标或键盘移动滑块，滑块的不同位置代表不同的数值。当用户需要在一个确定的范围内选择数值时，使用滑动条非常有效，它可以向用户直接提供控件的当前值和取值范围。滑动条可以单独使用，不需要关联控件，具有较好的独立性。

图 6-21 滑动条外观

1. 滑动条的风格属性

滑动条的风格属性可以打开其属性对话框设置。表 6-24 列出了滑动条 Styles 属性的各项含义。

表 6-24 滑动条的风格属性及其含义

属 性 项	含 义 说 明
Orientation	滑动条的放置方向（Vertical 垂直放置，Horizontal 水平放置）
Point	刻度线在滑动条中的位置（Both 两边都有、Top/Left 刻度位于滑动条的上方或左边、Bottom/Right 刻度位于滑动条的下方或右边）
Tick Marks	选中此项，显示滑动条的刻度线
Auto Ticks	滑动条的每个增量位置处都有刻度线，增量大小自动根据其范围确定
Enable Selection	选中此项，控件中供用户选择的数值范围高亮显示
Border	选中此项，滑动条的周围有边框

2. 滑动条类成员函数

MFC 的 CSliderCtrl 类封装了滑动条的各种成员函数（见表 6-25），使用这些成员函数可以对滑动条进行管理操作，如设置滑块的位置和界限值等。

表 6-25 滑动条 CSliderCtrl 类成员函数

函 数	功 能 说 明
GetLineSize	返回滑块行的大小
SetLineSize	设置滑块行的大小
GetPageSize	返回滑块页的大小
GetRange	获取滑块的位置值及范围
SetRange	设置滑块的位置值及范围

225

续表

函　　　数	功　能　说　明
GetSelection	获取滑动条控件中当前选择的开始和结束位置
SetSelection	设置滑动条控件中当前选择的开始和结束位置
GetPos	返回滑块的当前位置
SetPos	设置滑块的当前位置
GetTic	返回滑动条控件中的一个刻度线的位置
SetTic	设置滑动条控件中的一个刻度线的位置
GetNumTics	返回滑块刻度标记的总数
SetTicFreg	设置显示在滑动条中标尺的疏密程度
ClearTics	从滑动条控件中删除当前的刻度线

3. 滑动条的常见消息

当移动滑块时,滑动条将发送与滚动条相同的通知消息来通知父窗口,垂直放置的滑动条产生 WM_VSCROLL 消息,水平放置的滑动条产生 WM_HSCROLL 消息。常见的消息有 TB_BOTTOM、TB_ENDTRACK、TB_TOP 等,其消息含义与滚动条控件的相应消息相同。

例 6.8　　创建单文档应用程序,并添加一个对话框:对话框中有一个编辑框,用于输入线宽;一个滑动条控件,用于确定圆的半径在编辑框中显示;当用户单击"查看/绘图对话框"菜单项时,弹出对话框,设置圆的半径和线宽,单击"确定"按钮,程序将根据设置的线宽和半径在用户视图区画一个圆。程序运行结果如图 6-22 所示。

实现步骤如下:

(1)创建一个单文档应用程序 Ex_6_8,在"类视图"中选择 Ex_6_8,右击,选择"添加/资源/Dialog/新建",向该程序添加一个对话框资源,ID 值为 IDD_DIALOG1 并将其 Caption(标题)设置为"滑动条控件的使用"。

(2)根据图 6-23 的控件布局,使用控件编辑器为对话框添加相应控件,根据表 6-26 列出的控件属性进行设置。选择"格式|Tab 键顺序"菜单,按照图 6-23 所示的 TabOrder 次序,依次添加控件。

图 6-22　例 6.8 程序运行结果

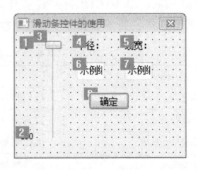

图 6-23　控件布局

表 6-26 控件的属性设置

控 件	控件 ID 号	标 题	属 性
静态控件	IDC_STATIC	0	默认
静态控件	IDC_STATIC	100	默认
滑动条	IDC_SLIDER	—	Vertical、Auto ticks、Tick marks
静态控件	IDC_STATIC	半径：	默认
静态控件	IDC_STATIC	线宽：	默认
编辑框	IDC_RADIUSEDIT	—	默认
编辑框	IDC_LINEWIDEEDIT		默认
按 钮	IDOK	确定	Default button，其余默认

（3）右击对话框，选择“添加类”，创建一个新的对话框类 CDrawDlg，如图 6-24 所示。打开“MFC 类向导”对话框，选择“CDrawDlg”类的“成员变量”标签，在“控制 ID”列表框中选定相关控件 ID，单击“添加变量”按钮，为其控件添加一个相应类型的成员变量，并设置其取值范围，如图 6-25 所示。表 6-27 列出了各控件的成员变量及其类型。

图 6-24　添加类对话框　　　　图 6-25　添加成员变量对话框

表 6-27 控件的成员变量及其类型

控件 ID 号	变量类别	变量类型	变 量 名	取 值 范 围
IDC_SLIDER	Control	CSliderCtrl	m_slider	—
IDC_SLIDER	Value	int	m_radius	—
IDC_RADIUSEDIT	Value	CString	m_radiusedit	—
IDC_LINEWIDEEDIT	Value	int	m_line	0～100

（4）进入“MFC 类向导”对话框，在“类名”中选择“CDrawDlg”类，选择“虚函数”标签页面，双击 OnInitDialog()函数，进入函数代码编辑处，在函数中设置滑块控件的取值范围、刻度、当前位置。添加代码如下：

```
BOOL CDrawDlg::OnInitDialog()
{   ...
    m_slider.SetRange(1,100);        //设置滑块控件的取值范围
    m_slider.SetTicFreq(10);         //设置滑块上刻度标尺为每 10 个单位一个标记
    m_slider.SetPos(50);             //设置滑块控件的当前位置
    m_slider.SetSelection(50,100);   //设置滑块控件的正常取值范围 50～100
    return TRUE;                     //return TRUE unless you set the focus to a control
}
```

（5）利用"MFC 类向导"对话框的"消息"标签页面为 CDrawDlg 类添加一个消息映射 WM_VSCROLL 和消息处理函数 OnVScroll()，实现对滑块垂直滑动的操纵。添加代码如下：

```
void CDrawDlg::OnVScroll(UINT nSBCode,UINT nPos,CScrollBar *pScrollBar)
{
        if(pScrollBar->GetDlgCtrlID()==IDC_SLIDER)//判断滚动消息是否由滑块发出
        m_radius=m_slider.GetPos();   //也可通过函数 UpdateData()获取滑块当前位置值信息
        CString S;
        S.Format("%d",m_radius);
        m_radiusedit=S;
        UpdateData(FALSE);            //将值传给编辑框 IDC_EDITRADIUS
        CDialog::OnVScroll(nSBCode,nPos,pScrollBar);
}
```

（6）在菜单资源编辑器的"视图"菜单下，添加"绘图对话框"菜单项，ID 为 ID_VIEW_GRAPHDLG。利用 ClassWizard 类向导，在"类名"中选择 CEx_6_8View 类，为 ID_VIEW_GRAPHDLG 菜单项添加 WM_COMMAND 的消息处理函数。当用户单击对话框的"确定"按钮时，根据对话框中滑动条设置的半径大小和编辑框中的线宽在客户区画一个圆。添加代码如下：

```
void CEx_6_8View::OnViewGraphdlg()
{
        CDrawDlg d;
        if(d.DoModal()==IDOK)
        {
                UpdateWindow();
                CClientDC   dc(this);
                CPen pNew,*pOld;
                pNew.CreatePen(PS_SOLID,d.m_line,RGB(100,255,170));
                                                        //创建指定线宽的画笔
                pOld=dc.SelectObject(&pNew);            //将创建的画笔选入设备环境
                dc.Ellipse(60,30,5*d.m_radius,5*d.m_radius);   //绘出指定半径的圆
                dc.SelectObject(pOld);
        }
}
```

在 Ex_6_8View.cpp 文件中将对话框类的头文件包含进来：

```
#include "DrawDlg.h"
```

（7）为了呈现出不同的背景色，在视图类 CEx_6_8View 的 OnDraw 函数中添加如下代码：

```
void CEx_6_8View::OnDraw(CDC*pDC)
{
        ...
        CRect r;
        GetClientRect(r);
        pDC->FillSolidRect(r,RGB(255,0,0));
}
```

（8）编译、连接并运行程序，结果如图 6-22 所示。

注意：在 VS 2010 中打开"项目/属性"菜单，在"属性页"对话框中，选择"配置属性/常规/字符集"，设置为"多字节字符集"，选择"配置属性/C/C++/代码生成/运行库"，设置为"多线程 DLL(/MD)"。

228

6.8 进度条

进度条控件"Ⅲ"是一个在进行一系列费时操作时显示反馈信息的控件,通过其状态的动态变化告诉用户当前的操作进度。进度条除了能表示一个过程的进展情况外,还可以用来表明某个范围内的值,如温度、水平面高度及音响系统频率的模拟显示值等。进度条的外观由一个细长的矩形窗口和一些填充块组成,填充块越多,表示进度越趋于完成。

1. 进度条的风格属性

表 6-28 列出了进度条属性的各项含义。

表 6-28　进度条的属性及其含义

属 性 项	含 义 说 明
Border	设定进度条的边框
Vertical	设置进度条垂直或水平放置显示,不选中为(从左至右)水平效果
Smooth	设置不间断的蓝色条填充进度条,不选为块填充效果

2. 进度条类成员函数

用户可以通过对类成员函数的调用来操作进度条,如设置进度条范围、当前位置及进度增量等。常用的 CProgressCtrl 类成员函数如表 6-29 所示。

表 6-29　进度条 CProgressCtrl 类成员函数

函 数	功 能 说 明
void SetRange(short nLower,short nUpper)	设置进度条范围的下限值和上限值
void GetRange(int &nLower,int &nUpper)	获取进度条范围的下限值和上限值
int SetPos(int nPos)	设置进度条的当前位置
int GetPos()	获取进度条的当前位置
int SetStep(int nStep)	设置进度条控件的步长
int StepIt()	将当前位置向前移动一个步长,并刷新以反映新位置,相当于在控件窗口填充一个蓝色进度块

注:表中函数的参数 nLower 和 nUpper 分别表示范围的下限值(默认值为 0)和上限值(默认值为 100);nPos 表示当前位置;nStep 表示步长,默认为 10。

> **注意**:进度条主要用于输出显示,一般不进行消息处理。

例 6.9　进度条应用实例:创建一个基于对话框的应用程序,单击"复制"按钮,进展条的进展比例在静态文本框中显示。程序运行结果如图 6-26 所示。

实现步骤如下:

(1) 创建一个基于对话框的应用程序 Ex_6_9。

(2) 按图 6-26 所示进行界面设计:添加一个进度条,ID 为 IDC_PROGRESS;添加一个按钮,标题为"复制",ID 为 IDC_BTNCOPY;添加一个静态文本,ID 为 IDC_

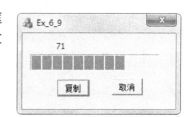

图 6-26　例 6.9 程序运行结果

STATIC_PERCENT;"取消"按钮保持不变。

(3) 打开"MFC 类向导"对话框,为 IDC_PROGRESS 控件添加 CProgressCtrl 类型的成员变量 m_ProBar,为 IDC_STATIC_PERCENT 控件添加 CString 类型的成员变量 m_strPercent,如图 6-27 所示。

图 6-27   添加成员变量对话框

(4) 在 CEx_6_9Dlg 类的 OnInitDialog()函数中,设置进度条的范围、步长和当前位置,添加代码如下:

```
BOOL CEx_6_9Dlg::OnInitDialog()
{       …
        m_ProBar.SetRange(1,200);    //进度条的范围
        m_ProBar.SetStep(10);        //进度条的步长
        m_ProBar.SetPos(0);          //进度条的当前位置
        return TRUE;                 //return TRUE   unless you set the focus to a control
}
```

(5) 在 CEx_6_9Dlg 类中,为 IDC_BTNCOPY 按钮添加 BN_CLICKED 的消息映射函数。添加代码如下:

```
void CEx_6_9Dlg::OnBnClickedBtncopy()
{
        m_ProBar.StepIt();              //在当前位置向前移动一个步长并重画进度条
        int nPos=m_ProBar.GetPos();     //获取进度条的当前位置
        int nLow,nUp;
        m_ProBar.GetRange(nLow,nUp);    //获取进度条的范围
        m_strPercent.Format("%2.0f",(float)nPos/(float)(nUp-nLow)*100);
                                        //百分比显示格式
        UpdateData(FALSE);
}
```

(6) 编译、连接并运行程序,当用户单击"复制"按钮时,在静态文本框中显示进展的百分比,如图 6-26 所示。

例 6.10　　创建一个基于对话框的应用程序,设计一个简单的学生成绩信息系统,利用对话框上的滚动条控件、旋转按钮控件、滑动条控件调整编辑框分数范围的值,根据编辑框的值计算平均分和总分。程序运行结果如图 6-28 所示。

图 6-28　例 6.10 程序运行结果

实现步骤如下:

(1) 创建一个对话框的应用程序 Ex_6_10。设置 Caption 属性为"常用控件使用"。

(2) 根据图 6-28 的控件布局,使用控件工具栏添加相应控件,设置相关属性。表 6-30 列出了这些控件的属性设置值。

表 6-30　控件的属性设置

控　件	控件 ID 号	标　题	属　性
静态控件	IDC_STATIC	每个不同	默认
编辑框	IDC_EDITNAME	—	默认
编辑框	IDC_EDITVC	—	默认
编辑框	IDC_EDITENG	—	默认
编辑框	IDC_EDITWEB	—	默认
编辑框	IDC_EDITDATA	—	Number
编辑框	IDC_EDITCOMP	—	默认
编辑框	IDC_EDITAVG	—	Read_only(显示平均分)
编辑框	IDC_EDITSUM	—	Read_only(显示总分)
滚动条	IDC_SCROLLBARVC	—	默认
滚动条	IDC_SCROLLBARENG	—	默认
滚动条	IDC_SCROLLBARWEB	—	默认
滑动条	IDC_ SLIDER	—	默认
按钮	IDC_SPIN	—	Vertical、Right、Auto buddy、setbuddyinteger
按钮	IDC_BUTTONAVG	平均分	默认
按钮	IDC_BUTTONSUM	总分	默认

(3) 打开"MFC 类向导"对话框,切换到"成员变量"标签页面,在"控件 ID"列表框中选定相关控件 ID,如图 6-29 所示,单击"添加变量"按钮,为其添加一个相应类型的成员变量,并设置其取值范围。表 6-31 列出了各控件的成员变量及其类型。

图 6-29　添加成员变量对话框

表 6-31　控件的成员变量及其类型

控件 ID 号	变量类别	变量类型	变量名	取值范围
IDC_EDITNAME	Value	CString	m_name	
IDC_EDITVC	Value	int	m_vc	0～100
IDC_EDITENG	Value	int	m_eng	0～100
IDC_EDITWEB	Value	int	m_web	0～100
IDC_EDITDATA	Value	int	m_data	0～100
IDC_EDITCOMP	Value	int	m_comp	0～100
IDC_EDITAVG	Value	float	m_avg	0.0～100.0
IDC_EDITSUM	Value	float	m_sum	0.0～500.0
IDC_SCROLLBARVC	Control	CScrollBar	m_Scrollvc	—
IDC_SCROLLBARENG	Control	CScrollBar	m_Scrolleng	—
IDC_SCROLLBARWEB	Control	CScrollBar	m_Scrollweb	—
IDC_ SLIDER	Control	CSliderCtrl	m_slider	—
IDC_SPIN	Control	CSpinButtonCtrl	m_spin	—

（4）打开类视图,在 CEx_6_10Dlg 类的 OnInitDialog() 函数中设置滚动条控件的有效滚动范围,微调按钮的范围,以及滑块控件的取值范围、刻度、当前位置、正常取值范围。添加代码如下:

```
BOOL CEx_6_10Dlg::OnInitDialog()
{
    …
    m_Scrollvc.SetScrollRange(0,100);       //设置滚动条控件的调整值范围
    m_Scrolleng.SetScrollRange(0,100);
    m_Scrollweb.SetScrollRange(0,100);
```

```
        m_spin.SetRange(0,100);//设置微调按钮控件的调整值范围
        m_slider.SetRange(0,100);//设置滑块控件的取值范围
        m_slider.SetTicFreq(10);            //设置滑块上刻度标尺为每 10 个单位一个标记
        m_slider.SetPos(50);//设置滑块控件的当前位置
        m_slider.SetSelection(0,100);//设置滑块控件的正常取值范围 0～100
        return TRUE;              //return TRUE unless you set the focus to a control
    }
```

（5）利用"MFC 类向导"对话框，为对话框类 CEx_6_10Dlg 添加一个消息映射 WM_HSCROLL 和消息处理函数 OnHScroll()，实现对滚动条和滑动条控件水平滑动的操纵。添加代码如下：

```
        void CEx_6_10Dlg::OnHScroll(UINT nSBCode,UINT nPos,CScrollBar *pScrollBar)
        {
            int ID=pScrollBar->GetDlgCtrlID();
            if(ID==IDC_SCROLLBARVC)
            {
                switch(nSBCode)
                {    case SB_LINELEFT:         m_vc--;break;//单击滚动条左边箭头
                     case SB_LINERIGHT:        m_vc++;break;
                     case SB_PAGELEFT:         m_vc-=10;break;
                     case SB_PAGERIGHT:        m_vc+=10;break;
                     case SB_THUMBTRACK:       m_vc=nPos;break;
                }
                if(m_vc<0)                     m_vc=0;
                if(m_vc>100)                   m_vc=100;
                m_Scrollvc.SetScrollPos(m_vc);
            }
            if(ID==IDC_SCROLLBARENG)
            {
                switch(nSBCode)
                {    case SB_LINELEFT:         m_eng--;break;//单击滚动条左边箭头
                     case SB_LINERIGHT:        m_eng++;break;
                     case SB_PAGELEFT:         m_eng-=10;break;
                     case SB_PAGERIGHT:        m_eng+=10;break;
                     case SB_THUMBTRACK:       m_eng=nPos;break;
                }
                if(m_eng<0)     m_eng=0;
                if(m_eng>100)        m_eng=100;
                m_Scrolleng.SetScrollPos(m_eng);
            }
              if(ID==IDC_SCROLLBARWEB)
                {
                switch(nSBCode)
                {    case SB_LINELEFT:          m_web--;break;//单击滚动条左边箭头
                     case SB_LINERIGHT:        m_web++;break;
                     case SB_PAGELEFT:          m_web-=10;break;
                     case SB_PAGERIGHT:        m_web+=10;break;
                     case SB_THUMBTRACK:     m_web=nPos;break;
```

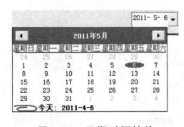

```
                    }
        if(m_web<0)    m_web=0;
        if(m_web>100)    m_web=100;
        m_Scrollweb.SetScrollPos(m_web);
    }
    int  i=pScrollBar->GetDlgCtrlID();//滑动条控件水平滑动的操纵
    if(i==IDC_SLIDER)
    m_comp=m_slider.GetPos();//编辑框控件获取滑块当前位置值
    UpdateData(false);
    CDialog::OnHScroll(nSBCode,nPos,pScrollBar);
}
```

（6）利用"MFC 类向导"对话框，为按钮 IDC_BUTTONAVG 添加消息 BN_CLICKED 的处理函数。当用户单击"平均分"按钮时，根据对话框编辑框中的数据值，计算五门课程的平均分，并输出在右边对应的编辑框中。添加代码如下：

```
void CEx_6_10Dlg::OnButtonavg()
{
    UpdateData(true);
    float ave=(float)(m_vc+m_eng+m_web+m_data+m_comp)/5;
        //计算编辑框中的平均值，并转换为实型
    m_avg=ave;
    UpdateData(false);
}
```

（7）用同样的方法为按钮 IDC_BUTTONSUM 添加消息 BN_CLICKED 的处理函数，计算总分。添加代码如下：

```
void CEx_6_10Dlg::OnButtonsum()
{
    UpdateData(true);
    float sum=(float)(m_vc+m_eng+m_web+m_data+m_comp);
        //计算编辑框中的总和，并转换为实型
    m_sum=sum;
    UpdateData(false);
}
```

（8）编译并运行程序，得到运行结果如图 6-28 所示。

6.9 日期时间控件、图像列表和标签控件

6.9.1 日期时间控件

日期时间控件可以让用户选择日期，单击控件右边向下的三角形按钮，可弹出月历控件供用户选择日期，如图 6-30 所示。

1. 日期时间控件的属性

日期时间控件有很多风格属性，从而显示不同的外观。它们可在属性对话框中进行设置。表 6-32 列出了日期时间控件属性的含义。

图 6-30 日期时间控件

表 6-32　日期时间控件属性及其含义

属　性　项	含　义　说　明
Format	格式有 Short Date、Long Date、Time
Right Align	下拉月历右对齐
Use Spin Control	使用右边的旋转按钮调整日期
Show None	日期前显示一个复选框,选中复选框,可键入或选择一个日期
Allow Edit	日期和时间是否允许编辑

2. 日期时间控件类 CDateTimeCtrl 的成员函数

日期时间控件类 CDateTimeCtrl 的成员函数原型如下：

```
BOOL SetTime(const CTime *pTimeNew);
DWORD GetTime(CTime *timeDest) const;
```

其中,SetTime 函数用于设置控件的日期或时间,GetTime 函数用于获取控件的日期或时间,CTime 是用于对控件的时间操作的类。

6.9.2　图像列表

图像列表控件是由一系列大小相同的图像(图标或位图)组成的集合,存储在图像列表集合中的每一个图像都通过一个索引值识别。图像列表控件常用来管理多个位图或图标,这些位图或图标可以用作与其相关联控件的显示标志,在程序中可以利用图像列表控件对显示标志进行各种操作,如更改图像的显示次序、动态添加或删除图像等。

编程时不能直接使用控件编辑器来创建图像列表,只能借助类库中的图像列表类来创建、显示图像列表。图像列表 CImageList 类由 MFC 类库中的 CObject 类直接派生而来,CImageList 类提供了创建、显示和管理一个图像列表的方法。

1. 创建图像列表

在声明了一个 CImageList 对象后,可以调用 Create()函数来创建一个图像列表。Create()函数原型如下：

```
BOOL Create(int cx,int cy,UINT nFlags,int nInitial,int nCrow);
```

其中:cx 和 cy 用来指定图像的像素大小;参数 nFlags 代表创建的图像类型,图像类型主要有 ILC_COLOR4(16 色)|ILC_MASK(屏蔽图像)、ILC_COLOR8(256 色)|ILC_MASK、ILC_COLOR16(16 位色)|ILC_MASK 三种组合;参数 nInitial 表示图像列表中最初包含图像的数目;nCrow 表示以后每次添加的图像数目。

2. 操作管理图像列表

创建了图像列表后,可以调用 Add()函数或 ReMove()函数向图像列表中添加或删除一个图像;调用 GetImageCount()函数获得图像列表中图像的个数;调用 Draw()函数绘制图像;调用 SetBkColor()函数设置图像列表的背景颜色。

1) Add()函数

```
int Add(CBitmap *pbmImage,COLORREF crMask);
int Add(CBitmap *pbmImage,CBitmap *pbmMask);
int Add(HICON hIcon);
```

该函数的功能是向图像列表中添加图像。其中,pbmImage 表示包含图像的位图指针,参数 crMask 代表屏蔽色,hIcon 表示图标句柄。

2) ReMove()函数

```
BOOL ReMove(int nImage);
```

该函数的功能是删除图像列表中的图像。nImage 用来指定被删除图像的索引号。

3) Draw()函数

```
BOOL Draw(CDC *pdc,int nImage,POINT pt,UINT nStyle);
```

该函数的功能是将图像列表中的图像绘制在指定的画布上。其中,nImage 表示要绘制的图像的索引号,pt 表示绘制图像的位置,nStyle 表示绘制图像时采用的方式,pdc 表示绘制的设备环境指针。

4) SetBkColor()函数

```
SetBkColor(COLORREF cr);
```

该函数的功能是设置图像的背景颜色。

3. 使用图像列表的一般过程

在程序中使用图像列表的一般步骤如下:

(1) 声明一个 CImageList 对象,调用 Create()函数来创建一个图像列表。

(2) 如果图像列表中不包含图像,调用 Add()函数向图像列表中加入需要的图像。

(3) 调用 Draw()函数绘制图像列表中的图像,或者使用 SetImageList()函数将图像列表中的图像同一个控件关联起来。

图 6-31 图像列表(图像绘制到程序)

例 6.11 创建一个基于对话框的应用程序,将图像列表中的图像绘制到程序中。运行效果如图 6-31 所示。

(1) 创建一个基于对话框的应用程序 Ex_6_11,将 Caption 属性设置为"图像列表应用"。

(2) 在 Ex_6_11Dlg.h 头文件中声明一个 CImageList 对象 m_ImageList。

(3) 在资源视图中导入一个位图资源,ID 为 IDB_BITMAP1。

(4) 在 CEx_6_11Dlg 对话框类的函数中调用 Create()函数来创建一个图像列表,并向图像列表中加载位图。代码如下:

```
BOOL CEx_6_11Dlg::OnInitDialog()
{
    ...
    m_ImageList.Create(IDB_BITMAP1,216,0,ILC_COLOR16|ILC_MASK);
    CBitmap m_bitmap;                        //声明位图变量
    m_bitmap.LoadBitmapA(IDB_BITMAP1);       //加载位图资源
    m_ImageList.Add(&m_bitmap,ILC_MASK);     //向图像列表中添加位图
    return TRUE;                             //除非将焦点设置到控件,否则返回 TRUE
}
```

(5) 在 CEx_6_11Dlg 对话框的 OnPaint 函数中调用 Draw()函数绘制图像列表中的图像,添加代码如下:

```
void CEx_6_11Dlg::OnPaint()
{
    ...
    CDC* pDC=GetDC();
    m_ImageList.Draw(pDC,0,CPoint(20,20),ILD_TRANSPARENT);
    pDC->DeleteDC();
    ...
}
```

（6）编译并运行程序，得到运行结果如图 6-31 所示。

6.9.3 标签控件

使用标签控件"□"可以将应用程序的一个窗口或对话框的相同区域定义为多个页面，每个页面都有一个带标题的标签和一组控件（或一套信息）。用户单击标签，就会显示相对应的信息或控件。

编程时使用标签控件，可以在一个窗口的相同区域定义多个页面，其中每个页面上包括一些不同的控件，实现不同的功能。不能直接在各个标签页上添加控件，也不能直接将每个标签页视作不同的对话框页面，只能在选中不同标签时在相同的位置显示不同的对话框。

1. 标签控件的风格属性

标签控件可设置的风格属性很多，表 6-33 列出了标签风格属性的各项含义。

表 6-33　标签控件的属性及其含义

属　性　项	含　义　说　明
Alignment	设置标签宽度的调整方式（Right Justify 向右调整；Fixed Width 宽度相同，此方式选定后将激活 Force label left 和 Force icon left 两选项；Ragged Right 不拉伸每一行标签来使之适合标签控件的整个宽度）
Focus	获取焦点方式：Default，默认；On Button Down，单击一个标签时，接收输入焦点；Never，永远不会接收输入焦点
Buttons	标签采用按钮形状
ToolTips	设置标签控件具有一个与之关联的工具提示
Border	设置控件周围的边框
Multiline	设置标签以多行的形式显示
Owner draw fixed	使自画标签具有相同的高度
Force label left	图标和标签左对齐
Force icon left	图标左对齐，标签居中
Hottrack	当光标通过一个标签时，标签的标题呈蓝色
Bottom	标签位于控件的底端
Vertical	标签以垂直方式出现

2. 标签控件类成员函数

MFC 的 CTabCtrl 类提供了对标签控件进行各种操作的成员函数，可以进行控件外观的调整、标签的插入和删除、对标签信息的设置和获取等操作。表 6-34 列出了标签控件的常用成员函数。

表 6-34　标签控件 CTabCtrl 类常用成员函数

函　数	功　能　说　明	函　数	功　能　说　明
InsertItem	插入一个标签项	GetItemRect	获取标签的边界大小
DeleteItem	删除一个标签项	HighlightItem	使选中的标签高亮显示
SetItemSize	设置某个标签项的宽度和高度	SetCurSel	设置当前选择的标签项
SetPadding	设置图标和标签周围的间隔	GetCurSel	获取当前选择的标签项
SetMinTabWidth	设置标签项的最小宽度		

3. 标签控件的常用消息

标签控件常见的通知消息主要有：用鼠标单击标签时发送 NM_CLICK 消息，当用户选择不同的标签时发送 TCN_SELCHANGING 消息（在标签切换之前发送）和 TCN_SELCHANGE 消息（标签切换之后发送）。

例 6.12 标签控件应用实例。在对话框中添加标签控件和列表框控件，还加入一组图像标签，运行后根据用户的选择切换到相应的标签页面，接收用户输入的学生信息。单击标签页面对应的"确定"按钮，相应的信息保存到控件对应的成员变量，单击"添加"按钮，基本信息标签页的姓名变量值添加到列表框中，当用户双击列表框中姓名选项时，标签页面的信息会动态更新，如图 6-32 所示。

实现步骤如下：

（1）创建一个基于对话框的应用程序 Ex_6_12，将其标题改为"标签控件的使用"。

（2）使用控件工具栏在对话框中添加一个标签控件，ID 为 IDC_TAB1；添加一个列表框，控件 ID 为 IDC_LIST1；添加一个按钮，ID 为 IDC_BUTTON_ADD；其他属性为默认值。保留"取消"按钮。

（3）分别添加两个对话框资源 IDD_DIALOG_SUM 和 IDD_DIALOG_INFO，设置其风格"Styles：Child""Border：None"，字体为"新宋体"，字号为"9"，并利用 Class Wizard 为这两个对话框映射相应的类 SumDlg 和 InfoDlg。

（4）根据图 6-33 的控件布局，使用控件工具栏添加相应控件，并设置其相关属性。表 6-35 列出了这些控件的属性设置值。

图 6-32　例 6.12 程序运行结果

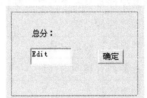

IDD_DIALOG_SUM

IDD_DIALOG_INFO

图 6-33　为两个对话框添加的控件

表 6-35　控件的属性设置

控　件	控件 ID 号	标　题	属　性	备　注
静态文本	IDC_STATIC	总分：	默认	IDD_DIALOG_SUM 对话框
编辑框	IDC_EDITSCORE	—	默认	
按钮	IDC_BTNSUM	确定	默认	
静态文本	IDC_STATIC	姓名：	默认	IDD_DIALOG_INFO 对话框
编辑框	IDC_EDITNAME	—	默认	
静态文本	IDC_STATIC	学号：	默认	
编辑框	IDC_EDITID	—	默认	
静态文本	IDC_STATIC	性别：	默认	
单选按钮	IDC_RADIOF	男	Group	
单选按钮	IDC_RADIOM	女	默认	
静态文本	IDC_STATIC	出生日期：	默认	
日期时间	IDC_DATETIMEPICKER1	—	默认	
按钮	IDC_BTNINFO	确定	默认	

（5）打开"MFC 类向导"对话框，切换到"成员变量"标签页面，分别为三个对话框类的控件添加成员变量，如表 6-36 所示。

表 6-36　添加控件的成员变量

控件 ID 号	变量类别	变量类型	变 量 名	范　围	备　注
IDC_TAB1	Control	CTabCtrl	m_Tab1		IDD_TABIMAGDATE_DIALOG 主对话框
IDC_LIST1	Control	CListBox	m_List		
IDC_EDITNAME	Value	CString	m_strName	10	IDD_DIALOG_INFO 对话框
IDC_EDITID	Value	CString	m_strId	20	
IDC_RADIOF	Value	int	m_intSex		
IDC_DATETIMEPICKER1	Value	CTime	m_timeBirth		
IDC_EDITSCORE	Value	int	m_sum	0～700	IDD_DIALOG_SUM 对话框

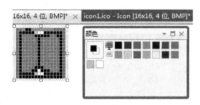

图 6-34　创建位图资源

（6）为对话框类 CEx_6_12Dlg 添加图像类成员变量：CImageList m_image。

（7）利用"视图/资源视图/添加资源/Icon/New"菜单项，添加两个位图资源 IDI_ICON1 和 IDI_ICON2，并使用绘图工具创建图像，如图 6-34 所示。

（8）在 CEx_6_12Dlg 类的 OnInitDialog()函数中添加导入的图像，代码如下：

```
BOOL CEx_6_12Dlg::OnInitDialog()
{
       ⋮      ⋮      ⋮
     m_image.Create(32,32,ILC_COLOR|ILC_MASK,3,0);      //创建图像列表
     m_image.Add(AfxGetApp()->LoadIcon(IDI_ICON1));      //向图像列表中添加图标
     m_image.Add(AfxGetApp()->LoadIcon(IDI_ICON2));      //向图像列表中添加图标
     m_Tab1.SetImageList(&m_image);                //将图像列表关联到标签控件中
     return TRUE;            //return TRUE unless you set the focus to a control
}
```

（9）为对话框类 CEx_6_12Dlg 添加数据成员，用来实现加载两个对话框作为标签页面。在项目区中切换到"Class View"视图，用鼠标双击 CEx_6_12Dlg 类，打开类声明 Ex_6_12Dlg.h 头文件的源代码编辑区，在 public 后，添加如下代码：

```
SumDlg *pTabSum;
InfoDlg *pTabInfo;
```

在 Ex_6_12Dlg.h 头文件中，将两个对话框类相应头文件包含进来：

```
#include "InfoDlg.h"
#include "SumDlg.h"
```

（10）为 CEx_6_12Dlg 类添加两个成员函数，其中，SetDlg(CWnd * pWnd,BOOL b)用于设置对话框状态，SetTab(int n)用于设置标签页状态，函数类型都为 void。添加代码如下：

```
void CEx_6_12Dlg::SetDlg(CWnd *pWnd,BOOL b)      //设置对话框状态
{
     pWnd->EnableWindow(b);
```

```
                if(b)
                {
                        pWnd->ShowWindow(SW_SHOW);        //显示页面
                        pWnd->CenterWindow();            //居中显示页面
                }
                else
                   pWnd->ShowWindow(SW_HIDE);           //隐藏页面
        }
        void CEx_6_12Dlg::SetTab(int n)                 //设置标签页状态
        {
            if(n>1)   n=1;
            if(n<0)   n=0;
            BOOL bTab[2]={FALSE,FALSE};                 //初值为假
            bTab[n]=TRUE;                               //代表某页设置为真
            SetDlg(pTabInfo,bTab[0]);                   //控制标签页的显示和隐藏状态
            SetDlg(pTabSum,bTab[1]);
        }
```

　　(11)利用"MFC 类向导"对话框,为 CEx_6_12Dlg 类的标签页 IDC_TAB1 添加 TCN_SELCHANGE 的消息映射函数和消息处理函数,代码如下:

```
        void CEx_6_12Dlg::OnSelchangeTab1(NMHDR *pNMHDR,LRESULT *pResult)
        {
            int select=m_Tab1.GetCurSel();//获取当前选项
            if(select>=0)
            SetTab(select);
            *pResult=0;
        }
```

　　(12)设置对话框类 CEx_6_12Dlg 初始显示的效果。在 CEx_6_12Dlg 类的 OnInitDialog 函数中添加代码如下:

```
        BOOL CEx_6_12Dlg::OnInitDialog()
        {
                ⋮      ⋮      ⋮
            pTabInfo=new InfoDlg();                     //分配标签控件页面的存储空间
            pTabSum=new SumDlg();
            pTabInfo->Create(IDD_DIALOG_INFO,&m_Tab1);  //创建两个标签页面
            pTabSum->Create(IDD_DIALOG_SUM,&m_Tab1);
            m_Tab1.InsertItem(0,"基本信息",0);          //生成第一个标签页(0)
            m_Tab1.InsertItem(1,"成绩",1);              //生成第二个标签页(1)
            m_Tab1.SetMinTabWidth(60);
            m_Tab1.SetCurSel(0);                        //设置标签页的最小宽度和初始显示页面
            SetTab(0);
            pTabInfo->CheckRadioButton(IDC_RADIOF,IDC_RADIOM,IDC_RADIOF);
            //单选按钮的选中状态为"男"
            ...
        }
```

(13) 编译、并连接并运行程序,结果如图 6-35 所示。用户可在"成绩"页面和"基本信息"页面之间切换。

(14) 在 Ex_6_12Dlg.h 类声明中,添加学生信息结构体类型声明:

图 6-35　标签页面加载后的运行结果

```cpp
struct StuInfo
{
    CString Name;
    CString ID;
    char Sex;
    CTime Birth;
    int Total;
};
```

(15) 为对话框类 InfoDlg 添加成员函数 UpdaSex(),类型为 void,用来更新对话框类 InfoDlg 性别单选按钮的状态。

```cpp
void InfoDlg::UpdaSex()
{
    if(!m_intSex)                //男
            CheckRadioButton(IDC_RADIOF,IDC_RADIOM,IDC_RADIOF);
    else
            CheckRadioButton(IDC_RADIOF,IDC_RADIOM,IDC_RADIOM);
}
```

(16) 为对话框类 InfoDlg 的按钮 IDC_BTNINFO,添加单击 BN_CLICKED 的消息及消息映射函数。实现基本信息的输入,添加代码如下:

```cpp
void InfoDlg::OnBtninfo()
{
    UpdateData(TRUE);           //获得控件中的数据
    m_strName.TrimLeft();       //去掉 m_strName 左边的空格
    if(m_strName.IsEmpty())     //判断学生"姓名"是否为空
    {       MessageBox("学生姓名不能为空!");
                return;
    }
}
```

(17) 为对话框类 SumDlg 的按钮 IDC_BTNSUM,添加单击 BN_CLICKED 的消息及消息映射函数。实现成绩信息的输入,添加代码如下:

```cpp
void SumDlg::OnBtnsum()
{
    UpdateData(TRUE);
}
```

(18) 为对话框类 CEx_6_12Dlg 的按钮 IDC_BUTTON_ADD 添加单击 BN_CLICKED 的消息及消息映射函数。实现标签页面的数据与列表框中列表项数据的关联,添加代码如下:

```cpp
void CEx_6_12Dlg::OnBnClickedButtonAdd()
{
    if((m_List.FindString(-1,pTabInfo->m_strName))!=LB_ERR)
    {       MessageBox("列表框中已有该项,不能添加!");
```

第 6 章　常用控件

241

```
                return;
        }
        int nIndex=m_List.AddString(pTabInfo->m_strName);   //向列表框添加学生姓名
        StuInfo data;                                        //将学生信息项与新增的列表项关联起来
        data.Name=pTabInfo->m_strName;
        data.ID=pTabInfo->m_strId;
        data.Sex=pTabInfo->m_intSex;
        data.Birth=pTabInfo->m_timeBirth;
        data.Total=pTabSum->m_sum;
        m_List.SetItemDataPtr(nIndex,new StuInfo(data));     //建立关联
    }
```

(19) 为对话框类 CEx_6_12Dlg 的按钮 IDC_LIST1 添加 LBN_SELCHANGE 的消息及消息映射函数。双击列表框中的列表项时,标签页面的信息动态更新,添加代码如下:

```
void CEx_6_12Dlg::OnSelchangeList1()
{
        int nIndex=m_List.GetCurSel();
        if(nIndex!=LB_ERR)
        {
                StuInfo *info=(StuInfo*)m_List.GetItemDataPtr(nIndex);
                //指定两个对话框中相关控件的数据并显示
                pTabInfo->m_strName=info->Name;
                pTabInfo->m_strId=info->ID;
                pTabInfo->m_intSex=info->Sex;
                pTabInfo->m_timeBirth=info->Birth;
                pTabSum->m_sum=info->Total;
                pTabInfo->UpdateData(false);
                pTabInfo->UpdaSex();
                pTabSum->UpdateData(false);
        }
}
```

(20) 为对话框类 CEx_6_12Dlg,添加一个关闭对话框消息 WM_DESTROY 映射和消息处理函数。将标签页面中输入的信息在关闭对话框时删除,代码如下:

```
void CEx_6_12Dlg::OnDestroy()
{
        for(int nIndex=m_List.GetCount()-1;nIndex>=0;nIndex--)
        {
                delete(StuInfo*)m_List.GetItemDataPtr(nIndex);
        }
        if(pTabInfo) delete pTabInfo;
        if(pTabSum) delete pTabSum;
}
```

 ## 6.10 文件系统控件

文件系统控件也称为树控件"",是一个显示层次列表的窗口,能够对有层次关系的事

物或对象进行分类划分并按层次显示。树控件的每个项目由项目名和一个对应的位图图标组成,项目分为父项目和子项目,父项目中包含了子项目列表,双击父项目时可以展开或缩进其中的子项目。树控件能直观地反映不同项目之间的层次关系,在 Windows 系统中,很多窗口视图都使用了树控件,如驱动器中文件的分层显示和索引目录中的信息项显示都使用了树控件。

在程序中,可以使用树视图来操作树控件,CTreeView 类按照 MFC 文档视图结构封装了文件系统控件 CTreeCtrl 类的功能。用户使用 CTreeView 类提供的成员函数 GetTreeCtrl 能从 CTreeView 中得到封装的 CTreeCtrl 对象。

1. 文件系统控件的风格属性

文件系统控件有多种风格属性。表 6-37 列出了其风格属性的各项含义。

表 6-37　文件系统控件的风格属性及其含义

属 性 项	含 义 说 明
Has Lines	用连线体现项目之间的层次关系
Lines at Root	在项目的最高层用连线将项目与根项目连接
Has buttons	在每个父项目前有"＋"或"－"按钮,单击将代表展开或折叠项目
Edit labels	允许编辑项目的文本名称
Show selection always	当控件失去焦点时,被选择的项依然保持被选择
Single expand	单击项目时可以展开或折叠该项目
Check boxes	项目的左侧有个复选框
No scroll	不使用水平或垂直滚动条

2. 文件系统控件类成员函数

树控件 CTreeCtrl 类中提供了许多关于树控件操作的成员函数,如项目添加、删除以及关联图像列表项等。表 6-38 列出了树控件 CTreeCtrl 类常用的成员函数。

表 6-38　文件系统控件 CTreeCtrl 类常用成员函数

函 数	功 能 说 明	函 数	功 能 说 明
SetImageList	设置与控件关联的图像列表	SetItemText	设置项目的文本串
GetCount	返回控件中项目的数量	GetItemText	获取项目的文本串
GetSelectedItem	返回当前选中的项目	InsertItem	插入一个新的列表项
GetChildItem	返回当前的子项目	DeleteItem	删除指定的列表项
GetParentItem	返回当前的父项目	DeleteAllItem	删除所有的列表项
GetRootItem	返回根项目	Expand	展开或折叠指定父项目的子项目

例 6.13　文件系统控件的实例:创建一个基于对话框的应用程序,并在其中引入一个文件系统控件(树控件);当用户单击树形控件的某一项时,将弹出一个对话框提示所选项的信息,如图 6-36 所示。

实现步骤如下:

(1) 创建一个基于对话框的应用程序项目 Ex_6_13,并将其 Caption(标题)设置为"文件系统控件的使用"。

（2）根据图 6-37 所示布局，使用控件工具栏添加一个文件系统控件，ID 为 IDC_TREE，设置属性 Has buttons：True，Has Lines：True，Lines At Root：True，Border：True，Check boxes：True。

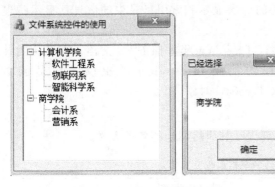

图 6-36　文件系统控件的使用

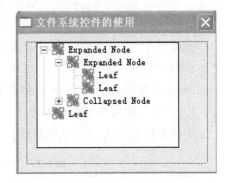

图 6-37　界面布局

（3）打开"MFC 类向导"对话框，切换到"成员变量"标签页面，给文件系统控件添加一个 CTreeCtrl 类型的变量 m_Tree。

（4）利用文件系统控件的数据结构对其进行初始化，在 CTreeSampleDlg 类的 OnInitDialog()函数中添加如下代码：

```
BOOL CEx_6_13Dlg::OnInitDialog()
{
    CDialog::OnInitDialog();
        ⋮        ⋮
    TV_ITEM tvItem;
    TV_INSERTSTRUCT tvInsert;
    tvItem.mask=TVIF_TEXT;
    tvItem.pszText="计算机学院";              //设置显示字符
    tvItem.cchTextMax=9;                      //设置字符大小
    tvInsert.hParent=TVI_ROOT;                //设置为根目录
    tvInsert.hInsertAfter=TVI_LAST;
    tvInsert.item=tvItem;
    HTREEITEM hRoot=m_Tree.InsertItem(&tvInsert);
    tvItem.pszText="软件工程系";              //设置显示字符
    tvItem.cchTextMax=7;                      //设置字符大小
    tvInsert.hParent=hRoot;                   //将 hRoot 设置为当前项的根目录
    tvInsert.item=tvItem;
    m_Tree.InsertItem(&tvInsert);
    tvItem.pszText="物联网系";
    tvInsert.hParent=hRoot;
    tvInsert.item=tvItem;
    m_Tree.InsertItem(&tvInsert);
    tvItem.pszText="智能科学系";
    tvInsert.hParent=hRoot;
    tvInsert.item=tvItem;
    m_Tree.InsertItem(&tvInsert);
    tvItem.pszText="商学院";
```

```
            tvItem.cchTextMax=9;
            tvInsert.hParent=TVI_ROOT;            //设置为根目录
            tvInsert.item=tvItem;
            //m_Tree.InsertItem(&tvInsert);
            HTREEITEM hRoot2=m_Tree.InsertItem(&tvInsert);
            tvItem.pszText="会计系";               //设置显示字符
            tvItem.cchTextMax=7;                   //设置字符大小
            tvInsert.hParent=hRoot2;               //将 hRoot2 设置为当前项的根目录
            tvInsert.item=tvItem;
            m_Tree.InsertItem(&tvInsert);
            tvItem.pszText="营销系";               //设置显示字符
            tvInsert.hParent=hRoot2;               //将 hRoot2 设置为当前项的根目录
            tvInsert.item=tvItem;
            m_Tree.InsertItem(&tvInsert);
            return TRUE;            //return TRUE   unless you set the focus to a control
        }
```

（5）打开"MFC 类向导"对话框,选择 CEx_6_13Dlg 类,为文件系统控件(ID_TREE)添加 TVN_SELCHANGED 消息处理函数,添加代码如下:

```
    void CEx_6_13Dlg::OnSelchangedTree(NMHDR *pNMHDR,LRESULT *pResult)
    {
        NM_TREEVIEW*pNMTreeView=(NM_TREEVIEW*)pNMHDR;
        char S[15];
        CTreeCtrl*pTree=(CTreeCtrl*)GetDlgItem(IDC_TREE);
        HTREEITEM select=pNMTreeView->itemNew.hItem;
        TV_ITEM  item;
        item.mask=TVIF_TEXT;
        item.hItem=select;
        item.pszText=S;
        item.cchTextMax=15;
        VERIFY(pTree->GetItem(&item));
        ::MessageBox(NULL,S,"已经选择根目录选项",NULL);
        *pResult=0;
    }
```

（6）编译、连接并运行程序,结果如图 6-36 所示。

习　题　6

一、填空题

1. 单选按钮是群组按钮。第一个按钮需设置_____属性,其余同组按钮的 Tab 顺序要连续。

2. 每个复选按钮在对话框类中对应一个 BOOL 型值变量,选中时值为_____,没有选中时值为_____。

3. CListBox 类对应列表框控件,根据属性的设置可以分为_____和_____。

4. _____属性能将微调按钮和它旁边的伙伴窗口关联在一起显示调动的值。

5. CComboBox 类提供了相应的与_____类和 CListBox 类相同的成员函数。

二、选择题

1. 在按钮映射的消息中,常见的有(　　)。

A. COMMAND　　　　　　B. BN_CLICKED

C. BN_DOUBLECLICKED　D. BN_CLICKED 和 BN_DOUBLECLICKED

2. 所有的控件都是(　　)类的派生类,都可以作为一个特殊的窗口来处理。

A. CView　　　　　　B. CWnd　　　　　　C. CWindow　　　　　　D. Cdiglog

3. 以下控件中,(　　)没有 Caption 属性。

A. 按钮　　　　　　B. 组合框　　　　　　C. 编辑框控件　　　　　　D. 静态文件控件

三、简答题

1. 静态控件有哪几种类型? 主要实现的功能是什么?

2. 按钮控件有哪几种类型? 各自实现的功能是什么?

3. 编辑框与什么控件一起构成"伙伴"关系? 如何设置"伙伴"控件的属性? 怎样操作才能绑定在一起不分开?

4. 列表框和组合框有何异同?

5. 滚动条和滑动条有何异同?

6. 图像列表控件的创建过程分哪几个步骤?

7. 标签控件中的页面是如何添加和创建的?

四、程序设计题

1. 设计一个用户登录对话框,当用户输入的用户名和密码与设置的相同时,弹出消息对话框提示用户输入正确,才能进入程序的主界面,否则提示用户输入错误。

2. 设计一个对话框,有 2 组按钮,第 1 组为单选按钮,第 2 组为复选按钮,单选按钮中每组只能选一个,复选按钮中可多选。编程:获取每组选中按钮的标题,并在编辑框控件中显示出来。

3. 设计一个对话框,添加编辑框和微调按钮,使它们成为伙伴窗口。通过微调按钮设置编辑框默认值为 50,设置微调按钮的取值范围为 0~100,设置每次微调的值为 0.2。

4. 创建一个单文档的应用程序,设计一个学生成绩对话框,对话框中设置三门课程的成绩,并求出总分和平均分。各门课程信息、总分和平均分在单文档窗口中显示。

5. 设计一个单文档应用程序,添加一个主菜单项"对话框",并有"显示""隐藏""退出"3 个子菜单项,当执行"显示"菜单命令时显示一个对话框,当执行"隐藏"命令时隐藏对话框,当执行"退出"命令时关闭对话框。

6. 设计一个单文档的应用程序,单击某菜单项弹出一个对话框,对话框中有 1 个列表框、1 个显示姓名和 3 门课程成绩的编辑框。当用户单击"添加"按钮时,姓名被添加在列表框中;当用户单击"删除"按钮时,列表框中当前选项被删除;单击列表框中的一个列表项,该学生相关的数据会在编辑框中显示出来。

7. 设计一个基于对话框的应用程序,对话框中有"连续"和"单步"两个按钮,一个进度条控件,单击"连续"按钮,进度条从头开始用蓝色块填充整个窗口,单击"单步"按钮,进度条填充一个蓝色块。

8. 设计一个基于对话框的应用程序,对话框有 2 个标签页面,分别为联系人基本信息和联系人列表,并建立两个页面的关联。

9. 设计一个单文档的应用程序,新增一个含有 5 个工具按钮的工具栏,使用图像列表分别为工具按钮添加大小相同的图像,工具按钮能实现一定的功能。

10. 设计一个基于对话框的应用程序,对话框中有 1 个树视控件和其他一些需要的控件。树视控件用于显示有层次关系的项目,在树视控件中可以添加或删除项目,在树视控件中选中某项目能动态显示操作结果。

 ## 实验 6　常用控件使用

一、实验目的

掌握常用控件的属性和方法在应用软件框架设计中的应用。

二、实验内容

实验 6-1　设计一个简单的工资计算系统,如图 6-38 所示。

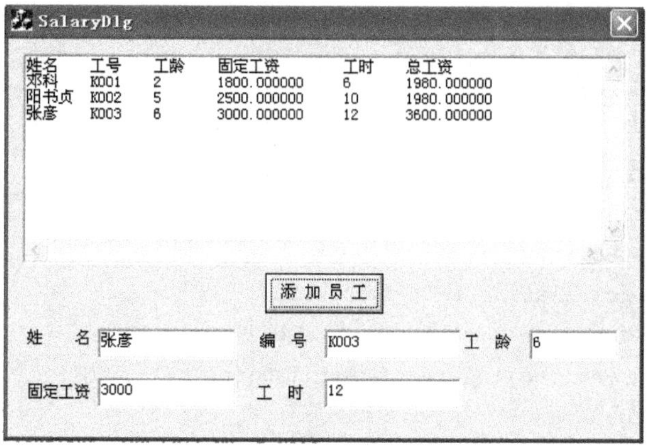

图 6-38　工资计算系统界面设计

工资计算方式：如果工龄大于 5 年，总薪水等于固定工资加上工时乘以 50；如果工龄小于 5 年大于 1 年，总薪水等于固定工资加上工时乘以 30。

三、实现步骤

（1）打开 Visual Studio 2010 开发环境，创建一个基于对话框的应用程序项目 SalaryDlg，按图 6-38 所示设计用户界面，其控件的属性和对应的成员设置如表 6-39 所示。

表 6-39　控件属性设置

控　件	控件 ID 号	标　题	属　性	变量类别	变量类型	成员变量
编辑框	IDC_EDIT_REPORT	—		Value	CString	m_Report
编辑框	IDC_EDIT_NAME	—	默认	Value	CString	m_Name
编辑框	IDC_EDIT_NO	—	默认	Value	CString	m_No
编辑框	IDC_EDIT_AGE	—	默认	Value	int	m_Age
编辑框	IDC_EDIT_SALARY	—	默认	Value	float	m_Salary
编辑框	IDC_EDIT_HOUR	—	默认	Value	int	m_Hour
按钮	IDC_ADDBUT	添加员工	默认	—	—	—

（2）在 SalaryDlgDlg.h 文件中，添加如下自定义类 Employee，表示员工信息，代码如下：

```
class Employee
{
protected:
    CString name;
    CString num;
    int work_age;
    float salary;
    int work_hour;
    float total_salary;
public:
    Employee(){};
    Employee(CString a,CString b,int c,float d,int e)
    {    name=a;
         num=b;
```

```
            work_age=c;
            salary=d;
            work_hour=e;
        }
    CString getname(){ return name;}
    CString getnumber(){ return num;}
    int getworkhour(){return work_hour;}
    float getsalary(){return salary;}
    int getworkage(){return work_age;}
    double gettotalsalary(){ return total_salary;}
    void setname(CString a){ name=a;}
    void setnumber(CString b){num=b;}
    void setworkage(int c){work_age=c;}
    void setsalary(float d){salary=d;}
    void setworkhour(int e){work_hour=e;}
    void computetotalsalary()
    {
        if(work_age>5) total_salary=salary+work_hour*50;
        else if(work_age>1&&work_age<5) total_salary=salary+work_hour*30;
    }
    ~Employee(){};
};
```

（3）打开"类视图"，为 CSalaryDlgDlg 的 IDC_ADDBUT 按钮添加 BN_CLICKED 消息映射函数，并添加相应的代码如下：

```
void CSalaryDlgDlg::OnAddbut()
{
    UpdateData(TRUE);
    if(m_No.GetLength()==0||m_Name.GetLength()==0||m_Salary==0||m_Age==0||
m_Hour==0)
    {   MessageBox("请输入完整的雇员信息!");
        return;
    }
     else
    {
        e.setname(m_Name);      //e 为 Employee 类的对象
        e.setnumber(m_No);
        e.setworkage(m_Age);
        e.setsalary(m_Salary);
        e.setworkhour(m_Hour);
        e.computetotalsalary();
        show_fun();
    }
}
```

在 SalaryDlgDlg.cpp 文件中声明 Employee 类的对象，代码如下：

```
Employee e;
```

（4）在"类视图"页面中鼠标右击 CSalaryDlgDlg,在弹出的快捷菜单中单击添加成员函数,函数类型为BOOL,名称为 show_fun(),该函数是自定义函数,用于按一定的格式输出计算的员工信息。代码如下:

```
BOOL CSalaryDlgDlg::show_fun()
{
    CString text;
    CString s;
    text+=e.getname();
    text+="\t";
    text+=e.getnumber();
    text+="\t";
    s.Format("%d\t",e.getworkage());
    text+=s;
    s.Format("%f\t",e.getsalary());
    text+=s;
    s.Format("%d\t",e.getworkhour());
    text+=s;
    s.Format("%f\t",e.gettotalsalary());
    text+=s;
    text+="\r\n";
    m_Report=m_Report+text;
    UpdateData(FALSE);
    return true;
}
```

（5）在 CSalaryDlgDlg 类的构造函数中将输出员工信息编辑框的成员变量 m_Report的值初始化,代码如下:

```
CSalaryDlgDlg::CSalaryDlgDlg(CWnd*pParent/*=NULL*/)
:CDialog(CSalaryDlgDlg::IDD,pParent)
{
    ...
    m_Report=_T("姓名\t 工号\t 工龄\t 固定工资\t 工时\t 总工资\r\n");
    ...
}
```

（6）编译并运行程序,输入几个职员信息,单击"添加员工"按钮,结果如图 6-38 所示。

■**实验 6-2**　设计一个对话框,双击左边列表框中的列表项,添加到右边的编辑框中,单击"刷新"按钮,右边编辑框中内容为空,程序运行结果如图 6-39 所示。

实现步骤如下:

（1）打开 Visual Studio 2010 开发环境,利用应用程序向导创建一个基于对话框的应用程序项目 List_Sample。

（2）打开"视图/资源视图",右击选择"添加资源/位图/导入"命令,打开导入图片文件对话框,导入两个.bmp 位图资源文件,位图资源大小与对话框图片设置最好相近。添加两个静态图像控件,设置 Type 属性为 Bitmap,设置 Image 属性为导入的两张图片资源 IDB_BITMAP1 和 IDB_BITMAP2,如图 6-40 所示,此时,在对话框页面上可以看到所导入的图片资源。

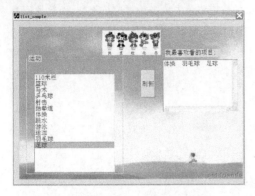

图 6-39　实验 6-2 程序运行结果　　　　图 6-40　静态图像控件属性设置

注意：若是先导入控件，再导入 Bitmap 图片资源，会导致对话框界面上的控件被图片覆盖，而在运行时不可见，因此，必须先导入图片资源，再往其中安排控件。或者是先添加除背景图片控件外的其他控件，按 Ctrl＋A 全选控件，然后按 Ctrl＋X 剪切，接着再添加 Bitmap 背景图片，再按 Ctrl＋C 在对话框界面上粘贴刚才剪切的控件，最后运行程序，可以看到图片作为背景，各个控件在界面上可见。

（3）按图 6-39 所示，左边添加一个列表框，一个静态文本，中间添加一个按钮，属性为默认值，右边添加一个静态文本，添加一个多行编辑框，设置属性"Multiline""Horizontal scroll""Auto HScroll""Vertical scroll"为 True。

（4）打开"MFC 类向导"对话框，选择"成员变量"页面，在类名列表中选择"CList_sampleDlg"，选中所需的 ID，双击所选 ID 或单击"添加"按钮，为界面上各控件添加对应的成员变量。其中列表框成员变量类型为 CListBox 类，变量名为 m_list。编辑框成员变量类型为 CEdit 类型，变量名为 m_result，如图 6-41 所示。

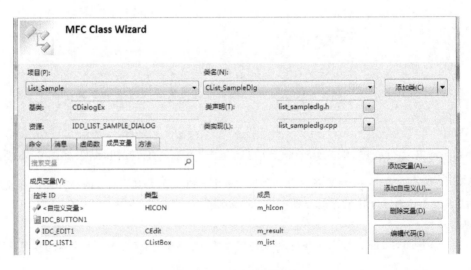

图 6-41　添加成员变量

（5）打开"MFC 类向导"对话框，选择"命令"标签页面，分别为对话框中的按钮控件 IDC_BUTTON1 和 IDC_LIST1 添加 BN_CLICKED 和 LBN_DBLCLK 的消息映射，如图 6-42 所示，并在相应的消息映射函数中添加程序代码如下：

图 6-42　为控件添加消息映射函数

```
void CList_sampleDlg::OnDblclkList1() {
    //双击列表框的列表项添加到编辑框中消息映射函数代码
    CString s="";
    int i=m_list.GetCurSel();           //获取当前列表项
    if(i!=LB_ERR)
    {
        m_list.GetText(i,s);             //获取列表项的文本并保存到字符串变量 s 中
    }
    m_result+=s+"  ";
    UpdateData(false);
}
void CList_sampleDlg::OnButton1()        //"刷新"按钮的消息映射函数代码
{
    m_result="";
    UpdateData(false);
}
```

（6）在 CList_SampleDlg 类的 OnInitDialog()函数中添加列表框初始化的列表项,代码如下:

```
BOOL CList_SampleDlg::OnInitDialog()
{
    ...
    //TODO:Add extra initialization here
    m_result="";
    UpdateData(false);
    CString str[12]={"110 米栏","体操","羽毛球","游泳","马术","足球","跆拳道","瑜
珈","跳水","乒乓球","篮球","射击"};
    for(int i=0;i<12;i++)
    m_list.InsertString(i,str[i]);//为列表框添加列表项
    return TRUE;                    //return TRUE   unless you set the focus to a control
}
```

（7）编译并运行程序,结果如图 6-39 所示。

第⑦章   图形和文本处理

本章要点

- 坐标映射模式
- GDI 图形对象
- 简单图形绘制
- 文本处理

基于 Windows 的应用程序离不开图形、图像，而图形的绘制和输出是通过 Windows 提供的标准图形设备接口来实现的。本章主要介绍在 Visual Studio 2010 编程环境中如何有效地使用图形设备接口设计图形应用程序。

7.1   图形设备接口概述

Windows 操作系统是一个图形操作系统，不再区分文本模式和图形模式，所有的输出都是图形。Windows 的图形设备接口提供了绘图的基本工具，如画笔、画刷、位图及文本等，并将图形绘制在显示器上。

7.1.1   图形设备接口

图形设备接口（graphics device interface，GDI）是 Windows 系统的重要组成部分，负责系统与用户以及绘图程序之间的信息交换，并控制在输出设备上显示图形或文字。图形设备接口最明显的特征是设备无关性，用户通过直接调用 GDI 函数操作设备，不需要考虑各种设备的差异。编程时只需要建立绘图程序与设备的关联，系统将自动载入相应的设备驱动程序，完成各种图形、文本的输出。

7.1.2   设备环境类

用户在绘图之前，必须获取绘图区域的一个设备环境，接着才能进行图形设备接口函数的调用。例如，在窗口客户区显示一串文本字符，通过 CDC 的对象指针 pDC 调用绘图函数，代码如下：

```
pDC->TextOut(100,100,"Hello World!");
```

其中：TextOut( )为绘图函数；100,100 表示字符输出位置的 x 和 y 坐标；"Hello World!"表示将要输出的字符串。

在这一行代码中并没有告诉系统用什么样的颜色、什么样的字体输出字符串，系统自己使用了默认的设置。这些默认的设置保存在什么地方呢？就是在设备环境中。

Windows 应用程序的输出不直接面向具体的硬件设备，只面向设备环境。设备环境（device context，DC）是一个虚拟的逻辑设备，它是由 Windows 管理的一种包含各种绘图属性（如字体、颜色）和方法（即各种绘图函数）的数据结构，保存了绘图操作中一些共同需要设置的信息，如当前的画笔、画刷、字体和位图等图形对象及其属性，以及背景、颜色等图形输出的绘图模式。

在 MFC 中，设备环境类 CDC 提供了一系列用于设置绘图属性和设备属性的函数。为了能让用户使用一些特殊的设备环境，CDC 类还派生了 CPaintDC、CClientDC、CWindowDC 和 CMetaFileDC 类。

（1）CPaintDC 类是专门支持窗口绘图的类，主要针对 OnPaint() 函数使用。其构造函数将会自动调用 BeginPaint，析构函数也会自动调用 EndPaint。例如，添加 WM_PAINT 消息处理函数 OnPaint()，就需要使用 CPaintDC 类来定义一个设备环境对象。CView 类的成员函数 OnPaint() 代码如下：

```
void CView::OnPaint()
{
    CPaintDC dc(this);//定义一个设备环境类对象 dc
    OnpreparDC(&dc);
    OnDraw(&dc);
}
```

（2）CClientDC 类是只能在窗口客户区（即视图区）进行绘图的类，只代表程序窗口中不包括边框、标题栏、菜单栏、工具栏和状态栏等界面元素的内部绘图区，坐标原点是客户区的左上角。而 CWindowDC 类是可以在整个程序窗口进行绘图的类，坐标原点是整个窗口的左上角。这两个类的构造函数都会自动调用 API 函数 GetDC() 和 GetWindowDC()，其析构函数能自动调用 API 函数 ReleaseDC()。

（3）CMetaFileDC 类用来创建一个 Windows 图元文件的设备环境。Windows 图元文件包含了一系列 GDI 绘图命令，使用这些命令可以重新创建新的图形或文本。

以上设备环境类，可以看成是图形的输出模板，程序员使用它们可以调用相应 GDI 函数输出图形、文本等信息。

7.1.3 坐标映射

绘图时，为了使图形界面布局更合理美观，需要使用一个参照坐标系对图形进行定位，确定所输出的图形或文本的具体位置。在 Windows 环境下，所有图形及文本的输出都是基于坐标系的，在默认情况下，坐标原点(0,0)在图形显示区的左上角，向右代表 X 轴的正向，向下代表 Y 轴的正向。

Windows 的坐标系有两种：设备坐标系和逻辑坐标系。设备坐标系是面向显示器或打印机等物理设备的坐标系，通常以像素或设备所能表示的最小长度单位作为绘图单位。设备坐标系由于参照的区域不同又可分为以下三类。

① 屏幕坐标系：以整个屏幕作为绘图区域，屏幕的左上角为坐标原点。一些与屏幕有关的函数均采用屏幕坐标。

② 窗口坐标系：以应用程序窗口作为绘图区域，窗口的左上角为坐标原点。

③ 客户区坐标系：以应用程序窗口的客户区作为绘图区域，客户区左上角为坐标原点。客户区坐标系是最常用的坐标体系，主要用于客户区的图形输出和窗口消息处理。

逻辑坐标系是面向设备环境的坐标系，不考虑具体的设备类型，以一个逻辑单位作为绘图单位。CDC 类中用于绘图的成员函数一般使用与客户区坐标对应的逻辑坐标绘图，用户可以不考虑输出设备的坐标情况，而在一个统一的逻辑坐标系中进行绘图的操作。例如，在某设备环境中绘制一个半径为 100 单位的圆，即使输出显示设备分别为不同尺寸的显示器，系统也会及时针对当前设备的具体情况，调整映射比例，显示出与预设单位大小相同的图形。

在 Visual Studio 2010 中，鼠标的坐标位置用设备坐标表示，但所有的 GDI 绘图函数都用逻辑坐标表示，使用鼠标绘图时，必须将设备坐标转换为逻辑坐标。Windows 系统定义了一些坐标映射模式决定设备坐标和逻辑坐标之间的关系，如表 7-1 所示。

表 7-1　Windows 的坐标映射模式

映 像 模 式	对 应 关 系
MM_TEXT	每一个逻辑单位等于一个设备像素,x 向右为正,y 向下为正
MM_LOMETRIC	每一个逻辑单位等于 0.1 mm,x 向右为正,y 向上为正
MM_HIMETRIC	每一个逻辑单位等于 0.01 mm,x 向右为正,y 向上为正
MM_LOENGLISH	每一个逻辑单位等于 0.01 英寸,x 向右为正,y 向上为正
MM_HIENGLISH	每一个逻辑单位等于 0.001 英寸,x 向右为正,y 向上为正
MM_TWIPS	每一个逻辑单位等于 1/1440,x 向右为正,y 向上为正
MM_ISOTROPIC	由系统确定逻辑单位转换,x、y 轴可任意调节,单位比例 1∶1
MM_ANISOTROPIC	由系统确定逻辑单位转换,x、y 轴可任意调节,单位比例任意

上述映像模式中,MM_TEXT 是默认的映像模式。表 7-1 中前六种映射模式称为强制映射模式,其比例因子是固定的,应用程序不能改变映射到设备单位中的物理单位的数目;后两种映射模式称为非强制映像模式,比例因子是可变的,应用程序能根据窗口和视口的比例来自动调整图形的输出。另外,MM_ISOTROPIC 映射模式的 x、y 轴单位比例为 1∶1,无论比例因子如何变化,图形总能维持原始形状;而 MM_ANISOTROPIC 映射模式的 x、y 轴单位比例是任意的,图形不一定能维持原状。

在编程过程中,用户可通过调用 CDC 类成员函数 SetMapMode 和 GetMapMode 来分别设置和获取设备环境中的映射模式,还可以调用 CDC 类成员函数 SetWindowOrg 和 SetViewportOrg 来分别设置设备的窗口原点和设备的视口原点。

例 7.1　通过使用不同的坐标模式和不同的窗口或视口原点,将圆和矩形显示在窗口客户区中。

实现步骤如下:

(1) 利用 Visual Studio 2010 创建 MFC 应用程序向导创建一个单文档应用程序 Ex_7_1。

(2) 进入项目工作区,单击"视图/类视图"菜单项,在弹出的对话框中选择类名 CEx_7_1View,双击 OnDraw 函数,添加程序代码如下,设置不同窗口/视口原点和坐标模式绘制图形。

```cpp
void CEx_7_1View::OnDraw(CDC* pDC)
{
    CEx_7_1Doc* pDoc=GetDocument();
    ASSERT_VALID(pDoc);
    if(!pDoc)
        return;
    //TODO:在此处为本机数据添加绘制代码
    CRect client;
    GetClientRect(client);                              //获得客户区窗口
    pDC->SetMapMode(MM_ANISOTROPIC);                    //设定映射模式
    pDC->SetWindowExt(1000,1000);                       //定义逻辑窗口大小
    pDC->SetViewportExt(client.right,-client.bottom);   //定义输出视口
    pDC->SetViewportOrg(client.right/2,client.bottom/2);//设置视口原点
    pDC->Ellipse(CRect(-300,-300,300,300));             //在逻辑窗口画圆
    pDC->SetMapMode(MM_ISOTROPIC);                      //设定映射模式
    pDC->SetWindowExt(1000,1000);
    pDC->SetViewportExt(client.right,-client.bottom);
```

```
        pDC->SetViewportOrg(client.right/2,client.bottom/2);
        pDC->Rectangle(CRect(-250,-250,250,250));
    }
```

（3）编译、连接并运行该程序，得到图 7-1 所示的输出结果。如果改变映射模式，会得到不同的效果图。

7.1.4　GDI 图形对象

GDI 图形对象是 Windows 图形设备接口的抽象绘图对象。Windows 提供了一系列这样的绘图对象，用户可以通过这些 GDI 对象来设置程序的绘图工具，如画笔、画刷、位图和调色板等。MFC 对 GDI 对象进行了封装，并提供相应的类作为应用程序的图形设备接口，这些类都是 CGdiObject 类的派生类，如表 7-2 所示。

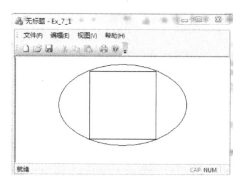

图 7-1　圆显示在窗口客户区中

表 7-2　MFC 的 GDI 类

类　名	功　能
CPen	"画笔"工具，用于绘制边框、画线，可设定颜色、宽度、样式
CBrush	"画制"工具，用于填充封闭区域的颜色和样式
CFont	"字体"工具，用于显示不同风格、不同尺寸的字符
CBitmap	"位图"工具，用于显示由像素构成的图像
CPalette	"调色板"工具，用于设置不同的绘图颜色
CRgn	"区域"工具，用于填充、裁减由多边形或封闭曲线构成的边框

1. GDI 对象绘图的一般步骤

选择 GDI 对象进行绘图的一般步骤如下：

（1）构造一个 GDI 对象。创建 GDI 类的具体对象，代表当前绘图工具，如画笔、画刷等；然后调用相应的成员函数初始化该绘图工具。

（2）选择构造的 GDI 对象到当前设备环境中。

（3）调用绘图函数绘制图形。

（4）绘图完毕后，释放 GDI 对象。

2. 画笔 CPen

在 MFC 中，用 CPen 类封装了 GDI 的画笔对象，可以通过画笔来选择线条的形状、粗细和颜色三种属性。画笔用于绘制对象的边框、直线和曲线等。使用画笔对象的具体方法如下：

（1）创建一支画笔。

① 调用 CPen 类的带参数的构造函数构造 CPen 类画笔对象。例如，构造一支宽度为 8 像素、红色的实线画笔，代码如下：

```
CPen pen(PS_SOLID,8,RGB(255,0,0));
```

其中 CPen 类的构造函数中，有 3 个参数：第 1 个参数用来指定画笔的线型，表 7-3 列出了画笔的基本线型；第 2 个参数表示画笔的宽度，为 0 时宽度总是 1 像素，如果大于 1，则线型参数中的虚线、点线、点画线、双点画线均不可用；第 3 个参数表示画笔的颜色设置，RGB

是一个带参数的宏,其原型为 RGB(nRed,nGreen,nBlue),这三个参数分别表示红、绿、蓝分量值,从 0 到 255 变化。例如:RGB(255,0,0)表示红色,RGB(0,255,0)表示绿色,RGB(0,0,255)表示蓝色。Windows 的颜色数据类型是 COLORREF,它是一个 32 位的整数。可以使用 RGB 宏,将颜色的 3 个红 R、绿 G、蓝 B 分量值转换为 COLOREF 类型。

表 7-3 画笔的样式

样 式	说 明	样 式	说 明
PS_DASH	虚线	PS_INSIDERFRAME	实线(边框线)
PS_DASHDOT	点画线	PS_NULL	无
PS_DASHDOTDOT	双点画线	PS_SOLID	实线
PS_DOT	点线		

② 使用 CPen::CreatePen(int nPenSyte,int nWidth,DWORD crColor)函数构造画笔对象。代码如下:

```
CPen pen;
pen.CreatePen(PS_SOLID,8,RGB(255,0,0));
```

(2)将创建的画笔对象选入设备环境。

通常使用 CDC 类的成员函数 SelectObject 来选择用户创建的 GDI 对象到当前设备环境中,调用成功后将返回一个指针值。代码如下:

```
CPen *OldPen=pDC->SelectObject(&pen);        //选择新的画笔,并保存原来的画笔
```

(3)调用绘图函数:

```
pDC->Ellipse(200,200,400,600);        //调用绘制椭圆的函数
```

(4)绘图完毕后,删除当前的 GDI 对象,恢复原来的 GDI 对象。通常调用函数 SelectObject()和 DeleteObject()来完成。代码如下:

```
pDC->SelectObject(OldPen);        //撤销当前的绘图工具
pen.DeleteObject().        //恢复原来的绘图工具
```

(5)系统画笔。除了用户自定义的画笔外,GDI 中的 Pen 类提供标准颜色的线宽为 1 的预定义画笔,它包含了定义标准颜色的静态属性,在使用时可以直接引用,通过 SelectStockObject 函数可从以下库存画笔中选择:

BLACK_PEN(黑笔)、NULL_PEN(空笔,不画线或边框)、WHITE_PEN(白笔)。

例如:

```
pDC->SelectStockObject(PS_DASH);
```

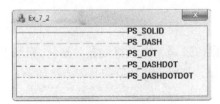

图 7-2 画笔使用

例 7.2 使用自定义画笔。程序运行后,对话框上通过画笔画出不同风格和颜色的线型。其界面效果如图 7-2 所示。

实现步骤如下:

(1)利用 Visual Studio 2010 创建 MFC 应用程序,创建一个对话框应用程序 Ex_7_2。

(2)在项目工作区中,选择"视图/类视图"菜单,双击 CEx_7_2Dlg 类的 OnPaint()函数进入代码编辑窗口,添加画笔画线的实现代码如下。

```
void CEx_7_2Dlg::OnPaint()
{
        if(IsIconic())
```

```
        {
            ...
        }
        else
        {
            ...
        }
        CDC *pDC=this->GetDC();                    //获取画图设备环境
        CPen pen;                                   //声明画笔对象
        int i;
        int line[5]={PS_SOLID,PS_DASH,PS_DOT,PS_DASHDOT,PS_DASHDOTDOT};
        COLORREF r[5]={RGB(255,0,0),RGB(0,255,0),RGB(0,0,255),RGB(0,0,0),RGB(255,0,255)};
        CString str[5]={"PS_SOLID","PS_DASH","PS_DOT","PS_DASHDOT","PS_DASHDOTDOT"};
        for(i=0;i<5;i++)
        {
        pen.CreatePen(line[i],1,r[i]);              //创建不同颜色画笔
        pDC->SelectObject(&pen);                    //画笔选入设备环境
        pDC->SetBkMode(TRANSPARENT);                //设置映射模式
        pDC->MoveTo(0,10+i*20);                     //设置线段起点坐标
        pDC->LineTo(200,10+i*20);                   //设置线段终点坐标
        pDC->TextOutA(200,0+i*20,str[i]);           //输出文本
        pen.DeleteObject();                         //释放资源,删除画笔
        }
    }
```

（3）编译、连接并运行程序，绘制的线条如图 7-2 所示。

3. 画刷的使用

在 Windows 提供的 GDI 对象中，除了使用画笔绘制图形外，还可以使用画刷填充诸如多边形、椭圆和路径等图形内部区域。用户可以利用 MFC 提供的画刷类 CBrush 创建自定义画刷来填充图形。

画刷有三种基本类型：纯色画刷、阴影画刷、图案画刷。CBrush 类提供了三种不同参数的重载构造函数创建画刷对象。

```
        CBrush brush1(RGB(0,255,0));                //创建纯色画刷
        CBrush brush2(HS_CROSS,RGB(0,255,0));       //创建阴影画刷
        CBrush brush3(&bmp);                        //创建图案画刷
```

其中：第 1 个构造函数的参数用来指定画刷的颜色；第 2 个构造函数的参数用来指定画刷的阴影样式和颜色，共有 6 种阴影样式，如表 7-4 所示；第 3 个构造函数的参数用来指定画刷所使用的位图。

表 7-4　画刷的阴影样式

样　　式	说　　明	样　　式	说　　明
HS_BDIAGONAL	45°从左上角到右下角的阴影斜线	HS_CROSS	水平垂直相交的阴影线
HS_DIAGCROSS	45°十字交叉线	HS_HORIZONTAL	水平阴影线
HS_FDIAGONAL	45°从左下角到右上角的阴影斜线	HS_VERTICAL	垂直阴影线

使用画刷对象的具体方法如下：

（1）创建一支画刷。

① 调用 CBrush 类的 3 种构造函数之一构造画刷对象。

例如，创建一支红色纯色画刷，代码为：

```
CBrush Brush1(RGB(255,0,0));
```

创建一支蓝色十字交叉线的阴影模式画刷，代码为：

```
CBrush Brush2(HS_CROSS,RGB(0,0,255));
```

② 使用 CreateSolidBrush(DWORD crColor)函数构造一支红色画刷对象，crColor 表示颜色分量 RGB。代码如下：

```
CBrush Brush1;
Brush1.CreateSolidBrush(RGB(255,0,0));
```

③ 使用 CreateHatchBrush(int nIndex,DWORD crColor) 函数创建一个带阴影的刷子，nIndex 代表一种阴影模式，代码如下：

```
CBrush Brush2;
Brush2.CreateHatchBrush(HS_CROSS,RGB(0,0,255));
```

④ 使用 CreatePatternBrush(Cbitmap * pBitmap) 函数创建一个位图刷子，一般采用 8×8 的小位图。当 Windows 桌面背景采用图案（如 weave）填充时，使用的就是这种位图刷子。

（2）将创建的画刷对象选入设备环境：

```
CBrush*OldBrush=pDC->SelectObject(&Brush1);    //选择新的画刷,并保存原来的画刷
```

（3）调用绘图函数：

```
pDC->Rectangle(200,200,400,600);               //调用绘制矩形的函数
```

（4）恢复设备环境中原有的画刷：

```
pDC->SelectObject(OldBrush);                    //撤销当前的绘图工具
Brush1.DeleteObject().                          //恢复原来的绘图工具
```

在编写绘图程序时，还可以使用 Windows 库存的 GDI 对象，这是一些风格简单的绘图工具，用户可直接选到设备环境中使用，绘图结束后也不必删除。

一般使用 CDC 的成员函数 SelectStockObject 将库存的 GDI 对象选到设备环境中。可直接调用函数 GetStockObject 获取系统提供的不同画刷样式。SelectStockObject 函数原型为：

```
CGdiObject * SelectStockObject(int nIndex);
```

该函数调用成功将返回指向 CGdiObject 对象的指针，参数 nIndex 代表选入绘图对象的库存对象的样式，如表 7-5 所示。

表 7-5　库存绘图对象的样式

样　式	说　明	样　式	说　明
WHITE_PEN	白色画笔	GRAY_BRUSH	灰色画刷
BLACK_PEN	黑色画笔	LTGRAY_BRUSH	浅灰色画刷
NULL_PEN	空画笔	HOLLOW_BRUSH	透明中空画刷
WHITE_BRUSH	白色画刷	NULL_BRUSH	空画刷
BLACK_BRUSH	黑色画刷	SYSTEM_FONT	系统字体
DKGRAY_BRUSH	深灰色画刷	DEVICE_DEFAULT_FONT	设备默认字体

例如，使用 Windows 库存的 GDI 对象：

```
CPen pen;        CBrush brush;
pen=pDC->SelectStockObject(BLACK_PEN);          //选择黑色画笔到设备环境中
brush=pDC->SelectStockObject(DKGRAY_BRUSH);     //选择深灰色画刷到设备环境中
```

例 7.3 使用自定义画刷。程序运行后,对话框上通过画刷画出不同风格的内部区域。其界面效果如图 7-3 所示。

图 7-3 画刷使用

实现步骤如下:

(1) 利用 Visual Studio 2010 创建 MFC 应用程序,创建一个对话框应用程序 Ex_7_3。

(2) 在项目工作区中,选择"视图/类视图"菜单,双击 CEx_7_3Dlg 类的 OnPaint()函数进入代码编辑窗口,添加画刷画图的实现代码如下。

```
void CEx_7_3Dlg::OnPaint()
{
    if(IsIconic())
    {
        ...
    }
    else
    {
        CPaintDC dc(this);                          //用于绘制的设备上下文
        CBrush brush,*oldbrush;
        int style[6]={HS_BDIAGONAL,HS_DIAGCROSS,HS_FDIAGONAL,HS_CROSS,
                    HS_HORIZONTAL,HS_VERTICAL};
        COLORREF r[5]={RGB(255,0,0),RGB(0,255,0),RGB(0,0,255),RGB(0,0,
                    0),RGB(255,0,255)};             //定义颜色数组
        brush.CreateSolidBrush(RGB(255,0,0));//创建红色实心画刷
        oldbrush=dc.SelectObject(&brush);
        dc.Rectangle(10,10,50,50);
        dc.SelectObject(oldbrush);
        brush.DeleteObject();
        dc.TextOutA(10,60,"单色刷子");
        for(int i=0;i<6;i++)
        {
        brush.CreateHatchBrush(style[i],r[i]);
        oldbrush=dc.SelectObject(&brush);
        dc.Rectangle(60+i*50,10,100+i*50,50);
        dc.SelectObject(oldbrush);
        brush.DeleteObject();
        dc.TextOutA(150,60,"阴影模式画刷");
        }
        CDialogEx::OnPaint();
    }
}
```

7.2 简单图形绘制

GDI 提供了绘制基本图形的成员函数,这些成员函数封装在 MFC 的 CDC 类中,能直接被调用,绘制出各种基本图形。MFC 绘图函数使用的坐标系是逻辑坐标,坐标原点位于图

形坐标系的左上角,坐标单位为像素。

7.2.1 画点和线

1. 画点

画点是在窗口指定位置显示某种颜色的一个像素点。其函数原型为:

```
COLORREF  SetPixel(int x,int y,COLORREF crColor);
COLORREF  SetPixel(POINT point,COLORREF crColor);
```

其中:参数 x,y 或 point 用来指定像素点的位置;crColor 参数表示颜色,由 RGB 宏来表示。例如:

```
pDC->SetPixel(100,40,RGB(255,0,0));
```

2. 画线

画线时,可以设置一个起点,从起点位置开始绘制。设置起点的函数原型为:

```
CPoint  MoveTo(int x,int y);
```

或

```
CPoint  MoveTo(POINT  point);
```

其中,函数参数表示指定的起始位置坐标。

调用 CDC 的成员函数 LineTo 可以直接从起点处绘制一条直线,指定直线的终点,其函数原型为:

```
BOOL  LineTo(int x,int y);
```

或

```
BOOL  LineTo(POINT  point);
```

其中,函数的参数表示绘制直线的终点坐标。如果不设置起点,那么 LineTo 函数调用后的终点将作为下一条线的新起点。例如:

```
pDC->MoveTo(30,40);        //设置当前画笔的位置
pDC->LineTo(500,40);       //画一条横线
```

3. 画折线

CDC 提供了一系列画折线的函数,如 Polyline、PolylineTo、PolyPolyline,其函数原型为:

```
BOOL Polyline(LPPOINT lpPoints,int nCount);

BOOL PolylineTo(const POINT *lpPoints,int nCount);

BOOL PolyPolyline(const POINT *lpPoints,const DWORD* lpPolyPoints,int nCount);
```

其中:前两个函数表示绘制一系列连续的折线,lpPoints 是 POINT 顶点的数组,nCount 为数组中顶点的个数,至少为 2;第三个函数表示绘制多条折线,lpPoints 是 POINT 顶点的数组,lpPolyPoints 表示各条折线所需的顶点数,nCount 表示折线的数目。

例如:

```
POINT polyline[4]={{240,240},{80,120},{240,120},{80,240}};    //折线的 4 个顶点
pDC->Polyline(polyline,4);                                     //由 4 个点连成折线
```

7.2.2 画矩形和多边形

1. 画矩形

CDC 类成员函数 Rectangle 和 RoundRect 可以绘制矩形,然后使用当前画刷填充该矩形。Rectangle 函数原型为:

```
BOOL Rectangle(int x1,int y1,int x2,int y2);
BOOL Rectangle(LPCRECT lpRect);
```

RoundRect 函数原型为：

```
BOOL RoundRect(int x1,int y1,int x2,int y2,int x3,int y3);
BOOL RoundRect(LPCRECT lpRect,POINT point);
```

其中：参数 x1,y1 和 x2,y2 分别为边界矩形左上角和右下角坐标；lpRect 用来指定边界矩形的区域；point 的成员 x,y 分别表示 x3,y3 绘制圆角椭圆大小，x3 表示圆角曲线的宽度，y3 表示圆角曲线的高度。例如：

```
pDC->Rectangle(390,110,600,230);            //左上角点和右下角点的 x 和 y 坐标
pDC->RoundRect(390,110,600,230,10,10);      //左上角点和右下角点的 x 和 y 坐标,圆角宽、高
```

2. 画多边形

实现多边图形绘制的 CDC 函数为 Polygon，其函数原型为：

```
BOOL Polygon(LPPOINT lpPoints,int nCount);
```

其中，参数 lpPoints 为多边形 POINT 顶点的数组，nCount 为数组中顶点个数。

```
POINT polygon[3]={{380,330},{530,260},{500,360}};      //多边形的 3 个顶点
pDC->Polygon(polygon,3);                               //3 个点顺序首尾连成封闭的三边形
```

7.2.3　画曲线

1. 画椭圆

椭圆是由矩形边界所确定的内接圆或内接椭圆所形成的。其函数原型为：

```
BOOL Ellipse(int x1,int y1,int x2,int y2);
BOOL Ellipse(LPCRECT lpRect);
```

其中，参数 x1,y1 和 x2,y2 分别为边界矩形左上角、右下角坐标，lpRect 用来指定边界矩形的区域。当 x2－x1 等于 y2－y1 时，外切边界为正方形，内接封闭曲线为正圆。

例如：

```
pDC->Ellipse(80,260,280,380);      //4 个参数表示矩形的内切椭圆
```

2. 画弧

通过弧所依附的边界矩形来确定弧的大小，用于描述弧的位置和大小的边界矩形是隐藏的。画弧函数原型为：

```
BOOL Arc(int x1,int y1,int x2,int y2,int x3,int y3,int x4,int y4);
BOOL Arc(LPCRECT lpRect, POINT ptStart, POINT ptEnd);
```

其中：参数 x1,y1 和 x2,y2 分别为边界矩形左上角和右下角坐标；x3,y3 为弧的起点坐标，x4,y4 为弧的终点坐标；画弧时，从起点至终点按逆时针方向绘制，如图 7-4 所示。另外，lpRect 用来定义边界矩形的区域，lpRect 的成员 left,top,right,bottom 分别表示 x1,y1,x2,y2；ptStart 表示弧的起点坐标 x3,y3,ptEnd 表示弧的终点坐标 x4,y4。

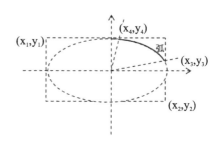

3. 画弦形和扇形

CDC 类成员函数 Chord 和 Pie 是用来绘制弦形和扇形的，其函数原型为：

图 7-4　弧坐标表示

```
BOOL Chord(int x1,int y1,int x2,int y2,int x3,int y3,int x4,int y4);
BOOL Chord(LPCRECT lpRect, POINT ptStart, POINT ptEnd);
BOOL Pie(int x1,int y1,int x2,int y2,int x3,int y3,int x4,int y4);
BOOL Pie(LPCRECT lpRect, POINT ptStart, POINT ptEnd);
```

该函数中的参数含义与画弧函数的参数完全相同。由 x1,y1,x2,y2 参数所确定的矩形中心和弧的起点、终点连接起来后,就形成扇形。

4. Bezier 曲线

CDC 类成员函数 PolyBezier 用来绘制一条不规则曲线,其函数原型如下:

```
BOOL PolyBezier(const POINT* lpPoints,int nCount);
```

其中,lpPoints 是由曲线端点和控制点组成的数组,nCount 为数组中点的个数。

例 7.4 利用系统提供的绘图函数,使用画笔和画刷工具绘制不同的图形,程序运行结果如图 7-5 所示。

实现步骤如下:

(1) 利用 Visual Studio 2010 创建 MFC 应用程序,创建一个单文档应用程序 Ex_7_4。

图 7-5 例 7.4 程序运行结果

(2) 打开视图类 CEx_7_4View.cpp 文件中的 OnDraw() 函数,添加绘图代码如下:

```
void CEx_7_4View::OnDraw(CDC*pDC)
{
    CEx_7_4Doc*pDoc=GetDocument();
ASSERT_VALID(pDoc);
    if(!pDoc)
    return;
    //TODO:在此处为本机数据添加绘制代码
    CBrush*oldBrush,*newBrush;                    //定义画刷对象
    CPen*oldPen,*newPen;                          //定义画笔对象
    newPen=new CPen;
    newPen->CreatePen(PS_SOLID,2,RGB(255,0,0));   //构造一支红色画笔对象
    newBrush=new CBrush;
    newBrush->CreateSolidBrush(RGB(255,0,0));
    oldBrush=pDC->SelectObject(newBrush);
    pDC->Rectangle(10,10,100,100);                //绘制红色填充的矩形
    pDC->SelectObject(oldBrush);
    delete newBrush;
    newBrush=new CBrush;
    newBrush->CreateStockObject(LTGRAY_BRUSH);
    oldBrush=pDC->SelectObject(newBrush);
    pDC->Ellipse(10,10,200,200);                  //绘制灰色填充的椭圆
    pDC->SelectObject(oldBrush);
    delete newBrush;
    newBrush=new CBrush;
    newBrush->CreateHatchBrush(HS_BDIAGONAL,RGB(0,0,255));
    oldBrush=pDC->SelectObject(newBrush);
```

```
          pDC->Pie(10,10,200,200,20,60,40,100);//绘制斜阴影填充的蓝色扇形
          pDC->SelectObject(oldBrush);
          delete newBrush;
          delete newPen;
      }
```

 ## 7.3 文本处理

许多 Windows 应用程序需要对文本进行显示和输出处理，在 MFC 编程中，图形和文本的显示及输出并没有明显的界限，文本通常被当作特殊的图形来对待，按照指定的"字体"格式绘制出来。

7.3.1 创建字体

字体是一种具有某种风格和尺寸的所有字符的完整集合，主要用于描述文字的大小、类型和外观风格等属性。字体中包含了字符输出和显示的特定样式，如字符的粗细、倾斜度、字符的高度等。

根据字体的构造方式，可以将字体分为四种基本类型：光栅字体、矢量字体、TrueType 字体和 OpenType 字体。其中，光栅字体以点阵方式表达字形，矢量字体采用若干直线段反映字形，TrueType 字体和 OpenType 字体采用一系列直线或曲线反映字体轮廓。在这些字体中，矢量字体、TrueType 字体和 OpenType 字体不依赖于具体的设备，具有设备无关性，可以任意缩放。

MFC 的 CFont 类封装了一个 Windows 图形设备接口字体，并提供了一系列管理字体的成员函数，利用这些成员函数可以对字体进行各种操作。如果在应用程序中使用字体，一般先通过 CFont 类创建字体对象，然后选择创建的字体对象到设备环境，以便在设备环境中绘制文本，与画笔和画刷使用步骤相同。

在程序中创建自定义字体并不是在程序中真正创造出一种完全满足用户需要的字体，而是将当前用户创建的字体与 Windows 字体匹配并关联。在 MFC 程序中，通常使用成员函数 CreateFont()、CreatePointFont() 和 CreateFontIndirect() 创建字体对象，使用 SelectObject()函数将创建的字体对象选入设备环境。

1. CreateFontIndirect()函数

CreateFontIndirect()函数用于创建逻辑字体对象，其函数原型如下：

```
CreateFontIndirect(const*LOGFONT*plLOGFONT);
```

其中，参数 plLOGFONT 是一个 LOGFONT 类型的结构指针，该函数利用 plLOGFONT 指向 LOGFONT 结构定义的一个字体对象，此字体对象能被任何设备选作当前字体。

LOGFONT 结构体类型定义如下：

```
typedef struct tagLOGFONT{
LONG ifHeight;              //以逻辑单位表示的字体高度,为 0 时采用系统默认值
LONG ifWidth;              //以逻辑单位表示的字体平均宽度,为 0 时由系统根据高度取最佳值
LONG ifEscapement;         //每行文本的倾斜度,以 1/10 度为单位
LONG ifOrientation;        //每个字符的倾斜度,以 1/10 度为单位
LONG IfWeight;             //字体粗细,取值范围为 0～1000,0 代表默认浓度
BYTE IfItalic;             //非零时表示倾斜字体
BYTE IfUnderline;          //非零时表示创建下划线字体
```

```
      BYTE IfStrikeOut;//非零时表示创建中划线字体
      BYTE IfCharSet;//指定字体的字符集,可选值有 ANSI_CHARSET、OEM_CHARSET、
                     //DEFAULT_CHARSET、OEN_CHARSET、SYMBOL_CHARSET、
                     //SHIFTJIS_CHARSET
      BYTE IfOutPrecision;//指定输出精度,一般取默认值:OUT_DEFAULT_PRECIS
      BYTE IfChipPrecision;//指定裁剪精度,一般取默认值:CLIP_DEFAULT_PRECIS
      BYTE IfQuality;//指定输出质量,一般取默认值:DEFAULT_QUALITY
      BYTE IfPitchAndFamily;//指定字体间距和所属字库,一般取默认值:DEFAULT_PITCH
      TCHAR IfFaceName[32];//指定匹配的字样名称
      }LOGFONT;
```

2. CreareFont()函数

CreateFont()函数用于创建自定义字体对象,其函数原型如下:

```
      BOOL CreateFont (int nHeight, int nWidth, int nEscapement, int nOrientation, int
nWeight,
               BYTE bItalic,BYTE bUnderline,BYTE cStrikeOut,BYTE nCharSet,
               BYTE nOutPrecision,BYTE nClipPrecision,BYTE nQuality,
               BYTE nPitchAndFamily,LPCTSTR lpszFacename
      );
```

CreateFont()函数的参数类型与 LOGFONT 结构完全一致。参数为 0,表示使用系统默认值。

3. CreatePointFont()函数

CreatePointFont()函数只需 3 个参数,字体的高度(为实际像素的 10 倍)、字体的名称和使用字体的设备环境。例如:

```
      font.CreatePointFont(200,"Time New Roman",pDC);
```

4. 字体对话框

Windows 还提供了一个用于设置字体的通用对话框,如图 7-6 所示。用户可以通过 CFontDialog 类对象的相应成员函数(见表 7-6)设置字体和文本风格。调用创建字体函数,不需要定义具体的字体。

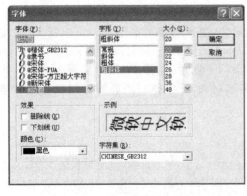

图 7-6　通用字体对话框

表 7-6　字体对话框类常见的成员函数

函　　数	功　　能
GetCurrentFont	返回用户选择的 LOGFONT 字体
GetFaceName	返回用户选择的字体名称
GetStyleName	返回用户选择的字体样式名称
GetSize	返回用户选择的字体大小
GetColor	返回用户选择的文本颜色
GetWeight	返回用户选择的字体粗细度
IsStrikeOut	判断是否有删除线
IsUnderline	判断是否有下划线
IsBold	判断是否有粗体
IsItalic	判断是否有斜体

例 7.5　字体设置实例:创建一个单文档应用程序,当执行"视图/字体"菜单命令时,弹出图 7-6 所示的通用字体对话框,使用通用字体对话框动态设置字体,如图 7-7 所示。

264

实现步骤如下：

（1）利用应用程序向导创建一个单文档应用程序 Ex_7_5。

（2）选择"视图/资源视图"菜单下的 Menu，双击"IDR_MAINFRAME"菜单编辑器窗口，添加"视图"下一级菜单"字体"，其 ID 号为 ID_VIEW_FONT。

（3）在视图类 Ex_7_5View.h 文件的类声明中添加两个成员变量：

图 7-7　使用通用字体对话框

```
public:
    COLORREF color;        //表示字体颜色
    CFont    f;            //表示字体对象
```

（4）选择"视图/类视图"菜单，右击 CEx_7_5View 类，选择"类向导"，打开"MFC 类向导"对话框，为菜单项 ID_VIEW_FONT 添加 COMMAND 消息映射和消息处理函数，其代码如下：

```
void CEx_7_5View::OnViewFont()
{
    CFontDialog dlgFont;                      //声明字体对话框对象
    if(dlgFont.DoModal()==IDOK)
    {
        f.DeleteObject();
        LOGFONT LogF;
        dlgFont.GetCurrentFont(&LogF);        //获取当前字体对话框
        f.CreateFontIndirect(&LogF);
        color=dlgFont.GetColor();             //获取用户所选择的颜色
        Invalidate();                         //调用绘图刷新函数
    }
}
```

（5）打开 CEx_7_5View.cpp 文件，在绘图函数 OnDraw() 中添加如下代码：

```
void CEx_7_5View::OnDraw(CDC*pDC)
{
    ...
    CFont *Old=pDC->SelectObject(&f);                        //设置字体
    pDC->SetTextColor(color);                                //设置文本颜色
    pDC->TextOut(10,10,"使用公用字体对话框动态设置字体");    //在文档中显示文本
    pDC->SelectObject(Old);                                  //恢复设备环境
}
```

（6）编译、连接并运行程序，结果如图 7-7 所示。

7.3.2　文本输出

文本输出实际上是按照指定的字体样式将每个字符绘制出来。文本输出的过程主要包括获取字体信息、格式化文本、调用文本输出函数等。

1. 获取字体信息

输出文本之前，应先获取当前文本所使用字体的相关信息，以便控制输出效果。在 CDC 类中，GetTextmetrics() 函数用来获得当前使用的字体信息，其函数原型为：

```
GetTextmetrics(&lpMetrics);
```

其中，lpMetrics 为 TEXTMETRIC 结构体类型。TEXTMETRIC 结构体类型定义如下：

```
typedef struct tagTEXTMETRIC
{
    LONG tmHeight;                      //字符的高度
    LONG tmAscent;                      //字符基准线以上的高度
    LONG tmDescent;                     //字符基准线以下的高度
    LONG tmInternalLeading;             //字符内标高
    LONG tmExternalLeading;             //行间距
    LONG tmAveCharWidth;                //字体平均宽度
    LONG tmMaxCharWidth;                //字符最大宽度
    LONG tmWeight;                      //字体的粗细
    LONG tmOverhang;                    //合成字体间附加的宽度
    LONG tmDigitizedAspectX;            //字符的水平比例
    LONG tmDigitizedAspectY;            //字符的垂直比例
    CHAR tmFirstChar;                   //字体中第一个字符值
    CHAR tmLastChar;                    //字体中最后一个字符值
    CHAR tmDefaultChar;                 //替换字体中没有的字符
    CHAR tmBreakChar;                   //作为分隔符的字符
    BYTE tmItalic;                      //非 0 表示斜体
    BYTE tmUnderlined;                  //非 0 表示加下划线
    BYTE tmStruckOut;                   //非 0 表示字符为删除字体
    BYTE tmPitchAndFamily;              //字符的间隔和字体的类型
    BYTE tmCharSet;                     //字符集
}TEXTMETRIC;
```

2. 文本输出函数

文本的输出应通过文本输出函数来实现，CDC 为用户提供了多个函数用于输出文本。

1) TexOut() 函数

TexOut() 函数是使用当前字体在指定的位置显示单行文本，其函数原型如下：

```
virtual BOOL TexOut(int x,int y,LPCTSTR lpszString,int nCount);
```

或

```
BOOL TexOut(int x,int y,const CString &Str);
```

其中，参数 x、y 用来指定文本输出的开始位置，lpszString 为要输出的文本，nCount 用于指定文本的字节长度，参数 Str 表示被输出文本符的 CString 对象。若成功，函数返回 TRUE，否则返回 FALSE。

2) ExtTextOut() 函数

ExtTextOut() 函数是用一个矩形框对输出文本进行裁剪，其函数原型如下：

```
virtual BOOL ExtTextOut(int x,int y,UINT nOptions,LPCRECT lpRect,LPCTSTR
                        lpszString,UINT nCount,LPINT lpDxWidths);
```

其中：参数 x、y 表示输出文本的坐标；nOptions 用于指定矩形的类型，可选值为 ETO_CLIPPED(文本被裁剪以适应矩形)和 ETO_OPAQUE(当前背景颜色填充矩形)；lpRect 用于确定矩形的大小；lpszString 表示要显示的文本；nCount 为要显示的字符数；lpDxWidths 表示相邻字符间距，取值为 NULL 时表示采用默认的间距。

3) TabbedTextOut() 函数

TabbedTextOut() 函数是在指定位置以列表形式显示文本，其函数原型如下：

```
virtual TabbedTextOut (int x, int y, LPCTSTR lpszString, int nCount, int
                       nTabPositions,  LPINT  lpnTabStopPositions,  int
                       nTabOrigin);
```

其中,函数的前几个参数的含义与上面几个函数的参数含义相同,参数 nTabPositions 表示 lpnTabStopPositions 数组的大小,lpnTabStopPositions 表示多个递增的制表位(逻辑坐标)的数组,nTabOrigin 表示制表位 x 方向的起始点(逻辑坐标)。如果 nTabPositions 为 0,且 lpnTabStopPositions 为 NULL,则使用默认的制表位(一个 Tab 相当于八个字符)。

4) DrawText()函数

DrawText()函数用于在指定的矩形区域内绘制多行文本,其函数原型如下:

```
BOOL DrawText(LPCTSTR lpszString,int nCount,LPRECT lpRect,UINT nFormat);
BOOL DrawText(const CString &str,LPRECT lpRect,UINT nFormat);
```

其中:lpszString 表示要输出的文本,可在其中使用换行符"\n"实现换行;nCount 表示文本的字节长度;lpRect 指定显示文本的矩形区域;nFormat 用于指定文本格式化的方法,如取值为 DT_CENTER 表示居中显示。

7.3.3　文本对齐

输出文本时,通常应对文本的对齐方式进行设置。CDC 类提供了文本处理成员函数 SetTextAlign 用于设置文本对齐方式。其函数原型如下:

```
UINT SetTextAlign(UINT nFlags);
```

其中,参数 nFlags 为对齐标记,取值如表 7-7 所示。系统默认的文本对齐设置为 DT_LEFT、DT_TOP、DT_NOUPDATECP。

表 7-7　文本对齐标记

对 齐 标 记	效 果 说 明
DA_CENTER	以文本外框矩形的中点作为左、右对齐方式
DT_LEFT	以文本外框矩形的左边作为左、右对齐方式
DT_RIGHT	以文本外框矩形的右边作为左、右对方式
DT_BASELINE	以字体的基准线作为上、下对齐方式
DT_BOTTOM	以文本外框矩形的底边作为上、下对齐方式
DT_TOP	以文本外框矩形的顶边作为上、下对齐方式
DT_NOUPDATECP	在调用文本输出函数后,不更新当前位置
DT_UPDATECP	在调用文本输出函数后,更新当前位置

另外,CDC 类还提供了用于设置字符间距的成员函数 SetTextCharacterExtra()和用于计算文本总宽度的成员函数 GetTextExtent()。使用这两个函数,可以在输出文本时有效地对其进行格式化处理,确定文本行中后续文本和换行时下一行文本的坐标,完善文本的绘制效果。它们的函数原型分别为:

```
int SetTextCharacterExtra(int nCharExtra);
CSize GetTextExtent(LPCTSTR lpszString,int nCount);
```

其中,参数 nCharExtra 表示要加到每个字符之间的以逻辑单位构成的额外间隔值,lpszString 表示要输出的文本,nCount 表示文本的字节长度。在程序中,如果改变了文本输出方式、行距、间距等字符属性,可调用 CDC 类中的成员函数 GetTextMetrics()获取当前字符的几何尺寸等字体信息,其唯一参数就是 TEXTMETRIC 结构类型的一个指针。

7.3.4 文本输出颜色的设置

文本输出时，系统默认的背景色为白色，文本字体色为黑色，用户可以利用 CDC 类提供的成员函数对文本进行颜色设置，达到不同的文字效果。

1. SetTextColor()函数

SetTextColor()函数用于设置字体颜色，其函数原型如下：

```
virtual COLORREF SetTextColor(COLORREF crColor);
```

其中，参数 crColor 用于设置字体颜色的 RGB 值，例如：pDC—>SetTextColor(RGB(255,0,0))。

2. SetBkColor()函数

SetBkColor()函数用于设置文本背景色，其函数原型为：

```
virtual COLORREF SetBkColor(COLORREF crColor);
```

同样，参数 crColor 用于设置字体颜色的 RGB 值，例如：pDC—>SetBkColor(RGB(0,255,0))。

3. SetBkMode()函数

SetBkMode()函数用于设置文本不同背景模式，如透明（TRANSPARENT）和不透明（OPAQUE），其函数原型如下：

```
int SetBkMode(int nBkMode);
```

参数 nBkMode 为表示背景模式的宏。

另外，CDC 类还提供了 GetTextColor()函数、GetBkColor()函数和 GetBkMode()函数，分别用来获取设置字体后的颜色、背景色和背景模式。

例 7.6 设计一个单文档应用程序，创建不同字体结构并输出，如图 7-8 所示。

图 7-8　例 7.6 程序运行结果

实现步骤如下：

（1）创建一个单文档应用程序 Ex_7_6。

（2）选择"视图/类视图"菜单，在 Ex_7_6View 视图类的 OnDraw()函数中添加如下代码：

```
void CEx_7_6View::OnDraw(CDC*pDC)
{
    CEx_7_6Doc*pDoc=GetDocument();
    ASSERT_VALID(pDoc);
    if(!pDoc)
        return;
    //TODO:在此处为本机数据添加绘制代码
    CFont newFont,*oldFont;
    int y;
```

```
        TEXTMETRIC tm;
        newFont.CreateFont(30,0,0,0,FW_BOLD,0,0,0,0,0,0,0,0,"Courier");
                                                        //创建文本
        pDC->SelectObject(&newFont);
        y=20;
        pDC->DrawText("这是使用 CreateFont 函数创建的字体",CRect(10,y,600,
                      y+100),DT_LEFT);                  //限定在一个矩形区域输出
        pDC->GetTextMetrics(&tm);
        newFont.DeleteObject();
        LOGFONT  myFont;
        myFont.lfHeight=40;
        myFont.lfWidth=0;
        myFont.lfEscapement=0;
        myFont.lfOrientation=0;
        myFont.lfWeight=FW_NORMAL;
        myFont.lfItalic=0;
        myFont.lfUnderline=1;
        myFont.lfStrikeOut=0;
        myFont.lfCharSet=ANSI_CHARSET;
        myFont.lfOutPrecision=OUT_DEFAULT_PRECIS;
        myFont.lfClipPrecision=CLIP_DEFAULT_PRECIS;
        myFont.lfQuality=VARIABLE_PITCH|FF_ROMAN;
        newFont.CreateFontIndirect(&myFont);      //将以上创建的字体存入 newFont 中
        pDC->SelectObject(&newFont);
        y=y+tm.tmHeight+tm.tmExternalLeading;
        pDC->TextOut(10,y,"这是使用 LOGFONT 结构创建的字体");    //输出字体
        pDC->GetTextMetrics(&tm);
        newFont.DeleteObject();
        CRect  rect;
        GetClientRect(&rect);
        oldFont=(CFont*)pDC->SelectStockObject(DEVICE_DEFAULT_FONT);
                                                  //使用堆字体
        pDC->SetTextColor(RGB(255,0,0));          //设置文本颜色
        pDC->SetBkMode(TRANSPARENT);              //设置文本的背景模式
        pDC->DrawText("这是选用堆中的字体",&rect,DT_CENTER);    //指定区域输出文本
        pDC->SelectObject(oldFont);               //恢复系统原来字体
    }
```

（3）编译、连接并运行该程序，结果如图 7-8 所示。

7.4 图像处理

在设计应用程序界面时，经常要绘制窗口的背景图片，GDI 提供了 Image 和 Bitmap 类的相关函数用于处理图像。

7.4.1 绘制图像

可以使用 CDC 类的位图函数来输出位图到设备上下文中，下面分别进行介绍。

1. BitBlt()函数

BitBlt()函数用于从源设备中复制位图到目标设备中,其函数原型为:

```
BOOL BitBlt(int x,int y,int nWidth,int nHeight,CDC*pSrcDC,int xSrc,int ySrc,
DWORD dwRop);
```

2. StretchBlt()函数

StretchBlt()函数用于从源设备中复制图形到目标设备中。与 BitBlt 方法不同的是,StretchBlt 方法能缩放位图以适应区域大小。其函数原型为:

```
BOOL StretchBlt(int x,int y,int nWidth,int nHeight,CDC*pSrcDC,int xSrc,int
                ySrc,int nSrc Width,int nSrcHeight,DWORD dwRop);
```

其中:x 为目标矩形区域的左上角 x 轴坐标点;y 为目标矩形区域的左上角 y 轴坐标点;nWidth:在目标窗口中绘制位图的宽度;nHeight:在目标窗口中绘制位图的高度;pSrcDC 为源设备上下文对象指针;xSrc 为源设备上下文的起点 x 轴坐标;ySrc 为源设备上下文的起点 y 轴坐标;nSrcWidth 为需要复制的位图宽度;nSrcHeight 为需要复制的位图高度;dwRop 为光栅操作代码,可选值为 SRCCOPY(直接复制源设备区域到目标设备中)和 BLACKNESS(使用黑色填充目标区域)等。

7.4.2 加载图像

在开发应用程序时,需要动态加载一幅图像到窗口中,可以使用 LoadImage()函数加载图像文件。其函数原型如下:

```
LoadImage (HINSTANCE hinst, LPCTSTR lpszName, UINT uType, int cxDesired, int
cyDesired,UINT fuLoad);
```

其中:hinst 表示包含图像的实例句柄,可以为 NULL;lpszName 表示图像的资源名称;uType 表示加载的图像类型(uType 为 IMAGE_BITMAP 时,表示加载位图;为 IMAGE_CURSOR 时,表示加载鼠标指针;为 IMAGE_ICON 时,表示加载图标);cxDesired 表示图标或鼠标指针的宽度,如果加载的是位图,参数为 0;cyDesired 表示图标或鼠标指针的高度,如果加载的是位图,参数为 0;fuLoad 表示加载类型,如果为 LR_LOADFROMFILE,表示从磁盘文件中加载位图。

习 题 7

一、填空题

1. 使用 GDI 对象一般分为三步:_____、_____、_____。
2. CDC 为用户提供了四个输出文本函数:_____、_____、_____、_____。
3. 在程序中引入某种字体的方法主要有三种:_____、_____、_____。
4. 获取 CFontDialog 对话框中用户当前所选字体的函数为_____,获取用户当前所选颜色的函数为_____。
5. _____是 Windows 应用程序与设备驱动程序和输出设备之间的接口。

二、判断题

1. 设备环境中的所有绘图成员函数使用的都是物理坐标。( )
2. 用来实现绘图输出的 OnDraw 函数会被系统定义在框架窗口类 CMainFrame 的源文件中。( )
3. Windows 应用程序默认画笔是黑色画笔,默认画刷颜色是白色的。( )
4. 使用库存的绘图工具时,可以不用通过 CFont、CPen、CBrush 来定义对象,代表绘图工具。( )

三、简答题

1. 什么是设备环境(DC)? CDC 类的派生类有哪些? 各自实现什么功能?

2. 坐标映射模式有哪些？它们有何不同？

3. 什么是 GDI 对象？GDI 对象有哪些？具体使用步骤是什么？

4. 什么是字体？构造字体的函数有哪些？

5. 文本输出的函数有哪些？它们有何不同？

6. 设置文本颜色和文本背景颜色有哪些函数？如何使用它们？

四、编程题

1. 设计单文档的应用程序，分别使用映射模式 MM_TEXT、MM_HIMETRIC 在文档客户区中，绘制一个红色十字交叉线的矩形。

2. 设计一个单文档的应用程序，在文档客户区中，绘制一个椭圆，用红色画笔绘制边框，用蓝色的画刷填充。

3. 设计一个单文档的应用程序，在文档客户区中，显示红色、黑体、200 点的"武昌理工学院"文本。

 ## 实验 7 绘图对象使用

一、实验目的

掌握 GDI 对象画笔、画刷、字体等的使用。

二、实验内容

实验 7-1 创建一个实现画笔绘图的应用程序。在程序运行后，工具栏上有一组显示不同风格和颜色的画笔工具按钮。用鼠标选择工具栏中的一种画笔，在客户区中绘出相应线条。其界面效果如图 7-9 所示。

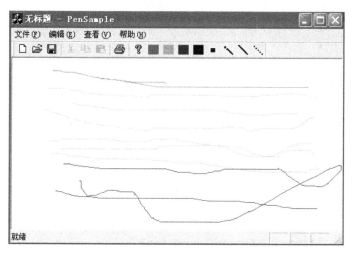

图 7-9 画笔使用（实例 7-1）

三、实验步骤

（1）利用 Visual Studio 2010 创建一个单文档应用程序 PenSample。

（2）在项目工作区中，选择"视图/资源视图"菜单，双击"Toolbar"打开工具栏资源，双击"IDR_MAINFRAME"，在窗口自带的工具条后加入一组代表画笔颜色和线型的工具按钮。

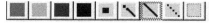

图 7-10 工具条界面

（3）创建工具条界面，如图 7-10 所示，添加代表 4 种颜色（红、绿、蓝、黑）的按钮和代表 4 种线型（点线、点画线、实线、虚线）的按钮。其按钮的 ID 属性值如表 7-8 所示。

表 7-8 按钮的 ID 值

按　　钮	ID　值	按　　钮	ID　值
红	ID_BUTTONRED	点	ID_BUTTONDOT
绿	ID_BUTTONGREEN	点画线	ID_BUTTONDASHDOT
蓝	ID_BUTTONBLUE	实线	ID_BUTTONSOLID
黑	ID_BUTTONBLACK	虚线	ID_BUTTONDASH

（4）在视图类的声明文件 PenSampleView.h 中，声明鼠标移动位置的成员变量和构造画笔对象，代码如下：

```
public:
    CPoint StartPt;                     //起点
    CPoint EndPt;                       //终点
    CPen pen;                           //构造画笔对象
    DWORD  stylepen;                    //画笔线型
    COLORREF m_color;                   //画笔颜色
```

（5）在视图类 PenSampleView.cpp 文件中声明代表不同颜色的宏和添加工具按钮消息映射宏，代码如下：

```
#define  RED   RGB(255,0,0)            //声明代表红色的宏
#define  GREEN  RGB(0,255,0)           //声明代表绿色的宏
#define  BLUE  RGB(0,0,255)            //声明代表蓝色的宏
#define  BLACK  RGB(0,0,0)             //声明代表黑色的宏
//添加工具按钮消息映射宏
BEGIN_MESSAGE_MAP(CPenSampleView,CView)
//{{AFX_MSG_MAP(CPenSampleView)
//工具按钮消息映射宏
ON_COMMAND_RANGE(ID_BUTTONRED,ID_BUTTONDASH,OnDrawpen)
    ...
//}}AFX_MSG_MAP
    ...
END_MESSAGE_MAP()
```

（6）为视图类 PenSampleView 添加工具栏新增工具按钮的消息映射函数 OnDrawpen(UINT nID)，返回值类型为 void，实现选择不同风格的画笔，并添加如下代码：

```
void CPenSampleView::OnDrawpen(UINT nID)
{
    switch(nID)                         //nID 表示工具按钮
    {   case ID_BUTTONRED:m_color=RGB(255,0,0);break;
        case ID_BUTTONGREEN:m_color=RGB(0,255,0);break;
        case ID_BUTTONBLUE:m_color=RGB(0,0,255);break;
        case ID_BUTTONBLACK:m_color=RGB(0,0,0);break;
        case ID_BUTTONDASH:stylepen=PS_DASH;break;
        case ID_BUTTONSOLID:stylepen=PS_SOLID;break;
        case ID_BUTTONDOT:stylepen=PS_DOT;break;
        case ID_BUTTONDASHDOT:stylepen=PS_DASHDOT;break;
    }
    pen.DeleteObject();
    pen.CreatePen(stylepen,1,m_color);  //创建新画笔
}
```

(7) 打开"MFC 类向导"对话框,为视图类 CPenSampleView 添加按下鼠标左键 OnLButtonDown()、移动鼠标 OnMouseMove()、释放鼠标左键 OnLButtonUp()的消息映射函数。添加代码如下:

```
void CPenSampleView::OnLButtonDown(UINT nFlags,CPoint point)    //按下鼠标左键
{
        StartPt.x=point.x;                                     //起点横坐标
        StartPt.y=point.y;                                     //起点纵坐标
        CView::OnLButtonDown(nFlags,point);
}
void CPenSampleView::OnLButtonUp(UINT nFlags,CPoint point) //释放鼠标左键
{
        StartPt.x=-1;
        CView::OnLButtonUp(nFlags,point);
}
void CPenSampleView::OnMouseMove(UINT nFlags,CPoint point) //移动鼠标
{
        CClientDC  dc(this);                                   //获得设备环境句柄
        dc.SelectObject(&pen);
        EndPt.x=point.x;                                       //终点的横坐标
        EndPt.y=point.y;                                       //终点的纵坐标
        if(StartPt.x>=0)
    {
        dc.MoveTo(StartPt.x,StartPt.y);                        //画线
        dc.LineTo(EndPt);
        StartPt.x=EndPt.x;
        StartPt.y=EndPt.y;
    }
        CView::OnMouseMove(nFlags,point);
}
```

(8)编译、连接并运行程序。当用户选择不同风格的画笔时,绘制的线条如图 7-9 所示。

实验 7-2 设计一个单文档应用程序,对文本进行字体颜色和背景颜色设置并按不同的对齐方式输出。当单击"查看"菜单中"居中"菜单项时,文本将居中对齐;选中"居左"和"居右"菜单项时,文本将分别左对齐、右对齐显示,如图 7-11 所示。

实现步骤:

(1) 利用 Visual Studio 2010 创建一个单文档应用程序 AlignFontSample。

(2) 在项目工作区中,选择"视图/资源视图"菜单,双击"Menu"打开工具栏资源,双击"IDR_MAINFRAME",在"视图"菜单下添加各菜单项,如图 7-12 所示,其菜单 ID 分别为:居左(ID_VIEW_LEFT)、居中(ID_VIEW_CENTER)、居右(ID_VIEW_RIGHT)。

图 7-11 实验 7-2 程序运行结果

图 7-12 添加各菜单项

（3）在视图类 AlignFontSampleView. h 文件的类声明中，添加成员变量和函数，其代码如下：

```
public:
    LOGFONT myFont;
    CString S;
    bool m_center;
    bool m_left;
    bool m_right;
    void Reset();
```

（4）为 Reset()函数添加设置菜单状态的代码如下：

```
void CAlignFontSampleView::Reset()
{
    m_center=false;
    m_left=false;
    m_right=false;
}
```

（5）在视图类 CAlignFontSampleView 的构造函数中，设置字体逻辑结构，代码如下：

```
CAlignFontSampleView::CAlignFontSampleView()
{
    Reset();
    myFont.lfHeight=28;
    myFont.lfWidth=0;
    myFont.lfEscapement=0;
    myFont.lfOrientation=0;
    myFont.lfWeight=FW_NORMAL;
    myFont.lfItalic=0;
    myFont.lfUnderline=0;
    myFont.lfStrikeOut=0;
    myFont.lfCharSet=ANSI_CHARSET;
    myFont.lfOutPrecision=OUT_DEFAULT_PRECIS;
    myFont.lfClipPrecision=CLIP_DEFAULT_PRECIS;
    myFont.lfQuality=VARIABLE_PITCH|FF_ROMAN;
    m_left=true;
    S="";
}
```

（6）在视图类 AlignFontSampleView 的 OnDraw()函数中添加实现文本输出的代码如下：

```
void CAlignFontSampleView::OnDraw(CDC*pDC)
{
CAlignFontSampleDoc*pDoc=GetDocument();
ASSERT_VALID(pDoc);
//TODO:add draw code for native data here
CFont   *old,font;
UINT   m;
if(m_left)
    m=DT_LEFT;
if(m_right)
    m=DT_RIGHT;
```

```
        if(m_center)
            m=DT_CENTER;
    CRect  rect;
    GetClientRect(&rect);
    font.CreateFontIndirect(&myFont);
    old=pDC->SelectObject(&font);
    pDC->SetTextColor(RGB(255,0,0));
    pDC->SetBkMode(TRANSPARENT);
    S="这是我现在的位置";
    pDC->DrawText(S,&rect,m);
    pDC->SelectObject(old);
```

（7）打开"MFC 类向导"对话框，为 CAlignFontSampleView 类居左、居中、居右菜单项添加 COMMAND、UPDATE_COMMAND_UI 消息映射和消息映射函数，其代码如下：

```
    void CAlignFontSampleView::OnViewLeft()//"居左"菜单消息函数
    {
        Reset();
        m_left=true;
        Invalidate();
    }
    void CAlignFontSampleView::OnUpdateViewLeft(CCmdUI*pCmdUI)
    {   //"居左"菜单更新消息函数
        pCmdUI->SetCheck(m_left);
    }
    void CAlignFontSampleView::OnViewRight()//"居右"菜单消息函数
    {
        Reset();
        m_right=true;
        Invalidate();
    }
    void CAlignFontSampleView::OnUpdateViewRight(CCmdUI*pCmdUI)
    {//"居右"菜单更新消息函数
        pCmdUI->SetCheck(m_right);
    }

    void CAlignFontSampleView::OnViewCenter()//"居中"菜单消息函数
    {
        Reset();
        m_center=true;
        Invalidate();
    }
    void CAlignFontSampleView::OnUpdateViewCenter(CCmdUI*pCmdUI)
    {//"居中"菜单更新消息函数
        pCmdUI->SetCheck(m_center);
    }
```

（8）编译、连接并运行程序，结果如图 7-11 所示。用鼠标单击"视图"菜单的各命令项，分别实现文本的左对齐、右对齐和居中对齐。

第8章 文档/视图程序设计

本章要点

■ 文档/视图结构的创建
■ 文档类
■ 视图类
■ 文档、视图之间的相互作用
■ 文档和视图应用示例

文档/视图结构是利用 MFC 开发应用程序的一种规范,使用文档/视图结构可以使开发过程模块化。文档/视图结构的好处是把应用程序的数据从用户操作数据的方法中分离出来,使文档对象只负责数据的存储、装载与保存,而数据的显示则由视图类来完成。通常情况下,MFC 应用程序向导用文档类和视图类来创建应用程序的主体,本章主要介绍文档界面应用程序的编程方法。

8.1 文档/视图结构

MFC 应用程序用文档与视图一起来完成数据的存取和显示,将数据的具体显示与管理维护分离开来,这种编程模式称为文档/视图结构。在此模型中,文档对象负责数据的管理与维护,数据的存取是通过文档对象完成的,文档对象按一定规则保存数据,将数据写入永久储存区或从永久储存区读取数据,数据的更新由文档来完成。视图窗口负责在屏幕上显示从文档中检索到的具体数据,并接受用户对数据的修改和加工,方便用户对数据进行直接处理。

文档/视图结构是 MFC 应用程序的基本框架,用户通过文档/视图结构可以实现数据的读取、传输、编辑和保存。文档和视图之间的关系是"一对多"的关系,即每个文档可以有多个视图,但每个视图只能对应于一个确定的关联文档,视图是文档的不同表现形式。在MFC 中,视图利用 GetDocument 成员函数得到指向相应文档对象的指针,并通过该指针调用文档类的成员函数获得文档数据,再利用视图类的成员函数将文档数据显示在计算机屏幕上,用户通过与视图的交互查看数据并对数据进行修改,然后将处理过的数据经过相应的文档成员函数传回到文档对象,文档对象获得处理过的数据之后,完成相应的必要修改,最后保存到永久储存区中。

在 MFC 中,文档、视图、框架的创建是通过文档模板类 CDocTemplate 派生的子类CSingleDocTemplate(单文档)和 CMultiDocTemplate(多文档)来实现的。文档/视图结构的核心是下面四个关键类。

(1) CDocument(或 COleDocument)类:支持用于存储或控制程序数据的对象,并为用户定义的文档类提供基本功能。

(2) CView 类:为用户定义的视图类提供基本功能。视图被附加到文档并在文档和用户之间充当中介,在屏幕上呈现文档的图像并将用户输入解释为对文档的操作。

(3) CFrameWnd:支持在文档的一个或多个视图周围提供框架的对象。

(4) CDocTemplate(或 CSingleDocTemplate 或 CMultiDocTemplate):支持一个对象,

该对象协调某一具体类型的一个或多个现有文档,并对创建该类型的正确文档、视图和框架窗口对象进行管理。

8.1.1 文档类

在文档视图结构中,文档是数据的对象、目标的集合。文档通常由文件菜单的新建菜单项命令来创建,并以文件的形式保存下来。文档类(CDocument)为文档对象提供了基本的功能。文档类负责对文档进行管理,主要包括新建文档、打开文档、保存文档、关闭文档、序列化文档数据以及用 CArchive 类读写文档等,所有文档类都是以 CDocument 类为基类直接或间接派生出来的,CDocument 类为文档对象及其他对象的交互提供了一个框架。

1. 文档类中的重载函数

当创建一个 MFC 的文档视图结构的应用程序时,对文档数据进行初始化和序列化时,需调用成员函数 OnNewDocument()和 Serialize()。

1) OnNewDocument()函数

OnNewDocument()函数的主要功能是创建新的文档对象并对该对象进行初始化,当选择"File"菜单中的"New"命令时,MFC 应用程序框架自动调用该函数。

OnNewDocument()函数的实现代码如下:

```
BOOL CMyDocDoc::OnNewDocument()
{
if(!CDocument::OnNewDocument())        //注意保证对基类函数的调用
        return FALSE;
//TODO:add reinitialization code here
        return TRUE;
}
```

例如,可以在成员函数 OnNewDocument()中添加初始化数据成员 mText 的代码如下:

```
mText="武昌理工学院";
```

同时,在文档类 CMyDocDoc 中添加成员变量 mText,该变量用于存储要显示的字符串。添加的成员变量 mText 的类型为 char *。

2) Serialize()函数

Serialize()函数的主要功能是实现文档数据的序列化。将文档类中的数据成员变量的值保存到磁盘文件中,或者将存储的文档文件中的数据读取到相应的成员变量中,这个过程称为序列化(serialize)。当退出应用程序时,可以实现文档的保存;当打开文档时,它又可以实现文档的恢复读入。该函数的实现代码如下:

```
void CMyDocDoc::Serialize(CArchive& ar)
{
if(ar.IsStoring())
{
        ar<<m_str;          //保存文档内容在这里添加代码
}
else
{
        ar>>m_str;          //读取文档内容在这里添加代码
    }
}
```

上述代码根据 ar.IsStoring()值的"真"与"假"决定文档数据的写与读。向文件中写入内容,只需要使用如下代码:

```
ar<<m_str;        //保存文档内容,m_str 是一个任意类型的变量
```

如果是从文件中读取内容,只需要使用下面代码:

```
ar>>m_str;        //读取文档内容
```

Serialize()函数有一个指向 CArchive 类对象指针的参数,CArchive 类用于对文档数据进行读写操作。CArchive 对象为 CFile 对象提供缓冲,可以减少物理读取硬盘的次数,提高程序的运行效率。通过 CArchive 类可以简化文件操作,提供"<<"和">>"运算符,用于向文件写入和读取简单数据类型的数据,CArchive 类还提供从一个文件对象中读、写一行文本的函数 ReadString 和 WriteString。其函数原型如下:

```
BOOL ReadString(CString &rString);
LPTSTR ReadString(LPTSTR lpsz,UINT nMax);
void WriteString(LPCTSTR lpsz);
```

其中,lpsz 用于指定读或写的文本内容,nMax 用于指定可以读出的最大字符个数。

新建的类如果也支持序列化,可以使用下面的步骤进行创建。

(1) 被序列化的对象所属类必须从 CObject 类派生。

(2) 类声明中使用 DECLARE_SERIAL 宏,并且在该类的实现文件中使用 IMPLEMENT_SERIAL 宏。

(3) 在 Serialize()方法中调用 CArchive 对象进行读取和写入。

当执行文件菜单中的 New、Open、Save 和 Save as 等菜单命令时,应用程序将自动调用成员函数 Serialize(),实现文档序列化操作。

> 注意:CArchive 类的成员函数 IsStoring()用于确定数据是否正被写入磁盘(存储)或从磁盘中读出(加载)。

下面通过一个简单的实例说明 Serialize()函数和 CArchive 类的文档序列化操作方法。

例 8.1 创建一个单文档的应用程序,实现文档数据的保存和读取。用户从键盘输入的字符保存到视图中,并通过视图将字符数据保存到文档中。运行结果如图 8-1、图 8-2 所示。

图 8-1　在文档窗口输入文本　　　　图 8-2　文件保存对话框

实现步骤如下:

(1) 创建一个基于单文档的应用程序 Ex_8_1。

（2）添加变量，成员变量用于保存视图中的数据。在项目窗口选择"项目/类向导"，打开"MFC 类向导"对话框，在"类名"列表中选择"CEx_8_1View"，切换到"成员变量"标签，单击"添加自定义"按钮，打开添加成员变量对话框，输入成员变量类型为 CString，成员变量名称为 m_str，保留默认的访问方式为 Public。

（3）按同样的方法，在 CEx_8_1Doc 类中添加一个公有型数据成员变量 m_strData，成员变量类型为 CString。成员变量用于保存文档中的数据。

（4）将项目窗口切换到"视图/类视图"页面，展开 CEx_8_1Doc 类，双击函数 OnNewDocument()，在此函数中添加代码如下：

```
BOOL CEx_8_1Doc::OnNewDocument()
{
    if(!CDocument::OnNewDocument())
    return FALSE;
    m_strData="这是一行文本！";        //对变量赋值
return TRUE;
}
```

（5）重载文档的序列化 Serialize()函数。当用户选择"文件"菜单中的"保存"或"打开"命令时，系统自动调用此成员函数。

将项目窗口切换到"视图/类视图"页面，展开 CEx_8_1Doc 类，双击函数 Serialize()，在此函数添加代码如下：

```
void CEx_8_1Doc::Serialize(CArchive& ar)
{
    if(ar.IsStoring())                //将文档对象中的数据存入文件
    {
     ar.WriteString(m_strData);       //写入数据
    }
    else                             //将文件中的数据读出到文档对象
    {
        ar.ReadString(m_strData);     //读取数据
    }
}
```

（6）在"视图/类视图"页面的 OnDraw()函数中添加代码如下：

```
void CEx_8_1View::OnDraw(CDC* pDC)
{
    C Ex_8_1Doc* pDoc=GetDocument();//此代码已存在
    ASSERT_VALID(pDoc);//此代码已存在
    m_str=pDoc->m_strData;//获取文档数据
    UpdateData(FALSE);//更新窗口数据
    pDC->TextOut(100,50,m_str);//显示文本数据
}
```

（7）添加键盘输入的消息函数。选择"项目/类向导"，打开"MFC 类向导"对话框，在"类名"列表中选择"CEx_8_1View"，在消息列表中选择"WM_CHAR"，单击"添加处理程序"按钮，在现有处理程序列表中选择函数"OnChar"，单击"编辑代码"按钮，进入代码编辑窗口，添加下列代码：

```
void CEx_8_1View::OnChar(UINT nChar,UINT nRepCnt,UINT nFlags)
{
    CEx_8_1Doc*pDoc=GetDocument();
    ASSERT_VALID(pDoc);
    if(nChar=='\b')                        //判断是否输入退格键
        m_str.Delete(m_str.GetLength()-1,1);        //删除字符串最后一个字符
    else
        m_str+=(char)nChar;                //将从键盘输入的字符加入到视图类字符串变量中
    Invalidate();                          //更新视图,反映文档数据的变化
    pDoc->m_strData=m_str;                 //将视图类字符串变量值传递给文档变量
    pDoc->SetModifiedFlag(TRUE);  //设置文本修改标志,关闭文档时,提示用户保存信息
    CView::OnChar(nChar,nRepCnt,nFlags);
}
```

(8) 编译、连链接并运行程序。弹出文本编辑窗口,显示初始化文本"这是一行文本!",从键盘输入任意字符串,如"文档与视图应用程序实例",系统自动将其添加在初始化文本后面,如图 8-1 所示。单击"文件"菜单的"保存"命令项,输入保存文件名称为 my,保存此文件如图 8-2 所示。再次运行程序,打开"文件"菜单,打开此文件,可以看到保存的内容。

(9) char 被 TCHAR 取代,选择"项目/项目属性",在打开的对话框中设置字符集为"使用多字节字符集",如图 8-3 所示。

图 8-3 项目属性对话框

2. 单文档

MFC 支持三种类型的应用程序:单文档(SDI)、多文档(MDI)和基于对话框(CDialog)的应用程序。一个单文档的应用程序只有一个主框架窗口,该主框架窗口包含唯一的一个视图。例如 Windows 的记事本和写字板就是典型的单文档应用程序。单文档应用程序的窗口类 CMainFrame 由 CFrameWnd 派生而来,单文档应用程序的视图和窗口风格类型是由 MFC 应用程序框架提供的文档模板类 CDocTemplate 来描述的,该模板类 CDocTemplate 是一个抽象基类,用户不能直接使用它,它将文档类与视图相互联系起来。文档模板类有两个派生类:单文档模板类(CSingleDocTemplate)和多文档模板类(CMultiDocTemplate),CSingleDocTemplate 用来创建一个单文档应用程序。文档模板的管理由 CWinApp 类的成员函数 InitInstance()来实现。

单文档应用程序(SDI)的初始化函数 InitInstance()代码如下:

```
BOOL CSDIApp::InitInstance()
{
    ...
    CSingleDocTemplate*pDocTemplate;
    pDocTemplate=new CSingleDocTemplate(        //注册单文档模板
    IDR_MAINFRAME,                              //主框架窗口的 ID
    RUNTIME_CLASS(CSDIDoc),
    RUNTIME_CLASS(CMainFrame),                  //MDI 文档子框架窗口类
    RUNTIME_CLASS(CSDIView));
    AddDocTemplate(pDocTemplate);
    ...
}
```

在单文档应用程序中,要注册文档模板,必须使用 new 运算符调用模板类的构造函数生成一个模板对象,并调用 AddDocTemplate(pDocTemplate)函数注册该对象。文档模板构造函数根据传递过来的参数来确定模板所创建的文档、窗口和视图的类型。

3. 多文档

主框架窗口中可以同时打开多个子框架窗口,主框架窗口不包含视图,但每个子框架窗口都包含一个视图,不同子框架窗口分别对应不同的文档视图,即主框架窗口不与某个具体的文档相关联,而是由子框架窗口与具体的文档相关联,例如 Windows 的 Word 和 Excel 就是典型的多文档应用程序。多文档应用程序的主框架窗口类 CMainFrame 由 CMDFrameWnd 派生而来,子框架窗口类 CChildFrame 由 CMDChileFrame 派生而来。多文档应用程序的创建过程与单文档应用程序的创建过程相似,也是由 MFC 应用程序提供的文档模板类 CDocTemplate 创建的。多文档应用程序主要解决多个文档数据的管理,MFC 通过文档模板类 CDocTemplate 中的派生类 CMultiDocTemplate 来创建多文档应用程序。

多文档应用程序(MDI)的初始化函数 InitInstance()代码如下:

```
BOOL CMdilApp::InitInstance()
{
    ...
    CMultiDocTemplate*pDocTemplate;
    pDocTemplate=new CMultiDocTemplate(         //注册多文档模板
    IDR_MDI1TYPE,                               //子框架窗口的 ID
    RUNTIME_CLASS(CMdilDoc),
    RUNTIME_CLASS(CChildFrame),                 //MDI 文档子框架窗口类
    RUNTIME_CLASS(CMdilView));
    AddDocTemplate(pDocTemplate);
    //create main MDI Frame window
    CMainFrame*pMainFrame=new CMainFrame;
    if(!pMainFrame->LoadFrame(IDR_MAINFRAME))
        return FALSE;
    m_pMainWnd=pMainFrame;
    ...
}
```

从以上代码可以看出,多文档应用程序的主框架窗口是单独创建的,而应用程序子窗口可以通过多次调用 AddDocTemplate 函数加入多个文档模板创建。当执行"文件"菜单中的"新建"或"打开"命令来打开某个文档时,文档模板还将创建一个用于查看该文档的新子框架窗口。

多文档应用程序可以支持多种文档类型,如分别支持文本文档和图形文档,在该应用程序中,当用户选择"文件"菜单上的"新建"命令时,"新建"对话框显示能打开的新文档类型列表,对于不同的文档类型,该应用程序使用不同的文档模板对象。

例 8.2 创建多文档应用程序,运行后可以打开不同类型的多个文档,如图 8-4、图 8-5 所示。

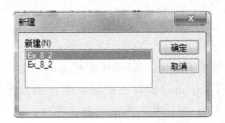

图 8-4 "新建"对话框

图 8-5 打开的单文档窗口

创建步骤如下:

(1)创建一个多文档应用程序 Ex_8_2。在 MFC 应用程序向导的应用程序类型中,选择"多个文档",然后单击"完成"按钮创建一个默认的多文档应用程序。

(2)创建文档模板的视图类 CMdi2View 和文档类 CMdi2Doc。实现方法:分别添加一个 CDocument 类的派生类 CMdi2Doc 和一个 CView 类的派生类 CMdi2View。单击"项目/类向导"菜单命令,打开"MFC 类向导"对话框,单击"添加类"按钮,打开 MFC 添加类向导对话框,在"基类"列表框中选择 CDocument,在"类名"文本框中输入 CMdi2Doc,单击"完成"按钮;用同样方法添加一个 CView 类的派生类 CMdi2View,如图 8-6 所示。

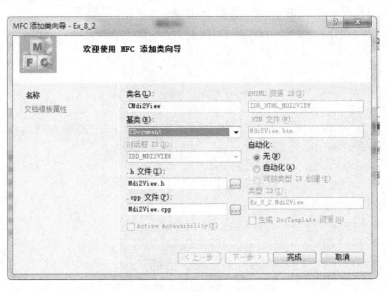

图 8-6 MFC 添加类向导对话框

282

在类视图窗口打开 CEx_8_2App 类的 InitInstance()函数,在该函数中添加代码如下:

```
CEx_8_2App::InitInstance()
{
    ...
    CMultiDocTemplate*pMdi2;
    pMdi2=new CMultiDocTemplate(          //创建类模板对象
      IDR_Ex_8_2TYPE,
      RUNTIME_CLASS(CMdi2Doc),
      RUNTIME_CLASS(CChildFrame),         //MDI2 文档子框架窗口类
      RUNTIME_CLASS(CMdi2View));
    AddDocTemplate(pMdi2);                //添加模板对象
    ...
}
```

(3) 在 CEx_8_2.cpp 文件开始处,添加头文件:

```
#include"Mdi2Doc.h"
#include"Mdi2View.h"
```

(4) 在 CEx_8_2View::OnDraw 函数中添加显示文本代码如下:

```
void CEx_8_2View::OnDraw(CDC*pDC)
{
    CEx_8_2Doc*pDoc=GetDocument();
    ASSERT_VALID(pDoc);
    pDC->TextOutW(50,10,_T("Visual Studio.NET 环境下的多文档应用程序!"));
}
```

(5) 在 CMdi2View::OnDraw 函数中添加显示文本代码如下:

```
void CMdi2View::OnDraw(CDC*pDC)
{
    CDocument*pDoc=GetDocument();
    pDC->TextOut(50,10,_T("欢迎使用多文档应用程序!"));
}
```

(6) 编译、连接并运行程序,弹出图 8-4 所示的文档"新建"对话框,其中显示了文档类型名称。在"新建"对话框中选择要创建的文档类型,单击"确定"按钮,创建一个新的文档窗口。

(7) 单击"文件/新建"命令或"新建"工具按钮,创建多个文档,得到图 8-5 所示结果。

8.1.2 视图类

视图类(CView)是 CWnd 类的派生类,用来显示存储在文档对象中的数据,也可以修改文档中的数据。CView 类能接受任何的 Windows 消息。

MFC 视图类及其派生类提供了多种视图功能,程序设计人员选择合适的 CView 派生类进行程序设计能够提高程序设计效率。CView 派生类还可以作为程序项目中视图类的基类,其设置方法是创建 SDI/MDI 的 MFC 应用程序向导,生成类对话框,如图 8-7 所示,选择"基类"组合框的下拉按钮,可从基类列表中选择相应的视图类 CView 作为应用程序视图的基类。

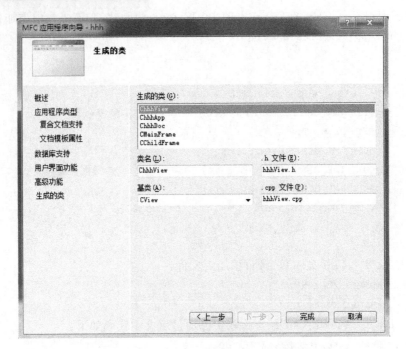

图 8-7　CView 作为应用程序视图的基类

1. CEditView 类

CEditView 类与 CEdit 类相似,支持窗口编辑控制功能,常见的文本操作基本上由该类支持实现,如打印、查找、复制、粘贴等。在文档模板中使用 CEditView 类,能自动激活应用程序"编辑"菜单命令项和"文件"菜单命令项。CEditView 类的直接基类不是 CView 类,而是 CCtrlView 类。

例如,创建一个基于 CEditView 类的单文档的应用程序 SdiEdit,在 MFC AppWizard (exe)向导的第六步,将 SdiEditView 的基类选为 CEditView,编译并运行程序。打开一个文档,可以用单一字体显示,不支持特殊格式的字符。

2. CRichEditView 类

CRichEditView 类提供 Rich 文本操作的支持(Rich 是既可为文本也可为图形的一种特殊格式文本)。

3. CTreeView 类

CTreeView 类提供一些树状控件所实现的功能的支持,类似于 Windows 资源管理器的左侧窗口,使数据显示具有层次结构。树状控件由父节点和子节点组成。位于树的顶层或根部的节点称为根节点。CTreeView 类提供的成员函数 GetTreeCtrl 可以获得 CTreeView 类封装的对象 CTreeCtrl。

4. CListView 类

CListView 类提供包含列表控件所实现的功能的支持,类似于 Windows 资源管理器的右侧窗口,使数据显示更加丰富。可以用"大图标""小图标""列表视图"或"报表视图"等不同的方式来显示一组信息。CListView 类封装了 CListCtrl 类的成员函数。

5. CHtmlView 类

CHtmlView 类提供 WebBrower 控件所实现的功能的支持。在文档模板中使用该类,可以实现浏览网址的功能。WebBrower 控件支持超级链接、统一资源定位（URL），可以作为本地文件和网络文件系统的窗口。

6. CScrollView 类

CScrollView 类不仅能直接支持视图的滚动显示，还能管理视口大小和映射模式。当第一次创建滚动视图时，需在重载的 CView::OnInitialUpdate 或 CView::OnUpdate 中调用 CScrollView 成员函数 SetScrollSizes 来建立滚动条，设置滚动窗口尺寸大小。

7. CFormView 类

CFormView 类提供可滚动的视图，由对话框模板创建，具有和对话框一样的设计方法，CFormView 类是所有表单视图（CRecordView、CdaoRecordView 和 CHtmlView 等）的基类。一个基于表单的应用程序能够创建一个或多个表单。创建表单的方法是在创建应用程序 SDI/MDI 向导第六步中选择 CFormView 作为基类，还可通过 Insert 菜单命令项 New Form 自动插入一个表单。

8.1.3　文档、视图之间的相互作用

文档视图机制使主框架窗口、文档、视图和应用程序之间发生联系，文档与视图之间交互主要是视图显示文档内容，并编辑和维护文档内容更新。文档与视图之间的交互过程比较复杂，主要通过类的公有成员变量和成员函数来实现。

1. 视图类的成员函数 GetDocument()

视图对象通过调用 GetDocument() 函数（该函数返回与视图类相关联的文档对象的指针）来访问当前文档数据。一个视图对象只有一个与之相关联的文档对象。

例如，在视图的成员函数 OnDraw() 中，视图调用 GetDocument() 函数获取文档指针，然后使用该指针访问文档中的 CString 数据成员，将字符串传递给 TextOut() 函数。OnDraw() 函数的代码如下：

```
void CSdiView::OnDraw(CDC *pDC)
{
    CSdiDoc *pDoc=GetDocument();
    CString s=pDoc->GetData();
    CRect rect;
    GetClientRect(&rect);
    pDC->SetTextAlign(TA_BASELINE | TA_CENTER);        //设置文本对齐方式
    pDC->TextOut(rect.right/2,rect.bottom/2,s,s.GetLength()); //居中显示
}
```

上述程序代码输出从文档获取的任何字符串，并使字符串在视图中居中显示。如果调用 OnDraw() 函数用于屏幕绘图，则传递给 pDC 的 CDC 对象是一个 CPaintDC 对象。MFC 对绘图函数的调用通过设备指针进行。

2. CDocument 类的成员函数 UpdateAllViews()

一个文档可以有多个与之相关联的视图对象，但一个文档对象只反映当前视图的变化。例如上面的 OnDraw() 函数，当文档的数据通过某个视图被更改后，必须重绘视图来反映本次更新，即当文档数据发生改变时，必须通知与该文档相关联的所有视图对自身进行更新，显示更新后的数据。上述过程是通过视图调用 CDocument 类的成员函数 UpdateAllViews() 来完成的。

UpdateAllViews()函数原型如下：

```
void UpdateAllViews(CView *pSender,LPARAM lHint=0L,
CObject *pHint=NULL);
```

其中,pSender 表示视图指针,若在文档派生类的成员函数中调用此函数,设置 pSender 为 NULL,表示与当前视图有关的所有视图都要重绘;若该函数被视图派生类中的成员函数调用,则此参数应为 this。lHint 表示更新视图时发送的相关信息。pHint 表示存储信息的对象指针。

3. 视图类的成员函数 OnUpdate()

当应用程序调用 CDocument::UpdateAllViews()函数时,实际上是应用程序框架调用了所有相关视图的 OnUpdate()函数来更新相关的视图。默认的 OnUpdate()定义使视图的整个工作区无效。用户可以通过定义 OnUpdate(),仅使工作区中映射到文档修改部分的那些区域无效。

UpdateAllViews()函数原型如下：

```
virtual void OnUpdate(CView *pSender,LPARAM lHint,CObject *pHint);
```

其中,pSender 表示视图指针,其值为 NULL 时表示所有的视图都需要更新。如果 lHint=0,pHint=NULL,则视图的整个窗口矩形无效。OnUpdate()在具体实现时,通过调用 CWnd::InvalidateRect()函数来刷新整个视图客户区。

4. 视图类的成员函数 OnInitialUpdate()

当应用程序被启动时,或当用户从"文件"菜单中选择了"新建"或"打开"命令时,该函数被自动调用,对文档信息进行初始化。例如,如果应用程序的文档大小是固定的,则在 OnInitialUpdate()重载中根据文档大小设置视图大小,如果应用程序的文档大小是非固定的,则通过调用 OnUpdate()来更新试图的大小。

5. 应用程序对象指针互调函数

在 MFC 中,应用程序的框架窗口、文档、视图以及应用程序其他对象之间可以通过相应的函数实现各对象指针的相互调用。MFC 的任何对象都可以通过调用全局函数 AfxGetApp 获取指向其他应用程序对象的指针。表 8-1 列出了 MFC 中各种对象指针的互相调用方法。

表 8-1 MFC 中各种对象指针的互相调用方法

所 在 的 类	获取的对象指针	访问其他对象调用的函数	说　　明
文档类	文档的视图列表	GetFirstViewPosition()	获取第一个视图的位置
文档类	文档的视图列表	GetNextView()	获取下一个视图的位置
文档类	文档模板	GetDocTemplate()	获取文档模板对象指针
视图类	文档	GetDocument()	获取文档对象指针
视图类	框架窗口	GetParentFrame()	获取框架窗口对象指针
框架窗口类	当前视图	GetActiveView()	获取当前活动的视图对象指针
框架窗口类	当前文档	GetActiveDocument()	获取附加到当前视图的文档对象指针
MDI 主框架类	MDI 子窗口	MDIGetActive()	获取当前活动的 MDI 子窗口对象指针

8.2 文档和视图应用示例

例 8.3 创建一个多文档的应用程序，程序运行后，整个框架窗口分为左、右两个部分，左边视图用于输入椭圆的填充颜色，右边视图用于绘制并显示指定填充颜色的椭圆。通过文档序列化将记录保存到一个文件中，当打开一个保存的文件或重绘图形时，图形会显示在文档窗口中，运行结果如图 8-8 所示。

实现步骤如下：

(1) 创建一个基于多文档的应用程序项目 Ex_8_3。

(2) 向应用程序中添加一个对话框资源。在项目窗口中单击"视图/资源视图"，打开"资源视图"窗口，右击"Dialog"子目录，在弹出的快捷菜单中选择"插入 Dialog"菜单项，添加一个新的对话框资源。右击对话框，打开属性窗口，设置 ID 值为 IDD_FORMVIEW，Styles 值为 Child，Border 为 None。右击对话框，选择"添加类"，打开添加类向导对话框，输入类名为 CInputDlg，选择基类为 CFormView，如图 8-9 所示。

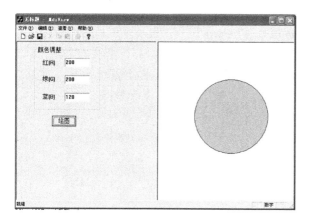

图 8-8 例 8.3 程序运行结果

图 8-9 添加类向导对话框

(3) 删除原来的"确定"和"取消"按钮，参看图 8-8 所示的控件布局，使用工具箱为对话框添加控件。各个控件的 ID、标题等属性设置如表 8-2 所示。

表 8-2 添加对话框控件

控 件	控件 ID 号	标 题	属 性
组框	默认	颜色调整	默认
静态文本	默认	红(R)	默认
编辑框	IDC_EDIT_R	—	默认
静态文本	默认	绿(G)	默认
编辑框	IDC_EDIT_G	—	默认
静态文本	默认	蓝(B)	默认
编辑框	IDC_EDIT_B	—	默认
按钮	IDC_BUTTON	绘图	默认

（4）为各个编辑控件添加相应的成员变量。打开"MFC/类向导"对话框,在"类名"列表中选择 CInputDlg,选择"成员变量"标签,选中所需控件 ID 号,双击 ID 号或单击"添加变量"按钮,按表 8-3 所示的控件添加成员变量。添加成员变量如图 8-10 所示。

表 8-3　添加成员变量

控件 ID 号	变 量 名	变量类型	取 值 范 围
IDC_EDIT_R	m_nRed	UINT	0～255
IDC_EDIT_G	m_nGreen	UINT	0～255
IDC_EDIT_B	m_nBlue	UINT	0～255

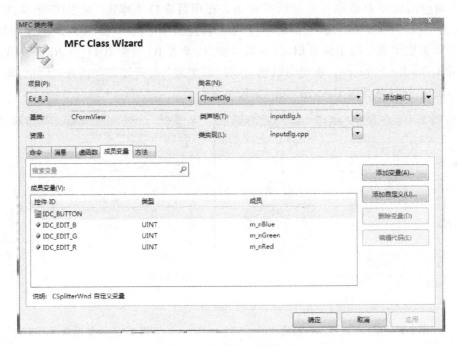

图 8-10　添加成员变量对话框

（5）单击"视图/类视图",打开"类视图"窗口,双击 CEx_8_3Doc,打开类声明文件,在类声明中添加一个存储椭圆填充颜色的成员变量 m_nEllipse,类型为 COLORREF。在 Ex_8_3Doc.cpp 文件的构造函数中初始化其变量值,代码如下:

```cpp
class CEx_8_3Doc:public CDocument //类声明
{
    ...
public:
    COLORREF m_nEllipse;//声明变量
    ...
}
CEx_8_3Doc::CEx_8_3Doc()//类的构造函数
{
    m_nEllipse=RGB(0,0,0);//椭圆的填充色初始化
}
```

(6) 在 InputDlg.h 开始处，添加包含文件：

```
#include "Ex_8_3Doc.h"
```

在资源视图中，选择对话框，双击"绘图"按钮，添加单击 BN_CLICKED 的消息映射函数，并添加绘图代码如下：

```
void CInputDlg::OnBnClickedButton()
{
CEx_8_3Doc  *pDoc=GetDocument();                    //获得指向文档指针
ASSERT_VALID(pDoc);
UpdateData();
pDoc->m_nEllipse=RGB(m_nRed,m_nGreen,m_nBlue);      //根据颜色值填充椭圆
pDoc->SetModifiedFlag();
pDoc->UpdateAllViews(this);                         //更新所有视图
}
```

(7) 通过文档类的 Serialize 函数对填充颜色变量的值进行存储和读取。

```
void CEx_8_3Doc::Serialize(CArchive& ar)
{
if(ar.IsStoring())
{
        ar<<m_nEllipse;//保存填充颜色
}
else
{
        ar>>m_nEllipse;//读取填充颜色
}
}
```

(8) 在 Ex_8_3View.h 的开始，添加包含文件：

```
# include "Ex_8_3Doc.h"
```

在 CEx_8_3View::OnDraw 中添加下列代码：

```
void CEx_8_3View::OnDraw(CDC*pDC)
{
CEx_8_3Doc*pDoc=GetDocument();//此代码已存在
ASSERT_VALID(pDoc);//此代码已存在
CBrush brush(pDoc->m_nEllipse);//构造画刷
        CBrush*pOldBrush=pDC->SelectObject(&brush);//将画刷选入设备环境
        pDC->Ellipse(100,100,300,300);//从文档中指定颜色画椭圆
        pDC->SelectObject(pOldBrush);//将画刷恢复设备环境
}
```

(9) 为 CInputDlg 类添加 GetDocument()函数，返回值是指向 CEx_8_3Doc * 类的对象指针。在项目"类视图"窗口中，右击 CInputDlg，在弹出的快捷菜单中，选择"添加/添加函数"，弹出添加成员函数的对话框，输入函数的名称 GetDocument，返回值类型 CEx_8_3Doc *，在函数体中添加下列代码：

```
CEx_8_3Doc*CInputDlg::GetDocument()
{    //获取文档指针
    ASSERT(m_pDocument->IsKindOf(RUNTIME_CLASS(CEx_8_3Doc)));
    return(CEx_8_3Doc*)m_pDocument;
}
```

（10）为 CInputDlg 类添加 OnInitialUpdate 虚函数。选择"项目/类向导"，打开"MFC 类向导"对话框，在类名中选择"CInputDlg"，在"虚函数"标签中选择 OnInitialUpdate，单击 "添加函数"按钮，重写虚函数，单击"确定"按钮，进入代码编辑窗口，添加代码如下：

```
void CInputDlg::OnInitialUpdate()
{
        CFormView::OnInitialUpdate();
        CEx_8_3Doc*pDoc=GetDocument();          //获取文档指针
        ASSERT_VALID(pDoc);
        //各颜色编辑控件从文档中获取各颜色变量值
        m_nRed=GetRValue(pDoc->m_nEllipse);
        m_nGreen=GetGValue(pDoc->m_nEllipse);
        m_nBlue=GetBValue(pDoc->m_nEllipse);
        UpdateData(FALSE);                       //将数据传给控件
}
```

（11）将窗口切分为左、右两部分。在 MFC 中，CSplitterWnd 类封装了窗口切分过程中所需的功能函数。在"类视图"窗口中，双击 CMainFrame 类，添加一个 CSplitterWnd 类型的成员变量 m_nSeparator，代码如下：

```
class CMainFrame:public CMDIFrameWndEx
{
        ...
public:
        CSplitterWnd   m_nSeparator;//添加变量
        ...
};
```

（12）在 MainFrm.h 的开始处，添加包含文件：

```
#include "Ex_8_3View.h"
#include "InputDlg.h"
```

选择"项目/类向导"，打开"MFC 类向导"对话框，在类名中选择"CMainFrame"，在"虚函数"标签中选择 OnCreateClient，单击"添加函数"按钮，重写虚函数，单击"确定"按钮，进入代码编辑窗口，添加代码如下：

```
BOOL CMainFrame:: OnCreateClient (LPCREATESTRUCT lpcs, CCreateContext *
pContext)
{
CRect rect;
GetClientRect(&rect);                          //获得整个窗口客户区的大小
m_nSeparator.CreateStatic(this,1,2);           //创建 1×2 个静态窗格
        //为相应的窗格指定视图类
        m_nSeparator.CreateView(0,0,RUNTIME_CLASS(CInputDlg),CSize(0,0),
pContext);
        m_nSeparator.CreateView(0,1,RUNTIME_CLASS(CEx_8_3View),CSize(0,0),
pContext);
        //将左边窗格设置为整个窗口客户区大小的一半
m_nSeparator.SetColumnInfo(0,rect.right/2,0);
return TRUE;
}
```

（13）编译并运行程序，结果如图 8-8 所示。

习　题　8

一、填空题

1. 文档实现_____操作,视图实现_____操作。

2. 文档/视图结构的四个核心类是_____、_____、_____、_____。

3. 文档/视图结构是 MFC 的核心,它的特点是_____相分离,一个文档可以对应_____视图,一个视图只能对应_____文档。

4. 视图对象可以通过成员函数_____获取指向其对应的文档对象的指针。文档内容改变后可以调用文档类成员函数_____或视图类成员函数_____更新视图显示。

5. 文档模板类分为_____和_____。

6. 文档类提供的文件操作相关的成员函数有_____、_____、_____、_____、_____。

二、选择题

1. 所有的文档类都派生于(　　),所有的视图类都派生于(　　)。

A. CDocument　CObject　　　　　　　B. CDocument　CFormView

B. CDocument　CView　　　　　　　　D. CWnd　CView

2. 将文档类中的数据成员变量保存在磁盘文件中,或者将存储的文档文件中的数据读取到相应的成员变量中,这个过程称为(　　)。

A. 文件读操作　　　　B. 文件写操作　　　　C. 序列化　　　　D. 文件访问

3. CArchive 对象为 CFile 对象,它的操作是单向的,即(　　)。

A. 同一个 CArchive 对象只能读或存操作中的一个

B. 同一个 CArchive 对象同一时刻只能用于读或存操作中的一个

C. 同一个 CArchive 对象不能同时用于读或存操作

D. 同一个 CArchive 对象能用于读或存操作,但不能同时执行

4. 在 MFC 中有(　　)类是由文档模板类创建的。

A. CDocument、CView、CMainFrame　　　　B. CDocument、CView、CDialog

C. CDocument、CView、CDialog　　　　　　D. CFormView、CView、CMainFrame

5. 一个文档能对应(　　)视图,一个视图对应(　　)文档。

A. 一个,多个　　　　B. 多个,一个　　　　C. 一个,一个　　　　D. 多个,多个

三、问答题

1. 什么是文档? 什么是视图?

2. 简述文档/视图结构。

3. 文档、视图和应用程序框架之间如何相互作用?

4. 单文档和多文档应用程序有何异同?

5. 什么是 MFC 的文档模块? 如何使用?

6. 什么是文档序列化? 如何实现?

四、编程题

1. 创建一个单文档应用程序,通过文档序列化 Serialize 函数对数据进行存储和读出。

2. 在主窗口中显示一文本"这是我的文本编辑窗口!"。单击"测试"菜单项,弹出一个对话框,通过此对话框可改变主窗口中显示的文本内容。

3. 创建一个单文档应用程序,当单击鼠标右键时,在鼠标所在的位置显示"你已单击右键"。

当单击鼠标左键时,在鼠标所在的位置显示鼠标坐标。保存当前视图到文件中,新建文档时,清除视图输出。

提示:

(1) 为视图类添加 WM_RBUTTONDOWN 消息,并在消息映射函数中添加代码:

```
CClientDC dc(this);
dc.TextOut(point.x,point.y,"你已单击右键");
```

(2) 在文档类中添加 CPoint 类型的数组,记录鼠标左键的坐标位置,在 OnDraw() 函数中访问文档对象实现输出。

4. 创建一个单文档应用程序,使用 CFormView 类,编写一个学生成绩管理的应用程序。

为学生成绩设计一个新类,包含学号、姓名、分数 1、分数 2、分数 3。可实现如下功能:

(1) 添加记录,学生信息自动添加。

(2) 输入姓名,查找学生相关信息。

(3) 删除某个学生信息。

(4) 浏览学生信息。

实验 8 文档/视图打印的应用程序

一、实验目的

(1) 了解文档与视图之间的关系。

(2) 掌握文档/视图结构将对话框作为应用程序主窗口的方法,以及对话框与应用程序之间的数据传递。

二、实验内容

利用文档/视图结构在单文档应用程序中,打印对话框中显示的数据,如图 8-11 所示。打印框架窗口如图 8-12 所示。

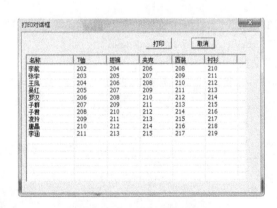

图 8-11 打印对话框主窗口

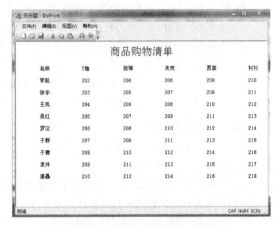

图 8-12 打印框架窗口

三、实验步骤

(1) 在 Visual Studio 2010. NET 环境下,创建一个单文档应用程序,项目名为 DvPrint。

(2) 添加对话框并设置属性,如图 8-13 所示。选择"视图/资源视图",在"资源视图"窗口中右击"Dialog",选择"插入 Dialog",右击新添加的对话框,选择"属性",设置 ID 为"IDD_LISTDLG",标题 Caption 为"打印对话框",添加"打印"按钮,ID 为"IDC_BTNPRINT",Caption 为"打印";添加"取消"按钮,ID 为"IDCANCEL";列表视图控件 ID 为"IDC_LIST1",View 属性为"Report"。

(3) 为对话框添加类。选择"项目/类向导",选择"添加类",在添加类向导对话框中,如图 8-14 所示,输入类名 CListDlg,选择基类 CDialog,对话框 ID 为 IDD_LISTDLG,单击"完成"按钮。在"MFC 类向导"对话框中,为列表视图控件(ID 为 IDC_LIST1)添加 ListCtrl 类型的成员变量 m_list。

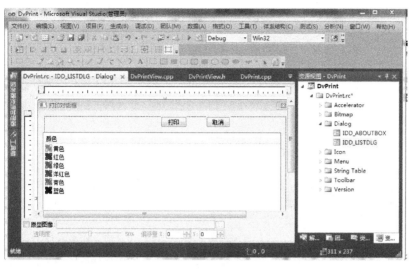

图 8-13 对话框窗口

（4）重写对话框类的 OnInitDialog()方法，向列表控件添加数据。打开"MFC 类向导"对话框，如图 8-15 所示，选择类名 CListDlg，选择"虚函数"列表中的 OnInitDialog()，单击"添加函数"按钮，进入代码编辑窗口，添加代码如下：

图 8-14 添加类向导对话框

图 8-15 "MFC 类向导"对话框

```cpp
BOOL CListDlg::OnInitDialog()
{
    CDialog::OnInitDialog();
    //设置列表控件样式
    m_list.SetExtendedStyle(LVS_EX_FLATSB|LVS_EX_GRIDLINES|LVS_EX_FULLROWSELECT);
    m_list.InsertColumn(100,"名称",LVCFMT_LEFT,100);      //插入表头属性名
    m_list.InsertColumn(100,"T恤",LVCFMT_LEFT,70);       //插入表头属性名
    m_list.InsertColumn(100,"短裤",LVCFMT_LEFT,70);      //插入表头属性名
    m_list.InsertColumn(100,"夹克",LVCFMT_LEFT,70);      //插入表头属性名
    m_list.InsertColumn(100,"西装",LVCFMT_LEFT,70);      //插入表头属性名
    m_list.InsertColumn(100,"衬衫",LVCFMT_LEFT,70);      //插入表头属性名
```

```
                CString temp;
                int grade;
                for(int i=0;i<10;i++)
                {
                        m_list.InsertItem(i,"");              //向列表控件添加数据
                        for(int c=1;c<6;c++)                  //向列表控件添加第 2~6 项数据
                    {
                        grade=c*2+200+i;
                        temp.Format("%d",grade);              //显示数据格式
                        m_list.SetItemText(i,c,temp);         //向列表控件添加数据
                    }
                }
                m_list.SetItemText(0,0,"李航");              //向列表控件添加第 0 列第 0 行数据
                m_list.SetItemText(1,0,"张宇");              //向列表控件添加第 0 列第 1 行数据
                m_list.SetItemText(2,0,"王凤");              //向列表控件添加第 0 列第 2 行数据
                m_list.SetItemText(3,0,"吴红");
                m_list.SetItemText(4,0,"罗汉");
                m_list.SetItemText(5,0,"子群");
                m_list.SetItemText(6,0,"子君");
                m_list.SetItemText(7,0,"凌玲");
                m_list.SetItemText(8,0,"唐晶");
                m_list.SetItemText(9,0,"李涵");
                return TRUE;
        }
```

（5）选择"视图/类视图"，右击"CDvPrintApp"类，选择"添加变量"，输入变量名为 * temp，变量类型为 CListDlg；在"CDvPrintApp"类的前面，添加类声明头文件代码：# include "ListDlg. h"。在"CDvPrintApp" 类的 InitInstance()函数中，设置应用程序主窗口为对话框。添加代码如下：

```
    BOOL CDvPrintApp::InitInstance()
    {       ...
        AddDocTemplate(pDocTemplate);//此语句已存在,在此语句后添加代码
        CListDlg m_listdlg;//声明对话框类对象
        this->m_pMainWnd=&m_listdlg;//设置应用程序主窗口为对话框
        temp=&m_listdlg;
        m_listdlg.DoModal();//初始化应用程序时打开对话框
        ...
    }
```

（6）在 CDvPrintView 视图类中定义变量。

```
    class CDvPrintView:public CView
    {       ...
        public:
            CFont m_titlefont;//标题字体
            CFont m_bodyfont;//正文字体
            int screenx,screeny;//屏幕像素
```

```
        int printx,printy;//打印机像素
        double xrate,yrate;//屏幕与打印机的像素比率
        int pageheight;//打印纸高度
        int pagewidth;//打印纸宽度
        int leftmargin,rightmargin;//打印纸页边距
        bool isPreview;//处于预览状态
        ...
    };
```

（7）在 CDvPrintView.cpp 视图类源文件中，添加对话框的头文件：#include "ListDlg.h"；在 CDvPrintView：：OnDraw(CDC *pDC)方法中添加绘制报表数据代码。添加代码如下：

```
    void CDvPrintView::OnDraw(CDC* pDC)
    {
    m_titlefont.CreatePointFont(200,"宋体",pDC);      //标题字体
    m_bodyfont.CreatePointFont(100,"宋体",pDC);       //正文字体
    screenx=pDC->GetDeviceCaps(LOGPIXELSX);          //屏幕像素
    screeny=pDC->GetDeviceCaps(LOGPIXELSY);          //屏幕像素
    CDvPrintDoc*pDoc=GetDocument();                   //此代码已存在
    ASSERT_VALID(pDoc);                              //此代码已存在
    if(!pDoc)                                        //此代码已存在
        return;                                      //此代码已存在
    pDC->SelectObject(&m_titlefont);                 //将绘图对象标题选入设备环境
    CRect m_rect;                                     //定义矩形对象
    this->GetClientRect(m_rect);                      //获取矩形对象
    m_rect.DeflateRect(0,20,0,0);                     //通过朝 CRect 的中心移动边以缩小 CRect
    //绘制报表标题
    pDC->DrawText("商品购物清单",m_rect,DT_CENTER);//在矩形中输出标题
    CListDlg*plistdlg= ((CDvPrintApp*)(AfxGetApp()))->temp;//获取应用程序主窗口
    pDC->SelectObject(&m_bodyfont);                  //将绘图对象正文选入设备环境
    char*pchar=new char[100];
    LVCOLUMN column;                                  //LVCOLUMN 用于定义报表方式下的"列"的结构
    column.mask=LVCF_TEXT;                            //说明此结构中哪些成员是有效的
    column.pszText=pchar;                             //列的标题
    column.cchTextMax=100;                            //pszText 所指向的缓冲区的大小
    CString str;
    CRectm_temprect(m_rect.left+60,m_rect.top+60,60+(m_rect.Width())/6,m_rect.bottom);
    CRect m_itemrect;                                //定义矩形对象
    m_rect.DeflateRect(60,40);
    int width=m_temprect.Width();
    for(int i=0;i<6;i++)
    {
        if(plistdlg->m_list.GetColumn(i,&column))
        str=column.pszText;
        pDC->DrawText(str,m_temprect,DT_LEFT);
```

```
            m_itemrect.CopyRect(m_temprect);
            for(int row=0;row<10;row++)
            {
                    m_itemrect.DeflateRect(0,30);
                    str=plistdlg->m_list.GetItemText(row,i);
                    pDC->DrawText(str,m_itemrect,DT_LEFT);    //绘制正文信息
            }
            m_temprect.DeflateRect(width,0,0,0);
            m_temprect.InflateRect(0,0,width,0);//增大或减小指定矩形的宽和高
        }
    m_titlefont.DeleteObject();//释放标题对象
    m_bodyfont.DeleteObject();//释放正文对象
    }
```

(8) 重写 CDvPrintView::OnPrint()方法,设置预览和打印信息。打开"MFC 类向导"对话框,选择类名 CDvPrintView,选择"虚函数"列表中的 OnPrint(),单击"添加函数"按钮,进入代码编辑窗口,添加代码如下:

```
        void CDvPrintView::OnPrint(CDC*pDC,CPrintInfo*pInfo)
        {
    CView::OnPrint(pDC,pInfo);
    isPreview=TRUE;
    m_titlefont.CreatePointFont((int)xrate*200,"宋体",pDC);
    m_bodyfont.CreatePointFont((int)xrate*100,"宋体",pDC);
    pDC->SelectObject(&m_titlefont);
    CRect m_rect(-leftmargin,0,pagewidth+rightmargin,pageheight);
    m_rect.DeflateRect(0,(int)20*yrate,0,0);
    //绘制报表
    pDC->DrawText("商品购物清单",m_rect,DT_CENTER|DT_SINGLELINE);
    CListDlg*plistdlg=((CDvPrintApp*)(AfxGetApp()))->temp;
    m_rect.DeflateRect(0,(int)20*yrate,0,0);
    pDC->SelectObject(&m_bodyfont);
    char *pchar=new char(100);
    LVCOLUMN column;
    column.mask=LVCF_TEXT;
    column.pszText=pchar;
    column.cchTextMax=100;
    CString str;
    CRect m_temprect((int)(xrate*60),m_rect.top+(int)(xrate*60),(int)(xrate*
60)+m_rect.Width()-(int)(xrate*60)*2/6,m_rect.bottom);
    CRect m_itemrect;
    int width=m_temprect.Width();
    for(int i=0;i<6;i++)
    {
        if(plistdlg->m_list.GetColumn(i,&column))
            str=column.pszText;
        pDC->DrawText(str,m_temprect,DT_LEFT);
```

```
        m_itemrect.CopyRect(m_temprect);
        for(int row=0;row<10;row++)
        {
                m_itemrect.DeflateRect(0,(int)(xrate*30));
                str=plistdlg->m_list.GetItemText(row,i);
                pDC->DrawText(str,m_itemrect,DT_LEFT);
        }
                m_temprect.DeflateRect(width+1,0,0,0);
        m_temprect.InflateRect(0,0,width+1,0);
    }
    m_titlefont.DeleteObject();
    m_bodyfont.DeleteObject();
    }
```

（9）添加对话框主窗口中"打印"按钮的单击事件。在对话框中双击"打印"按钮，进入代码编辑窗口，添加代码如下：

```
        void CListDlg::OnClickedBtnprint()
        {
        AfxGetApp()->m_pMainWnd=NULL;//对话框主窗口设置为空
        AfxGetApp()->m_pDocManager->OnFileNew();//在文档窗口新建文件
        }
```

（10）编译并运行程序，结果如图 8-11、图 8-12 所示。通常情况下，打印机的分辨率比屏幕的分辨率高出许多。为了输出实际效果，需要确定打印机与屏幕的分辨率比率。

第9章 数据库应用及项目开发实例

本章要点

■ 数据库软件基本操作
■ 应用 ADO 技术的方法
■ 使用 ADO 对象操作数据库的方法
■ 使用 ADO 控件操作数据库的方法

数据库是计算机应用的一个重要方面,人们利用数据库系统能够对各种信息进行存储、共享和处理。数据库软件为用户提供了有关数据库编程的应用支持,用户可以方便地编写出各种数据库应用程序。ADO 技术有着广泛的应用,本章介绍 ADO 对象的应用,使用 ADO 对数据库进行基本操作。

9.1 数据库应用技术概述

面向用户的数据库访问方式有 ODBC、DAO、OLE DB 和 ADO。

ODBC(open database connectivity,开放数据库连接)是微软公司开放服务结构中有关数据库的组成部分,是应用程序访问数据库的一个标准接口,使应用程序能够访问各种数据库管理系统(DBMS),而不必依赖某个具体的 DBMS,从而实现同一程序对不同 DBMS 的共享。

DAO(data access object,数据访问对象)提供了一种通过程序代码创建和操纵数据库的机制。

OLE DB 是一种基于 COM 技术的数据库访问、操纵的技术。它可以有多个数据源,属于数据库访问技术中的底层接口,直接使用 OLE DB 来设计数据库应用程序比较复杂,通常使用 ADO 数据访问接口。

ADO 是目前在 Windows 环境中比较流行的数据库编程技术。它是基于 OLE DB 的访问接口,ADO 对 OLE DB 提供的接口进行了封装,定义了一组 ADO 对象,简化应用程序开发,属于数据库访问技术中的高层接口。ADO 还支持各种 B/S 与基于 Web 的应用程序,具有远程数据服务的特性。本章主要介绍 ADO 技术。

Microsoft Access(简称 Access)、Microsoft SQL Server 2008 和 MySQL 是常用的数据库软件,本章介绍 Access 软件的基本操作。

1. 利用 Access 创建一个数据库

数据库应用程序通过对数据源的操作实现对数据库的管理。建立数据库的方法很多,Microsoft Access 是一个非常简单且适用于教学的数据库管理系统,利用它可以创建、修改和维护数据库。本例以 Access 数据库为例,创建一个学生成绩数据库 Student.accdb,具体实现步骤如下:

(1)打开 Access 2010 数据库应用程序,选择"文件/新建"命令项,弹出图 9-1 所示的对话框。

(2)选择空数据库,弹出图 9-2 所示的新建表窗口,右击表,在弹出的快捷菜单中选择"设计视图",输入新建表的名称 Score,单击"确定"按钮。

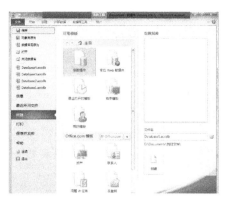

图 9-1　新建数据库对话框

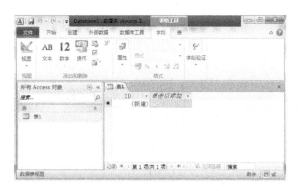

图 9-2　新建表窗口

2. 创建数据表

在图 9-3 所示的对话框中，输入数据表的字段及类型(见表 9-1)。设置学号为表属性的主键。打开表，向表中添加学生的期末考试成绩，如图 9-4 所示。

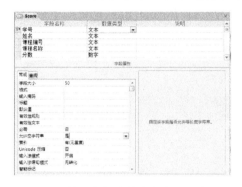

图 9-3　输入数据表的字段名称及类型

学号	姓名	课程编号	课程名称	分数	单击以添加
2017001	子君	1001	高等数学	90	
2017002	子群	1002	英语	97	
2017003	唐晶	1003	计算机基础	90	
2017004	李涵	1004	C语言程序	90	
2017005	袁泉	1005	JAVA语言	89	

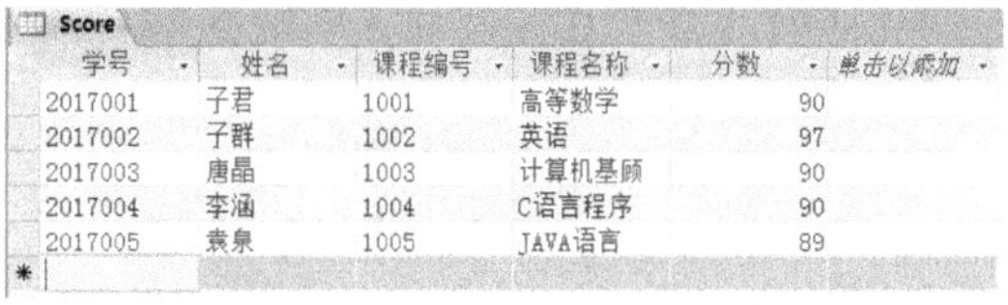

图 9-4　学生成绩信息表 Score

表 9-1　数据表字段名称及类型

字段名称	数据类型	字段大小	字段名称	数据类型	字段大小
学号	文本	8	课程名称	文本	30
姓名	文本	8	分数	数字	单精度型
课程编号	文本	8			

9.2　使用 ADO 访问数据库

ADO 的优点是用户使用方便、速度快、内存开销小。ADO 使用了 OOP 模型，内置了一组对象，采用 COM 技术，支持多种编程语言。

9.2.1　ADO 的内置对象

使用 ADO 的目的是访问、编辑和更新数据源。用户常用到 ADO 的内置对象，这些对象分别如下。

(1) 连接对象(Connection)：描述对数据库连接及相关操作。

(2) 命令对象(Command)：对数据源执行 SQL 语句，进行查询、修改、存储数据库操作。

(3) 记录集对象(Recordset)：包含数据库中的数据记录全集。

(4) 字段对象(Field):描述表的字段信息。

(5) 参数对象(Parameter):用于命令的参数。

(6) 错误对象(Error):用于描述在数据库操作过程中产生的错误。

(7) 属性对象(Property):用于描述 ADO 对象的属性。

(8) 集合对象(Set):包含若干相同类型对象的数据集。

(9) 事件对象(Event):描述数据库的异步操作。

(10) 流对象(Stream):用于对包含文件或电子邮件的数据流的字段或记录进行操作。

最重要的对象是 3 个:连接对象(Connection)、命令对象(Command)和记录集对象(Recordset)。

9.2.2 ADO 的对象指针

ADO 包含 3 种对象指针,分别如下。

(1) 连接对象指针_ConnectionPtr:返回一个记录集或一个空指针。

(2) 命令对象指针_CommandPtr:返回一个记录集。

(3) 记录集对象指针_RecordsetPtr:返回一个记录集对象。

使用 ADO 指针创建 ADO 对象,先声明对象指针,然后创建对象实例,代码如下:

```
_ConnectionPtr m_pConn;                              //声明对象指针
hr=m_pConn.CreateInstance("ADODB.Connection");       //创建对象实例
```

9.2.3 ADO 编程

MFC 应用程序使用 ADO 数据库编程的一般过程是:

(1) 导入 ADO 接口;

(2) 初始化 OLE/COM 库环境;

(3) 用 Connection 对象连接数据库;

(4) 对数据库进行添加、修改、删除记录操作;

(5) 关闭数据源。

1. 导入 ADO 接口

为使 C++程序进入 ADO 接口,在工程的 stdafx.h 文件中直接引入 ADO 库文件,添加如下代码:

```
#import"c:\program files\common files\system\ado\msado15.dll" no_namespace
rename("EOF","adoEOF")
```

其作用与#include 类似,编译时系统会自动生成 msado15.tlh 和 ado15.tli 两个 C++头文件定义 ADO 库。

2. 初始化 OLE/COM 库环境

ADO 是一组 COM 动态库,因此在使用 ADO 之前需要初始化 COM 库,在 MFC 应用程序中,最好在应用程序类的成员函数中初始化 OLE/COM 库环境。

```
BOOL CStuSystemApp::InitInstance()
{
    if(!AfxOleInit())        //每次应用程序启动时初始化 OLE/COM 库环境
    {
        AfxMessageBox("OLE 初始化出错!");
        return FALSE;
    }
    ...
}
```

其中,AfxOleInit()函数在每次应用程序启动时初始化 OLE/COM 库环境。

3. 声明 ADO 的智能指针

连接数据库需要使用 ADO 中的 Connection 对象,因此先要在 MFC 应用程序类的头文件中声明一个指向 Connection 对象的指针,然后在该类中调用 CreateInstance 函数来创建连接对象并且调用 Open 方法进行数据源的连接。在 MFC 应用程序类的头文件中定义 ADO 对象指针变量的代码如下:

```
public:
_ConnectionPtr m_pConnection;        //创建连接对象的指针
```

4. 创建 ADO 对象

在应用程序类的 InitInstance 函数中创建连接对象:

```
m_pConnection.CreateInstance(__uuidof(Connection));     //创建连接对象
```
或
```
m_pConnection.CreateInstance("ADODB.Connection");
```
其中,__uuidof(Connection)为要创建对象的 ID。

5. 用 Connection 对象连接数据库

通过 Connection 对象的 Open 方法连接数据库的代码如下:

```
HRESULT Connection::Open(_bstr_t ConnectionString,_bstr_t UserID,_bstr_t
Password,long Options);
```

其中:ConnectionString 为连接字符串;UserID 是访问数据库的用户名;Password 是访问数据库的密码;Options 是可选项,用于指定对象对数据的更新许可权;_bstr_t 是一个 COM 类,用于对字符串 BSTR 的操作。BSTR(Basic STRing)是一个结构化的数据类型,是 32 位指针,并不直接指向字符串的缓冲区,_bstr_t 是 C++对 BSTR 的封装。

Options 通常有以下几个取值。

adModeUnknown:默认值,表明当前的权限未设置。

adModeRead:只读。

adModeWrited:只写。

adModeReadWrited:可以读写。

adModeShareDenyWrite:阻止其他 Connection 对象以写权限打开连接。

adModeShareDenyRead:阻止其他 Connection 对象以读权限打开连接。

adModeShareExclusive:阻止其他 Connection 对象打开连接。

adModeShareDenyNone:阻止其他程序或对象用任何权限打开连接。

在应用程序类的 InitInstance 函数中创建连接对象并且打开与数据源的连接,代码如下:

```
...
try
{
    //初始化数据库连接对象
    m_pConnection.CreateInstance("ADODB.Connection");
    //定义数据库连接字符串,打开本地 Access 2010 数据库
    _bstr_t  Connection="Provider=Microsoft.ACE.OLEDB.12.0;Data Source=.\\
Student.mdb;Persist Security Info=False";
    //打开数据库连接
    m_pConnection->Open(Connection,"","",adConnectUnspecified);
                                                            //初始化记录集对象
}
//初始化 COM 时,获取错误,可以捕捉到 _com_error 的异常
```

```
catch(_com_error &e)
{
        ::CoInitialize(NULL);
        ::AfxMessageBox(e.ErrorMessage());
        return FALSE;
}
```

6. 使用记录集

Recordset 用于从数据表或某一个 SQL 命令执行后获得记录集。为了取得结果记录集,需定义一个指向 Recordset 对象的指针,代码如下:

```
_RecordsetPtr   m_pRecordset;                        //定义记录集对象指针
m_pRecordset.CreateInstance("ADODB.Recordset");      //创建 Recordset 对象的实例
```

ADO 中 SQL 命令的执行,主要有两种方式:一种是使用 Connection 对象的 Execute 函数执行命令;另一种是使用 Command 对象。

(1) 利用 Connection 对象的 Execute 方法执行 SQL 命令:

```
_RecordsetPtr Execute(_bstr_t CommandText,VARIANT *RecordsAffected,long Options);
```

其中,Options 选项可取 adCmdText(SQL 语句)、adCmdTable(表名)、adCmdProc(存储过程)。

Execute 函数执行完后返回一个指向记录集的指针,具体实现过程代码如下:

```
try
{   //执行 SQL 命令得到年龄大于 20 岁的记录集
m_pRecordset=m_pConnection->Execute("SELECT * FROM student WHERE age>=20",
NULL,adCmdText);
}catch(_com_error e)
{...}
```

(2) 利用 Command 对象来执行 SQL 命令。可以使用 _CommandPtr 接口创建 Command 对象,实现对数据源的操作,代码如下:

```
try
{
  _CommandPtr   m_pCommand;//第一步创建命令对象指针
  m_pCommand.CreateInstance("ADODB.Command");//创建 Command 对象实例
  //第二步设置 Command 关联的连接
  m_pCommand->ActiveConnection=m_pConnection;
  //第三步设置 CommandText 属性
  m_pCommand->CommandText="DELETE * FROM student WHERE 姓名='张三'";
  //第四步执行命令,取得记录集
  m_pCommand->Execute(NULL,NULL,adCmdText);
}catch(_com_error e)
{...}
```

7. 添加记录

(1) 使用记录集的 AddNew 函数添加新记录:

```
HRESULT AddNew(const_variant_t &FieldList,const_variant_t &Values)
```

其中:FieldList 为可选项,表示字段的单个名称;Values 为可选项,表示字段的单个值或值的数组。

(2) 使用 PutCollect 函数操作记录:

```
void PutCollect(const_variant_t &Index,const_variant_t &pvar)
```

其中，Index 表示字段名，pvar 表示字段值。

（3）使用 Update 函数更新数据：

```
HRESULT Update(const_variant_t &Fields,const_variant_t &Values)
```

其中：Fields 为可选项，如 variant（单个名称）、variant 数组（修改的字段名或序号）；Values 为可选，如 variant（单个值）、variant 数组（字段值）。

向数据库中添加记录并保存到数据库，代码如下：

```
_RecordsetPtr m_pRecordset;
m_pRecordset.CreateInstance("ADODB.Recordset");
//打开操作,略
try
{
  m_pRecordset->AddNew();                                   //添加新记录
  m_pRecordset->PutCollect("姓名",_variant_t("王华"));      //对操作记录的字段赋值
  m_pRecordset->PutCollect("年龄",_variant_t((long)21));
  m_pRecordset->PutCollect("出生日期",_variant_t("1988-3-15"));
  m_pRecordset->Update();                                   //更新到数据库中
}
catch(_com_error e)
{ }
```

8. 修改记录

修改记录可调用 Update 函数，修改后的数据将更新到数据库中。代码如下：

```
_RecordsetPtr m_pRecordset;
m_pRecordset.CreateInstance("ADODB.Recordset");
//打开操作,略
try
{
  m_pRecordset->Move First();
  m_pRecordset->PutCollect("姓名",_variant_t("王五"));      //修改姓名
  m_pRecordset->Update();                                   //保存到库中
}
catch(_com_error e)
{ }
```

9. 删除记录

删除记录需要使用 Delete 函数，其函数原型如下：

```
HRESULT Delete(enum AffectEnum AffectRecords)
```

其中，AffectRecords 是 AffectEnum 的值，即 adAffectCurrent 和 adAffectGroup，确定删除记录数目，默认值为 adAffectCurrent，删除当前记录，还可删除满足当前条件的记录。

```
_RecordsetPtr m_pRecordset;
m_pRecordset.CreateInstance("ADODB.Recordset");
//打开操作,略
try
{
  m_pRecordset->MoveFirst();                     //移动首条记录
  m_pRecordset->Delete(adAffectCurrent);         //删除当前记录
  m_pRecordset->Update();                        //保存到数据库中
}
catch(_com_error e)
{ }
```

10. 关闭记录集与连接

记录集或连接可以用 close 函数来关闭：

```
m_pRecordset->close();        //关闭记录集
m_pConnection->close();       //关闭连接
```

9.2.4 数据库连接操作实例

例 9.1　创建对话框的应用程序，连接 Access 数据库。运行程序，单击对话框中的"测试"按钮会弹出对话框，提示"数据库连接成功！"，如图 9-5 所示。

图 9-5 例 9.1 程序运行结果

实现步骤：

（1）创建一个对话框应用程序项目 Ex_9_1。将前面 9.1 节学生成绩数据库 Student.accdb 放于项目路径下。

（2）向对话框中添加一个命令按钮，设置属性 Caption 为"测试连接"，ID 为"IDC_TEST"。

（3）将 msado15.dll 动态链接库导入到 stdafx.h 文件中，代码为：

```
#import "c:\program files\common files\system\ado\msado15.dll" no_namespace rename("EOF","adoEOF")
```

（4）在 CEx_9_1Dlg 类声明中，声明连接对象智能指针，代码如下：

```
class CEx_9_1Dlg:public CDialogEx
{
    ...
    public:
_ConnectionPtr m_pConnection;//连接对象智能指针
    ...
};
```

（5）为 CEx_9_1Dlg 类添加成员函数 OnInitAdoConn()，返回值类型为 void，用于连接数据库操作。代码如下：

```
void CEx_9_1Dlg::OnInitAdoConn(void)
{
    try
    {
    m_pConnection.CreateInstance("ADODB.Connection");//初始化数据库连接对象
    //定义数据库连接字符串，打开本地 Access 2010 数据库
    _bstr_t  Connection="Provider=Microsoft.ACE.OLEDB.12.0;Data Source=.\\Student.accdb;Persist Security Info=False;";
    //打开数据库连接
    m_pConnection->Open(Connection,"","",adConnectUnspecified);
                                                  //初始化记录集对象
    MessageBox("数据库连接成功!","提示",1);
    }
    //初始化 COM 时，获取错误，可以捕捉到_com_error 的异常
    catch(_com_error &e)
```

```
    {
        ::CoInitialize(NULL);
        ::AfxMessageBox(e.Description());
    }
}
```

（6）在对话框中双击"测试"按钮，添加单击的消息函数，进入代码编辑窗口，添加代码如下：

```
void CEx_9_1Dlg::OnBnClickedTest()
{
    OnInitAdoConn();        //调用数据库连接方法
}
```

（7）选择"项目/类向导"，在"MFC 类向导"对话框中为对话框类添加 WM_DESTROY 消息函数，关闭窗口时断开连接。代码如下：

```
void CEx_9_1Dlg::OnDestroy()
{
    CDialogEx::OnDestroy();
    ExitConnect();
}
```

（8）运行程序，结果如图 9-5 所示。

9.2.5　显示数据表中记录操作实例

例 9.2　创建对话框的应用程序，显示数据表中的记录。运行程序结果如图 9-6 所示。

实现步骤：

（1）创建一个对话框应用程序项目 Ex_9_2。将学生成绩数据库 Student.accdb 放于项目路径下。

（2）向对话框中添加一个列表视图控件，设置属性 ID 为"IDC_LIST"，View 属性为 Report，Alignment 为 Top，添加 CListCtrl 类型的成员变量 m_grid。

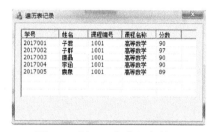

图 9-6　例 9.2 程序运行结果

（3）将 msado15.dll 动态链接库导入到 stdafx.h 文件中，代码为：

```
#import "c:\program files\common files\system\ado\msado15.dll" no_namespace
rename("EOF","adoEOF")
```

（4）添加数据库连接的公共类"AdoConnection"。右击项目窗口，在弹出的快捷菜单中选择"添加类"，在添加类对话框中选择"C++/C++类"，如图 9-7 所示，单击"添加"按钮，输入类名"AdoConnection"。

图 9-7　添加 C++类

（5）在公共类 AdoConnection 声明中,声明连接对象智能指针,代码如下：

```
class AdoConnection
{
public:
    ...
    _ConnectionPtr m_pConnection;//声明连接对象智能指针
    _RecordsetPtr m_pRecordset;//声明记录集对象指针
};
```

（6）为公共类 AdoConnection 添加成员函数 OnInitAdoConn(),返回值类型为 void,用于连接数据库操作。代码如下：

```
void AdoConnection::OnInitAdoConn(void)//连接数据库
{
    try
     {
        m_pConnection.CreateInstance("ADODB.Connection");//初始化数据库连接对象
    //定义数据库连接字符串,打开本地 Access 2010 数据库
    _bstr_t  Connection="Provider=Microsoft.ACE.OLEDB.12.0;Data Source=.
\\Student.accdb;Persist Security Info=False;";
    //打开数据库连接
    m_pConnection->Open(Connection,"","",adConnectUnspecified);
                                                            //初始化记录集对象

     }
    //初始化 COM 时,获取错误,可以捕捉到_com_error 的异常
    catch(_com_error &e)
    {
    ::CoInitialize(NULL);
    ::AfxMessageBox(e.Description());
    }
}
```

（7）为公共类 AdoConnection 添加成员函数 GetRecordSet(_bstr_t bstrSQL),返回值类型为_RecordsetPtr&,用于数据库执行查询操作。代码如下：

```
_RecordsetPtr& AdoConnection::GetRecordSet(_bstr_t bstrSQL)         //执行查询
{
    try
    {
        if(m_pConnection==NULL)
            OnInitAdoConn();        //调用连接数据库
        m_pRecordset.CreateInstance(__uuidof(Recordset));
                                                        //创建 Recordset 对象的实例
    m_pRecordset->Open(bstrSQL,m_pConnection.GetInterfacePtr(),adOpenDynamic,
adLockOptimistic,adCmdText);
    }
    catch(_com_error e)
    {
        e.Description();
    }
     return m_pRecordset;
}
```

（8）为公共类 AdoConnection 添加成员函数 ExecuteSQL(_bstr_t bstrSQL),返回值类

型为 BOOL，用于数据库执行查询操作。代码如下：

```
BOOL AdoConnection::ExecuteSQL(_bstr_t bstrSQL)//执行 SQL 语句
{
    try
    {
        if(m_pConnection==NULL)
            OnInitAdoConn();
        m_pConnection->Execute(bstrSQL,NULL,adCmdText);
        return true;
    }
    catch(_com_error e)
    {
        e.Description();
        return false;
    }
}
```

（9）为公共类 AdoConnection 添加成员函数 ExitConnect(void)，返回值类型为 BOOL，用于断开数据库连接操作。代码如下：

```
BOOL AdoConnection::ExitConnect(void)        //断开数据库连接
{
    if(m_pRecordset!=NULL)
        m_pRecordset->Close();
    m_pConnection->Close();
    return 0;
}
```

（10）在类 CEx_9_2Dlg∷OnInitDialog()函数中，通过列表视图控件遍历记录集。代码如下：

```
BOOL CEx_9_2Dlg::OnInitDialog()
{    ...
    //列表视图格式设置
    m_grid.SetExtendedStyle(LVS_EX_FLATSB|LVS_EX_HEADERDRAGDROP|LVS_EX_
ONECLICKACTIVATE|LVS_EX_GRIDLINES|LVS_EX_FULLROWSELECT);
    m_grid.InsertColumn(0,"学号",LVCFMT_LEFT,100,0);        //插入表头属性名
    m_grid.InsertColumn(1,"姓名",LVCFMT_LEFT,100,1);        //插入表头属性名
    m_grid.InsertColumn(2,"课程编号",LVCFMT_LEFT,100,2);    //插入表头属性名
    m_grid.InsertColumn(3,"课程名称",LVCFMT_LEFT,100,3);    //插入表头属性名
    m_grid.InsertColumn(4,"分数",LVCFMT_LEFT,100,4);        //插入表头属性名
    AdoConnection m_adoConn;
    m_adoConn.OnInitAdoConn();                             //数据库连接
    CString sql;
    sql.Format("select*from score order by学号 desc"); //对成绩表 score 查询
    _RecordsetPtr m_pRecordset;
    m_pRecordset=m_adoConn.GetRecordSet((_bstr_t)sql);    //获取记录集对象
    while(!(m_adoConn.m_pRecordset->adoEOF))
    {
        m_grid.InsertItem(0,"");
        //将记录集字段中的记录添加到列表视图中
        m_grid.SetItemText(0,0,(char*)(_bstr_t)m_pRecordset->GetCollect
("学号"));
```

```
            m_grid.SetItemText(0,1,(char*)(_bstr_t)m_pRecordset->GetCollect
("姓名"));
            m_grid.SetItemText(0,2,(char*)(_bstr_t)m_pRecordset->GetCollect
("课程编号"));
            m_grid.SetItemText(0,3,(char*)(_bstr_t)m_pRecordset->GetCollect
("课程名称"));
            m_grid.SetItemText(0,4,(char*)(_bstr_t)m_pRecordset->GetCollect
("分数"));
            m_pRecordset->MoveNext();
        }
    m_adoConn.ExitConnect();        //断开数据库连接
    return TRUE;                    //除非将焦点设置到控件,否则返回 TRUE
    }
```

(11) 运行程序,结果如图 9-6 所示。

9.2.6 向数据表中添加记录操作实例

例 9.3 创建对话框的应用程序,向数据表中添加记录。运行程序,结果如图 9-8 所示。

图 9-8　例 9.3 程序运行结果

实现步骤:

(1) 创建一个对话框应用程序项目 Ex_9_3。将学生成绩数据库 Student. accdb 放于项目路径下。第(1)～(9)步与例 9.2 中 Ex_9_2 的操作步骤相同,也可以在 Ex_9_2 的基础上增加添加记录功能。

(2) 向对话框中添加一个列表视图控件,设置属性 ID 为"IDC_LIST",View 属性为 Report,Alignment 为 Top,添加 CListCtrl 类型的成员变量 m_grid。添加 5 个静态控件,即 5 个编辑框,其 ID 分别为 IDC_NUM、IDC_NAME、IDC_COURSENO、IDC_COURSENAME、IDC_SCORE;添加 1 个"添加"按钮,控件 ID 为 IDC_BTNADD。分别为对话框编辑框添加成员变量如下:

```
public:
    CString m_id;               //学号
    CString m_name;             //姓名
    CString m_courseno;         //课程编号
    CString m_coursename;       //课程名称
    int m_score;                //分数
```

（3）将 msado15.dll 动态链接库导入到 stdafx.h 文件中，代码为：

```
#import "c:\program files\common files\system\ado\msado15.dll" no_namespace
rename("EOF","adoEOF")
```

（4）添加数据库连接的公共类 AdoConnection。右击项目窗口，在弹出的快捷菜单中选择"添加类"，在弹出的添加类对话框中选择"C++/C++类"，单击"添加"按钮，输入类名"AdoConnection"。

（5）在公共类 AdoConnection 声明中，声明连接对象智能指针，代码如下：

```
class AdoConnection
{
public:
    ...
    _ConnectionPtr m_pConnection;      //声明连接对象智能指针
    _RecordsetPtr m_pRecordset;        //声明记录集对象指针
};
```

（6）为公共类 AdoConnection 添加成员函数 OnInitAdoConn()，返回值类型为 void，用于连接数据库操作。代码如下：

```
void AdoConnection::OnInitAdoConn(void)//连接数据库
{
    try
    {
    m_pConnection.CreateInstance("ADODB.Connection");    //初始化数据库连接对象
    //定义数据库连接字符串,打开本地 Access 2010 数据库
    _bstr_t  Connection="Provider=Microsoft.ACE.OLEDB.12.0;Data Source=.
\\Student.accdb;Persist Security Info=False;";
    //打开数据库连接
    m_pConnection->Open(Connection,"","",adConnectUnspecified);
                                                            //初始化记录集对象
    }
    //初始化 COM 时,获取错误,可以捕捉到_com_error 的异常
    catch(_com_error &e)
    {
    ::CoInitialize(NULL);
    ::AfxMessageBox(e.Description());
    }
}
```

（7）为公共类 AdoConnection 添加成员函数 GetRecordSet(_bstr_t bstrSQL)，返回值类型为_RecordsetPtr&，用于数据库执行查询操作。代码如下：

```
_RecordsetPtr& AdoConnection::GetRecordSet(_bstr_t bstrSQL)//执行查询
{
    try
    {
        if(m_pConnection==NULL)
            OnInitAdoConn();//调用连接数据库
        m_pRecordset.CreateInstance(_uuidof(Recordset));
                                                //创建 Recordset 对象的实例
```

```
                m_pRecordset->Open(bstrSQL,m_pConnection.GetInterfacePtr(),adOpenDynamic,
        adLockOptimistic,adCmdText);
            }
            catch(_com_error e)
            {
                e.Description();
            }
            return m_pRecordset;
        }
```

(8)为公共类 AdoConnection 添加成员函数 ExecuteSQL(_bstr_t bstrSQL),返回值类型为 BOOL,用于数据库执行查询操作。代码如下:

```
        BOOL AdoConnection::ExecuteSQL(_bstr_t bstrSQL)//执行 SQL 语句
        {
            try
            {
                if(m_pConnection==NULL)
                    OnInitAdoConn();
                m_pConnection->Execute(bstrSQL,NULL,adCmdText);
                return true;
            }
            catch(_com_error e)
            {
                e.Description();
                return false;
            }
        }
```

(9)为公共类 AdoConnection 添加成员函数 ExitConnect(void),返回值类型为 BOOL,用于断开数据库连接操作。代码如下:

```
        BOOL AdoConnection::ExitConnect()//断开数据库连接
        {
            if(m_pRecordset!=NULL)
                m_pRecordset->Close();
            m_pConnection->Close();
            return 0;
        }
```

(10) 在类 CEx_9_3Dlg∷OnInitDialog()函数中,通过列表视图控件遍历记录集。代码如下:

```
        BOOL CEx_9_3Dlg::OnInitDialog()
        {    ...
            //列表视图格式设置
            m_grid.SetExtendedStyle(LVS_EX_FLATSB|LVS_EX_HEADERDRAGDROP|LVS_EX_
        ONECLICKACTIVATE|LVS_EX_GRIDLINES|LVS_EX_FULLROWSELECT);
            m_grid.InsertColumn(0,"学号",LVCFMT_LEFT,100,0);       //插入表头属性名
            m_grid.InsertColumn(1,"姓名",LVCFMT_LEFT,100,1);       //插入表头属性名
            m_grid.InsertColumn(2,"课程编号",LVCFMT_LEFT,100,2);   //插入表头属性名
            m_grid.InsertColumn(3,"课程名称",LVCFMT_LEFT,100,3);   //插入表头属性名
            m_grid.InsertColumn(4,"分数",LVCFMT_LEFT,100,4);       //插入表头属性名
```

```
            AddRecord();//遍历表记录
            return TRUE;                       //除非将焦点设置到控件,否则返回 TRUE
    }
```

(11) 为 CEx_9_3Dlg 类添加成员函数 AddRecord(),返回值类型为 void,实现添加记录操作。代码如下:

```
    void CEx_9_3Dlg::AddRecord()
    {
        AdoConnection m_adoConn;
        m_adoConn.OnInitAdoConn();
        CString sql;
        sql.Format("select*from score order by 学号 desc");//按学号查询
        _RecordsetPtr m_pRecordset;
        m_pRecordset=m_adoConn.GetRecordSet((_bstr_t)sql);//获取查询记录
        while(!(m_adoConn.m_pRecordset->adoEOF))//将记录添加到列表视图
        {
            m_grid.InsertItem(0,"");
             m_grid.SetItemText(0,0,(char*)(_bstr_t)m_pRecordset->
             GetCollect("学号"));
             m_grid.SetItemText(0,1,(char*)(_bstr_t)m_pRecordset->
             GetCollect("姓名"));
             m_grid.SetItemText(0,2,(char*)(_bstr_t)m_pRecordset->
             GetCollect("课程编号"));
             m_grid.SetItemText(0,3,(char*)(_bstr_t)m_pRecordset->
             GetCollect("课程名称"));
             m_grid.SetItemText(0,4,(char*)(_bstr_t)m_pRecordset->
             GetCollect("分数"));
            m_pRecordset->MoveNext();//记录指针下移
        }
        m_adoConn.ExitConnect();//关闭连接
    }
```

(12) 为"添加"按钮添加单击消息函数,向记录集添加记录,代码如下:

```
    void CEx_9_2Dlg::OnBnClickedBtnadd()
    {
        UpdateData(true);
        if(m_id.IsEmpty())
        {
            MessageBox("编号不能为空!");
            return;
        }
        if(m_name.IsEmpty()||m_courseno.IsEmpty()||m_coursename.IsEmpty()||m_
score==0)
        {
            MessageBox("请将学生信息输入完整","学生基本信息",MB_OK);
            return;
        }
        AdoConnection m_adoConn;
        m_adoConn.OnInitAdoConn();
```

```
        CString sql,str;
        sql="select*from score";
        _RecordsetPtr m_pRecordset;
        m_pRecordset=m_adoConn.GetRecordSet((_bstr_t)sql);
        if(m_pRecordset->GetRecordCount()!=0)
        {
                while(!m_pRecordset->adoEOF)
                {
                        str=m_pRecordset->GetCollect("学号").bstrVal;
                        if(str.CompareNoCase(m_id)==0)
                        {
                                AfxMessageBox("该学号已存在!");
                                return;
                        }
                        m_pRecordset->MoveNext();
                }
        }
        try
        {
                m_pRecordset->AddNew();
                m_pRecordset->PutCollect("学号",(_bstr_t)m_id);
                m_pRecordset->PutCollect("姓名",(_bstr_t)m_name);
                m_pRecordset->PutCollect("课程编号",(_bstr_t)m_courseno);
                m_pRecordset->PutCollect("课程名称",(_bstr_t)m_coursename);
                m_pRecordset->PutCollect("分数",(_bstr_t)m_score);
                m_pRecordset->Update();
                m_adoConn.ExitConnect();
        }
        catch(_com_error e)
        {
                MessageBox("添加不成功!");
                return;
        }
        MessageBox("保存成功!");
        m_grid.DeleteAllItems();
        AddRecord();//遍历表记录
}
```

（13）运行程序，结果如图 9-8 所示。

图 9-9　例 9.4 程序运行结果

9.2.7　修改数据表中记录操作实例

例 9.4　创建对话框的应用程序，修改数据表中的记录。当用户选择列表中的记录项时，学号显示在编辑框中，在编辑框中输入要修改的记录内容，单击"保存"按钮，运行程序，结果如图 9-9 所示。

实现步骤：

（1）创建一个对话框应用程序项目 Ex_9_4。将学生成绩数据库 Student.accdb 放于项目路径下。第(1)～(9)步与例 9.3 中 Ex_9_3 的操作步骤相同，也可以在 Ex_9_3 的基础上增加修改记录功能。

（2）向对话框中添加一个列表视图控件，设置属性 ID 为"IDC_LIST"，View 属性为 Report，Alignment 为 Top，添加 CListCtrl 类型的成员变量 m_grid。添加 6 个静态控件，即 6 个编辑框，其 ID 分别为 IDC_NUM、IDC_NAME、IDC_COURSENO、IDC_COURSENAME、IDC_SCORE、IDC_CHANGENUM；添加 1 个"保存"按钮，控件 ID 为 IDC_BTNSAVE。分别为对话框编辑框添加成员变量如下：

```
public:
    CString m_id;                  //学号
    CString m_name;                //姓名
    CString m_courseno;            //课程编号
    CString m_coursename;          //课程名称
    int m_score;                   //分数
    CString m_changenum;           //要修改学号
```

（3）将 msado15.dll 动态链接库导入到 stdafx.h 文件中，代码为：

```
#import "c:\program files\common files\system\ado\msado15.dll" no_namespace
rename("EOF","adoEOF")
```

（4）添加数据库连接的公共类 AdoConnection。右击项目窗口，在弹出的快捷菜单中选择"添加类"，在弹出的添加类对话框中选择"C++/C++类"，单击"添加"按钮，输入类名"AdoConnection"。

（5）在公共类 AdoConnection 声明中，声明连接对象智能指针，代码如下：

```
class AdoConnection
{
public:
    ...
    _ConnectionPtr m_pConnection;    //声明连接对象智能指针
    _RecordsetPtr m_pRecordset;      //声明记录集对象指针
};
```

（6）为公共类 AdoConnection 添加成员函数 OnInitAdoConn()，返回值类型为 void，用于连接数据库操作。代码如下：

```
void AdoConnection::OnInitAdoConn(void)//连接数据库
{
    try
    {
    m_pConnection.CreateInstance("ADODB.Connection");  //初始化数据库连接对象
    //定义数据库连接字符串，打开本地 Access 2010 数据库
    _bstr_t Connection="Provider=Microsoft.ACE.OLEDB.12.0;Data Source=.\\
Student.accdb;Persist Security Info=False;";
    //打开数据库连接
    m_pConnection->Open(Connection,"","",adConnectUnspecified);
                                                        //初始化记录集对象

    }
    //初始化 COM 时，获取错误，可以捕捉到_com_error 的异常
    catch(_com_error &e)
```

```
    {
        ::CoInitialize(NULL);
        ::AfxMessageBox(e.Description());
    }
}
```

(7) 为公共类 AdoConnection 添加成员函数 GetRecordSet(_bstr_t bstrSQL)，返回值类型为_RecordsetPtr&，用于数据库执行查询操作。代码如下：

```
_RecordsetPtr& AdoConnection::GetRecordSet(_bstr_t bstrSQL)//执行查询
{
    try
    {
        if(m_pConnection==NULL)
            OnInitAdoConn();        //调用连接数据库
        m_pRecordset.CreateInstance(__uuidof(Recordset));
                                    //创建 Recordset 对象的实例
    m_pRecordset->Open(bstrSQL,m_pConnection.GetInterfacePtr(),adOpenDynamic,
adLockOptimistic,adCmdText);
    }
    catch(_com_error e)
    {
            e.Description();
    }
    return m_pRecordset;
}
```

(8) 为公共类 AdoConnection 添加成员函数 ExecuteSQL(_bstr_t bstrSQL)，返回值类型为 BOOL，用于数据库执行查询操作。代码如下：

```
BOOL AdoConnection::ExecuteSQL(_bstr_t bstrSQL)//执行 SQL 语句
{
    try
    {
        if(m_pConnection==NULL)
            OnInitAdoConn();
        m_pConnection->Execute(bstrSQL,NULL,adCmdText);
        return true;
    }
    catch(_com_error e)
    {
        e.Description();
        return false;
    }
}
```

(9) 为公共类 AdoConnection 添加成员函数 ExitConnect(void)，返回值类型为 BOOL，用于断开数据库连接操作。代码如下：

```
BOOL AdoConnection::ExitConnect(void)//断开数据库连接
{
  if(m_pRecordset!=NULL)
```

```
            m_pRecordset->Close();
        m_pConnection->Close();
        return 0;
    }
```

(10) 在类 CEx_9_3Dlg::OnInitDialog()函数中,通过列表视图控件遍历记录集。代码
如下:

```
    BOOL CEx_9_3Dlg::OnInitDialog()
    {    …
        //列表视图格式设置
        m_grid.SetExtendedStyle(LVS_EX_FLATSB|LVS_EX_HEADERDRAGDROP|LVS_EX_
    ONECLICKACTIVATE|LVS_EX_GRIDLINES|LVS_EX_FULLROWSELECT);
        m_grid.InsertColumn(0,"学号",LVCFMT_LEFT,100,0);        //插入表头属性名
        m_grid.InsertColumn(1,"姓名",LVCFMT_LEFT,100,1);        //插入表头属性名
        m_grid.InsertColumn(2,"课程编号",LVCFMT_LEFT,100,2);    //插入表头属性名
        m_grid.InsertColumn(3,"课程名称",LVCFMT_LEFT,100,3);    //插入表头属性名
        m_grid.InsertColumn(4,"分数",LVCFMT_LEFT,100,4);        //插入表头属性名
        AddRecord();                                           //遍历表记录
        return TRUE;                          //除非将焦点设置到控件,否则返回 TRUE
    }
```

(11) 为 CEx_9_3Dlg 类添加成员函数 AddRecord(),返回值类型为 void,实现添加记录
操作。代码如下:

```
    void CEx_9_3Dlg::AddRecord()
    {
        AdoConnection m_adoConn;
        m_adoConn.OnInitAdoConn();
        CString sql;
        sql.Format("select*from score order by 学号 desc");
        _RecordsetPtr m_pRecordset;
        m_pRecordset=m_adoConn.GetRecordSet((_bstr_t)sql);
        while(!(m_adoConn.m_pRecordset->adoEOF))
        {
            m_grid.InsertItem(0,"");
             m_grid.SetItemText(0,0,(char*)(_bstr_t)m_pRecordset->
             GetCollect("学号"));
             m_grid.SetItemText(0,1,(char*)(_bstr_t)m_pRecordset->
             GetCollect("姓名"));
             m_grid.SetItemText(0,2,(char*)(_bstr_t)m_pRecordset->
             GetCollect("课程编号"));
             m_grid.SetItemText(0,3,(char*)(_bstr_t)m_pRecordset->
             GetCollect("课程名称"));
             m_grid.SetItemText(0,4,(char*)(_bstr_t)m_pRecordset->
             GetCollect("分数"));
            m_pRecordset->MoveNext();
        }
        m_adoConn.ExitConnect();
    }
```

(12) 为列表视图控件 IDC_LIST 添加 NM_CLICK 消息函数,选中列表项时记录内容会在对话框编辑框中显示学号,代码如下:

```
void CEx_9_2Dlg::OnClickList(NMHDR* pNMHDR,LRESULT* pResult)
{
LPNMITEMACTIVATE pNMItemActivate = reinterpret _ cast < LPNMITEMACTIVATE >
(pNMHDR);
int pos=m_grid.GetSelectionMark();
m_changenum=m_grid.GetItemText(pos,0);        //获取选中列表记录项学号
UpdateData(FALSE);                            //将学号在编辑框中显示
*pResult=0;
}
```

(13) 为"保存"按钮添加单击消息函数,为记录集更新修改记录信息,代码如下:

```
void CEx_9_2Dlg::OnBnClickedBtnsave()
{
    UpdateData(true);
    if(m_id.IsEmpty())
    {
        MessageBox("学号不能为空!");
        return;
    }
    AdoConnection m_adoConn;                         //连接数据库
    m_adoConn.OnInitAdoConn();
    _bstr_t sql;
    sql="select*from score";                         //执行查询
    _RecordsetPtr m_pRecordset;
    m_pRecordset=m_adoConn.GetRecordSet(sql);        //获取记录集
    long pos=m_grid.GetSelectionMark();             //获取当前选择中列表项索引
    try
    {
        m_pRecordset->Move(pos,vtMissing);          //移动记录集
        m_pRecordset->PutCollect("学号",(_bstr_t)m_id);          //设置字段值
        m_pRecordset->PutCollect("姓名",(_bstr_t)m_name);
        m_pRecordset->PutCollect("课程编号",(_bstr_t)m_courseno);
        m_pRecordset->PutCollect("课程名称",(_bstr_t)m_coursename);
        m_pRecordset->PutCollect("分数",(_bstr_t)m_score);
        m_pRecordset->Update();                      //保存修改记录值
        m_adoConn.ExitConnect();                     //断开数据库连接
    }
    catch(_com_error e)
    {
        MessageBox("操作不成功!");
        return;
    }
    MessageBox("保存成功!");
    m_grid.DeleteAllItems();
    AddRecord();                                     //遍历表记录
}
```

（14）运行程序,在列表中选择要修改的记录,在编辑框中输入修改信息,单击"保存"按钮,即可将编号为 2017006 记录修改为输入的信息,结果如图 9-8 所示。

9.2.8 删除数据表中记录操作实例

例 9.5 创建对话框的应用程序,删除数据表中的记录。当用户选择列表中记录项时,单击"删除"按钮,记录从列表中删除,运行程序结果如图 9-10 所示。

图 9-10 例 9.5 程序运行结果

实现步骤:

（1）创建一个对话框应用程序项目 Ex_9_5。将学生成绩数据库 Student.accdb 放于项目路径下。第（1）~（9）步与例 9.4 中 Ex_9_4 的操作步骤相同,也可以在 Ex_9_4 的基础上增加删除记录功能。

（2）向对话框中添加一个列表视图控件,设置属性 ID 为"IDC_LIST",View 属性为 Report,Alignment 为 Top,添加 CListCtrl 类型的成员变量 m_grid。添加一个"删除"按钮,其控件 ID 为 IDC_BTNDELETE。

（3）为列表视图控件 IDC_LIST 添加 NM_CLICK 单击消息函数,选中列表项时记录内容会在对话框编辑框中显示,代码如下:

```
void CEx_9_2Dlg::OnClickList(NMHDR*pNMHDR,LRESULT*pResult)
{
    LPNMITEMACTIVATE pNMItemActivate=reinterpret_cast<LPNMITEMACTIVATE>
(pNMHDR);
    UpdateData(true);
    int pos=m_grid.GetSelectionMark();
    m_id=m_grid.GetItemText(pos,0);
    m_name=m_grid.GetItemText(pos,1);
    m_courseno=m_grid.GetItemText(pos,2);
    m_coursename=m_grid.GetItemText(pos,3);
    m_score=atoi(m_grid.GetItemText(pos,4));
    UpdateData(FALSE);
    *pResult=0;
}
```

（4）为"删除"按钮添加单击消息函数,为记录集更新记录信息,代码如下:

```
void CEx_9_2Dlg::OnBnClickedBtndelete()
{
    UpdateData(true);
    AdoConnection m_adoConn;//连接数据库
    m_adoConn.OnInitAdoConn();
    _bstr_t sql;
    sql="select*from score";//执行查询
    _RecordsetPtr m_pRecordset;
    m_pRecordset=m_adoConn.GetRecordSet(sql);//获取记录集
    long pos=m_grid.GetSelectionMark();//获取当前选择中列表项索引
```

317

```
        try
        {
                m_pRecordset->Move(pos,vtMissing);//移动记录集
                m_pRecordset->Delete(adAffectCurrent);
                m_pRecordset->Update();//保存修改记录值
                m_adoConn.ExitConnect();//断开数据库连接
        }
        catch(_com_error e)
        {
                MessageBox("操作不成功!");
                return;
        }
        MessageBox("删除成功!");
        m_grid.DeleteAllItems();
        AddRecord();//遍历表记录
}
```

（5）运行程序，在列表中选择要删除的记录，单击"删除"按钮，记录从列表中删除，结果如图 9-10 所示。

9.3 学生信息管理系统项目开发实例

学生信息管理系统的设计目标是实现对学生信息的科学化、规范化管理，提高学校管理的工作效率，减少人员开支，方便学生查询，方便教师和管理员进行数据的录入操作。

学生信息管理系统主要有以下几项功能要求：

（1）学生基本信息，包括对学生基本信息进行添加、删除、修改、保存和查询的管理。

（2）履历信息，包括对学生在校期间任职、竞赛获奖、发表论文和科研、奖惩以及参加社交活动或社团组织等情况信息进行添加、删除、修改和保存管理。

（3）成绩管理，包括添加和查询学生成绩信息。

（4）院系设置，包括查询院系信息，新增和删除学院、系、班级等。

（5）课程设置，包括查询课程信息，添加、修改和删除课程代码、课程名称、学时、任课教师和上课教室。

（6）用户管理，主要是实现数据库的访问权限管理，学生只有查询功能，教师具有录入、修改成绩功能，管理员具有所有权限，并可以修改用户权限。

根据系统功能需求，构造系统软件结构如图 9-11 所示。

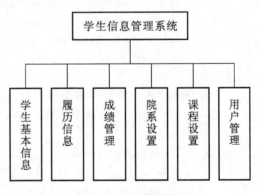

图 9-11　系统软件结构

9.3.1 数据库设计

1. 数据表设计

（1）用户信息表（UserInfo）存放用户信息，如表 9-2 和表 9-3 所示。

318

表 9-2 用户信息表(UserInfo)结构

字 段 名 称	数据类型	说 明
NAME	文本	用户名,长度为 8,不能为空
PASSWORD	文本	密码,长度为 6
LEVEL	数字(长整型)	权限:0=学生,1=教师,2=管理员

表 9-3 用户信息表(UserInfo)记录信息

NAME	PASSWORD	LEVEL
000000	000000	0
111111	111111	1
222222	222222	2

(2)学生基本信息表(StuInfo)用来对学生信息进行管理,如表 9-4 和表 9-5 所示。

表 9-4 学生基本信息表(StuInfo)结构

字 段 名 称	数据类型	说 明	字 段 名 称	数 据 类 型	说 明
ID	文本	学号,长度为 15,不能为空	BIRTHDAY	日期/时间	出生日期
NAME	文本	姓名,长度为 8	NATIVEPLACE	文本	籍贯,长度为 50
SEX	文本	性别,长度为 2	SPECIALITY	文本	专业,长度为 50

表 9-5 学生基本信息表(StuInfo)记录信息

ID	NAME	SEX	BIRTHDAY	NATIVEPLACE	SPECIALITY
20103233001	张星	男	1990-1-20	湖南	计算机网络
20103233002	徐倩	女	1990-8-9	湖北	计算机网络
20103233003	熊丽	女	1989-10-20	河北	计算机网络
20103233004	李闯	男	1991-1-24	湖北	计算机网络
20103233005	杨柳	男	1989-12-20	江西	计算机网络

(3)学生履历信息表(StuExp)用来对学生信息进行管理,如表 9-6 和表 9-7 所示。

表 9-6 学生履历信息表(StuExp)结构

字 段 名 称	数据类型	说 明	字 段 名 称	数据类型	说 明
ID	文本	学号,长度为 15,不能为空	ENCPUN	文本	奖惩项
NAME	文本	姓名,长度为 8	ENCTIME	日期/时间	奖惩时间
MIDTIME	日期/时间	中学毕业时间	REMARK	备注	奖惩原因
MIDSCHOOL	文本	中学毕业学校			

表 9-7 学生履历信息表(StuExp)记录信息

ID	NAME	MIDTIME	MIDSCHOOL	ENCPUN	ENCTIME	REMARK
20103233001	张星	2008-7-15	武汉二中	社会工作奖	2008-10-20	担任学生会工作
20103233002	徐倩	2008-7-15	武汉六中	一等奖	2009-5-20	IT 软件设计大赛
20103233003	熊丽	2008-7-15	华师一附中	二等奖	2009-5-20	IT 软件设计大赛
20103233004	李闯	2008-7-15	武汉一中	二等奖	2010-12-10	全国数学建模大赛
20103233005	杨柳	2008-7-15	武汉一中	记过处分	2008-7-5	考试作弊

(4)设计一张学生成绩信息表(StuScore)用来对学生成绩进行管理,如表 9-8 和表 9-9 所示。

表 9-8　学生成绩信息表（StuScore）结构

字 段 名 称	数 据 类 型	说　　　明
ID	文本	学号,长度为15,不能为空
NAME	文本	姓名,长度为8
COURSEID	文本	课程代码
COURSENAME	文本	课程名称
SCORE	数字(双精度型)	分数
TEACHER	文本	任课教师

表 9-9　学生成绩信息表（StuScore）记录信息

ID	NAME	COURSEID	COURSENAME	SCORE	TEACHER
20103233001	张星	2001	C 语言	89	张文学
20103233002	徐倩	2002	VC++	90	王国栋
20103233003	熊丽	2003	数据库	96	吴江
20103233004	李闯	2004	数据结构	78	旺季松
20103233005	杨柳	2005	编译原理	94	易晓燕

（5）设计一张院系设置表（Depart）用来对院系进行设置,如表 9-10 和表 9-11 所示。

表 9-10　院系设置表（Depart）结构

字 段 名 称	数 据 类 型	说　　　明	字 段 名 称	数 据 类 型	说　　　明
NO	文本	院系编号	COLLEGE	文本	所属学院
NAME	文本	学院、系或班级的名称	DEPART	文本	所属系
TYPE	文本	类型:学院/系/班级			

表 9-11　院系设置表（Depart）记录信息

NO	NAME	TYPE	COLLEGE	DEPART
1	信息工程学院	学院	空	空
2	商学院	学院	空	空
3	外语学院	学院	空	空
11	计算机科学	系	信息工程学院	空
	计科 0901	班级	信息工程学院	计算机科学
	计科 0902	班级	信息工程学院	计算机科学
12	自动化	系	信息工程学院	空
13	会计	系	商学院	空
14	日语	系	外语学院	空
	会计 0901	班级	商学院	会计
	日语 0901	班级	外语学院	日语
	自动化 0901	班级	信息工程学院	自动化
	自动化 0902	班级	信息工程学院	自动化

（6）课程设置信息表（Course）用来对课程设置进行管理，如表9-12和表9-13所示。

表 9-12　课程设置信息表（Course）结构

字 段 名 称	数据类型	说　　明	字 段 名 称	数据类型	说　　明
COURSEID	文本	课程代码	COURSETIME	文本	开课时间
COURSENAME	文本	课程名称	TEACHER	文本	任课教师
COURSEHOUR	文本	学时	COURSEPLACE	文本	上课教室

表 9-13　课程设置信息表（Course）记录信息

COURSEID	COURSENAME	COURSEHOUR	COURSETIME	TEACHER	COURSEPLACE
2001	C 语言	72	2010—2011 学年第一学期	张文学	517
2002	VC++	72	2010—2011 学年第二学期	王国栋	516
2003	数据库	54	2010—2011 学年第二学期	吴江	425
2004	数据结构	72	2010—2011 学年第二学期	旺季松	325
2005	编译原理	54	2011—2012 学年第二学期	易晓燕	518

9.3.2　设计系统主界面中的主菜单

学生信息管理系统的应用程序的主界面是一个对话框应用程序的操作界面，用户登录后，可对学生信息管理的各个功能模块进行操作。

1. 设计主界面中的主菜单

（1）创建一个基于对话框的应用程序，项目名为 StuSystem。在项目工作区窗口选择"视图/资源视图/StuSystem.rc"，右击资源文件，选择"添加资源"，在添加资源对话框中选择"Menu"，单击"新建"按钮，将其 ID 修改为

图 9-12　菜单编辑窗口

IDR_MENUMAIN，菜单编辑窗口如图 9-12 所示。菜单中的各项属性设置如表 9-14 所示。

表 9-14　菜单中的各项属性设置

ID	标　题	属　　性	ID	标　题	属　性
—	系统	Pop-up 值为 True，其他默认	ID_EXPERIENCE	履历信息	默认
ID_SYS_LOGIN	登录	默认	ID_SCORE	成绩管理	默认
ID_SYS_LOGOUT	注销	默认	ID_DEPARTMENT	院系设置	默认
ID_SYS_EXIT	退出	默认	ID_COURSE	课程设置	默认
ID_STUDENT	学生基本信息	默认	ID_USER	用户管理	默认

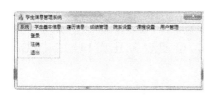

图 9-13　程序运行主界面

（2）在对话框窗口中，设置对话框的 Caption 属性值为：学生信息管理系统，选中"Menu"属性值"IDR_MENUMAIN"，使菜单在对话框上方显示。

（3）编译运行程序，生成应用程序的主界面如图 9-13 所示。该程序只是生成应用程序框架，菜单功能并没有实现，要想实现菜单功能，必须使用 MFC ClassWizard 为

各菜单项发送 WM_COMMAND 消息映射函数并添加相关代码。

2. 设计主界面中的背景

为对话框插入背景图片,具体实现步骤如下:

(1)在项目工作区窗口选择"视图/资源视图/StuSystem. rc",右击资源文件,选择"添加资源",在添加资源对话框中选中"Bitmap",单击"Import"导入位图资源,设置 ID 为 IDB_BITMAPBK。

(2)在对话框类 StuSystemDlg. h 文件中,声明画刷类的成员变量,用于装载位图,声明语句为:

```
CBrush m_brBk;
```

(3)在主对话框类 CStuSystemDlg 的 OnInitDialog()函数中,添加装载位图的代码如下:

```
BOOL CStuSystemDlg::OnInitDialog()
{   ···
    CBitmap bmp;
    bmp.LoadBitmap(IDB_BITMAPBK);//装载位图对象
    m_brBk.CreatePatternBrush(&bmp);//创建位图
    bmp.DeleteObject();
    ···
}
```

(4)为主对话框类 CStuSystemDlg 添加设置背景图片的 WM_CTLCOLOR 消息映射函数,并添加代码如下:

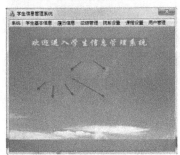

图 9-14 应用程序主界面窗口

```
HBRUSH CStuSystemDlg::OnCtlColor(CDC *pDC,
CWnd *pWnd,UINT nCtlColor)
{
    if(pWnd==this)
    {
        return m_brBk;
    }
}
```

(5)编译并运行程序,应用程序主界面窗口如图 9-14 所示。

9.3.3 设计用户登录界面

用户登录模块实现根据用户输入的登录信息来分配用户的使用权限,从而达到保护系统的目的。用户类型有学生、教师和管理员,它们的权限是不一样的,学生只有查询个人信息、成绩等的权限,教师具有录入成绩及查询的权限,而管理员具有最高管理权限。用户必须输入用户名和正确的密码后才能进入系统,如果密码输入错误,程序会提示错误信息。用户登录成功的界面如图 9-15 所示。

1. 用户登录对话框界面设计

(1)打开学生信息管理系统应用程序 StuSystem,创建一个用户登录对话框。插入一个新的对话框资源,打开属性对话框,将其字体设置为宋体 9 号,ID 设置为 IDD_LOGINDLG,设置 Styles 属性为 Child,Border 为 None。

(2)在图 9-15 所示的对话框中添加 3 个 Static Text 控件,2 个 Picture 控件、2 个 Edit Box 控件、3 个 Radio Button 控件和 2 个 Button 控件,各控件的属性设置如表 9-15 所示。

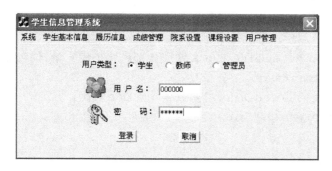

图 9-15 用户登录模块中的登录成功界面

设计"用户名"和"密码"前面的图片,先在对话框模板中添加两个 Picture 控件,然后右击"资源/添加资源",打开插入资源对话框,选中"Icon",单击"导入"按钮,在对话框模板中设置 Picture 控件的"Type"属性类型为 Icon,"Image"属性为插入图标的 IDI_ICON1 和 IDI_ICON2。设计完成后的登录界面如图 9-15 所示。

表 9-15 登录界面控件属性及变量说明

控件 ID	Caption	属 性 说 明	变 量 类 型	变 量 名
IDC_STATIC	用户类型:	默认		
IDC_STATIC	用 户 名:	默认		
IDC_STATIC	密码:	默认		
IDC_STATIC(Picture)		Type 为 Icon		
IDC_STATIC(Picture)		Type 为 Icon		
IDC_RADIO_STUDENT	学生	Group	int	m_LoginLevel
IDC_RADIO_TEACHER	教师	默认		
IDC_RADIO_MANAGER	管理员	默认		
IDC_EDIT_NAME		默认	CString	m_LoginName
IDC_EDIT_PWD		Password	CString	m_LoginPwd
IDC_BUTTON_LOGIN	登录			
IDC_BUTTON_CANCEL	取消			

(3) 双击登录对话框模板,为其添加一个新类 CLoginDlg。在该类的构造函数中将变量 m_LoginLevel 初始化为 0。

(4) 添加相关类的成员变量和成员函数。

① 在 CStuSystemApp 类声明的 StuSystem.h 文件中,声明成员变量如下:

```
public:
    int m_Level;                //用户权限
    BOOL Logstatus;             //判断用户是否登录系统
```

② 在 CStuSystemDlg 类声明的 StuSystemDlg.h 文件中添加类的成员,代码如下:

```
public:
    BOOL status[8];             //初始状态
    void SetDlgStatus();        //设置登录状态
    CLoginDlg *LogDlg;          //声明登录对话框类的对象指针
```

将登录对话框类的头文件在 StuSystemDlg. h 中包含进来：

```
#include "LoginDlg.h"
```

③ 在 StuSystemDlg. cpp 和 LoginDlg. cpp 文件中分别声明扩展变量，代码如下：

```
extern CStuSystemApp theApp;
```

④ 在 CStuSystemDlg 类的 OnInitDialog()函数中添加如下代码：

```
BOOL CStuSystemDlg::OnInitDialog()
{
    ...
    for(int i=0;i<7;i++)
    status[i]=FALSE;              //初始状态
    theApp.Logstatus=false; //未登录
    return TRUE;                   //return TRUE unless you set the focus to a control
}
```

⑤ 在 CStuSystemDlg 类中添加成员函数 SetDlgStatus()，并添加代码如下：

```
void CStuSystemDlg::SetDlgStatus()
{
    if(status[0])
    {
        LogDlg->DestroyWindow();
        status[0]=FALSE;
    }
}
```

（5）为 CStuSystemDlg 类添加"登录"菜单 ID_SYS_LOGIN 的 COMMAND 的消息映射函数 OnSysLogin()，添加代码如下：

```
void CStuSystemDlg::OnSysLogin()
{
    SetDlgStatus();
    LogDlg=new CLoginDlg;
    LogDlg->Create(IDD_LOGINDLG,this);
    LogDlg->ShowWindow(SW_SHOW);
    status[0]=TRUE;
}
```

（6）为"系统"主菜单的"注销"菜单和"退出"菜单添加实现功能的操作。

为 CStuSystemDlg 类添加"注销"菜单 ID_SYS_LOGOUT 和"退出"菜单 ID_SYS_EXIT 的 COMMAND 消息映射函数，添加代码如下：

```
void CStuSystemDlg::OnSysLogout()//"注销"菜单
{
    theApp.m_Level=-1;
    theApp.Logstatus=false;
    MessageBox("注销","提示");
}
void CStuSystemDlg::OnSysExit()//"退出"菜单
{
    if(MessageBox("退出系统吗?","退出提示",MB_OKCANCEL|MB_ICONQUESTION)==
                IDOK)
    CDialog::OnOK();
}
```

9.3.4 使用 ADO 连接数据库

为了简化程序的操作,在使用 ADO 对象时将其封装到类中,这样做的好处是在程序的每个模块操作数据库时,只要引用封装类的头文件,即可使用封装过的 ADO 对象。下面要封装一个公共类 AdoConnection,其主要功能是完成数据库的打开和关闭,以及记录集的打开与关闭操作。

1. 添加对 ADO 的支持

(1) 导入 ADO 接口。在工程的 stdafx.h 文件中添加 ADO 库文件:

```
#import "c:\program files\common files\system\ado\msado15.dll" no_namespace
rename("EOF","adoEOF")
```

(2) 初始化 OLE/COM 库环境。在 CStuSystemApp::InitInstance() 函数中添加如下代码,对 ADO 的 COM 库环境进行初始化。

```
BOOL CStuSystemApp::InitInstance()
{
    //AfxEnableControlContainer();
    CoInitialize(NULL);//初始化 COM 库
    ...
}
```

2. 添加数据库连接的公共类

(1) 添加数据库连接的公共类 AdoConnection。右击项目窗口,选择"添加类",在弹出的对话框中选择"C++/C++类",单击"添加"按钮,输入类名"AdoConnection"。

(2) 在公共类 AdoConnection 声明中,声明连接对象智能指针,代码如下:

```
class AdoConnection
{
public:
    ...
    _ConnectionPtr m_pConnection;    //声明连接对象智能指针
    _RecordsetPtr m_pRecordset;      //声明记录集对象指针
};
```

(3) 为公共类 AdoConnection 添加成员函数 OnInitAdoConn(),返回值类型为 void,用于连接数据库操作。代码如下:

```
void AdoConnection::OnInitAdoConn(void)//连接数据库
{
    try
    {
    m_pConnection.CreateInstance("ADODB.Connection");    //初始化数据库连接对象
    //定义数据库连接字符串,打开本地 Access 2010 数据库
    _bstr_t  Connection="Provider=Microsoft.ACE.OLEDB.12.0;Data Source=.\\
StudentSys.accdb;Persist Security Info=False;";
        //打开数据库连接
    m_pConnection->Open(Connection,"","",adConnectUnspecified);
                                                            //初始化记录集对象
    }
    //初始化 COM 时,获取错误,可以捕捉到_com_error 的异常
    catch(_com_error &e)
```

```
    {
        ::CoInitialize(NULL);
        ::AfxMessageBox(e.Description());
    }
}
```

（4）为公共类 AdoConnection 添加成员函数 GetRecordSet(_bstr_t bstrSQL)，返回值类型为_RecordsetPtr&，用于数据库执行查询操作。代码如下：

```
_RecordsetPtr& AdoConnection::GetRecordSet(_bstr_t bstrSQL)//执行查询
{
    try
    {
        if(m_pConnection==NULL)
            OnInitAdoConn();//调用连接数据库
        m_pRecordset.CreateInstance(__uuidof(Recordset));
                                    //创建 Recordset 对象的实例
        m_pRecordset->Open(bstrSQL,m_pConnection.GetInterfacePtr(),adOpenDynamic,
adLockOptimistic,adCmdText);
    }
    catch(_com_error e)
    {
        e.Description();
    }
    return m_pRecordset;
}
```

（5）为公共类 AdoConnection 添加成员函数 ExecuteSQL(_bstr_t bstrSQL)，返回值类型为 BOOL，用于数据库执行 SQL 语句操作。代码如下：

```
BOOL AdoConnection::ExecuteSQL(_bstr_t bstrSQL)//执行 SQL 语句
{
    try
    {
        if(m_pConnection==NULL)
        OnInitAdoConn();
        m_pConnection->Execute(bstrSQL,NULL,adCmdText);
        return true;
    }
    catch(_com_error e)
    {
        e.Description();
        return false;
    }
}
```

（6）为公共类 AdoConnection 添加成员函数 ExitConnect(void)，返回值类型为 BOOL，用于断开数据库连接操作。代码如下：

```
BOOL AdoConnection::ExitConnect(void)//断开数据库连接
{
  if(m_pRecordset!=NULL)
      m_pRecordset->Close();
```

```
    m_pConnection->Close();
    return 0;
}
```

3. 通过登录对话框获取数据源信息

（1）在 LoginDlg.cpp 用户登录对话框类包含公共类头文件，代码如下：

```
#include "AdoConnection.h"
```

（2）在 LoginDlg.cpp 文件中，添加扩展变量引用语句如下：

```
extern CStuSystemApp theApp;
```

（3）为 CLoginDlgDlg 类添加"登录"按钮 IDC_BUTTON_LOGIN 的单击 BN_CLICKED 消息映射函数。根据不同用户名、密码和权限访问数据库，如果三者与数据库数据相同则可进入系统，否则退出系统。代码如下：

```
void CLoginDlg::OnBnClickedButtonLogin()
{
    UpdateData(TRUE);
    CString name,pwd,sql;
    int nlev;
    AdoConnection m_adoConn;
    m_adoConn.OnInitAdoConn();
    sql.Format("select*from UserInfo");              //查询学生信息表
    _RecordsetPtr  m_pRecordset;                     //创建记录集对象指针
    m_pRecordset=m_adoConn.GetRecordSet((_bstr_t)sql);  //获取记录集对象
    while(!(m_adoConn.m_pRecordset->adoEOF))
    {
        name=m_pRecordset->GetCollect("NAME").bstrVal;
        pwd=m_pRecordset->GetCollect("PASSWORD").bstrVal;
        nlev=m_pRecordset->GetCollect("LEVEL").lVal;
        //比较 3 个字段,若相同则进入系统
        if(name.CompareNoCase(m_LoginName)==0 && pwd.CompareNoCase(m_LoginPwd) ==0
&& nlev==m_LoginLevel)
        {   //记录权限
            theApp.m_Level=m_LoginLevel;
            theApp.Logstatus=true;
                MessageBox("登录系统","系统登录");
            CDialog::OnOK();
            return;
        }
        m_pRecordset->MoveNext();
    }
    MessageBox("用户名和密码错误!,请再次登录","系统登录");
    m_adoConn.ExitConnect();
}
```

（4）为"取消"按钮添加单击事件，代码如下：

```
void CLoginDlg::OnBnClickedButtonCancel()
{
    CDialog::OnOK();
}
```

至此，登录模块设计完成，编译运行程序，选择用户权限，输入用户名和密码，单击"登录"按钮可以进入系统并进行有关的操作。如果用户名和密码错误，会有提示信息，重新输入。

9.3.5 学生基本信息模块设计

学生基本信息模块可以对学生基本信息，如学号、姓名、性别、出生日期、籍贯、专业等属性进行管理，教务处管理人员可以添加学生信息，并对错误信息进行修改和删除，学生输入学号能够对已存在的学生基本信息按条件进行查询。学生基本信息管理界面设计如图 9-16 所示。

图 9-16   学生基本信息管理界面设计

1. 界面设计

（1）打开学生信息管理系统应用程序 StuSystem 项目，插入一个新的对话框资源，打开属性对话框，将其字体设置为宋体 9 号，ID 设置为 IDD_STUINFODLG，设置 Styles 属性为 Child，Border 为 None。双击对话框模板，添加一个新类 CStuDlg。

（2）在对话框上添加 6 个 Static Text 控件、4 个 Edit Box 控件；1 个列表视图控件，View 属性为 Report，Alignment 为 Top；1 个 Date Time Picker 和 5 个 Button 控件。各控件的属性设置如表 9-16 所示。设计完成后的界面如图 9-16 所示。

表 9-16   学生基本信息管理界面控件属性及变量说明

控件 ID	Caption	属性说明	变量类型	变 量 名
IDC_STATIC	学号	静态文本，默认		
IDC_STATIC	姓名	静态文本，默认		
IDC_STATIC	性别	静态文本，默认		
IDC_STATIC	出生日期	静态文本，默认		
IDC_STATIC	籍贯	静态文本，默认		
IDC_STATIC	专业	静态文本，默认		
IDC_EDIT_STUID		编辑框，默认	CString	m_strID
IDC_EDIT_STUID		编辑框，默认	CEdit	m_ID
IDC_EDIT_STUNAME		编辑框，默认	CString	m_strName
IDC_COMBO_STUSEX		组合框，Data 为男或女，Sort 为 false	CString	m_strSex
IDC_DATETIMEPICKER1		日期/时间，默认	CDateTimeCtrl	m_dateTime
IDC_EDIT_STUNATIVE		编辑框，默认	CString	m_strNative
IDC_EDIT_STUSPECIAL		编辑框，默认	CString	m_strSpecial
IDC_LIST		列表视图	CListCtrl	m_grid
IDC_ADDBTN	添加	按钮，默认		
IDC_MODIFYBTN	修改	按钮，默认		
IDC_DELBTN	删除	按钮，默认		
IDC_QUERYBTN	查询	按钮，默认		
IDOK	保存	按钮，默认		

（3）添加相关类的成员变量和成员函数。

① 在 StuSystemDlg.h 文件中，将学生基本信息对话框类的头文件包含进来：

```
#include "StuDlg.h"
```

添加 StuSystemDlg 类的成员，代码如下：

```
public:
CStuDlg *StuDlg;      //声明学生基本信息对话框类对象指针
```

② 在 StuDlg.cpp 文件中声明扩展变量，代码如下：

```
extern CStuSystemApp theApp;
```

③ 在 CStuSystemDlg 类的 SetDlgStatus()函数中，添加代码如下：

```
void CStuSystemDlg::SetDlgStatus()
{
        ...
        if(status[1])
        {
                StuDlg->DestroyWindow();
                status[1]=FALSE;
        }
}
```

（4）为 CStuSystemDlg 类添加"学生基本信息"ID_STUDENT 菜单的 COMMAND 消息映射函数 OnStudent()，并添加代码如下：

```
void CStuSystemDlg::OnStudent()
{
        SetDlgStatus();
        if(theApp.Logstatus)
        {
                StuDlg=new CStuDlg;
                StuDlg->Create(IDD_STUINFODLG,this);
                StuDlg->ShowWindow(SW_SHOW);
                status[1]=TRUE;
        }
        else
        {
        MessageBox("未登录系统","提示");
    }
}
```

2. 显示学生信息表

在登录模块中对 ADO 支持及数据源连接已完成，在其他模块就不需要重新设置。在学生基本信息模块中直接对数据记录集操作就可以了。当用户登录系统后，单击"学生基本信息"菜单，学生基本信息在列表控件中显示出来，以下是显示学生信息表数据的操作。

（1）在学生信息管理对话框类 StuDlg.cpp 文件中添加公共类头文件，代码如下：

```
#include "AdoConnection.h"
```

（2）在 CStuDlg 类 OnInitDialog()函数中创建学生表信息，添加代码如下：

```
BOOL CStuDlg::OnInitDialog()
{
        CDialogEx::OnInitDialog();
        //列表视图格式设置
```

```
        m_grid.SetExtendedStyle(LVS_EX_FLATSB|LVS_EX_HEADERDRAGDROP|LVS_EX_
ONECLICKACTIVATE|LVS_EX_GRIDLINES|LVS_EX_FULLROWSELECT);
        m_grid.InsertColumn(0,"学号",LVCFMT_LEFT,90,0);        //插入表头属性名
        m_grid.InsertColumn(1,"姓名",LVCFMT_LEFT,60,1);        //插入表头属性名
        m_grid.InsertColumn(2,"性别",LVCFMT_LEFT,30,2);        //插入表头属性名
        m_grid.InsertColumn(3,"出生日期",LVCFMT_LEFT,80,3);    //插入表头属性名
        m_grid.InsertColumn(4,"籍贯",LVCFMT_LEFT,100,4);       //插入表头属性名
        m_grid.InsertColumn(5,"专业",LVCFMT_LEFT,100,5);       //插入表头属性名
        AddRecord();                                          //遍历表记录
        return TRUE;    //return TRUE unless you set the focus to a control
        //异常:OCX属性页应返回 FALSE
}
```

（3）为 CStuDlg 类添加成员函数 AddRecord()，返回值类型为 void，代码如下：

```
void CStuDlg::AddRecord(void)
{
    AdoConnection m_adoConn;
    m_adoConn.OnInitAdoConn();
    CString sql;
    sql.Format("select*from StuInfo order by ID desc");
                                    //查询学生信息表,按学号升序排列
    _RecordsetPtr m_pRecordset;
    m_pRecordset=m_adoConn.GetRecordSet((_bstr_t)sql);
    while(!(m_adoConn.m_pRecordset->adoEOF))
    {
        m_grid.InsertItem(0,"");
        m_grid.SetItemText(0,0,(char*)(_bstr_t)m_pRecordset->GetCollect("ID"));
        m_grid.SetItemText(0,1,(char*)(_bstr_t)m_pRecordset->GetCollect("NAME"));
        m_grid.SetItemText(0,2,(char*)(_bstr_t)m_pRecordset->GetCollect("SEX"));
        m_grid.SetItemText(0,3,(char*)(_bstr_t)m_pRecordset->GetCollect("BIRTHDAY"));
    m_grid.SetItemText(0,4,(char*)(_bstr_t)m_pRecordset->GetCollect("NATIVEPLACE"));
    m_grid.SetItemText(0,5,(char*)(_bstr_t)m_pRecordset->GetCollect("SPECIALITY"));
    m_pRecordset->MoveNext();
    }
    m_adoConn.ExitConnect();
}
```

（4）编译并运行程序，得到图 9-17 所示结果。

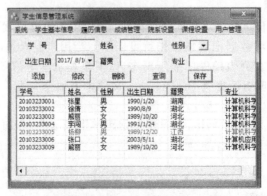

图 9-17　学生基本信息显示结果

3. 查询操作

当用户输入学生学号,单击"查询"按钮时,查询结果会显示在相应控件中。为 CStuDlg 类的"查询"按钮 IDC_QUERYBTN 添加单击 BN_CLICKED 的消息映射函数,并添加如下代码:

```
void CStuDlg::OnBnClickedQuerybtn()
{
    m_ID.SetFocus();
    UpdateData(TRUE);
    AdoConnection m_adoConn;
    m_adoConn.OnInitAdoConn();
    CString sql,str;
    sql="select*from StuInfo where ID='"+m_strID+"'";
    _RecordsetPtr m_pRecordset;
    m_pRecordset=m_adoConn.GetRecordSet((_bstr_t)sql);
    try
    {
        if(m_pRecordset->GetRecordCount()!=0)
        {//将记录值赋值给变量
        m_strName=m_pRecordset->GetCollect("NAME").bstrVal;
        m_strSex=m_pRecordset->GetCollect("SEX").bstrVal;
        m_strSpecial=m_pRecordset->GetCollect("SPECIALITY").bstrVal;
        m_strNative=m_pRecordset->GetCollect("NATIVEPLACE").bstrVal;
        str=m_pRecordset->GetCollect("BIRTHDAY").bstrVal;
        m_dateTime.SetFormat(str);
        m_adoConn.ExitConnect();
        }
    }catch(_com_error e)
    {
        MessageBox("操作不成功!");
        return;
    }
    UpdateData(FALSE);
}
```

4. 添加操作

当用户输入添加的学生基本信息后,单击"添加"按钮,然后单击"保存"按钮更新列表,添加后的信息显示在学生信息表中。

为 CStuDlg 类的"添加"按钮 IDC_ADDBTN 添加单击 BN_CLICKED 的消息映射函数,实现基本信息录入的操作,添加代码如下:

```
void CStuDlg::OnBnClickedAddbtn()
{
    if(theApp.m_Level !=2)
    {
        AfxMessageBox("您无权添加记录");
        return;
    }
    UpdateData(TRUE);
    if(m_strID.IsEmpty())
```

```
    {
        AfxMessageBox("请输入新生的学号");
        return;
    }
    if((m_strID=="")||(m_strName=="")||(m_strSex=="")||(m_strNative==""))
    {
        MessageBox("请将学生信息输入完整","基本信息",MB_OK);
        return;
    }
    else
    {
        AdoConnection m_adoConn;
        m_adoConn.OnInitAdoConn();
        CString sql,str,str1;
        sql="select*from StuInfo";
        _RecordsetPtr m_pRecordset;
        m_pRecordset=m_adoConn.GetRecordSet((_bstr_t)sql);
        if(m_pRecordset->GetRecordCount()!=0)
        {
            while(!m_pRecordset->adoEOF)
            {
                str=m_pRecordset->GetCollect("ID").bstrVal;
                if(str.CompareNoCase(m_strID)==0)
                {
                    AfxMessageBox("该编号的学生记录已存在");
                    return;
                }
                m_pRecordset->MoveNext();
            }
        }
        try
        {
            m_pRecordset->AddNew();
            m_pRecordset->PutCollect("ID",(_bstr_t)m_strID);
            m_pRecordset->PutCollect("NAME",(_bstr_t)m_strName);
            m_pRecordset->PutCollect("SEX",(_bstr_t)m_strSex);
            GetDlgItemText(IDC_DATETIMEPICKER1,str1);
            m_pRecordset->PutCollect("BIRTHDAY",(_bstr_t)str1);
            m_pRecordset->PutCollect("NATIVEPLACE",(_bstr_t)m_strNative);
            m_pRecordset->PutCollect("SPECIALITY",(_bstr_t)m_strSpecial);
            m_pRecordset->Update();
            m_adoConn.ExitConnect();
        }
    catch(_com_error e)
    {
        MessageBox("添加不成功!");
        return;
    }
```

```
        MessageBox("学生信息保存完毕 ","基本信息",MB_OK);
        m_grid.DeleteAllItems();
        AddRecord();//遍历表记录
        }
    }
```

5．修改操作

当用户选择列表记录，输入修改的学生基本信息后，单击"修改"按钮，然后单击"保存"按钮更新列表，修改后的信息显示在列表中。

（1）为列表视图控件 IDC_LIST 添加 NM_CLICK 消息函数，选中列表项时记录内容会在对话框的编辑框中显示学号，代码如下：

```
void CStuDlg::OnClickList(NMHDR *pNMHDR,LRESULT *pResult)
{
    LPNMITEMACTIVATE pNMItemActivate=reinterpret_cast<LPNMITEMACTIVATE>
    (pNMHDR);
    int pos=m_grid.GetSelectionMark();
    m_strID=m_grid.GetItemText(pos,0);          //获取选中列表记录项学号
    UpdateData(FALSE);                          //将学号在编辑框中显示
    *pResult=0;
}
```

（2）为 CStuDlg 类的"修改"按钮 IDC_MODIFYBTN 添加单击 BN_CLICKED 的消息映射函数，添加代码如下：

```
void CStuDlg::OnBnClickedModifybtn()
{
    if(theApp.m_Level!=2)
    {
        AfxMessageBox("您没有权限修改记录");
        return;
    }
    UpdateData(TRUE);
    MessageBox("学生信息修改完毕 ","基本信息",MB_OK);
}
```

6．保存操作

用户修改信息后，单击"保存"按钮，更新学生信息表。

为 CStuDlg 类的"保存"按钮 IDOK 添加单击 BN_CLICKED 的消息映射函数，添加代码如下：

```
void CStuDlg::OnBnClickedOk()
{
    AdoConnection m_adoConn;                    //连接数据库
    m_adoConn.OnInitAdoConn();
    _bstr_t sql;
    CString str;
    sql="select*from StuInfo";                  //执行查询
    _RecordsetPtr m_pRecordset;
    m_pRecordset=m_adoConn.GetRecordSet(sql);   //获取记录集
    long pos=m_grid.GetSelectionMark();         //获取当前选择中列表项索引
    if(m_pRecordset->GetRecordCount()==0)
```

```
    {
        AfxMessageBox("学生记录不存在");
        return;
    }
    try
    {
        m_pRecordset->Move(pos,vtMissing);//移动记录集
        m_pRecordset->PutCollect("ID",(_bstr_t)m_strID);     //设置字段值
        m_pRecordset->PutCollect("NAME",(_bstr_t)m_strName);
        m_pRecordset->PutCollect("SEX",(_bstr_t)m_strSex);
        GetDlgItemText(IDC_DATETIMEPICKER1,str);
        m_pRecordset->PutCollect("BIRTHDAY",(_bstr_t)str);
        m_pRecordset->PutCollect("SPECIALITY",(_bstr_t)m_strSpecial);
        m_pRecordset->PutCollect("NATIVEPLACE",(_bstr_t)m_strNative);
        m_pRecordset->Update();//保存修改记录值
        m_adoConn.ExitConnect();//断开数据库连接
    }
    catch(_com_error e)
    {
        MessageBox("操作不成功!");
        return;
    }
    MessageBox("保存成功!");
    m_grid.DeleteAllItems();
    AddRecord();//遍历表记录
}
```

7. 删除操作

当用户选择列表视图中的记录项时,单击"删除"按钮,更新学生信息表,该条学生信息已删除。

为 CStuDlg 类的"删除"按钮 IDC_DELBTN 添加单击 BN_CLICKED 的消息映射函数,添加代码如下:

```
void CStuDlg::OnBnClickedDelbtn()
{
    UpdateData(true);
    AdoConnection m_adoConn;                              //连接数据库
    m_adoConn.OnInitAdoConn();
    _bstr_t sql;
    sql="select*from StuInfo";                            //执行查询
    _RecordsetPtr m_pRecordset;
    m_pRecordset=m_adoConn.GetRecordSet(sql);             //获取记录集
    long pos=m_grid.GetSelectionMark();                   //获取当前选择中列表项索引
    try
    {
        m_pRecordset->Move(pos,vtMissing);               //移动记录集
        m_pRecordset->Delete(adAffectCurrent);
        m_pRecordset->Update();                          //保存修改记录值
        m_adoConn.ExitConnect();                         //断开数据库连接
    }
```

```
catch(_com_error e)
{
    MessageBox("操作不成功!");
    return;
}
MessageBox("删除成功!");
m_grid.DeleteAllItems();
AddRecord();//遍历表记录
}
```

9.3.6 履历信息模块设计

学生履历信息模块包括学生的教育经历和奖惩情况。该模块实现的功能是根据学号查询学生的教育经历和奖惩情况,教务处管理人员可以对学生的履历信息进行添加、修改和查询。学生履历信息界面设计如图 9-18 所示。

图 9-18　学生履历信息界面设计

1. 界面设计

(1) 打开学生信息管理系统应用程序 StuSystem 项目,插入一个新的对话框资源,打开属性对话框,将其字体设置为宋体 9 号,ID 设置为 IDD_ID_ EXPERIENCE,设置 Styles 属性为 Child,Border 属性为 None。双击对话框模板,添加一个新类 CExpeDlg。

(2) 在对话框上添加控件,设置属性,并添加相应控件的变量如表 9-17 所示。设计完成后的界面如图 9-18 所示。

表 9-17　学生履历信息界面控件属性及变量说明

控件 ID	Caption	属性说明	变量类型	变量名
IDC_STATIC	学　号:	静态文本,默认		
IDC_STATIC	姓　名:	静态文本,默认		
IDC_STATIC	备　注:	静态文本,默认		
IDC_STATIC	毕业时间:	静态文本,默认		
IDC_STATIC	教育经历:	静态文本,默认		
IDC_STATIC	奖惩时间:	静态文本,默认		
IDC_STATIC	奖惩项:	静态文本,默认		
IDC_EDIT_EXPEID	—	编辑框,默认	CString	m_strID
IDC_EDIT_EXPENAME	—	编辑框,默认	CString	m_strName
IDC_EDIT_EXPEREMARK	—	编辑框,默认	CString	m_strExpMark
IDC_DATETIMEPICKER_ EXPE	—	日期/时间,默认	CDateTimeCtrl	m_dateTime
			CTime	m_timeCtrl
IDC_EDIT_EXPE	—	编辑框,默认	CString	m_strExpe

335

续表

控件 ID	Caption	属性说明	变量类型	变量名
IDC_COMBO_ENCFUN	—	组合框，默认	CComboBox	m_cbEncFun
			CString	m_strEncFun
IDC_DATETIMEPICKER_ENCFUN	—	日期/时间，默认	CDateTimeCtrl	m_DateCtrlEncFun
			CTime	m_timeEncFun
IDC_LIST	履历信息表	List Control	CListCtrl	m_grid
IDC_ADDBTN_EXPE	录入	按钮，默认		
IDC_QUERYBTN_EXPE	查询	按钮，默认		
IDC_RADIO_ID	按学号查询	单选按钮，Group	int	m_looktype
IDC_RADIO_ENCFUN	按奖惩项查询	单选按钮		

（3）添加相关类的成员变量和成员函数。

① 在 StuSystemDlg.h 文件中，将学生履历信息对话框类头文件包含进来：

```
#include "ExpeDlg.h"
```

添加类的成员，代码如下：

```
CExpeDlg *ExpDlg;      //声明学生履历信息对话框类对象指针
```

② 在 ExpeDlg.cpp 文件中变量，代码如下：

```
extern CStuSystemApp theApp;
```

在 ExpeDlg 类的 ExpeDlg.h 文件中声明变量，代码如下：

```
public:
int action;
int SelectType;
```

③ 在 CStuSystemDlg 类的 SetDlgStatus()函数中，添加代码如下：

```
void CStuSystemDlg::SetDlgStatus()
{
    ...
    if(status[2])
    {
        ExpDlg->DestroyWindow();
        status[2]=FALSE;
    }
}
```

（4）为 CStuSystemDlg 类添加"履历信息"ID_EXPERIENCE 菜单的 COMMAND 消息映射函数 OnExperience()，添加代码如下：

```
void CStuSystemDlg::OnExperience()
{
SetDlgStatus();
if(theApp.Logstatus)
{
    ExpDlg=new CExpeDlg;
    ExpDlg->Create(IDD_ID_EXPERIENCE,this);//创建对话框
    ExpDlg->ShowWindow(SW_SHOW);//显示对话框
    status[2]=TRUE;
}
```

```
    else
    {
        MessageBox("未登录系统","提示");
    }
}
```

2. 初始化履历信息对话框

用户在登录系统后,单击"履历信息"菜单,第一个学生履历信息在控件中显示出来,以下是显示学生履历信息表数据的操作。

(1) 在履历信息管理对话框类 ExpeDlg. h 文件中添加变量代码如下:

```
public:
BOOL m_add;
```

(2) 打开 MFC ClassWizard 为 CExpeDlg 类添加 WM_INITDIALOG 消息映射函数,并创建学生履历信息表,添加代码如下:

```
BOOL CExpeDlg::OnInitDialog()
{
    CDialogEx::OnInitDialog();
    m_add=FALSE;
    m_grid.SetExtendedStyle(LVS_EX_FLATSB|LVS_EX_HEADERDRAGDROP|LVS_EX_
    ONECLICKACTIVATE|LVS_EX_GRIDLINES|LVS_EX_FULLROWSELECT);
    m_grid.InsertColumn(0,"学号",LVCFMT_LEFT,90,0);           //插入表头属性名
    m_grid.InsertColumn(1,"姓名",LVCFMT_LEFT,60,1);           //插入表头属性名
    m_grid.InsertColumn(2,"中学毕业时间",LVCFMT_LEFT,100,2); //插入表头属性名
    m_grid.InsertColumn(3,"中学毕业学校",LVCFMT_LEFT,100,3); //插入表头属性名
    m_grid.InsertColumn(4,"奖惩项",LVCFMT_LEFT,100,4);        //插入表头属性名
    m_grid.InsertColumn(5,"奖惩时间",LVCFMT_LEFT,100,5);      //插入表头属性名
    m_grid.InsertColumn(6,"备注",LVCFMT_LEFT,100,6);          //插入表头属性名
    AdoConnection m_adoConn;
    m_adoConn.OnInitAdoConn();
    CString sql,schstr,encstr;
    sql.Format("select*from StuExp order by ID desc");
    _RecordsetPtr m_pRecordset;
    m_pRecordset=m_adoConn.GetRecordSet((_bstr_t)sql);
    if(m_adoConn.m_pRecordset->GetRecordCount()!=0)
    {
        m_pRecordset->MoveFirst();
        m_grid.InsertItem(0,"");
        m_grid.SetItemText(0,0,(char*)(_bstr_t)m_pRecordset->GetCollect("
        ID"));
        m_grid.SetItemText(0,1,(char*)(_bstr_t)m_pRecordset->GetCollect("
        NAME"));
        m_grid.SetItemText(0,2,(char*)(_bstr_t)m_pRecordset->GetCollect("
        MIDSCHOOL"));
        m_grid.SetItemText(0,3,(char*)(_bstr_t)m_pRecordset->GetCollect("
        MIDTIME"));
        m_grid.SetItemText(0,4,(char*)(_bstr_t)m_pRecordset->GetCollect("
        ENCPUN"));
        m_grid.SetItemText(0,5,(char*)(_bstr_t)m_pRecordset->GetCollect("
        ENCTIME"));
```

```
        m_grid.SetItemText(0,6,(char*)(_bstr_t)m_pRecordset->GetCollect("
        REMARK"));
        //将记录值显示在控件中
        m_strID=m_pRecordset->GetCollect("ID").bstrVal;
        m_strName=m_pRecordset->GetCollect("NAME").bstrVal;
        m_strExpe=m_pRecordset->GetCollect("MIDSCHOOL").bstrVal;
        schstr=m_pRecordset->GetCollect("MIDTIME").bstrVal;
        m_dateTime.SetFormat(schstr);
        m_strEncFun=m_pRecordset->GetCollect("ENCPUN").bstrVal;
        encstr=m_pRecordset->GetCollect("ENCTIME").bstrVal;
        m_DateCtrlEncFun.SetFormat(encstr);
        m_strExpMark=m_pRecordset->GetCollect("REMARK").bstrVal;
    }
    m_adoConn.ExitConnect();
    UpdateData(FALSE);
    return TRUE;              //return TRUE unless you set the focus to a control
}
```

(3) 为 CExpeDlg 类添加成员函数 AddRecord(),返回值类型为 void,代码如下:

```
void CExpeDlg::AddRecord(void)
{
    AdoConnection m_adoConn;
    m_adoConn.OnInitAdoConn();
    CString sql;
    sql.Format("select*from StuExp");
    _RecordsetPtr m_pRecordset;
    m_pRecordset=m_adoConn.GetRecordSet((_bstr_t)sql);
    while(!(m_adoConn.m_pRecordset->adoEOF))
    {//将记录值在列表视图中显示
        m_grid.InsertItem(0,"");
        m_grid.SetItemText(0,0,(char*)(_bstr_t)m_pRecordset->GetCollect("
        ID"));
        m_grid.SetItemText(0,1,(char*)(_bstr_t)m_pRecordset->GetCollect("
        NAME"));
        m_grid.SetItemText(0,2,(char*)(_bstr_t)m_pRecordset->GetCollect("
        MIDSCHOOL"));
        m_grid.SetItemText(0,3,(char*)(_bstr_t)m_pRecordset->GetCollect("
        MIDTIME"));
        m_grid.SetItemText(0,4,(char*)(_bstr_t)m_pRecordset->GetCollect("
        ENCPUN"));
        m_grid.SetItemText(0,5,(char*)(_bstr_t)m_pRecordset->GetCollect("
        ENCTIME"));
        m_grid.SetItemText(0,6,(char*)(_bstr_t)m_pRecordset->GetCollect("
        REMARK"));
        m_pRecordset->MoveNext();
    }
    m_adoConn.ExitConnect();
}
```

（4）编译并运行程序，得到图 9-19 所示结果。

3. 查询学生履历信息

查询学生信息按分类不同，结果会显示在学生履历信息表中，当用户输入查询学生的学号，并选中"按学号查询"，单击"查询"按钮，按学号查询结果显示在学生履历信息表中；当用户选择"奖惩项"，并选中"按奖惩项查询"，单击"查询"按钮，所选奖惩项查询结果显示在学生履历信息表中。

打开 MFC ClassWizard，为 CExpeDlg 类的"查询"按钮 IDC_QUERYBTN_EXPE 添加单击BN_CLICKED 的消息映射函数，添加代码如下：

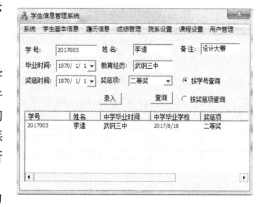

图 9-19　学生履历信息显示结果

```cpp
void CExpeDlg::OnBnClickedQuerybtnExpe()
{
    UpdateData(TRUE);
    CString sql,schstr,encstr;
    if(m_looktype==0)
    {
        if(m_strID.CompareNoCase("")==0)
        {
            AfxMessageBox("请输入您要查找的学号");
            return;
        }
        sql="select*from StuExp where ID='"+m_strID+"' ";
    }
    else if(m_looktype==1)
    {
        if(m_strEncFun.CompareNoCase("")==0)
        {
            AfxMessageBox("请输入您要查找的奖惩项");
            return;
        }
        sql="select*from StuExp where ENCPUN='"+m_strEncFun+"' ";
    }
    AdoConnection m_adoConn;
    m_adoConn.OnInitAdoConn();
    _RecordsetPtr m_pRecordset;
    m_pRecordset=m_adoConn.GetRecordSet((_bstr_t)sql);
    if(m_pRecordset->GetRecordCount()==0)
    {
        AfxMessageBox("没有找到您需要的记录");
        return;
    }
    try
```

339

```
{
    if(m_pRecordset->GetRecordCount()!=0)
    {
    m_strID=m_pRecordset->GetCollect("ID").bstrVal;
    m_strName=m_pRecordset->GetCollect("NAME").bstrVal;
    m_strExpe=m_pRecordset->GetCollect("MIDSCHOOL").bstrVal;
    schstr=m_pRecordset->GetCollect("MIDTIME").bstrVal;
    m_dateTime.SetFormat(schstr);
    m_strEncFun=m_pRecordset->GetCollect("ENCPUN").bstrVal;
    encstr=m_pRecordset->GetCollect("ENCTIME").bstrVal;
    m_DateCtrlEncFun.SetFormat(encstr);
    m_strExpMark=m_pRecordset->GetCollect("REMARK").bstrVal;

    m_grid.InsertItem(0,"");
    m_grid.SetItemText(0,0,(char*)(_bstr_t)m_pRecordset->GetCollect("ID"));
    m_grid.SetItemText(0,1,(char*)(_bstr_t)m_pRecordset->GetCollect("NAME"));
    m_grid.SetItemText(0,2,(char*)(_bstr_t)m_pRecordset->GetCollect("MIDSCHOOL"));
    m_grid.SetItemText(0,3,(char*)(_bstr_t)m_pRecordset->GetCollect("MIDTIME"));
    m_grid.SetItemText(0,4,(char*)(_bstr_t)m_pRecordset->GetCollect("ENCPUN"));
    m_grid.SetItemText(0,5,(char*)(_bstr_t)m_pRecordset->GetCollect("ENCTIME"));
    m_grid.SetItemText(0,6,(char*)(_bstr_t)m_pRecordset->GetCollect("REMARK"));
    m_adoConn.ExitConnect();
    }
}catch(_com_error e)
{
    MessageBox("操作不成功!");
    return;
}
UpdateData(FALSE);
}
```

4. 录入操作

为 CExpeDlg 类的"录入"按钮 IDC_ADDBTN_EXPE 添加单击 BN_CLICKED 的消息映射函数。用户输入学号及相关信息,然后单击"录入"按钮,录入的信息会保存到相应的数据库中。添加代码如下:

```
void CExpeDlg::OnBnClickedAddbtnExpe()
{
    m_add=TRUE;
    if(theApp.m_Level!=2)
    {
        AfxMessageBox("您无权进行奖惩设置");
```

```
            return;
        }
        UpdateData(TRUE);
        AdoConnection m_adoConn;
        m_adoConn.OnInitAdoConn();
        CString sql,str,str1;
        sql="select* from StuExp order by ID desc";
        _RecordsetPtr m_pRecordset;
        m_pRecordset=m_adoConn.GetRecordSet((_bstr_t)sql);
        if(m_pRecordset->GetRecordCount()!=0)
        {
            while(!m_pRecordset->adoEOF)
            {
                str=m_pRecordset->GetCollect("ID").bstrVal;
                if(str.CompareNoCase(m_strID)==0)
                {
                    AfxMessageBox("该编号的学生记录已存在");
                    return;
                }
                m_pRecordset->MoveNext();
            }
        }
        try
        {
          m_pRecordset->AddNew();
          m_pRecordset->PutCollect("ID",(_bstr_t)m_strID);
          m_pRecordset->PutCollect("NAME",(_bstr_t)m_strName);
          GetDlgItemText(IDC_DATETIMEPICKER_EXPE,str);
          m_pRecordset->PutCollect("MIDTIME",(_bstr_t)str);
          m_pRecordset->PutCollect("MIDSCHOOL",(_bstr_t)m_strExpe);
          m_pRecordset->PutCollect("ENCPUN",(_bstr_t)m_strEncFun);
          GetDlgItemText(IDC_DATETIMEPICKER_ENCFUN,str1);
          m_pRecordset->PutCollect("ENCTIME",(_bstr_t)str1);
          m_pRecordset->PutCollect("REMARK",(_bstr_t)m_strExpMark);
          m_pRecordset->Update();
          m_adoConn.ExitConnect();
        }
        catch(_com_error e)
        {
            MessageBox("添加不成功!");
            return;
        }
        MessageBox("学生信息保存完毕 ","基本信息",MB_OK);
        m_grid.DeleteAllItems();
        AddRecord();//遍历表记录
        m_add=TRUE;
}
```

341

9.3.7　成绩管理模块设计

图 9-20　学生成绩信息管理界面设计

学生成绩管理模块能添加、修改、删除、保存学生成绩信息，并能提供两种查询方式：按学号查看学生的各科成绩信息；按课程号查看选修该课程的各个学生成绩。学生成绩信息管理界面设计如图 9-20 所示。

1. 界面设计

（1）打开学生信息管理系统应用程序 StuSystem 项目，插入一个新的对话框资源，打开属性对话框，将其字体设置为宋体 9 号，ID 设置为 IDD_SCOREDLG，设置 Styles 属性与登录对话框相同。双击对话框模板，添加一个新类 CSCoreDlg。

（2）在对话框上添加控件，设置属性，并添加相应控件的变量如表 9-18 所示。设计完成后的界面如图 9-20 所示。

表 9-18　学生成绩信息管理界面控件属性及变量说明

控件 ID	Caption	属性说明	变量类型	变量名
IDC_STATIC	学号	静态文本,默认		
IDC_STATIC	姓名	静态文本,默认		
IDC_STATIC	课程代码	静态文本,默认		
IDC_STATIC	课程名称	静态文本,默认		
IDC_STATIC	分数	静态文本,默认		
IDC_STATIC	任课教师	静态文本,默认		
IDC_EDITSCORE_ID	—	编辑框,默认	CString	m_strID
IDC_EDITSCORE_NAME	—	编辑框,默认	CString	m_strName
IDC_EDITSCORE_COURSEID	—	编辑框,默认	CString	m_strCourID
IDC_EDITSCORE_COURSENAME	—	编辑框,默认	CString	m_strCourNa
IDC_EDITSCORE	—	编辑框,默认	double	m_nScore
IDC_EDITSCORE_TEACHER	—	编辑框,默认	CString	m_strTeacher
IDC_DATAGRID_SCORE	学生成绩信息表	List Control		m_grid
IDC_DATAGRID_RESULT	查询结果	List Control		m_grid1
IDC_ADDBTN_SCORE	添加	按钮,默认		
IDC_MODIFYBTN_SCORE	修改	按钮,默认		
IDC_DELBTN_SCORE	删除	按钮,默认		
ID_SAVEBTN_SCORE	保存	按钮,默认		
IDC_LOOKFORBTN_SCORE	查询	按钮,默认		
IDC_RADIO_STUDENTID	按学号	单选按钮,Group	int	m_looktype
IDC_RADIO_COURSEID	按课程代码	单选按钮		

（3）添加相关类的成员变量和成员函数。

① 在 StuSystemDlg.h 文件中,将学生成绩信息对话框类头文件包含进来:

```
#include "SCoreDlg.h"
```

添加类的成员,代码如下:

```
public:
    CSCoreDlg *ScorDlg;        //声明学生成绩信息对话框类对象指针
```

② 在 SCoreDlg.cpp 文件中声明变量,代码如下:

```
extern CStuSystemApp theApp;
```

在 SCoreDlg 类的 SCoreDlg.h 文件中声明变量,代码如下:

```
public:
    int action;
```

③ 在 CStuSystemDlg 类的 SetDlgStatus()函数中,添加代码如下:

```
void CStuSystemDlg::SetDlgStatus()
{
    ...
    if(status[3])
    {
        ScorDlg ->DestroyWindow();
        status[3]=FALSE;
    }
}
```

（4）为 CStuSystemDlg 类添加"成绩管理"ID_SCORE 菜单的 COMMAND 消息映射函数 OnScore(),添加代码如下:

```
void CStuSystemDlg::OnScore()
{
    SetDlgStatus();
    if(theApp.Logstatus)
    {
        ScorDlg=new CSCoreDlg;
        ScorDlg->Create(IDD_SCOREDLG,this);
        ScorDlg->ShowWindow(SW_SHOW);
        status[3]=TRUE;
    }
    else
    {
        MessageBox("未登录系统","提示");
    }
}
```

2. 初始化成绩管理对话框

用户在登录系统后,单击"成绩管理"菜单,学生成绩信息在控件中显示出来,以下是显示学生成绩管理数据的操作。

（1）打开"MFC 类向导"对话框,为 CSCoreDlg 类添加 WM_INITDIALOG 消息映射函数,并创建学生成绩信息表,添加代码如下:

```
BOOL CSCoreDlg::OnInitDialog()
{
    CDialogEx::OnInitDialog();
    m_looktype=0;
    //列表视图格式设置
    m_grid.SetExtendedStyle(LVS_EX_FLATSB|LVS_EX_HEADERDRAGDROP|LVS_EX_
                            ONECLICKACTIVATE|LVS_EX_GRIDLINES|LVS_EX_
                            FULLROWSELECT);
    m_grid.InsertColumn(0,"学号",LVCFMT_LEFT,100,0);        //插入表头属性名
    m_grid.InsertColumn(1,"姓名",LVCFMT_LEFT,60,1);         //插入表头属性名
    m_grid.InsertColumn(2,"课程代码",LVCFMT_LEFT,60,2);      //插入表头属性名
    m_grid.InsertColumn(3,"课程名称",LVCFMT_LEFT,80,3);      //插入表头属性名
    m_grid.InsertColumn(4,"分数",LVCFMT_LEFT,60,4);         //插入表头属性名
    m_grid.InsertColumn(5,"任课教师",LVCFMT_LEFT,100,5);     //插入表头属性名
    AddRecord();                                           //遍历表记录
    return TRUE;              //return TRUE unless you set the focus to a control
    //异常:OCX 属性页应返回 FALSE
}
```

(2) 为 CSCoreDlg 类添加 AddRecord() 函数，添加代码如下：

```
void CSCoreDlg::AddRecord(void)
{
    AdoConnection m_adoConn;
    m_adoConn.OnInitAdoConn();
    CString sql,str;
    sql.Format("select* from StuScore order by ID desc");
    _RecordsetPtr m_pRecordset;
    m_pRecordset=m_adoConn.GetRecordSet((_bstr_t)sql);
    while(!(m_adoConn.m_pRecordset->adoEOF))
    {   //将记录值在列表视图中显示
    m_grid.InsertItem(0,"");
    m_grid.SetItemText(0,0,(char*)(_bstr_t)m_pRecordset->GetCollect("ID"));
    m_grid.SetItemText(0,1,(char*)(_bstr_t)m_pRecordset->GetCollect("
    NAME"));
    m_grid.SetItemText(0,2,(char*)(_bstr_t)m_pRecordset->GetCollect("
    COURSEID"));
        m_grid.SetItemText(0,3,(char*)(_bstr_t)m_pRecordset->GetCollect("
        COURSENAME"));
        m_grid.SetItemText(0,4,(char*)(_bstr_t)m_pRecordset->GetCollect("
        SCORE"));
        m_grid.SetItemText(0,5,(char*)(_bstr_t)m_pRecordset->GetCollect("
        TEACHER"));
    m_pRecordset->MoveNext();
    }
    m_adoConn.ExitConnect();
}
```

（3）在 CSCoreDlg.cpp 文件前将 AdoConnection.h 包含进来，编译并运行程序，得到图 9-21 所示结果。

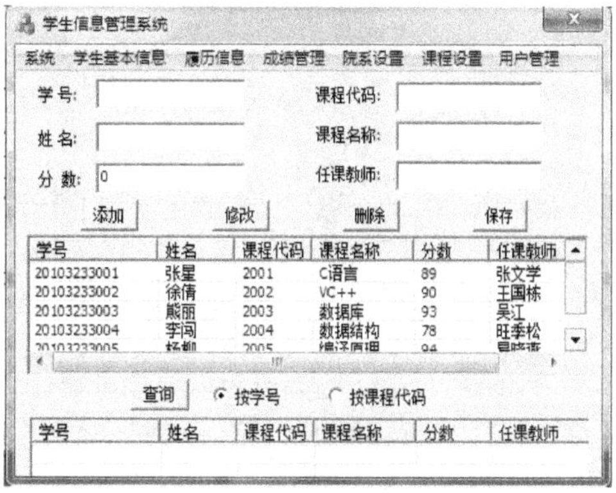

3. 查询学生成绩

查询学生成绩按分类不同，结果会显示在学生查询结果表中。当用户选中"按学号"的单选按钮，输入查询学生的学号，并单击"查询"按钮时，按学号查询结果显示在查询结果表中，如图 9-22 所示；当用户选中"按课程代码"的单选按钮，输入查询的课程代码，并单击"查询"按钮时，查询结果将显示在查询结果表中，如图 9-23 所示。

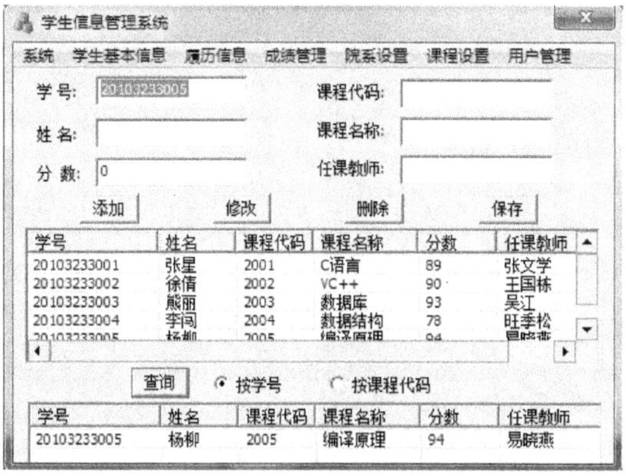

图 9-21　学生成绩信息显示结果

图 9-22　"按学号"查询结果

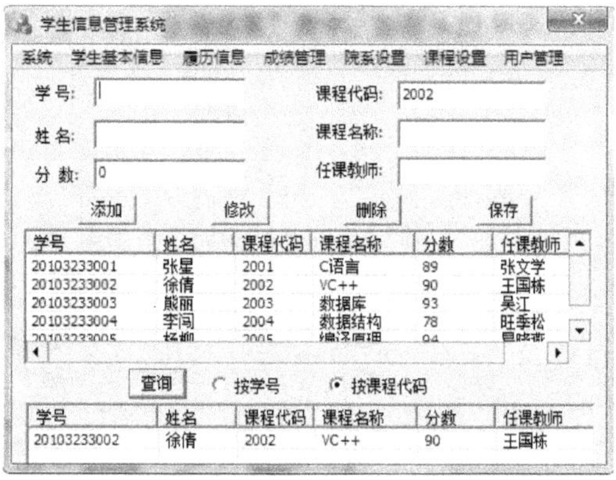

图 9-23　"按课程代码"查询结果

打开"MFC 类向导"对话框，为 CSCoreDlg 类的"查询"按钮 IDC_LOOKFORBTN_SCORE 添加单击 BN_CLICKED 的消息映射函数，并添加代码如下：

```cpp
void CSCoreDlg::OnBnClickedLookforbtnScore()
{
    UpdateData(TRUE);
    CString sql,schstr,encstr;
    if(m_looktype==0)
    {
        if(m_strID.CompareNoCase("")==0)
        {
            AfxMessageBox("请输入您要查找的学号");
            return;
        }
        sql="select*from StuScore where ID='"+m_strID+"' ";
    }
    else if(m_looktype==1)
    {
        if(m_strCourID.CompareNoCase("")==0)
```

```
        {
            AfxMessageBox("请输入您要查找的课程代码");
            return;
        }
        sql="select*from StuScore where COURSEID='"+m_strCourID+"' ";
    }
    AdoConnection m_adoConn;
    m_adoConn.OnInitAdoConn();
    _RecordsetPtr m_pRecordset;
    m_pRecordset=m_adoConn.GetRecordSet((_bstr_t)sql);
    if(m_pRecordset->GetRecordCount()==0)
    {
        AfxMessageBox("没有找到您需要的记录");
        return;
    }
    try
    {
        if(m_pRecordset->GetRecordCount()!=0)
        {
        //将记录值在列表视图中显示
        m_grid1.InsertItem(0,"");
        m_grid1.SetItemText(0,0,(char*)(_bstr_t)m_pRecordset->GetCollect("ID"));
        m_grid1.SetItemText(0,1,(char*)(_bstr_t)m_pRecordset->GetCollect("NAME"));
            m_grid1.SetItemText(0,2,(char*)(_bstr_t)m_pRecordset->GetCollect("COURSEID"));
            m_grid1.SetItemText(0,3,(char*)(_bstr_t)m_pRecordset->GetCollect("COURSENAME"));
            m_grid1.SetItemText(0,4,(char*)(_bstr_t)m_pRecordset->GetCollect("SCORE"));
            m_grid1.SetItemText(0,5,(char*)(_bstr_t)m_pRecordset->GetCollect("TEACHER"));
        m_adoConn.ExitConnect();
        }
    }catch(_com_error e)
    {
        MessageBox("操作不成功!");
        return;
    }
    UpdateData(FALSE);
}
```

4. 添加操作

用户单击"添加"按钮,会弹出提示信息框,要求输入学号及相关信息,然后单击"保存"按钮,录入的信息会保存到相应的数据库中。

为 CSCoreDlg 类的"添加"按钮 IDC_ADDBTN_SCORE 添加单击 BN_CLICKED 的消息映射函数,添加代码如下:

```
void CSCoreDlg::OnBnClickedAddbtnScore()
{
    if(theApp.m_Level!=1)
    {
        AfxMessageBox("您无权录入成绩");
        return;
    }
    m_strID="";
    m_strName="";
    m_strCourID="";
    m_strCourNa="";
    m_nScore=0;
    m_strTeacher="";
    AfxMessageBox("请输入添加的成绩");
    action=1;
    UpdateData(FALSE);
}
```

5. 修改操作

用户单击"修改"按钮,会弹出提示信息框,要求输入学号及课程代码信息,然后单击"保存"按钮,修改的信息会保存到相应的数据库中。

为 CSCoreDlg 类的"修改"按钮 IDC_MODIFYBTN_SCORE 添加单击 BN_CLICKED 的消息映射函数,添加代码如下:

```
void CSCoreDlg::OnBnClickedModifybtnScore()
{
    if(theApp.m_Level!=1)
    {
        AfxMessageBox("您无权修改成绩");
        return;
    }
    if(AfxMessageBox("确定修改此成绩吗?",MB_YESNO)==IDYES)
        action=2;
}
```

6. 删除操作

用户在学生成绩列表中选中某记录,或输入删除学生的学号和课程代码,单击"删除"按钮,会弹出提示信息框,然后单击"保存"按钮,删除的信息会保存到相应的数据库中。

为 CSCoreDlg 类的"删除"按钮 IDC_DELBTN_SCORE 添加单击 BN_CLICKED 的消息映射函数,添加代码如下:

```
void CSCoreDlg::OnBnClickedDelbtnScore()
{
    if(theApp.m_Level!=1)
    {
        AfxMessageBox("您无权删除成绩");
        return;
    }
    if(AfxMessageBox("确定删除此成绩吗?",MB_YESNO)==IDYES)
        action=3;
}
```

7. 保存操作

保存用户添加、修改、删除的信息。为 CSCoreDlg 类的"保存"按钮 ID_SAVEBTN_SCORE 添加单击 BN_CLICKED 的消息映射函数,并添加代码如下:

```
void CSCoreDlg::OnBnClickedSavebtnScore()
{
    UpdateData(TRUE);
    CString sql,str,stuid,courid;
    sql="select*from StuScore ";
    AdoConnection m_adoConn;
    m_adoConn.OnInitAdoConn();
    _RecordsetPtr m_pRecordset;
    m_pRecordset=m_adoConn.GetRecordSet((_bstr_t)sql);
    switch(action)
    {
    case 1://保存用户添加的信息
        m_pRecordset->AddNew();
        m_pRecordset->PutCollect("ID",(_bstr_t)m_strID);
        m_pRecordset->PutCollect("NAME",(_bstr_t)m_strName);
        m_pRecordset->PutCollect("COURSEID",(_bstr_t)m_strCourID);
        m_pRecordset->PutCollect("COURSENAME",(_bstr_t)m_strCourNa);
        m_pRecordset->PutCollect("TEACHER",(_bstr_t)m_strTeacher);
        str.Format("%d",m_nScore);
        m_pRecordset->PutCollect("SCORE",(_bstr_t)str);
        m_pRecordset->Update();
        break;
    case 2://保存用户修改的信息
        if(m_pRecordset->GetRecordCount()!=0)
        {
            m_pRecordset->MoveFirst();
            while(!m_pRecordset->adoEOF)
            {
                stuid=m_pRecordset->GetCollect("ID").bstrVal;
                courid=m_pRecordset->GetCollect("COURSEID").bstrVal;
                if(stuid.CompareNoCase(m_strID)==0&& courid.CompareNoCase(m
                _strCourID)==0)
                {
                    m_pRecordset->PutCollect("TEACHER",(_variant_t)m_strTeacher);
                    str.Format("%d",m_nScore);
                    m_pRecordset->PutCollect("SCORE",(_variant_t)str);
                }
                m_pRecordset->MoveNext();
            }
        }
        break;
    case 3://保存用户删除的信息
        if(m_pRecordset->GetRecordCount()!=0)
```

```
                    {
                        m_pRecordset->MoveFirst();
                        while(!m_pRecordset->adoEOF)
                        {
                            stuid=m_pRecordset->GetCollect("ID").bstrVal;
                            courid=m_pRecordset->GetCollect("COURSEID").bstrVal;
                            if(stuid.CompareNoCase(m_strID)==0&&courid.CompareNoCase(m_
strCourID)==0)
                            m_pRecordset->Delete(adAffectCurrent);
                        m_pRecordset->MoveNext();
                        }
                    }
                    break;
                default:
                    break;
                }
                m_pRecordset->Close();
                UpdateData(FALSE);
                action=0;
                m_grid.DeleteAllItems();
                AddRecord();//遍历表记录
                }
```

9.3.8 院系设置模块设计

院系设置模块的功能是查看院系设置情况,根据需要添加和删除学院、系和班级。院系设置界面设计如图 9-24 所示。

当用户登录系统后,选择"院系设置"菜单,进入院系设置主界面,当用户单击院系目录某个子目录时,相应的信息在文本框中显示,如单击"计科 0901"子目录,文本框中显示该班级所属的学校为"武昌理工学院",所属学院为"信息工程学院",所属系为"计算机科学",班级名称为"计科 0901",如图 9-25 所示。

图 9-24 院系设置界面设计

图 9-25 院系设置显示界面

对目录的增加和删除必须以管理员的身份登录,单击"添加同级目录"按钮,可以添加同一级别的目录,如选择学院目录,可以新增学院,选择系目录,可以在同一学院下新增系,选择班级目录,可以在同一学院下的系新增班级;也可以单击"添加下一级目录"按钮,添加下一级目录,如选择学院目录,可以在该学院下新增系,选择系目录,可以在该系下新增班级。

单击"删除"按钮,可以删除选中的目录,如选择学院目录可以删除该学院及下属系的班级。

1. 界面设计

(1) 打开学生信息管理系统应用程序 StuSystem 项目,插入一个新的对话框资源,打开属性对话框,将其字体设置为宋体 9 号,ID 设置为 IDD_DEPARTMENTDLG,设置 Styles 属性与登录对话框相同。双击对话框模板,添加一个新类 CDepartDlg。

(2) 在对话框上添加控件,设置属性,并添加相应控件的变量如表 9-19 所示。设计完成后的界面如图 9-25 所示。

表 9-19　院系设置界面控件属性及变量说明

控件 ID	Caption	属 性 说 明	变 量 类 型	变 量 名
IDC_STATIC	学校:	静态文本,默认		
IDC_STATIC	学院:	静态文本,默认		
IDC_STATIC	系:	静态文本,默认		
IDC_STATIC	班级:	静态文本,默认		
IDC_SCHOOLEDIT	—	编辑框,Disabled	CString	m_strSchool
IDC_COLLEGEEDIT	—	编辑框,默认	CString	m_strCollege
IDC_DEPARTEDIT	—	编辑框,默认	CString	m_strDepart
IDC_CLASSEDIT	—	编辑框,默认	CString	m_strClass
IDC_TREE_DEPARTMENT	—	树视图	CTreeCtrl	m_tree
ID_ADD_DEPARTBTN	添加同级目录	按钮,默认		
IDC_ADD_DEPARTNEXTBTN	添加下一级目录	按钮,默认		
ID_DELETEBTN	删除	按钮,默认		
IDC_EXECUTEBTN	确定	按钮,默认		

(3) 添加相关类的成员变量和成员函数。

① 在 StuSystemDlg.h 文件中,将院系设置对话框类头文件包含进来:

```
#include "DepartDlg.h"
```

添加类的成员,代码如下:

```
public:
    CDepartDlg *DepartDlg;    //声明院系设置对话框类对象指针
```

② 在 DepartDlg.cpp 文件中声明变量,代码如下:

```
extern CStuSystemApp theApp;
```

③ 在 CStuSystemDlg 类的 SetDlgStatus()函数中,添加代码如下:

```
void CStuSystemDlg::SetDlgStatus()
{
    ...
    if(status[4])
    {
        DepartDlg ->DestroyWindow();
        status[4]=FALSE;
    }
}
```

（4）为 CStuSystemDlg 类添加"院系设置"ID_DEPARTMENT 菜单的 COMMAND 消息映射函数 OnDepartment()，添加代码如下：

```
void CStuSystemDlg::OnDepartment()
{
  SetDlgStatus();
  if(theApp.Logstatus)
  {
      DepartDlg=new CDepartDlg;
      DepartDlg->Create(IDD_DEPARTMENTDLG,this);
      DepartDlg->ShowWindow(SW_SHOW);
      status[4]=TRUE;
  }
  else
  {
      MessageBox("未登录系统","提示");
  }
}
```

（5）为院系设置对话框 DepartDlg 类，声明成员函数 void SetStatus(BOOL st1,BOOL st2,BOOL st3)，用于设置编辑框的状态，添加函数代码如下：

```
void CDepartDlg::SetStatus(BOOL st1,BOOL st2,BOOL st3)
{
  GetDlgItem(IDC_COLLEGEEDIT)->EnableWindow(st1);
  GetDlgItem(IDC_DEPARTEDIT)->EnableWindow(st2);
  GetDlgItem(IDC_CLASSEDIT)->EnableWindow(st3);
}
```

2. 初始化院系设置对话框

用户在登录系统后，单击"院系设置"菜单，院系设置信息在控件中显示出来，以下是院系设置管理数据的操作。

（1）在院系设置对话框 DepartDlg 类的 DepartDlg.h 文件中声明变量，代码如下：

```
public:
        int m_flag;
```

（2）打开 MFC ClassWizard，为 CDepartDlg 类添加 WM_INITDIALOG 消息映射函数，创建院系设置情况，添加代码如下：

```
BOOL CDepartDlg::OnInitDialog()
{
    CDialogEx::OnInitDialog();
    m_strSchool="武昌理工学院";
DWORD dwStyles=GetWindowLong(m_tree.m_hWnd,GWL_STYLE);    //获取树控件原风格
dwStyles|=TVS_EDITLABELS|TVS_HASBUTTONS|TVS_HASLINES|TVS_LINESATROOT;
SetWindowLong(m_tree.m_hWnd,GWL_STYLE,dwStyles);          //重新设置风格
HTREEITEM hRoot,hCur,hChild;                              //树控件项目句柄
TV_ITEM tvItem;
TV_INSERTSTRUCT tvInsert;                                 //插入数据项数据结构
```

```
tvInsert.hParent=TVI_ROOT;                                      //设置为根目录
tvInsert.hInsertAfter=TVI_LAST;                                 //在最后项之后
tvItem.mask=TVIF_TEXT|TVIF_PARAM|TVIF_IMAGE|TVIF_SELECTEDIMAGE; //设屏蔽
tvItem.pszText="武昌理工学院";                                    //设置显示字符
tvItem.cchTextMax=9;                                            //设置字符大小
tvItem.lParam=0;                                                //序号
tvInsert.item=tvItem;
hRoot=m_tree.InsertItem(&tvInsert);                             //返回根项句柄
CString str,sql,str1,str2;
char* DJ[20];                                                   //学院节点
char* SJ[20][20];                                               //系节点
char* CJ[20][20][20];                                          //班级节点
int i,j,m;
str="学院";
AdoConnection m_adoConn;
m_adoConn.OnInitAdoConn();
sql.Format("SELECT* FROM Depart WHERE Type='"+str+"'");
_RecordsetPtr m_pRecordset_col;
m_pRecordset_col=m_adoConn.GetRecordSet((_bstr_t)sql);
if(m_pRecordset_col->GetRecordCount()!=0)
{
    i=0;
    while(!m_pRecordset_col->adoEOF)
    {
        str=m_pRecordset_col->GetCollect("NAME").bstrVal;
        DJ[i]=str.LockBuffer();
        //添加学院
        tvInsert.hParent=hRoot;                                //设置当前项的根目录
        tvItem.pszText=DJ[i];
        tvItem.lParam=(i+1)*20;                                //子项序号
        tvInsert.item=tvItem;
        hCur=m_tree.InsertItem(&tvInsert);
        //--------------------------------------------------
        str1="系";
    sql="SELECT* FROM Depart WHERE TYPE='"+str1+"' and COLLEGE='"+str+"'";
        _RecordsetPtr m_pRecordset_dep;
        m_pRecordset_dep=m_adoConn.GetRecordSet((_bstr_t)sql);
        if(m_pRecordset_dep->GetRecordCount()!=0)
        {
            j=0;
            while(!m_pRecordset_dep->adoEOF)
            {
                str1=m_pRecordset_dep->GetCollect("NAME").bstrVal;
                SJ[i][j]=str1.LockBuffer();
                //添加系
```

```
                    tvInsert.hParent=hCur;
                    tvItem.pszText=SJ[i][j];
                    tvItem.lParam=(i+1)*20+(j+1);//子项序号
                    tvInsert.item=tvItem;
                    hChild=m_tree.InsertItem(&tvInsert);
                    //------------------------------------------------
                    str2="班级";
                    sql="SELECT*FROM Depart WHERE TYPE='"+str2+"' and DEPART='"
                    +str1+"' and COLLEGE='"+str+"'";
                    _RecordsetPtr m_pRecordset_cla;
                    m_pRecordset_cla=m_adoConn.GetRecordSet((_bstr_t)sql);
                    if(m_pRecordset_cla->GetRecordCount()!=0)
                    {
                        m=0;
                        while(!m_pRecordset_cla->adoEOF)
                        {
                            str2=m_pRecordset_cla->GetCollect("NAME").bstrVal;
                            CJ[i][j][m]=str2.LockBuffer();
                            //添加班级
                            tvInsert.hParent=hChild;//设置当前项的根目录
                            tvItem.pszText=CJ[i][j][m];
                            tvItem.lParam=(i+1)*20*20+(j+1)*20+(m+1);  //子项序号
                            tvInsert.item=tvItem;
                            m_tree.InsertItem(&tvInsert);
                            m++;
                            m_pRecordset_cla->MoveNext();
                        }
                        m_tree.Expand(hChild,TVE_EXPAND);//展开班级树
                    }
                    m_pRecordset_cla->Close();
                    //------------------------------------------------
                    j++;
                    m_pRecordset_dep->MoveNext();
                }
                m_tree.Expand(hCur,TVE_EXPAND);//展开专业树
            }
            m_pRecordset_dep->Close();
            //------------------------------------------------
            i++;
            m_pRecordset_col->MoveNext();
        }
    m_tree.Expand(hRoot,TVE_EXPAND);//展开院系树
}
m_pRecordset_col->Close();
UpdateData(FALSE);
    return TRUE;                    //return TRUE unless you set the focus to a control
}
```

（3）为树视图控件添加选项发生改变的消息 TVN_SELCHANGED，并添加消息函数，代码如下：

```
void CDepartDlg::OnSelchangedTreeDepartment(NMHDR* pNMHDR,LRESULT* pResult)
{
    LPNMTREEVIEW pNMTreeView=reinterpret_cast<LPNMTREEVIEW>(pNMHDR);
    SetStatus(TRUE,TRUE,TRUE);
    CString sql,text,name,type;
    //获取选中的内容
    HTREEITEM hCurItem=m_tree.GetSelectedItem();
    text=m_tree.GetItemText(hCurItem);
    if(text.CollateNoCase("武昌理工学院")!=0)
    {
      sql="SELECT* FROM Depart where NAME='"+text+"'";
      AdoConnection m_adoConn;
      m_adoConn.OnInitAdoConn();
      _RecordsetPtr m_pRecordset_dep;
      m_pRecordset_dep=m_adoConn.GetRecordSet((_bstr_t)sql);
      if(m_pRecordset_dep->GetRecordCount()!=0)
      {
          type=m_pRecordset_dep->GetCollect("TYPE").bstrVal;   //获取节点处的类型
          if(type.CompareNoCase("学院")==0)//如果为学院
          {
              m_strCollege=text;
              m_strDepart="";
              m_strClass="";
          }
          else if(type.CompareNoCase("系")==0)
          {
              m_strCollege=m_pRecordset_dep->GetCollect("COLLEGE").bstrVal;
              m_strDepart=text;
              m_strClass="";
          }
          else if(type.CollateNoCase("班级")==0)
          {
              m_strCollege=m_pRecordset_dep->GetCollect("COLLEGE").bstrVal;
              m_strDepart=m_pRecordset_dep->GetCollect("DEPART").bstrVal;
              m_strClass=text;
          }
          else
          {
              return;
          }
      }
      m_pRecordset_dep->Close();
    }
    else
```

```
    {
        return;
    }
    UpdateData(FALSE);
        *pResult=0;
    }
```

（4）编译并运行程序，登录系统，选择"院系设置"菜单，选中"计科 0901"，得到图 9-25 所示结果。

3. 添加目录项操作

当用户选择系级目录，如选中"商学院"的"会计"，单击"添加同级目录"按钮，输入系名称"金融"，单击"确定"按钮，新增系目录添加到树视控件中，如图 9-26 所示，新增学院和班级目录的方法与此相同。

（1）打开"MFC 类向导"对话框，为 CDepartDlg 类的"添加同级目录"按钮 ID_ADD_DEPARTBTN 添加单击 BN_CLICKED 的消息映射函数，并添加代码如下：

图 9-26 增加系级目录"金融"

```
void CDepartDlg::OnBnClickedAddDepartbtn()
{
    if(theApp.m_Level!=2)
    {
     AfxMessageBox("您无权进行院系设置");
     return;
    }
    SetStatus(TRUE,TRUE,TRUE);
    CString sql,text,name,type;
    HTREEITEM hCurItem=m_tree.GetSelectedItem();   //获取选中的内容
    text=m_tree.GetItemText(hCurItem);
    if(text.CollateNoCase("武昌理工学院")!=0)
    {
        sql="SELECT* FROM Depart where NAME='"+text+"'";
        AdoConnection m_adoConn;
        m_adoConn.OnInitAdoConn();
        _RecordsetPtr m_pRecordset_dep;
        m_pRecordset_dep=m_adoConn.GetRecordSet((_bstr_t)sql);
        if(m_pRecordset_dep->GetRecordCount()!=0)
        {
            type=m_pRecordset_dep->GetCollect("TYPE").bstrVal;
                                            //获取节点处类型
            if(type.CompareNoCase("学院")==0)//如果为学院,系、班级为无效状态
            {
                SetStatus(TRUE,FALSE,FALSE);
                m_strCollege="";                        //等待输入
                m_flag=0;
            }
```

355

```
        else if(type.CompareNoCase("系")==0) //如果为系,班级为无效状态
        {
            SetStatus(FALSE,TRUE,FALSE);
            m_strDepart=""; //等待输入
            m_flag=1;
        }
        else if(type.CollateNoCase("班级")==0) //如果为班级
        {
            SetStatus(FALSE,FALSE,TRUE);
            m_strClass=""; //等待输入
            m_flag=2;
        }
        else
        {
            return;
        }
    }
    m_pRecordset_dep->Close();
}
else
{
    return;
}
UpdateData(FALSE);
}
```

（2）打开"MFC 类向导"对话框，为 CDepartDlg 类的"添加下一级目录"按钮 IDC_ADD _DEPARTNEXTBTN 添加单击 BN_CLICKED 的消息映射函数，并添加代码如下：

```
void CDepartDlg::OnBnClickedAddDepartnextbtn() //添加下一级目录操作函数
{
    if(theApp.m_Level!=2)
    {
        AfxMessageBox("您无权进行院系设置");
        return;
    }
    SetStatus(TRUE,TRUE,TRUE);
    CString sql,text,name,type;
    //获取选中的内容
    HTREEITEM hCurItem=m_tree.GetSelectedItem();
    text=m_tree.GetItemText(hCurItem);
    if(text.CollateNoCase("武昌理工学院")!=0)
    {
        sql="SELECT* FROM Depart where NAME='"+text+"'";
        AdoConnection m_adoConn;
        m_adoConn.OnInitAdoConn();
        _RecordsetPtr m_pRecordset_dep;
```

356

```
                    m_pRecordset_dep=m_adoConn.GetRecordSet((_bstr_t)sql);
                    if(m_pRecordset_dep->GetRecordCount()!=0)
                    {
                        type=m_pRecordset_dep->GetCollect("TYPE").bstrVal;
                                                        //获取节点处的类型
                            if(type.CompareNoCase("学院")==0)
                        {
                            SetStatus(FALSE,TRUE,FALSE);
                            m_strDepart="";//等待输入
                            m_flag=3;
                        }
                        else if(type.CompareNoCase("系")==0)
                        {
                            SetStatus(FALSE,FALSE,TRUE);
                            m_strClass="";//等待输入
                            m_flag=4;
                        }
                        else if(type.CollateNoCase("班级")==0)//如果为班级
                        {
                            SetStatus(FALSE,FALSE,FALSE);
                            AfxMessageBox("没有下一级别");
                        }
                        else
                        {
                            return;
                        }
                    }
                m_pRecordset_dep->Close();
            }
            else
            {
                return;
            }
            UpdateData(FALSE);
        }
```

4. 删除目录项操作

用户选择学院目录,单击"删除"按钮,然后单击"确定"按钮,学院所属系和班级一同删除,如选中系,系所属的班级一同删除。

打开 MFC ClassWizard,为 CDepartDlg 类的"删除"按钮 ID_DELETEBTN 添加单击 BN_CLICKED 的消息映射函数,并添加代码如下:

```
    void CDepartDlg::OnBnClickedDeletebtn()
    {
        if(theApp.m_Level!=2)
        {
            AfxMessageBox("您无权进行院系设置");
```

357

```
            return;
        }
        SetStatus(TRUE,TRUE,TRUE);
        CString sql,text,name,type;
        //获取选中的内容
        HTREEITEM hCurItem=m_tree.GetSelectedItem();
        text=m_tree.GetItemText(hCurItem);
        if(text.CollateNoCase("武昌理工学院")!=0)
        {
            sql="SELECT* FROM Depart where NAME='"+text+"'";
            AdoConnection m_adoConn;
            m_adoConn.OnInitAdoConn();
            _RecordsetPtr m_pRecordset_dep;
            m_pRecordset_dep=m_adoConn.GetRecordSet((_bstr_t)sql);
            if(m_pRecordset_dep->GetRecordCount()!=0)
            {
                type=m_pRecordset_dep->GetCollect("TYPE").bstrVal;
                                                    //获取节点处类型
                if(type.CompareNoCase("学院")==0)//如果为学院
                {
                    m_flag=5;
                }
                else if(type.CompareNoCase("系")==0)//如果为系
                {
                    m_flag=6;
                }
                else if(type.CollateNoCase("班级")==0)//如果为班级
                {
                    m_flag=7;
                }
                else
                {
                    return;
                }
            }
            m_pRecordset_dep->Close();
        }
        else
    {
        return;
    }
    UpdateData(FALSE);
}
```

5. 更新目录项操作

保存用户"添加同级目录""添加下一级目录""删除"的信息。为 CDepartDlg 类的"确

定"按钮 IDC_EXECUTEBTN 添加单击 BN_CLICKED 的消息映射函数,并添加代码如下:

```
void CDepartDlg::OnBnClickedExecutebtn()
{
    UpdateData(TRUE);
    CString sql;
    CString name,college,depart;
    sql="SELECT*FROM Depart ";
    AdoConnection m_adoConn;
    m_adoConn.OnInitAdoConn();
    _RecordsetPtr m_pRecordset_dep;
    m_pRecordset_dep=m_adoConn.GetRecordSet((_bstr_t)sql);
    switch(m_flag)
    {
        case 0:
            if(m_strCollege.CompareNoCase("")==0)
                AfxMessageBox("请输入新增学院的名称");
            else
            {
                m_pRecordset_dep->AddNew();
                m_pRecordset_dep->PutCollect("NAME",(_bstr_t)m_strCollege);
                m_pRecordset_dep->PutCollect("TYPE",(_bstr_t)"学院");
                m_pRecordset_dep->Update();
            }
            break;
        case 1:
        case 3:
            if(m_strDepart.CompareNoCase("")==0)
                AfxMessageBox("请输入新增系的名称");
            else
            {
                m_pRecordset_dep->AddNew();
                m_pRecordset_dep->PutCollect("NAME",(_bstr_t)m_strDepart);
                m_pRecordset_dep->PutCollect("TYPE",(_bstr_t)"系");
                m_pRecordset_dep->PutCollect("COLLEGE",(_bstr_t)m_strCollege);
                m_pRecordset_dep->Update();
            }
            break;
        case 2:
        case 4:
            if(m_strClass.CompareNoCase("")==0)
                AfxMessageBox("请输入新增班级的名称");
            else
            {
                m_pRecordset_dep->AddNew();
                m_pRecordset_dep->PutCollect("NAME",(_bstr_t)m_strClass);
```

```
            m_pRecordset_dep->PutCollect("TYPE",(_bstr_t)"班级");
            m_pRecordset_dep->PutCollect("COLLEGE",(_bstr_t)m_strCollege);
            m_pRecordset_dep->PutCollect("DEPART",(_bstr_t)m_strDepart);
            m_pRecordset_dep->Update();
        }
    break;
    case 5:
    if(m_pRecordset_dep->GetRecordCount()!=0)
    {
        m_pRecordset_dep->MoveFirst();
        while(!m_pRecordset_dep->adoEOF)
        {
            name=m_pRecordset_dep->GetCollect("NAME").bstrVal;
            college=m_pRecordset_dep->GetCollect("COLLEGE").bstrVal;if
            (m_strCollege.CompareNoCase(name)==0||m_strCollege.CompareNoCase
            (college)==0)
            m_pRecordset_dep->Delete(adAffectCurrent);
            m_pRecordset_dep->MoveNext();
        }
    }
    break;
case 6:
    if(m_pRecordset_dep->GetRecordCount()!=0)
    {
        m_pRecordset_dep->MoveFirst();
        while(!m_pRecordset_dep->adoEOF)
        {
            name=m_pRecordset_dep->GetCollect("NAME").bstrVal;
            depart=m_pRecordset_dep->GetCollect("DEPART").bstrVal;if(m_
            strDepart.CompareNoCase(name)==0||m_strDepart.CompareNoCase
            (depart)==0)
            m_pRecordset_dep->Delete(adAffectCurrent);
            m_pRecordset_dep->MoveNext();
        }
    }
    break;
    case 7:
    if(m_pRecordset_dep->GetRecordCount()!=0)
    {
        m_pRecordset_dep->MoveFirst();
        while(!m_pRecordset_dep->adoEOF)
        {
            name=m_pRecordset_dep->GetCollect("NAME").bstrVal;
            if(m_strClass.CompareNoCase(name)==0)
            m_pRecordset_dep->Delete(adAffectCurrent);
            m_pRecordset_dep->MoveNext();
```

```
                }
              }
            break;
        default:
            break;
    }
    m_pRecordset_dep->Close();
    m_tree.DeleteAllItems();
    OnInitDialog();
    m_flag=-1;
}
```

9.3.9 课程设置模块设计

在课程设置模块,管理员能对课程设置进行添加、修改、删除等操作,并能根据课程号查询该课程设置,如课时、学时、上课时间、地点和任课教师等。课程设置界面设计如图 9-27 所示。

1. 界面设计

(1)打开学生信息管理系统应用程序 StuSystem 项目,插入一个新的对话框资源,打开属性对话框,将其字体设置为宋体 9 号,ID 设置为 IDD_COURSEDLG,设置

图 9-27　课程设置界面设计

Styles 属性与登录对话框相同。双击对话框模板,添加一个新类 CCourseDlg。

(2)在对话框上添加控件,设置属性,并添加相应控件的变量如表 9-20 所示。设计完成后的界面如图 9-27 所示。

表 9-20　课程设置界面控件属性及变量说明

控件 ID	Caption	属性说明	变量类型	变量名
IDC_STATIC	课程代码	静态文本,默认		
IDC_STATIC	课程名称	静态文本,默认		
IDC_STATIC	学 时	静态文本,默认		
IDC_STATIC	开课时间	静态文本,默认		
IDC_STATIC	任课教师	静态文本,默认		
IDC_STATIC	上课教室	静态文本,默认		
IDC_EDITID_COUR	—	编辑框,默认	CString	m_strCourID
IDC_EDITNAME_COUR	—	编辑框,默认	CString	m_strCourName
IDC_EDITHOUR_COUR	—	编辑框,默认	CString	m_strCourHour
IDC_EDITTIME_COUR	—	编辑框,默认	CString	m_strCourTime
IDC_EDITTEACHER_COUR	—	编辑框,默认	CString	m_strCourTeacher
IDC_EDITPLACE_COUR	—	编辑框,默认	CString	m_strCourPlace
IDC_DATAGRID_COURSE	课程信息表	列表视图	CListCtrl	m_grid
IDC_ADDBTN_COUR	增加	按钮,默认		

续表

控件 ID	Caption	属 性 说 明	变量类型	变 量 名
IDC_MODIFYBTN_COUR	修改	按钮,默认		
IDC_DELBTN_COUR	删除	按钮,默认		
IDC_LOOKFORBTN_COUR	查找	按钮,默认		
ID_SAVEBTN_COUR	保存	按钮,默认		

（3）添加相关类的成员变量和成员函数。

① 在 StuSystemDlg.h 文件中,将课程设置对话框类头文件包含进来：

```
#include "CourseDlg.h"
```

添加类的成员,代码如下：

```
public:
    CCourseDlg *CourDlg;        //声明课程设置对话框类对象指针
```

② 在 CourseDlg.cpp 文件中声明变量,代码如下：

```
extern CStuSystemApp theApp;
```

在 CCourseDlg 类的 CourseDlg.h 文件中声明变量,代码如下：

```
public:
    int type;//1=add,2=del,3=modify
```

③ 在 CStuSystemDlg 类的 SetDlgStatus()函数中,添加代码如下：

```
void CStuSystemDlg::SetDlgStatus()
{
    ...
    if(status[5])
    {
        CourDlg->DestroyWindow();
        status[5]=FALSE;
    }
}
```

（4）为 CStuSystemDlg 类添加"课程设置"ID_COURSE 菜单的 COMMAND 消息映射函数 OnCourse(),添加代码如下：

```
void CStuSystemDlg::OnCourse()
{
    SetDlgStatus();
    if(theApp.Logstatus)
    {
        CourDlg=new CCourseDlg;
        CourDlg->Create(IDD_COURSEDLG,this);
        CourDlg->ShowWindow(SW_SHOW);
        status[5]=TRUE;
    }
    else
    {
        MessageBox("未登录系统","提示");
    }
}
```

2. 初始课程设置对话框

用户在登录系统后,单击"课程设置"菜单,课程设置信息在控件中显示出来,如图 9-28 所示。以下是显示课程设置数据的操作。

（1）打开"MFC 类向导"对话框,添加 WM_INITDIALOG 消息映射函数,并创建学生成绩信息表,添加代码如下:

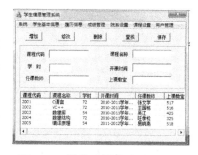

图 9-28　课程设置界面显示结果

```
BOOL CCourseDlg::OnInitDialog()
{
    CDialogEx::OnInitDialog();
    CString sql;
    type=0;
m_grid.SetExtendedStyle(LVS_EX_FLATSB|LVS_EX_HEADERDRAGDROP|LVS_EX_
ONECLICKACTIVATE|LVS_EX_GRIDLINES|LVS_EX_FULLROWSELECT);
    m_grid.InsertColumn(0,"课程代码",LVCFMT_LEFT,80,0);      //插入表头属性名
    m_grid.InsertColumn(1,"课程名称",LVCFMT_LEFT,80,1);      //插入表头属性名
    m_grid.InsertColumn(2,"学时",LVCFMT_LEFT,50,2);          //插入表头属性名
    m_grid.InsertColumn(3,"开课时间",LVCFMT_LEFT,100,3);     //插入表头属性名
    m_grid.InsertColumn(4,"任课教师",LVCFMT_LEFT,80,4);      //插入表头属性名
    m_grid.InsertColumn(5,"上课教室",LVCFMT_LEFT,60,5);      //插入表头属性名
    AddRecord();                                             //遍历表记录
    return TRUE;                 //return TRUE unless you set the focus to a control
}
```

（2）为 CCourseDlg 类添加 AddRecord()函数,返回值类型为 void,遍历表记录,添加代码如下:

```
void CCourseDlg::AddRecord()
{
AdoConnection m_adoConn;
m_adoConn.OnInitAdoConn();
CString sql;
sql.Format("SELECT*FROM Course order by COURSEID desc");
_RecordsetPtr m_pRecordset;
m_pRecordset=m_adoConn.GetRecordSet((_bstr_t)sql);
while(!(m_adoConn.m_pRecordset->adoEOF))
{  //将记录值在列表视图中显示
    m_grid.InsertItem(0,"");
m_grid.SetItemText(0,0,(char *)(_bstr_t)m_pRecordset->GetCollect("
COURSEID"));
    m_grid.SetItemText(0,1,(char *)(_bstr_t)m_pRecordset->GetCollect("
COURSENAME"));
```

```
        m_grid.SetItemText(0,2,(char*)(_bstr_t)m_pRecordset->GetCollect("
COURSEHOUR"));
        m_grid.SetItemText(0,3,(char*)(_bstr_t)m_pRecordset->GetCollect("
COURSETIME"));
        m_grid.SetItemText(0,4,(char*)(_bstr_t)m_pRecordset->GetCollect("
TEACHER"));
        m_grid.SetItemText(0,5,(char*)(_bstr_t)m_pRecordset->GetCollect("
COURSEPLACE"));
        m_pRecordset->MoveNext();
    }

    m_adoConn.ExitConnect();
}
```

图 9-29　按课程代码查询结果

（3）编译并运行程序，得到图 9-28 所示结果。

3. 查询课程信息

用户在课程代码的编辑框中输入课程代码，单击"查找"按钮，该课程的信息会显示在相应的编辑框控件中，如图 9-29 所示。

打开"MFC 类向导"对话框，为 CCourseDlg 类的"查找"按钮 IDC_LOOKFORBTN_COUR 添加单击 BN_CLICKED 的消息映射函数，并添加代码如下：

```
void CCourseDlg::OnBnClickedLookforbtnCour()
{
    UpdateData(TRUE);
    CString sql;
    sql="select*from Course where COURSEID='"+m_strCourID+"'";
    AdoConnection m_adoConn;
    m_adoConn.OnInitAdoConn();
    _RecordsetPtr m_pRecordset;
    m_pRecordset=m_adoConn.GetRecordSet((_bstr_t)sql);
    if(m_pRecordset->GetRecordCount()!=0)
    {
        m_strCourID=m_pRecordset->GetCollect("COURSEID").bstrVal;
        m_strCourName=m_pRecordset->GetCollect("COURSENAME").bstrVal;
        m_strCourHour=m_pRecordset->GetCollect("COURSEHOUR").bstrVal;
        m_strCourTime=m_pRecordset->GetCollect("COURSETIME").bstrVal;
        m_strCourTeacher=m_pRecordset->GetCollect("TEACHER").bstrVal;
        m_strCourPlace=m_pRecordset->GetCollect("COURSEPLACE").bstrVal;
    }
    UpdateData(FALSE);
    m_pRecordset->Close();
}
```

4. 添加操作

用户单击"增加"按钮,会弹出消息对话框,提示用户在相应的编辑框中输入课程代码、课程名称、学时、开课时间、任课教师及上课教室等信息,然后单击"保存"按钮,录入的信息保存到相应的数据库中。

为 CCourseDlg 类的"增加"按钮 IDC_ADDBTN_COUR 添加单击 BN_CLICKED 的消息映射函数,并添加代码如下:

```
void CCourseDlg::OnBnClickedAddbtnCour()
{
    if(theApp.m_Level!=2)
    {
        AfxMessageBox("您无权添加课程");
        return;
    }
    m_strCourID="";
    m_strCourName="";
    m_strCourHour="";
    m_strCourTime="";
    m_strCourTeacher="";
    m_strCourPlace="";
    UpdateData(FALSE);
    AfxMessageBox("请在编辑框中输入新课程的信息");
    type=1;
}
```

5. 修改操作

用户单击"修改"按钮时,会弹出提示信息框,要求输入课程代码及相关信息,然后单击"保存"按钮,修改的信息会保存到相应的数据库中。

为 CCourseDlg 类的"修改"按钮 IDC_MODIFYBTN_COUR 添加单击 BN_CLICKED 的消息映射函数。添加代码如下:

```
void CCourseDlg::OnBnClickedModifybtnCour()
{
    if(theApp.m_Level!=2)
    {
        AfxMessageBox("您无权修改课程");
        return;
    }
    if(AfxMessageBox("确定修改此课程吗?",MB_YESNO)==IDYES)
        type=3;
}
```

6. 删除操作

用户在课程信息表中选中某记录,或输入删除学生的学号和课程代码,单击"删除"按钮,弹出提示信息框,然后单击"保存"按钮,删除的信息会保存到相应的数据库中。

为 CCourseDlg 类的"删除"按钮 IDC_DELBTN_COUR 添加单击 BN_CLICKED 的消

息映射函数。添加代码如下：

```
void CCourseDlg::OnBnClickedDelbtnCour()
{
    if(theApp.m_Level!=2)
    {
        AfxMessageBox("您无权删减课程");
        return;
    }
    if(AfxMessageBox("确定删除此课程吗?",MB_YESNO)==IDYES)
        type=2;
}
```

7. 保存操作

保存用户"增加""修改""删除"信息。为 CCourseDlg 类的"保存"按钮 ID_SAVEBTN_
SCORE 添加单击 BN_CLICKED 的消息映射函数，并添加代码如下：

```
void CCourseDlg::OnBnClickedSavebtnCour()
{
UpdateData(TRUE);
CString courid,sql;
sql="select* from Course ";
AdoConnection m_adoConn;
m_adoConn.OnInitAdoConn();
_RecordsetPtr m_pRecordset;
m_pRecordset=m_adoConn.GetRecordSet((_bstr_t)sql);
switch(type)
{
case 1:
    m_pRecordset->AddNew();
    m_pRecordset->PutCollect("COURSEID",(_variant_t)m_strCourID);
    m_pRecordset->PutCollect("COURSENAME",(_variant_t)m_strCourName);
    m_pRecordset->PutCollect("COURSEHOUR",(_variant_t)m_strCourHour);
    m_pRecordset->PutCollect("COURSETIME",(_variant_t)m_strCourTime);
    m_pRecordset->PutCollect("TEACHER",(_variant_t)m_strCourTeacher);
    m_pRecordset->PutCollect("COURSEPLACE",(_variant_t)m_strCourPlace);
    m_pRecordset->Update();
    break;
case 2:
    if(m_pRecordset->GetRecordCount()!=0)
    {
        m_pRecordset->MoveFirst();
        while(!m_pRecordset->adoEOF)
        {
            courid=m_pRecordset->GetCollect("COURSEID").bstrVal;
            if(courid.CompareNoCase(m_strCourID)==0)
```

```
                    m_pRecordset->Delete(adAffectCurrent);
                m_pRecordset->MoveNext();
            }
        }
        break;
case 3:
    if(m_pRecordset->GetRecordCount()!=0)
    {
        m_pRecordset->MoveFirst();
        while(!m_pRecordset->adoEOF)
        {
            courid=m_pRecordset->GetCollect("COURSEID").bstrVal;
            if(courid.CompareNoCase(m_strCourID)==0)
            {
                m_pRecordset->PutCollect("COURSENAME",(_variant_t)m_
                strCourName);
                m_pRecordset->PutCollect("COURSEHOUR",(_variant_t)m_
                strCourHour);
                m_pRecordset->PutCollect("COURSETIME",(_variant_t)m_
                strCourTime);
                m_pRecordset->PutCollect("TEACHER",(_variant_t)m_
                strCourTeacher);
                m_pRecordset->PutCollect("COURSEPLACE",(_variant_t)m_
                strCourPlace);
            }
            m_pRecordset->MoveNext();
        }
    }
        break;
    default:
    break;
}
type=0;
m_pRecordset->Close();
m_grid.DeleteAllItems();
AddRecord();//遍历表记录
}
```

367

9.3.10 用户管理模块设计

在用户管理模块,管理员能进行添加、修改、删除用户的操作,用户管理界面设计如图 9-30 所示。

1. 界面设计

(1) 打开学生信息管理系统应用程序 StuSystem 项目,插入一个新的对话框资源,打开属性对话框,将

图 9-30 用户管理界面设计

其字体设置为宋体 9 号,ID 设置为 IDD_USERDLG,设置 Styles 属性与登录对话框相同。双击对话框模板,添加一个新类 CUserDlg。

(2) 在对话框上添加控件,设置属性,并添加相应控件的变量如表 9-21 所示。设计完成后的界面如图 9-30 所示。

表 9-21 用户管理界面控件属性及变量说明

控件 ID	Caption	属性说明	变量类型	变 量 名
IDC_STATIC	用 户 名:	默认		
IDC_STATIC	密 码:	默认		
IDC_STATIC	用户类型:	默认		
IDC_EDIT_NAME		默认	CString	m_strUsName
IDC_EDIT_PWD		默认	CString	m_strUsPwd
IDC_COMBO_USER		不选中 Sort	CString	m_strUsType
			CComboBox	m_comboUser
IDC_ADD_BTN	添加			
IDC_MODIFY_BTN	修改			
IDC_DEL_BTN	删除			
IDC_EXECUTE_BTN	确定			
IDC_LIST_USER	用户信息表	列表视图	ListControl	m_grid

(3) 添加相关类的成员变量和成员函数。

① 在 StuSystemDlg.h 文件中,将课程设置对话框类头文件包含进来:

```
#include "UserDlg.h"
```

添加类的成员,代码如下:

```
public:
    CUserDlg *userDlg;      //声明用户管理对话框类对象指针
```

② 在 UserDlg.cpp 文件中添加头文件,即 #include "AdoConnection.h"。声明扩展变量,代码如下:

```
extern CStuSystemApp theApp;
```

在 CUserDlg 类的 UserDlg.h 文件中声明变量,代码如下:

```
public:
int type;               //1=add,2=del,3=modify
```

③ 在 CStuSystemDlg 类的 SetDlgStatus()函数中,添加代码如下:

```
void CStuSystemDlg::SetDlgStatus()
{
    ...
    if(status[6])
    {
        userDlg->DestroyWindow();
        status[6]=FALSE;
    }
}
```

（4）为 CStuSystemDlg 类添加"用户管理"ID_USER 菜单的 COMMAND 消息映射函数 OnUser()，添加代码如下：

```
void CStuSystemDlg::OnUser()
{
    SetDlgStatus();
    if(theApp.Logstatus)
    {
    userDlg=new CUserDlg;
    userDlg->Create(IDD_USERDLG,this);
    userDlg->ShowWindow(SW_SHOW);
    status[6]=TRUE;
    }
    else
    {
    MessageBox("未登录系统","提示");
    }
}
```

2. 初始化用户管理对话框

用户在登录系统后，单击"用户管理"菜单，用户管理信息在控件中显示出来，如图 9-31 所示。以下是显示用户管理数据的操作。

（1）打开"MFC 类向导"对话框，为 CUserDlg 类添加 WM_INITDIALOG 消息映射函数，并创建用户管理信息表，添加代码如下：

图 9-31　用户管理界面显示结果

```
BOOL CUserDlg::OnInitDialog()
{
    CDialogEx::OnInitDialog();
        m_comboUser.AddString("学生");
        m_comboUser.AddString("教师");
        m_comboUser.AddString("管理员");
        m_comboUser.SetCurSel(0);
        m_grid.SetExtendedStyle(LVS_EX_FLATSB|LVS_EX_HEADERDRAGDROP|LVS_EX_
        ONECLICKACTIVATE|LVS_EX_GRIDLINES|LVS_EX_FULLROWSELECT);
    m_grid.InsertColumn(0,"NAME",LVCFMT_LEFT,80,0);        //插入表头属性名
    m_grid.InsertColumn(1,"PASSWORD",LVCFMT_LEFT,80,1);    //插入表头属性名
    m_grid.InsertColumn(2,"LEVEL",LVCFMT_LEFT,50,2);       //插入表头属性名
        CString sql;
        int i;
        sql="select*from UserInfo";
        AdoConnection m_adoConn;
        m_adoConn.OnInitAdoConn();
        _RecordsetPtr m_pRecordset;
        m_pRecordset=m_adoConn.GetRecordSet((_bstr_t)sql);
```

```
            if(m_pRecordset->GetRecordCount()!=0)
        {
            m_pRecordset->MoveFirst();
            m_strUsName=m_pRecordset->GetCollect("NAME").bstrVal;
            m_strUsPwd=m_pRecordset->GetCollect("PASSWORD").bstrVal;
            i=m_pRecordset->GetCollect("LEVEL").lVal;
            switch(i)
            {
            case 0:
                m_strUsType="学生";
                break;
            case 1:
                m_strUsType="教师";
                break;
            case 2:
                m_strUsType="管理员";
                break;
            default:
                break;
            }
        }
        UpdateData(FALSE);
        m_grid.DeleteAllItems();
        AddRecord();        //遍历表记录
        return TRUE;        //return TRUE unless you set the focus to a control
}
```

（2）为 CUserDlg 类添加 AddRecord()函数，返回值类型为 void，遍历表记录，添加代码如下：

```
    void CUserDlg::AddRecord(void)
    {
    AdoConnection m_adoConn;
    m_adoConn.OnInitAdoConn();
    CString sql;
    sql.Format("select*from UserInfo");
    _RecordsetPtr m_pRecordset;
    m_pRecordset=m_adoConn.GetRecordSet((_bstr_t)sql);
    while(!(m_adoConn.m_pRecordset->adoEOF))
    {   //将记录值在列表视图中显示
    m_grid.InsertItem(0,"");
    m_grid.SetItemText(0,0,(char*)(_bstr_t)m_pRecordset->GetCollect("
NAME"));
        m_grid.SetItemText(0,1,(char*)(_bstr_t)m_pRecordset->GetCollect("
PASSWORD"));
```

```
        m_grid.SetItemText(0,2,(char*)(_bstr_t)m_pRecordset->GetCollect("
LEVEL"));
        m_pRecordset->MoveNext();
    }
        m_adoConn.ExitConnect();
    }
```

（3）编译并运行程序，得到图 9-31 所示的结果。

（4）当用户选择用户信息表中的记录时，该记录的相关信息显示在相应的编辑框控件中。如选择用户名为"222222"的用户，与该用户相关信息在对应的控件中显示。为列表视图控件 IDC_LIST_USER 添加 NM_CLICK 消息函数，选中列表项时记录内容会在对话框的编辑框中显示学号，添加代码如下：

```
    void CUserDlg::OnClickListUser(NMHDR* pNMHDR,LRESULT* pResult)
    {
        LPNMITEMACTIVATE pNMItemActivate=reinterpret_cast<LPNMITEMACTIVATE
> (pNMHDR);
        int pos=m_grid.GetSelectionMark();
        m_strUsName=m_grid.GetItemText(pos,0);      //获取选中列表记录项
        m_strUsPwd=m_grid.GetItemText(pos,1);       //获取选中列表记录项
        m_strUsType=m_grid.GetItemText(pos,2);      //获取选中列表记录项
        if(m_strUsType.CompareNoCase("0")==0)       //类型
            m_strUsType="学生";
        else if(m_strUsType.CompareNoCase("1")==0)
            m_strUsType="教师";
        else if(m_strUsType.CompareNoCase("2")==0)
            m_strUsType="管理员";
        UpdateData(FALSE);                          //在编辑框中显示内容
        *pResult=0;
    }
```

此代码添加后，重新编译、运行程序，按上面操作说明，观察程序运行效果。

3．添加操作

用户单击"添加"按钮，会弹出消息对话框，提示用户在编辑框中输入新用户信息，然后单击"确定"按钮，添加的信息会保存到相应的数据库中。

为 CUserDlg 类的"添加"按钮 IDC_ADD_BTN 添加单击 BN_CLICKED 的消息映射函数，并添加代码如下：

```
    void CUserDlg::OnBnClickedAddBtn()
    {
    if(theApp.m_Level!=2)
    {
    AfxMessageBox("您无权添加用户");
    return;
    }
    m_strUsType="";
    m_strUsName="";
```

```
    m_strUsPwd="";
    AfxMessageBox("请输入新的用户信息");
    type=1;
    UpdateData(FALSE);
}
```

4. 修改操作

用户选择用户信息表控件中的记录项,单击"修改"按钮,会弹出提示信息框,提示用户"确定修改用户权限吗?",如果确定修改,在组合框中重新选择用户类型,然后单击"确定"按钮,该记录权限的修改信息会保存到相应的数据库中。

为 CUserDlg 类的"修改"按钮 IDC_MODIFY_BTN 添加单击 BN_CLICKED 的消息映射函数。添加代码如下:

```
void CUserDlg::OnBnClickedModifyBtn()
{
    if(theApp.m_Level!=2)
    {
        AfxMessageBox("您无权修改用户权限");
        return;
    }
    if(AfxMessageBox("确定修改此用户信息吗?",MB_YESNO)==IDYES)
        type=2;
}
```

5. 删除操作

当用户选择用户信息表控件中的某记录项,单击"删除"按钮时,会弹出提示信息框,确认是否删除,然后单击"确定"按钮,该记录信息从数据库中删除。

为 CUserDlg 类的"删除"按钮 IDC_DEL_BTN 添加单击 BN_CLICKED 的消息映射函数,并添加代码如下:

```
void CUserDlg::OnBnClickedDelBtn()
{
    if(theApp.m_Level!=2)
    {
        AfxMessageBox("您无权删除用户");
        return;
    }
    if(AfxMessageBox("确定删除此用户吗?",MB_YESNO)==IDYES)
        type=3;
}
```

6. 保存操作

当用户进行"添加""修改""删除"操作后,要更新后台数据库的数据,单击"确定"按钮就可以实现。为 CUserDlg 类的"确定"按钮 IDC_EXECUTE_BTN 添加单击 BN_CLICKED 的消息映射函数,并添加代码如下:

```
void CUserDlg::OnBnClickedExecuteBtn()
{
    UpdateData(TRUE);
```

```
CString sql,str,name;
int i;
AdoConnection m_adoConn;
m_adoConn.OnInitAdoConn();
sql.Format("select*from UserInfo");
_RecordsetPtr m_pRecordset;
m_pRecordset=m_adoConn.GetRecordSet((_bstr_t)sql);
switch(type)
{
  case 1://添加操作
    m_pRecordset->AddNew();
    m_pRecordset->PutCollect("NAME",(_variant_t)m_strUsName);        //用户名
    m_pRecordset->PutCollect("PASSWORD",(_variant_t)m_strUsPwd);     //密码
    if(m_strUsType.CompareNoCase("学生")==0)                          //类型
        i=0;
    else if(m_strUsType.CompareNoCase("教师")==0)
        i=1;
    else if(m_strUsType.CompareNoCase("管理员")==0)
        i=2;
    else
        return;
    str.Format("%d",i);
    m_pRecordset->PutCollect("LEVEL",(_variant_t)str);
    m_pRecordset->Update();
    break;
  case 2:      //修改操作
    if(m_pRecordset->GetRecordCount()!=0)
    {
        m_pRecordset->MoveFirst();
        while(!m_pRecordset->adoEOF)
        {
            name=m_pRecordset->GetCollect("NAME").bstrVal;
            if(name.CompareNoCase(m_strUsName)==0)
            {
            m_pRecordset->PutCollect("PASSWORD",(_variant_t)m_strUsPwd);
                //密码
                if(m_strUsType.CompareNoCase("学生")==0)               //类型
                    i=0;
                else if(m_strUsType.CompareNoCase("教师")==0)
                    i=1;
                else if(m_strUsType.CompareNoCase("管理员")==0)
                    i=2;
                else
                    return;
                str.Format("%d",i);
```

```
                    m_pRecordset->PutCollect("LEVEL",(_variant_t)str);
                }
                m_pRecordset->MoveNext();
            }
        }
        break;
    case 3:      //删除操作
        if(m_pRecordset->GetRecordCount()!=0)
        {
            m_pRecordset->MoveFirst();
            while(!m_pRecordset->adoEOF)
            {
                name=m_pRecordset->GetCollect("NAME").bstrVal;
                if(name.CompareNoCase(m_strUsName)==0)
                m_pRecordset->Delete(adAffectCurrent);
                m_pRecordset->MoveNext();
            }
        }
        break;
    default:
        break;
    }
    m_pRecordset->Close();
    UpdateData(FALSE);
    type=0;
    m_grid.DeleteAllItems();
    AddRecord();        //遍历表记录
}
```

习　题　9

一、问答题

1. MFC 应用程序使用 ADO 数据库编程的一般过程是怎样的?

2. ADO 访问数据库需要用到哪些内置对象? 这些对象各有什么作用?

3. ADO 有哪几种对象指针,返回的值是什么?

4. 在 MFC 应用程序中如何导入 ADO 接口?

5. 在 MFC 应用程序中,如何创建 ADO 连接对象并打开与数据源的连接,具体实现代码如何编写?

6. 在 ADO 中,对记录集操作使用 SQL 命令的执行方式有哪两种? 具体实现代码如何编写?

7. 在 ADO 中,对记录集进行添加记录、修改记录、删除记录和关闭操作的函数是什么? 试举例说明代码如何编写。

二、编程题

设计一个简单的数据库应用系统,用于管理学生信息,信息一般有身份证号、姓名、性别、成绩等,程序要有浏览、修改、添加、删除功能。

参考文献

［1］刘乃琦.Visual C++应用开发与实践［M］.北京：人民邮电出版社,2012.

［2］郑阿奇.Visual C++教程［M］.2 版.北京：机械工业出版社,2008.

［3］王育坚.Visual C++面向对象编程教程［M］.北京：清华大学出版社,2003.

［4］侯其锋,李晓华,李莎.Visual C++数据库通用模块开发与系统移植［M］.北京：清华大学出版社,2007.

［5］朱晴婷,黄海鹰,陈莲君.Visual C++程序设计——基础与实例分析［M］.北京：清华大学出版社,2004.

［6］郑阿奇.Visual C++实用教程［M］.3 版.北京：电子工业出版社,2007.

［7］网冠科技.Visual C++ 6.0 MFC 时尚编程百例［M］.北京：机械工业出版社,2004.

［8］胡海生,李升亮.Visual C++ 6.0 编程学习捷径［M］.北京：清华大学出版社,2003.

［9］康博创作室.Visual C++ 6.0 高级编程［M］.北京：清华大学出版社,1999.

［10］尹立民,王兴东,等.Visual C++ 6.0 应用编程 150 例［M］.北京：电子工业出版,2004.

［11］吴金平,等.Visual C++ 6.0 编程与实践［M］.北京：中国水利水电出版社,2004.

［12］梁普选.Visual C++程序设计与实践［M］.北京：北京交通大学出版社,2005.

［13］吕凤翥.C++语言简明教程［M］.北京：清华大学出版社,2007.

［14］〔美〕David Vandevoorde, Nicolai M. Josuttis. C++ Templates 中文版［M］.陈伟柱,译.北京：人民邮电出版社,2004.

［15］李春葆.C++语言——习题与解析［M］.北京：清华大学出版社,2001.